编程

Python

技术手册

林信良 著

中国水利水电出版社
www.waterpub.com.cn
·北京·

内 容 提 要

Python 是 AI 时代最佳编程语言之一，功能强大，广泛应用在大数据处理、科学计算、Web 开发、软件开发、自动化运维、人工智能开发和网络爬虫等领域。

《Python 编程技术手册》是一本系统讲述 Python 入门及进阶的 Python 技术教程，详细介绍了 Python 编程的核心技术和编程技巧，具体内容包括 Python 环境创建，从 REPL 到 IDE，数据类型与运算符，流程语句与函数，从模块到类，类的继承，异常处理，open()函数与 io 模块，数据结构，数据持久化与交换，常用内置模块，除错、测试与性能，并发、并行与异步，最后一章为 Python 编程进阶内容，主要包括属性控制、装饰器、Meta 类、相对导入、泛型进阶等。在知识点介绍过程中，均结合范例进行讲解，通俗易懂，能让读者快速入门和进阶。每章的最后部分还对本章的重点内容进行了总结，大部分章节还给出课后练习题，方便读者复习和练习。

《Python 编程技术手册》的配套资源包括源代码、视频及 PPT 课件等，特别适合 Python 零基础读者、Python 从入门到精通读者、在校学生、对 Python 编程感兴趣的在职 IT 人员、想提高工作效率的职场人员（尤其数据处理与分析）等使用。

图书在版编目（CIP）数据

Python 编程技术手册 / 林信良著.-- 北京 : 中国
水利水电出版社, 2020.10

ISBN 978-7-5170-8813-4

I. ①P... II. ①林... III. ①软件工具－程序设计－
手册 IV. ①TP311.561-62

中国版本图书馆 CIP 数据核字(2020)第 164192 号

书 名	Python 编程技术手册 Python BIANCHENG JISHU SHOUCE	
作 者	林信良 著	
出版发行	中国水利水电出版社 （北京市海淀区玉渊潭南路 1 号 D 座　100038） 网址：www.waterpub.com.cn E-mail：zhiboshangshu@163.com 电话：（010）68367658（营销中心）	
经 售	北京科水图书销售中心（零售） 电话：（010）88383994、63202643、68545874 全国各地新华书店和相关出版物销售网点	
排 版	北京智博尚书文化传媒有限公司	
印 刷	河北华商印刷有限公司	
规 格	190mm×235mm　16 开本　27.5 印张　710 千字	
版 次	2020 年 10 月第 1 版　2020 年 10 月第 1 次印刷	
印 数	0001—5000 册	
定 价	89.80 元	

前　言

Python 是一种跨平台、开源的解释型程序设计语言，因其"简洁""易读"和"可扩展性"等特点，使其成为目前最炙手可热的编程语言之一。Python 功能强大，在数据处理、Web 开发、软件开发、自动化运维、人工智能、图形处理、科学计算和网络爬虫等领域都有广泛应用。

Python 也被称为"胶水"语言，能够把用其他语言（如 C 语言、C++等）制作的各种模块（如计算机视觉库 OpenCV、三维可视化库 VTK 等）轻松地联结在一起。另外，Python 还有 NumPy、SciPy、matplotlib、Scrapy、Pandas、Scikit-learn 等功能强大的科学计算和机器学习扩展库，使得 Python 成为人工智能开发的首选语言。

本书特点

➥　**结构合理，非常适合初学者自学**

本书定位以初学者为主，在内容安排上充分考虑到初学者的特点，由浅入深，循序渐进。在语言上尽量避免使用晦涩艰深的语句，而是用通俗易懂的语言，引领读者快速入门。

➥　**范例丰富，辅助快速掌握知识点**

本书在介绍知识点时，辅以大量的范例及代码片段，并在适当位置给出详细的说明及代码解析，可帮助读者快速理解并掌握所学知识点。

➥　**视频讲解，搭配学习效率更高**

为了提高学习效率，本书还特别录制了 119 节通俗易懂的教学视频。视频和图书配套学习，可以提高学习效率。

➥　**栏目设置，精彩关键，让你少走弯路**

根据需要并结合实际工作经验，作者在各章知识点的叙述中穿插了大量的"注意""提示"等小栏目，可以让读者在学习过程中掌握相关技术的应用技巧，有些注意事项可以让你少走不必要的弯路。

➥　**重点总结，学习要抓住关键知识点**

本书在每章的最后都给出了"重点复习"环节，对每章的重点内容进行了总结，读者可通过此环节对每章内容进行回顾，检查知识掌握情况，不要遗漏关键知识点。

从 2020 年 1 月起，官方停止对 Python 2.7 的支持后，目前市场上的应用主流是 Python 3.x 版本，并以每隔一年左右推出一个 3.x 版本的速度前进（如从 3.7 升级到 3.8），但是 3.x 版本之间并没有特别大的改动，只是一些功能的更新；如果有一些不涉及新功能的比较小的改动或调整时（如修复了某个 Bug），也会增加更小版本，如 3.8.1。

本书在写作时特别注意各版本之间的功能变化、新功能的应用方法及注意事项，这就使读者无论选择 Python 3.x 的哪个版本（甚至 Python 2.x），都能够很好地使用本书学习。

本书能带你快速入门 Python 学习，但是编程并不是特别简单的事情，而且还有 Java、C 语言、Golang 等多种优秀编程软件，所以读者不仅要认真学习本书介绍的 Python 相关技术，更要领略书中潜移默化传达出的编程思想，训练自己的编程思维，将来无论需要用什么编程，都能够从容应对。

程序范例

本书许多的范例都使用完整程序操作来展现，当看到以下程序代码范例时：

```
basicio upper.py
import sys

src_path = sys.argv[1]
dest_path = sys.argv[2]                    ❶分别以'r'与'w'模式开启

with open(src_path) as src, open(dest_path, 'w') as dest:
    content = src.read()          ← ❷使用 read()读取数据
    dest.write(content.upper())      ←❸使用 write()写入数据
```

范例开始的左边名称为 basicio，表示可以在本书配套资源 samples 文件夹的章节文件夹中找到对应的 basicio 项目。而右边名称为 upper.py，表示可以在项目中找到 upper.py 文件。如果程序代码中出现符号与提示文字，表示后续的正文中会有对应于符号及提示的更详细说明。

原则上，建议每个项目范例都亲自动手编写。但由于教学时间或操作时间上的考虑，本书有建议练习的内容，如果在范例开始前发现有一个 图示，例如：

```
game1  rpg.py                                                    Lab
class Role:              ← ❶定义类 Role
    def __init__(self, name: str, level: int, blood: int) -> None:
        self.name = name    # 角色名称
        self.level = level   # 角色等级
        self.blood = blood   # 角色血量

    def __str__(self):
        return "('{name}', {level}, {blood})".format(**vars(self))
```

```
    def __repr__(self):
        return self.__str__()

class SwordsMan(Role):        ←——  ❷继承父类 Role
    def fight(self):
        print('挥剑攻击')

class Magician(Role):         ←——  ❸继承父类 Role
    def fight(self):
        print('魔法攻击')

    def cure(self):
        print('魔法治疗')
```

表示建议该范例动手操作。而且在配套资源的 labs 文件夹中会有该练习项目的基础代码，可以开启项目后，完成项目中遗漏或必须补齐的程序代码或设置。

如果使用以下形式的代码呈现，表示它不是一个完整的程序代码，而是展现程序编写时需要特别注意的片段，读者需要认真学习、体会。

```
class Account:
    …
    def deposit(self, amount):
        if amount <= 0:
            print('存款金额不得为负')
        else:
            self.balance += amount

    def withdraw(self, amount):
        if amount > self.balance:
            print('余额不足')
        else:
            self.balance -= amount
```

特色段落

本书中会出现很多像下面这样的特色段落，它们代表的意义如下。

提示 >>> 针对书中提到的内容，提供一些额外的资源或思考方向，暂时忽略这些提示对后面的学习没有影响。但有时间的话，针对这些提示多做阅读、思考或讨论对学习是有帮助的。

注意 >>> 针对书中提到的内容，以特色段落的方式特别呈现出必须注意的一些使用方式、陷阱或避开问题的方法，看到这个特色段落时请集中精神阅读，避免学习走弯路。

本书配套资源获取方法及相关服务

本书配套资源包括范例源文件、初始文件、PPT课件及视频讲解，读者可以根据下面的方法下载后使用。

（1）读者可以扫描右侧的二维码或在微信公众号中搜索"人人都是程序猿"，关注后输入 **PY8134** 并发送到公众号后台，即可获取本书资源下载链接。

（2）将该链接复制到计算机浏览器的地址栏中，按 Enter 键进入网盘资源界面（**一定要将链接复制到计算机浏览器的地址栏，通过计算机下载，手机不能下载，也不能在线解压，没有解压密码**）。

（3）为方便读者间交流，本书特创建 QQ 群：920487815（**若群满，会创建新群，请注意加群时的提示，并根据提示加入对应的群号**）。

（4）如果对本书有其他意见或建议，请直接将信息反馈到邮箱：2096558364@QQ.com。

说明：目录中有 图标的，表示该节配有视频讲解，有需要的读者可以按上述方法下载后边看视频边学习。也可登录 xue.bookln.cn 网站，搜索到该书后，在线观看视频。

祝您学习愉快！

编　者

目　录

第 1 章　Python 起步走

学习目标

➢ 选择 2.x 还是 3.x

➢ 初识 Python

➢ 认识 Python 解释器

➢ 搭建 Python 环境

1.1 认识 Python

Python 诞生于 1991 年，至今已近三十个年头，算是一门古老的语言。在这么漫长的发展过程中，如果现在要开始学习 Python，究竟要先认识些什么，正是这个小节接下来要告诉你的。

1.1.1 Python 3.0 的诞生

正因为 Python 是一门古老的语言，它的应用极为广泛，包括系统管理、科学计算、Web 应用程序、嵌入式系统等各个领域，都可以看到 Python 的踪迹。然而，本书并不打算从它的诞生开始谈起，如果你对此真的有兴趣，可以在网络中搜索 "Python" 条目，目前需要关心的并不是 Python 的诞生，而是 Python 3.0 的推出。

时光暂且回到 2008 年 12 月 3 日，新出炉的 Python 3.0（也被称为 Python 3000 或 Py3K）包含了许多人引颈期盼的新功能，其中最引人注目的是 Unicode 的支持，将 str/unicode 做了一个统合，并明确地提供了另一个 bytes 类型，解决了许多开发者在处理字符编码时遇到的问题。然而，其语法与链接库方面的变更，也破坏了向后兼容性，导致许多基于 Python 2.x 的程序无法直接在 Python 3.0 的环境中运行。

> **提示 >>>** 在谈论这段历史的过程中，难免会出现一些专有名词，如果不清楚这些名词，先别担心，之后看过各章节的内容，回头再来看这些介绍，就会明白这些名词的意义。

对编程语言而言，破坏向后兼容性是一条危险的路，历史上很少有语言能走这条路而获得成功。许多语言在小心翼翼地推出新版本的同时，无不注意与先前版本的兼容，然而代价往往就是越来越臃肿的语言，有时想要吸收一些在其他语言中看似不错的特性，又为了要符合向后兼容性，总会将这类特性做些畸形的调整。而特性越来越多也会使得处理一项任务时，错误与正确的做法越来越多，同时并存于语言之中。

从这个层面来看，Python 3.0 选择破坏兼容性，基本上是可以理解的。而 Python 3.0 演进的指导原则正是"将处理事情的老方法移除，以减少特性的重复"，这也符合 PEP 20[①] 的规范，也就是《Python 之禅》（*The Zen of Python*）中"做事时应该只有一种（也许也是唯一）明确的方式"的条目。

然而，正如先前谈到，Python 的应用极为广泛，以往累积起来的链接库等庞大资源，并非一朝一夕就能升级至兼容 Python 3.0，因此在开发新的程序时，开始有人问"我要用 Python 2.x 还是 Python 3.0？"，而打算开始学习 Python 的人们也在问"我要学 Python 3.0 还是 Python 2.x？"

---

① PEP 20：www.python.org/dev/peps/pep-0020/

在 Python 3.0 刚推出不久的那段日子里，答案通常会是"学习 Python 2.x，因为许多链接库还不支持！"然而，随着时间的过去，答案渐渐变得难以选择，许多介绍 Python 的入门文件或书籍，也不得不同时介绍 Python 2 与 3 两个版本。尽管有 2to3[①] 这个工具，声称可以将 Python 2.x 的程序代码转换为 Python 3.0，但它也不能发现所有的问题。渐渐地，甚至开始有了 Python 3 is killing Python[②] 这类文章的出现，预测 Python 社区将会分裂，甚至既有拥护者也可能会离开 Python。

然而，从 2020 年 1 月起，官方停止对 Python 2.7 的支持，开发者不会再收到来自 Python 2.7 的任何错误修复和安全更新，不少开源项目也已经放弃了对 Python 2.7 的支持。经过几年的过渡期，目前几乎所有主要的开源 Python 软件包都支持 Python 3.x，所以对于"我要学 Python 3 还是 Python 2？"问题的答案就变得非常清晰了，建议你直接学习 Python 3.x。

1.1.2 从 Python 3.0 到 3.8

尽管破坏向后兼容性的语言，多半不会有什么好的结果。然而，就这几年 Python 3.x 与 2.x 的发展情况来看，其过程与那些失败了的语言不太一样。

首先，Python 本身以每隔一年左右推出一个 3.x 版本的速度前进（见表 1.1），当然这并不是官方一厢情愿地推进，而是不断倾听社区声音，不断地为兼容转换做出努力的结果。

表 1.1　Python 3.0~3.8 发布日期

版　本	发布日期
Python 3.0	2008-12-03
Python 3.1	2009-06-27
Python 3.2	2011-02-20
Python 3.3	2012-09-29
Python 3.4	2014-03-16
Python 3.5	2015-09-13
Python 3.6	2016-12-23
Python 3.7	2018-06-27
Python 3.8	2019-10-14

举例来说，如果想在 Python 2.x 中就开始使用 Python 3.x 的一些特性，可以试着 from __future__ import 你想使用的模块。例如最基本的 from __future__ import print_function，就可以使用 Python 3.x 中的 print() 函数（Function），以兼容方式来编写输出语句。

---

① Automated Python 2 to 3 code translation：docs.python.org/3.0/library/2to3.html
② Python 3 is killing Python：blog.thezerobit.com/2014/05/25/python-3-is-killing-python.html

在 Python 官方的 Python2orPython3[1] 也整理了许多兼容转换的相关资源，其中指出 Python 3.0 的一些较不具破坏性的特性回馈（Backport）到 Python 2.6 中，而 Python 3.1 的特性回馈到了 Python 2.7 中；回馈也会反过来从 2.x 至 3.x。例如，在 Python 3.3 中又支持了 u"foo" 来表示 unicode 字符串，b"foo" 来表示 byte 字符串，兼容性同时在 2.x 与 3.x 之间前进着，并试着让语法有更多交集。

Python 3.x 本身也不断地吸纳社区经验，举例来说，Python 3.3 包含了 venv 模块，相当于过去社区用来搭建虚拟环境的 virtualenv 工具；Python 3.4 本身就包含了 pip，这是过去社区建议用来安装 Python 相关模块的工具；Python 3.5 更纳入了 Type Hints，尽管 Python 本身是一个动态类型语言，然而，Type Hints 特性有助于静态分析、重构、执行时期的类型检查，对大型项目开发有显著的帮助，而且对既有程序代码不会有影响；Python 3.6 进一步加强了 Type Hints、新增了格式化字符串字面量（Formatted String Literals）等；Python 3.7 新增了延迟标注求值的语法特性、内置特性 breakpoint() 函数等；Python 3.8 在性能上又做了很大的改进，增加了可在表达式内部为变量赋值的海象运算符，用来指明某些函数形参必须使用仅限位置而非关键字参数的函数形参语法等。

尽管 Python 3.x 本身不断在兼容性、新特性与性能上改进很多，然而，若社区不接受，基本上也是徒劳无功，所幸实际情况并非如此。

在 Python 官方的持续推动下，许多基于 Python 2.x 的链接库或框架一直不断地往 Python 3.x 迁移，例如 Web 快速开发框架 Django，在编写这段文字时，已经可以支持至 Python 3.8，一些科学运算库，如 Numpy、SciPy 等，也已经支持 Python 3.x 的版本。目前绝大部分程序库都已经支持 Python 3.x。

> 提示 >>> 一个现实的问题是，新系统要开发时，究竟要基于 Python 2.x 还是 Python 3.x？最好的方式是写出能同时兼容 2.x 与 3.x 版本的程序代码，这除了要建立良好的程序代码惯例之外，社区中还有着 six[2]这类的库，可以写出兼容 2.7 和 3.x 的程序代码基础。

除了许多链接库或框架不断向 Python 3.x 迁移外，有些操作系统也开始进行相对应的处理动作。如 Linux 系统，目前多半同时预载了 Python 2.x 与 3.x。以 Ubuntu 为例，从 13.04 之后的版本开始，就预载了 Python 3.x，Ubuntu 也持续在移除系统中对 Python 2.x 的依赖。在其未来的计划中，希望有朝一日能够全面采用 Python 3.x，而且不再预载 Python 2.x。

当然，一定还会有死守着 Python 2.x，也宣称未来绝不会支持的组件、链接库或应用程序，而身为 Python 开发者，将来也可能有必须面对这些链接库的时候。然而重要的是，无论现阶段个人偏好如何，在遇到"我要学习 Python 2.x 还是 Python 3.x？"的类似问题时，答案不应只是单纯的"学习 Python 2.x，因为许多链接库还不支持！"，而是应该针对（本身或客户）

---

[1] Python2orPython3：wiki.python.org/moin/Python2orPython3
[2] six：pypi.python.org/pypi/six

需求，做一个全面性的调查，就像在选择一门语言或者调查某个链接库是否可以采用时，必须有诸多考虑，如了解其更新（Update）的时间、修改记录（Changelog）、修正问题（Issue）的速率、作者身份等。

当然，随着对 Python 2.7 的停止支持，以官方在 Python 3.x 上的推动及社区支持来看，未来 Python 的生态圈应是会持续接纳 Python 3.x，因而就学习 Python 来说，建议先学 Python 3.x，因为有了 Python 3.x 的基础，将来若有必要面对与学习 Python 2.x，也并不是一件难事。

1.1.3 初识社区资源

认识一门语言，不能只是学习语言的语法，更要逐步深入了解语言背后的社区与文化，而这对于 Python 语言的学习者来说更为重要。最好的方式就是从认识语言创建者开始，了解语言设计的理念，接着从社区网站出发，获取更多可以了解并参与社区的资源。

1. Python 之父

使用 Python，一定要认识一下 Python 的创建者 Guido van Rossum。Guido 是首位享有 BDFL 封号的开源软件创建者（BDFL 全名为 Benevolent Dictator for Life，中文常翻译为"仁慈的独裁者"，意思是拥有这类称号的开源软件创建者），对社区仍持续关注，在必要时能针对社区中的意见与争议提出想法与做出最后裁决。Python 3.x 得以持续推进就是一个例子，因为 Python 3.x 正是 Guido van Rossum 的最爱，没有他的坚持，或许 Python 3.x 难以有今日的接受度。

提示 >>> 在 Guido van Rossum 的 Google+专页上，就曾经张贴过一则真实的笑话（goo.gl/S43JBx）。有猎头公司的人写信给 Guido，说通过 Google 搜索看过他的简历，觉得他在 Python 上似乎极为专业，想介绍一个 Python 开发者的职位给他。

Guido 在 2005 年至 2012 年曾受雇于 Google，其中大部分时间在维护 Python 的开发，2013 年离开 Google 之后进入 Dropbox。可以在官方个人页面[①] 找到他，上面也会告诉你 Guido van Rossum 究竟怎么发音。

提示 >>> 有份 Python 改进提案 PEP 572，在社区中引发极大的争议，而在争议落幕之前，Guido 就决定采纳 PEP 572，这引来了许多反对者的批评，甚至有人说 Guido 的独裁远多于仁慈。为此，Guido 在 2018 年 7 月 12 日在一封名为 Transfer of Power 的邮件中对社区宣布，永久卸下 BDFL 身份。

2. Python 软件基金会

Python Software Foundation[①] 常简称为 PSF，主要任务为推广、维护与促进 Python 程序语言的发展，同时也支持协助全球各地各式各样 Python 程序设计师与社区的成长。PSF 是非营

①Python Software Foundation：www.python.org/psf/

5

利组织，持有 Python 程序语言背后的知识产权。

3．Python 改进提案

Python Enhancement Proposals[①] 常简称为 PEPs。Python 的改进多是由 PEP 流程主导，PEP 流程会收集来自社区的意见，为将来打算加入 Python 的新特性提出文件提案。过去重要的 PEP 会通过社区与 Guido 审阅与评估，决定其是否成为正式的 PEP 文件。

> **提示 »»** 在 Guido 卸下 BDFL 身份之后，PEP 的决策将交由社区自行决定。Guido 也建议可以将决策程序写为 PEP，成为社区的章程。

因此 PEP 文件本身说明了它对 Python 的改变，以及实践特性时应遵守的标准。在刚开始认识 Python 时，有几个重要的 PEP 是必须认识的，如 PEP 1、PEP 8、PEP 20、PEP 257 等，如表 1.2 所示。

表 1.2　初学者应了解的 PEP 文件

文　　件	说　　明
PEP 1	PEP 的作用与执行准则，说明什么是 PEP、PEP 的类型、提案方式等
PEP 8	Python 的程序代码风格，包括程序代码的编排、命名、批注等风格指引，想写出有 Python 味道的程序代码，必定要参考的一份文件
PEP 20	《Python 之禅》（*The Zen of Python*），编写 Python 时的精神指标，或者说是金玉良言，像是"美丽优于丑陋"（Beautiful is better than ugly）、"明确好过隐晦"（Explicit is better than implicit）等
PEP 257	编写 Docstrings 时的惯例，Docstring 是可内置于 Python 程序中的说明文件字符串，之后的章节会加以介绍

4．Python 研讨会

全世界各地都有 Python 使用者，这些使用者会在各地举办大大小小的各式 Python 研讨会（Python Conference）。如果想要知道各地的研讨会信息，可以从 PyCon[②] 网站获取，它列出了全球各地 Python 研讨会的网址、活动日期等信息。

在 PyCon 网站上，你可以找到 PyCon China，单击下面的超链接，可以看到 Python 中国社区关注的重要研讨会信息。

5. Python 用户组

除了研讨会之外，Python 用户会举办周期性的聚会，可以在 LocalUserGroups 上找到全球各地的 Python 用户聚会信息。以中国大陆来说，编写这段文字的同时，该网站记录的周期性聚会信息包含 Python Chinese User Group（中文 Python 用户组 Wiki 网站）、BPUG（北京 Python

---

① Python Enhancement Proposals：www.python.org/dev/peps/
② PyCon：www.pycon.org

用户组）、ZEUUX（具有 Python 用户组的自由软件社区）。

1.2 搭建 Python 环境

在本书中，将会使用 Python 3.8.1 作为环境。现在操作系统在选择上多元化了，基于篇幅考虑，在介绍如何安装 Python 的这一节中，只会以 Windows 操作系统的环境配置为例来进行介绍。因为相对来说，Windows 用户较有可能在配置程序设计相关环境上缺少经验，因而会需要较多这方面的协助。

1.2.1 Python 解释器

在介绍如何安装 Python 之前，得先来认识几个 Python 解释器。能执行 Python 语言的程序不少，接下来介绍几个主要 Python 解释器。

1．CPython

CPython 是 Python 官方的解释器，提到安装 Python，如果没有特别声明，多半指的就是安装 CPython。顾名思义，它是以 C 语言开发的 Python 解释器，提供 Python 包（Package）与 C 语言扩充模块的最高兼容性。本书安装的 Python 环境就是 Windows 版本的 CPython。

Python 是解释性语言，不过并非每次都从源代码解释后执行，CPython 会将源代码编译为字节码（Bytecode），之后再由虚拟机加载执行。每次执行同一程序时，若检测到源代码文件没有变更，就不会对源代码重新进行语法剖析等动作，而可以从位码开始解释，以加快解释速度。

2．PyPy

从名称上来看，PyPy[1] 是用 Python 实现的 Python 解释器，准确地说，是使用 RPython（Restricted Python）来实现 Python。RPython 不是完整的 Python，是 Python 的子集，不过 PyPy 可以执行完整的 Python 语言。它的运行速度比 CPython 快，目的在于改进 Python 程序的执行性能，同时追求与 CPython 的最大兼容性。

对于 Python 3.x 的支持来说，PyPy 是一个指标性代表。目前它有 Python 2.7 与 3.6 的支持版本。

3．Jython

Jython[2] 是用 Java 实现的 Python 解释器，会将 Python 程序代码编译为 Java 的字节码，可

---

① PyPy：pypy.org
② Jython：www.jython.org

让使用 Python 语言编写的程序运行于 JVM（Java Virtual Machine）上。既然可以运行在 JVM 上，也就能导入、调用 Java 的相关链接库，因而得以运用 Java 领域中的各种资源。

目前，Jython 的最新版本是 2.7.2。而 Jython 的主要开发者之一 Frank Wierzbicki 曾表示，在 Jython 2.7 之后，会认真地开始处理 Jython 3。目前 Github 上有一个 jython3① 的初步项目。

4．IronPython

IronPython② 是运行在微软.NET 平台上的 Python 解释器，可以使用.NET Framework 链接库，这也让 .NET 平台上的其他语言可易于使用 Python 链接库。

IronPython 的创建者 Jim Hugunin 同时也是 Jython 创建者。IronPython 3③ 是以支持 Python 3.x 为目标的一个项目。

1.2.2 下载与安装 Python 3.8.x

要下载 Python，请链接到 Python 官方网站 www.python.org。单击首页的 Downloads 导航菜单会自动检测操作系统，并直接列出可下载安装的程序包，如图 1.1 所示。

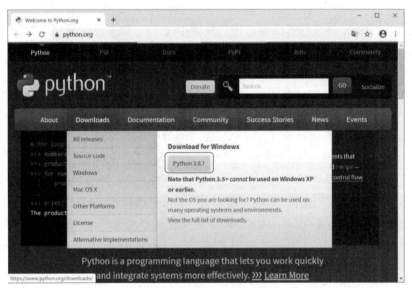

图 1.1　下载 Python 3.8.1

注意》》》 在图 1.1 中可以看到，Python 3.5 或之后的版本无法在 Windows XP 上使用，本书将在 Windows 10 中示范安装过程。

---

① jython3：github.com/jython/jython3
② IronPython：ironpython.net
③ IronPython 3：github.com/IronLanguages/ironpython3

Python 推出时的版本号是采用 major.minor.micro 的形式，也就是主版本号、次版本号与小版本号。主版本号只有在语言本身确实有重大变革时才会递增，如从 Python 2 变成 3 就是一个例子；次版本号是在增加了重要特性，但不至于影响整个语言层面时递增，基本上约一年多推出一次，如从 Python 3.0~3.8 这样的过程；小版本号基本上是每隔一段时间推出，用以修正漏洞（bug）之类的问题，如 3.8.1。

Python 3.8 是在 2019 年 10 月 14 日推出的版本，若是为了修正漏洞（bug）而推出的下一个版本，则会是 Python 3.8.1 这样的 3.8.x 版本号形式。

提示 >>> 对 Python 的版本语义有更多的兴趣吗？该规范在 PEP 440 之中：www.python.org/dev/peps/pep-0440/。

对于 Windows 用户，单击图 1.1 中的 Python 3.8.1 按钮，会下载一个 python-3.8.1.exe 文件，双击该文件执行安装，会看到图 1.2 所示的安装初始画面。

图 1.2　安装初始画面

说明 >>> 因为是从网络下载的可执行文件，根据 Windows 中的安全设定等级的不同，下载 Python 3.7 及以下的版本可能需要在该文件上右击，选择快捷菜单中的"属性"命令，选中"解除锁定"复选框并单击"确定"按钮后，才能够进一步执行，如图 1.3 所示。解除锁定后，在 python-3.7.0.exe 上双击鼠标执行安装即可。

当用户在"命令提示符"（又称 Console，中文常称为控制台）中输入某个命令时，操作系统会查看在 PATH 环境变量设定的文件夹中是否能找到指定的脚本文件，因此**请选中"Add Python 3.8 to PATH"复选框**，这样就不用亲自设定 PATH 环境变量，对于初学者来说比较方便（此时若不理解，只需先按此操作即可）。

从图 1.2 中可以看到，默认用来安装 Python 3.8.1 的路径是用户文件夹下的 AppData\Local\Programs\Python\Python38-32 文件夹，若想改变这个路径，可以单击 Customize installation，然后在弹出的画面中直接单击 Next 按钮，就会出现可以进行修改的字段。例如，可以将其安装至 C:\Winware\Python38-32 之中（Winware 是笔者自行创建的文件夹，读者可以根据自己的需要创建不同名称的文件夹），如图 1.4 所示。

图 1.3　解除锁定

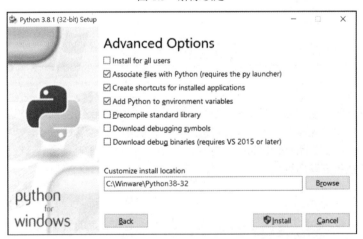

图 1.4　自定义安装文件夹

接着只需要单击 Install 按钮，静待安装完成即可。若想确定是否可执行基本的 python 命令，可以在 Windows 的程序菜单中寻找、执行"命令提示符"命令，然后输入 python -V（**大写的 V，Python 后面必须加一个空格**），就会显示安装的 python 版本，如图 1.5 所示。

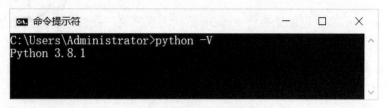

图 1.5 查看 Python 版本

提示 >>> 你可能会留意到图 1.4 中的安装路径"Python38-32"中的"32"字样,这代表安装的是 32 位版本。即使操作系统是 64 位,Python 官网提供的下载默认也是 32 位,这已经适用于初学或多数的应用程序。如果未来基于某些考虑(如想使用更多的内存),打算采用 64 位版本,也可以在官方网站下载。例如,Python 3.8.1 可在 www.python.org/downloads/release/python-381/中找到 64 位版本。

1.2.3 认识安装内容

那么你到底安装了哪些内容呢?无论是默认安装到用户文件夹中的 AppData\Local\Programs\Python\Python38-32,还是按如图 1.4 所示安装到 C:\Winware\Python38-32,现在都请打开该文件夹,认识几个重要的安装内容,如图 1.6 所示。

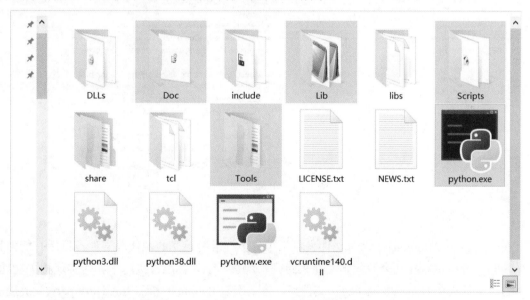

图 1.6 Python 安装内容

1. python 命令

在图 1.6 中可以看到 python.exe 程序,若你勾选了图 1.2 中的 Add Python 3.8 to PATH,那么在图 1.5 输入 python 命令时就会执行这个程序。它可以用来进入 Python 的 REPL(Read-Eval-Print Loop)环境,也就是一个简单的、交互式的编程环境,之后的章节将会介绍与使用 REPL；python 命令也用来执行 Python 源代码或模块，我们将会频繁地使用这个命令。

提示 >>> 你还会看到 pythonw.exe 程序，若开发了桌面图形接口应用程序，使用这个命令可以不出现控制台画面，在 Windows 中也就是可以不出现命令提示符画面。

2. Doc 文件夹

在 Windows 版本的 Python 里，这个文件夹中提供了一个 python381.chm 文件，包含了许多 Python 文件，方便随时取用查阅，如图 1.7 所示。

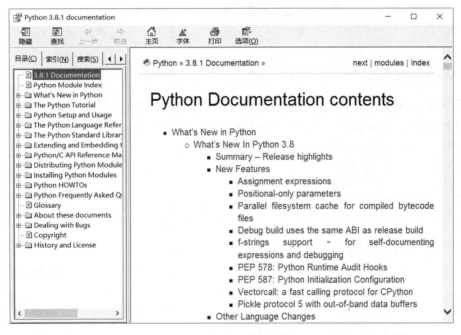

图 1.7　Python 说明文件

3．Lib 文件夹

在刚安装完 Python 时，这个文件夹包括了许多标准链接库的源代码文件，日后有能力且有兴趣时，可以试着找几个源代码文件来阅读、观察、学习标准链接库中如何实现相关功能。

这个文件夹中有个 site-packages 文件夹，将来安装 Python 的第三方（Third-party）链接库时，通常会将相关文件放到此文件夹中。

4．Scripts 文件夹

这个文件夹中包含了 pip 与 easy_install 命令的相关文件。若勾选了图 1.2 中的 Add Python 3.8 to PATH 复选框，那么 PATH 环境变量也会包含 Scripts 文件夹。因此，在命令提示符中也可以执行 pip 与 easy_install 命令。

5．Tools 文件夹

一些范例程序代码，以及使用 Python 编写的工具程序，如其中的 scripts 文件夹就包括了 2to3.py 文件，可用来将 Python 2 的源代码转换成 Python 3 的源代码。

进入 Python 的准备工作就先到这里，从第 2 章开始，就可以正式进行 Python 程序的编写了。如果你意犹未尽，可以试着在命令提示符中输入 python -c "import this"，这会出现一段文字，如图 1.8 所示，也就是 1.1.3 小节提过的 Python 之禅，试着先从文字中品味一下 Python 的精神吧！

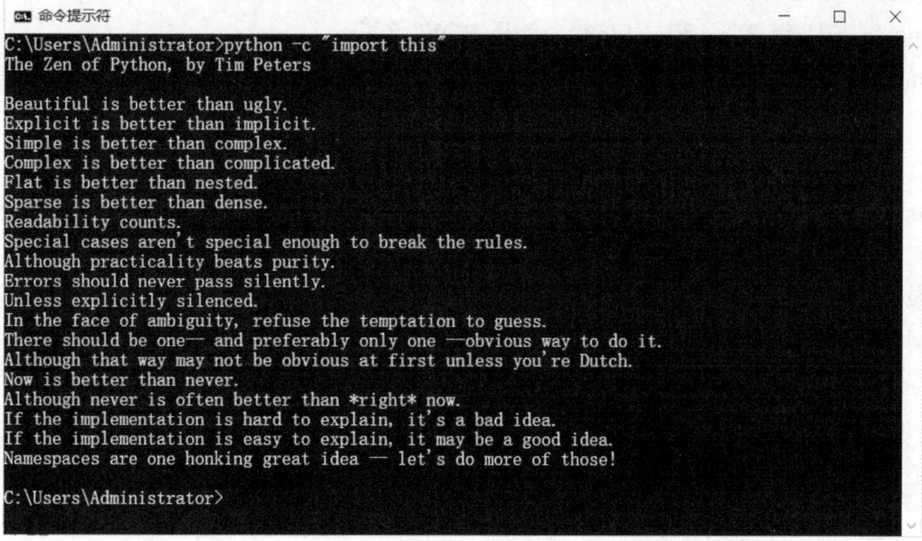

图 1.8　Python 之禅

1.3　重点复习

Python 诞生于 1991 年，而 Python 3.0 推出于 2008 年。新功能中最引人注目的是 Unicode 的支持，将 str/unicode 做了一个统合，并明确地提供了另一个 bytes 类型，解决了许多人处理字符编码的问题。然而，其语法与链接库方面的变更也破坏了向后兼容性，导致许多基于 Python 2.x 的程序无法直接在 Python 3.0 的环境中运行。

如果想在 Python 2 中使用 Python 3.x 的一些特性，可以试着 from __future__ import 你想使用的模块，如最基本的 from __future__ import print_function，就可以开始使用 Python 3.x 中的 print() 函数，以兼容方式来编写输出语句。

在 Python 官方的 Python2orPython3 中整理了许多兼容转换的相关资源。其中指出，Python 3.0 的一些较不具破坏性的特性反馈到 Python 2.6 中，而 Python 3.1 的特性反馈到了 Python 2.7 中；反馈也会反过来从 2.x 至 3.x。

Python 3.3 包含了 venv 模块，相当于过去社区用来搭建虚拟环境的 virtualenv 工具；Python 3.4 本身就包含了 pip，这是过去社区建议用来安装 Python 相关模块的工具；Python 3.5 更纳入了 Type Hints；Python 3.6 进一步加强了 Type Hints、新增了格式化字符串常量等；Python 3.7 在性能上做了很大的改进，在许多测试中都比 Python 2.7 快速；Python 3.8 在 3.7 的基础上又新增了一些特性，如赋值表达式、仅限位置参数的函数形参语法等，性能更高。

Python 的创建者 Guido van Rossum，是首位享有 BDFL 称号的开源软件创建者。BDFL 全名为 Benevolent Dictator For Life，中文常翻译为"仁慈的独裁者"，意思是拥有这类称号的开源软件创建者对社区仍持续关注，在必要时能针对社区中的意见与争议提出想法与做出最后裁决。Guido 在 2018 年 7 月 12 日宣布永久卸下 BDFL 身份。

Python Software Foundation 常简称为 PSF，主要任务为推广、维护与促进 Python 程序语言的发展，同时也支持协助全球各地各式各样 Python 程序设计师与社区的成长。PSF 是非营利组织，持有 Python 程序语言背后的知识产权。

Python Enhancement Proposals 常简称为 PEPs。Python 的改进多是由 PEP 流程主导，PEP 流程会收集来自社区的意见，为将来打算加入 Python 的新特性提出文件提案。

如果想要知道各地的研讨会信息，可以从 PyCon 网站开始，它列出了全球各地 Python 研讨会的网址、活动日期等信息。除了研讨会之外，Python 用户会举办周期性的聚会，可以在 LocalUserGroups 上找到全球各地的 Python 用户聚会信息。

CPython 是 Python 官方的解释器，一般如果提到安装 Python，没有特别声明的话，多半指的就是安装 CPython。顾名思义，它是用 C 语言编写的 Python 解释器，提供与 Python 套件与 C 语言扩充模块的最高兼容性。

Python 官方网站是 www.python.org。

Python 推出时的版本号是采用 major.minor.micro 的格式，也就是主版本号、次版本号与小版本号。主版本号只有在语言本身确实有重大变革时才会递增，如从 Python 2 升级到 Python 3；次版本号是在增加了重要特性但不至于影响整个语言层面时递增，基本上约一年多推出一次，如 Python 3.0～3.8 这样的过程；小版本号基本上是每隔一段时间就会推出，用以修正漏洞之类的问题，如 Python 3.8.1。

第 2 章　从 REPL 到 IDE

学习目标

➢ 使用 REPL

➢ 设置源代码文件编码

➢ 基本模块与包管理

➢ 认识 IDE 的使用

2.1　从 Hello World 开始

第一个 Hello World 程序的出现，是在 Brian Kernighan 编写的《B 语言入门教程》（*A Tutorial Introduction to the Language B*）书籍中（B 语言是 C 语言的前身），用来将 Hello World 文字显示在计算机屏幕上。自此之后，许多程序语言教学文件或书籍无数次地将它当作第一个范例程序。为什么要用 Hello World 程序来当作第一个程序范例？因为它很简单，初学者只要输入简单几行程序（甚至一行），就能要求计算机执行命令并得到反馈：显示 Hello World。

本书也要从显示 Hello World 开始。然而，在完成该简单的程序之后，一定要探索该简单程序之后的种种细节，千万别过于乐观地以为你想从事的程序设计工作就是这么容易。

2.1.1　使用 REPL

第一个显示 Hello World 的程序代码，我们将在 REPL（Read-Eval-Print Loop）环境中进行（又称为 Python Shell），如图 2.1 所示就是一个简单、交互式的程序设计环境。虽然它很简单，但在日后开发 Python 应用程序的日子里，你会经常使用它，因为 REPL 在测试一些程序片段的行为时非常方便。

　现在开启"命令提示符"窗口，直接输入 python 命令（不用加上任何自变量），就会进入 REPL 环境。

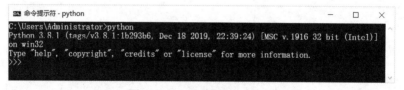

图 2.1　Python 的 REPL 环境

下面来编写一些小命令进行测试。首先做些简单的加法运算吧！从输入 1 + 2 之后按下 Enter 键开始：

```
>>> 1 + 2
3
>>> _
3
>>> 1 + _
4
>>> _
4
>>>
```

一开始执行了 1+2，显示结果为 3。_ 代表互动环境中上一次运算结果，方便在下次的运算中直接调用上一次的运算结果。

提示 ▶▶ 在 REPL 环境中，可以按 Home 键将光标移至行首，按 End 键将光标移至行尾。

一开始不是说要显示 Hello World 吗？接着就来命令 REPL 环境执行 print() 函数，显示指定的文字 Hello World 吧！

```
>>> 'Hello World'
'Hello World'
>>> print(_)
Hello World
>>> print('Hello World')
Hello World
>>>
```

在 Python 中，使用单引号 '' 包含住的文字，在程序中会被视为一个字符串值。有关字符串的特性，先知道这个就可以了，后续章节会进行详细探讨。在 REPL 输入一个字符串值后，会被当成是上一次的执行结果，因此 print(_) 时，_ 就代表着 'Hello World'，因此跟 print('Hello World') 的执行结果是相同的。

如果在 REPL 中犯错了，REPL 会给出提示信息。乍看这些信息有点神秘。

```
>>> print 'Hello World'
  File "<stdin>", line 1
    print 'Hello World'
                      ^
SyntaxError: Missing parentheses in call to 'print'. Did you mean print('Hello World')?
>>>
```

在 Python 2.x 中，print 是一个语句（Statement），然而**从 Python 3.0 开始，必须使用 print()
函数**，因此 print 'Hello World' 会发生语法错误。其实上面的信息中 **SyntaxError** 告知发生了语法错误。初学时面对这类错误信息，只要找出这个 Error 结尾的单词作为开始，慢慢就能看懂发生了什么错误。

若要获取帮助信息，可以输入 help()。例如：

```
>>> help()

Welcome to Python 3.8's help utility!

If this is your first time using Python, you should definitely check out
the tutorial on the Internet at https://docs.python.org/3.8/tutorial/.

Enter the name of any module, keyword, or topic to get help on writing
Python programs and using Python modules.  To quit this help utility and
return to the interpreter, just type "quit".

To get a list of available modules, keywords, symbols, or topics, type
```

```
"modules", "keywords", "symbols", or "topics".  Each module also comes
with a one-line summary of what it does; to list the modules whose name
or summary contain a given string such as "spam", type "modules spam".

help>
```

进入 help() 说明页面，注意提示符变成了 help>。在上面这段文字中说明了 help 页面的使用方式，若想结束 help 页面，可以输入 quit；想知道有哪些模块、关键字等，可以输入 modules、keywords 等，例如来查看 Python 有哪些关键字。

```
help> keywords

Here is a list of the Python keywords.  Enter any keyword to get more help.

False               class               from                or
None                continue            global              pass
True                def                 if                  raise
and                 del                 import              return
as                  elif                in                  try
assert              else                is                  while
async               except              lambda              with
await               finally             nonlocal            yield
break               for                 not

help>
```

刚才使用过 print() 函数，你想知道它怎么使用吗？在 help 说明页面中输入 print 就可以查询了。

```
help> print
Help on built-in function print in module builtins:

print(...)
    print(value, ..., sep=' ', end='\n', file=sys.stdout, flush=False)

    Prints the values to a stream, or to sys.stdout by default.
    Optional keyword arguments:
    file:  a file-like object (stream); defaults to the current sys.stdout.
    sep:   string inserted between values, default a space.
    end:   string appended after the last value, default a newline.
    flush: whether to forcibly flush the stream.

help>
```

现在输入 quit，回到 REPL 中。实际上，在 REPL 中也可以直接输入 help(print) 来查询函数的说明。

```
help> quit

You are now leaving help and returning to the Python interpreter.
```

```
If you want to ask for help on a particular object directly from the
interpreter, you can type "help(object)". Executing "help('string')"
has the same effect as typing a particular string at the help> prompt.
>>> help(print)
Help on built-in function print in module builtins:

print(...)
    print(value, ..., sep=' ', end='\n', file=sys.stdout, flush=False)

    ...

>>>
```

  如果要离开 REPL 环境，可以执行 quit() 函数。实际上，如果只是执行一个小程序片段，又不想麻烦地进入 REPL，可以在使用 python 命令时加上 -c 自变量，之后接上使用 " " 包含的程序片段。例如：

```
>>> quit()

C:\Users\Justin>python -c "print('Hello World')"
Hello World

C:\Users\Justin>python -c "help(print)"
Help on built-in function print in module builtins:

print(...)
    print(value, ..., sep=' ', end='\n', file=sys.stdout, flush=False)

    ...

C:\Users\Justin>
```

提示 >> 　如图 2.2 所示，在 Python 官方网站 www.python.org 首页也提供了一个互动环境。若想临时测试一个程序片段，又不想安装 Python 或不能找到装有 Python 的计算机时，打开浏览器就可以使用啦。方法为：打开 Python 官网后，单击中间的黄色按钮，如图 2.2（a）所示，即可进入互动环境，如图 2.2（b）所示，此时就可以测试程序了。

（a）

图 2.2　Python 的 REPL 环境

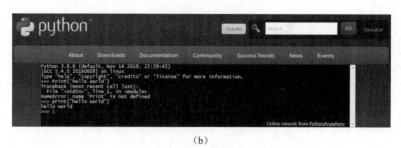

(b)

图 2.2　Python 的 REPL 环境（续）

2.1.2　编写 Python 源代码

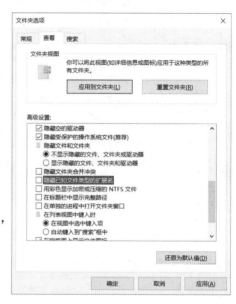

我们总是要开启一个原始代码文件，开始正式地编写程序。在正式编写程序之前，请先确定你可以看到文件的扩展名。在 Windows 下默认不显示扩展名，这在重命名文件时会造成困扰。如果在"文件资源管理器"下无法看到扩展名，Windows 7 系统下请执行"组织/文件夹和搜索选项"命令，Windows 8 和 Windows 10 系统都可以执行"查看/选项"命令。之后都是切换到"查看"选项卡，取消选中"隐藏已知文件类型的扩展名"复选框，如图 2.3 所示。

接着选择一个文件夹来存储 Python 原始代码文件，本书都是在 C:\workspace 文件夹中编写程序，请新建一个文本文件（也就是.txt 文件），并重新命名文件为 hello.py，由于将文本文件的扩展名从 .txt 改为 .py，系统会询问是否更改扩展名，请确定更改。如果是在 Windows 中第一次安装 Python，而且是按照本章介绍的方式安装，那么会看到文件图标有所改变，图标上的吉祥物是两只小蟒蛇（因为 Python 也有蟒蛇之意）。

图 2.3　取消选中"隐藏已知文件类型的扩展名"复选框

> **提示 »»»** 虽然 Python 有蟒蛇之意，不过 Guido van Rossum 曾经表示，Python 这个名称是取自他热爱的 BBC 著名喜剧影集 Monty Python's Flying Circus，Python 官方网站的 FAQ 也记录着这件事。docs.python.org/3/faq/general.html#why-is-it-called-python。而这个 FAQ 的下一则还很幽默地列出了：Do I have to like "Monty Python's Flying Circus"? 这个问题，答案是：No, but it helps. :)。

执行"开始/Python 3.8/IDLE"命令，打开 IDLE 编辑器，然后执行 File/Open 命令，如图 2.4 所示，在弹出的"打开"对话框中选择刚刚新建的 hello.py 文件，打开后即可在 IDLE 编辑器中编写程序，如图 2.5 所示（在.py 文件上右击，执行 Edit with IDLE 命令，也可以在 IDLE

中打开文件进行编辑）。

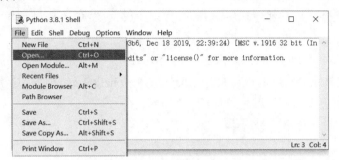

图 2.4　执行命令

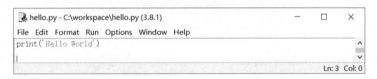

图 2.5　第一个 Python 程序

说明 ≫ IDLE 是 Python 官方内置的编辑器（本身也使用 Python 编写），这会比使用 Windows 内置的记事本编写 Python 程序更方便一些。

这是一个很简单的小程序，只是使用 Python 的 print() 函数显示指定文字，执行时 print() 函数默认会在控制台（Console）显示指定的文字。

接着执行 File/Save 命令存储文件。虽然可以直接在 IDLE 中执行 Run/Run Module 命令，启动 Python 的 REPL 来执行程序，不过，在这里我们要直接使用命令提示符执行，请开启"命令提示符"窗口，切换工作文件夹至 C:\workspace（执行 cd c:\workspace 命令），然后按图 2.6 所示使用 python 命令执行程序。

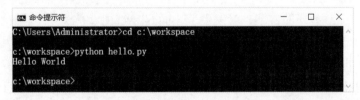

图 2.6　执行第一个 Python 程序

2.1.3　哈罗！世界！

就程序语言来说，Python 确实是一门很容易入门的语言。但是，无论哪个领域都需要注意一点"事物的复杂度不会凭空消失，只会从一个事物转移到另一个事物"，在程序设计领域也是如此。如果纯粹只是想营销 Python 这门语言，介绍完刚才的 Hello World 程序后，我就可以开始歌颂 Python 的美好了。

Python 虽然入门简单，但是 Python 也有其艰深的一面，也有其会面临的难题。若你将来打算发挥 Python 更强大的功能，或者需要解决更复杂的问题，就需要进一步深度探索 Python。本书之后的章节也会谈到 Python 一些比较深入的问题。

至于现在，作为中文世界的开发人员，想稍微触碰一下复杂度，除了显示 Hello World 之外，可以再来试试显示"哈罗！世界！"。请建立一个 hello2.py 文件，这次不使用 IDLE，直接使用 Windows 的记事本编写程序，如图 2.7 所示。

图 2.7　第二个 Python 程序

接着在控制台中执行 python hello2.py，很不幸，这次出现了图 2.8 所示的错误。

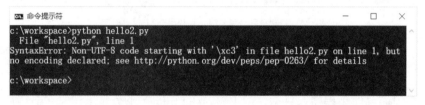

图 2.8　执行出错了！

1．UTF-8

从图 2.8 中发现一个错误信息 SyntaxError，也就是语法错误。原因在于 **Python 3 之后，python 解释器的源代码文件编码必须是 UTF-8**（Python 2.x 默认的是 ASCII）。然而，Windows 的记事本默认编码是 ANSI（简体中文是 GBK），两者对汉字字符的字节排列方式并不相同，python 解释器看到无法解释的字节，就发生了 SyntaxError。

UTF-8 是目前很流行的字符编码方式，现在不少文本编辑器默认也会使用 UTF-8，如刚才使用的 IDLE。相同的程序代码使用 IDLE 编写存储，执行时并不会发生错误，然而问题在于，许多人不使用 IDLE，你将来也可能会换用其他编辑器。因此，在这里必须告诉你这种情况的存在，当发生这种错误时，知道如何解决。

提示 >>> 如果你不知道 UTF-8 是什么意思，建议先从网络中搜索"编码格式"等相关条目，查看相关的内容。

如图 2.9 所示，Windows 的记事本可以在另存新文件时选择字符编码为 UTF-8，这是解决问题的一个方式。

图 2.9 记事本可在另存新文件时选择字符编码为 UTF-8

提示 >>> Windows 内置的记事本不是很好用，笔者习惯用 NotePad++。编辑文件时，可以直接在"编码"菜单中选择字符编码，如图 2.10 所示。

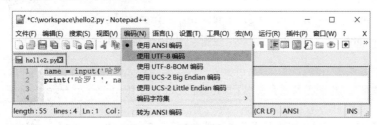
图 2.10 设置 NotePad++ 的字符编码

2. 设置源代码编码

　　若不想将文件的字符编码设置为 UTF-8，另一个解决方式是在源代码的第一行，使用注释设置编码信息。最简单的设置方式是图 2.11 所示的方式。

图 2.11 设置 Python 源代码文件编码

在 Python 源代码文件中，# 开头代表这是一行注释，# 之后不会被当成是程序代码的一部分。如图 2.11 中加上 #coding=gbk 之后，就可以正确地执行了，如图 2.12 所示。

在 hello2.py 的程序代码中，input() 是一个函数（Python 2.x 中使用的是 raw_input()），可用来获取用户输入的文字。调用函数时指定的文字会作为控制台中的提示信息，在用户输入文字并按下 Enter 键后，input() 函数会以字符串返回用户输入的文字，在这里将其指定给 name 变量，之后使用 print() 函数依次显示了"哈罗！"、name 与"！"。

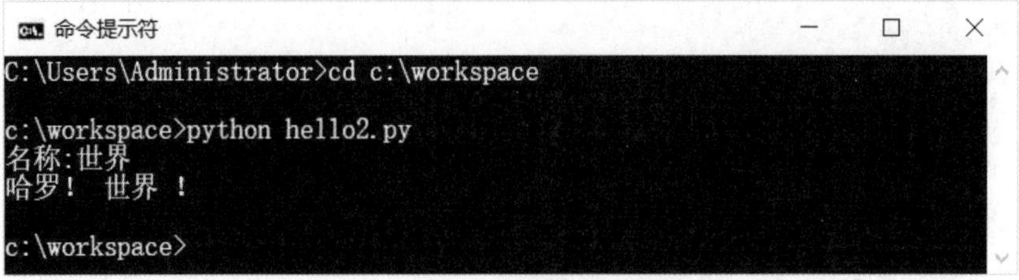

图 2.12　哈罗！世界！

至于为什么说这是最简单的设置方式呢？将来你也许还会看到其他的编码设置方式。例如：

```
# -*- coding: gbk -*-
```

或者：

```
# vim: set fileencoding=gbk :
```

也许你还会看到更多其他的方式，这是因为，实际上 python 解释器只要在注释中看到 **coding=<encoding name>** 或者 **coding: <encoding name>** 出现就可以了。因此，就算在第一行编写 #orz coding=gbk、#XDcoding: gbk，也都可以正确地找出字符编码设置。

提示 >>> 　为了对应各种编辑器的特性，读者可参考 PEP 0263: www.python.org/dev/peps/pep-0263/中的介绍。其中有说明，python 解释器会使用下面这段正则表达式（Regular Expression）来获取字符编码设置：

```
^[ \t\v]*#.*?coding[:=][ \t]*([-_.a-zA-Z0-9]+)
```

本书的第 11.3 节会介绍什么是正则表达式，以及在 Python 中如何使用它。

2.2　初识模块与包

对于初学者来说，通常只需要一个 .py 源代码文件，就可以应付基本范例程序的代码数量，然而实际应用程序需要的代码数量远比范例程序多。只使用一个 .py 源代码文件来编写，势必造成程序代码管理上的混乱，所以你必须学会按职责将程序代码划分在不同的模块（Module）中编写，也要知道如何使用包（Package）来管理职责相近或彼此辅助的模块。

模块与包也有一些需要知道的细节，这一节将只介绍简单的入门知识，目的是应付本书一开始的几个章节。更详细的模块与包的说明会在后面的章节详细介绍。

2.2.1　模块简介

有件事也许会令人惊讶：其实你已经编写过模块了。**每个 .py 文件本身就是一个模块**，当你编写完一个 .py 文件而别人打算直接享用你的成果时，只需要在他编写的 .py 文件中导入（import）就可以了。例如，若想在一个 hello3.py 文件中直接使用先前编写好的 hello2.py 文件，可以按图 2.13 所示的方法编写程序。

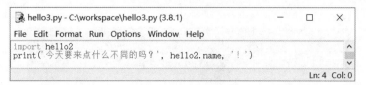

图 2.13　导入模块

每个 .py 文件的主文件名就是模块名称，想要导入模块时必须使用 import 关键字指定模块名称。若调用模块中定义的名称，必须在名称前加上模块名称与一个 "."， 如 hello2.name。接着来直接执行 hello3.py，看看会有什么结果，如图 2.14 所示。

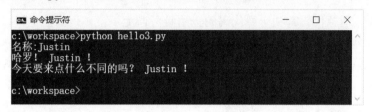

图 2.14　结合另一模块的执行结果

图 2.14 结果中前两行显示的就是 hello2.py 编写的内容，导入模块中的程序代码会被执行，接着才执行 hello3.py 中 import 之后的程序代码。

提示 >>> 此时若查看 .py 文件所在的文件夹，就会发现多了一个 __pycache__ 文件夹，其中会有 .pyc 文件，这是 CPython 将 .py 文件转译后的位码文件。之前再次导入同一模块，若源代码文件侦测到没有变更，就不会对源代码重新进行语法剖析等动作，而可以从位码开始解释，加快解释速度。

类似地，Python 本身提供了标准链接库，若需要这些链接库中的某个模块功能，可以将模块导入。例如，若想获取命令行自变量（Command-line Argument），可以通过 sys 模块的 argv 列表（List），如图 2.15 所示。

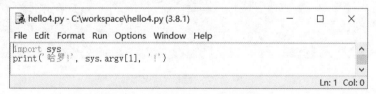

图 2.15　取得命令行自变量

由于 argv 定义在 sys 模块中，在 import sys 后，就必须使用 sys.argv 来调用。sys.argv 列表中的数据调用时，必须指定索引（Index）号码，这个号码实际上从 0 开始。然而 sys.argv[0] 会存储源代码文件名，就上面的例子来说，就是存储 hello4.py，若提供有命令行自变量，就依次从 sys.argv[1] 开始存储。一个执行结果如图 2.16 所示。

图 2.16 取得命令行自变量范例

如果有多个模块需要导入，除了逐行 import 之外，也可以在单行中使用逗号（,）来隔开模块。例如：

```
import sys, email
```

使用模块来管理源代码有利于源代码的重用且可避免混乱，而有些函数、类等经常使用，每次都要导入就显得麻烦了。因此，这类常用的函数、类等也会被整理在一个 __builtins__ 模块中，**在 __builtins__ 模块中的函数、类等名称都可以不用 import 直接调用，而且不用加上模块名称作为前置**，如之前使用过的 print()、input() 函数。

提示 >>> 想知道还有哪些函数或类吗？可以在 REPL 中使用 dir() 函数查询 __builtins__ 模块，dir() 函数会将可用的名称列出，如图 2.17 所示的 dir(__builtins__)。

图 2.17 查询 __builtins__ 模块

在官方网站文件中，也有一些 __builtins__ 模块中函数、常量的说明文件。

➢ docs.python.org/3/library/functions.html
➢ docs.python.org/3/library/constants.html

2.2.2 设定 PYTHONPATH

你已经学会使用模块了，现在有一个小问题，如果想调用他人编写好的模块，一定要将 .py 文件放到当前的工作文件夹中吗？举个例子来说，当前的 .py 文件都放在 C:\workspace 中。

如果执行 python 命令时也在 C:\workspace 中，基本上不会有问题，然而若在其他文件夹中（见图 2.18）就会出错了。

图 2.18　看能否找得到 hello 模块

在 2.1.1 小节中谈过，python -c 可以指定一段小程序来执行。因此，python -c "import hello" 就相当于在某个 .py 文件中执行了 import hello，在这里用来测试是否可找到指定模块。可以看到，在找不到指定模块时，会发生图 2.18 中的 ImportError 错误。

 如果想将他人提供的 .py 文件放到其他文件夹（如 lib 文件夹）中加以管理，可以通过设置 **PYTHONPATH** 环境变量来解决这个问题。python 解释器会到此环境变量设置的文件夹中寻找是否有指定模块名称对应的 .py 文件，如图 2.19 所示。

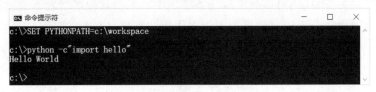

图 2.19　设定 PYTHONPATH

在 Windows 环境中，用户可使用"SET PYTHONPATH=路径 1;路径 2"的方式来设置 PYTHONPATH 环境变量，多个路径时中间使用分号（;）来隔开。实际上，**python 解释器会根据 sys.path 列表中的路径来寻找模块**，以目前的设置来看，sys.path 会包含图 2.20 中的内容。

图 2.20　查询 sys.path

提示 >>> 如果 Windows 中安装了多个版本的 Python 环境，也可按照类似方式设置 PATH 环境变量，如 SET PATH=Python 环境路径，这样就可以切换执行 python 解释器的版本。

因此，如果想动态地管理模块的寻找路径，也可以通过程序变更 sys.path 的内容来实现。例如，在没有对 PYTHONPATH 设置任何信息的情况下，进入 REPL 后，可以按如图 2.21 所示进行设置。

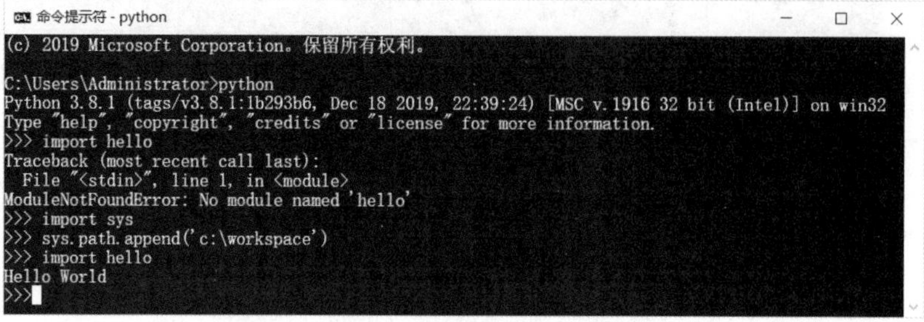

```
命令提示符 - python
(c) 2019 Microsoft Corporation。保留所有权利。

C:\Users\Administrator>python
Python 3.8.1 (tags/v3.8.1:1b293b6, Dec 18 2019, 22:39:24) [MSC v.1916 32 bit (Intel)] on win32
Type "help", "copyright", "credits" or "license" for more information.
>>> import hello
Traceback (most recent call last):
  File "<stdin>", line 1, in <module>
ModuleNotFoundError: No module named 'hello'
>>> import sys
>>> sys.path.append('c:\workspace')
>>> import hello
Hello World
>>>
```

图 2.21　动态设置 sys.path

在图 2.21 中可以看到，sys.path.append('c:\workspace') 对 sys.path 新增了一个路径信息，因此之后 import hello 时，就可以在 c:\workspace 找到对应的 hello.py 了。

2.2.3　使用包管理模块

现在你所编写的程序代码可以分别放在各模块中，就源代码的管理来说就比较好一些了，但还不是很好，就像你会分不同文件夹放置不同作用的文件，模块也应该分门别类地加以放置。

举例来说，一个应用程序中会有多个类彼此合作，也有可能由多个团队共同分工，完成应用程序的某些功能块，再组合在一起实现一个完整的功能。如果应用程序是多个团队共同合作，却不分门别类地放置模块，那么 A 部门写了一个 util 模块，B 部门也写了一个 util 模块。当他们要将应用程序整合时，若将模块都放在同一个 lib 目录中，就会发生同名的 util.py 文件覆盖的问题。

两个部门各自建立文件夹放置自己的 util.py 文件，然而在 PYTHONPATH 中设置路径的方式行不通。因为执行 import util 时，只会使用 PYTHONPATH 第一个找到的 util.py，你真正需要的方式必须是 import a.util 或 import b.util 能够来调用对应的模块。

Lab　为了便于进行包管理的示范，我们来建立一个新的 hello_prj 文件夹，这就像是新建立应用程序项目时，必须有个项目文件夹来管理项目的相关资源。如图 2.22 所示，假设你想在 hello_prj 中新增一个 openhome 包，那么请在 hello_prj 中建立一个 openhome 文件夹，而在 openhome 文件夹中建立一个__init__.py 文件。

注意 >>> 在 Python 3.2 或更早版本中，文件夹中一定要有一个__init__.py 文件，该文件夹才会被视为一个包。在包的进阶管理中，__init__.py 中其实也可以编写程序，不过目前请保持__init__.py 文件内容为空。

图 2.22　建立 openhome 包

接着，请将 2.1.3 小节编写的 hello2.py 文件复制到 openhome 包中。然后将 2.2.1 小节编写的 hello3.py 文件复制到 hello_prj 项目文件夹，并修改 hello3.py，如图 2.23 所示。

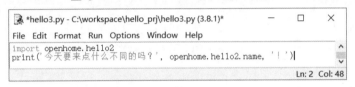

图 2.23　调用包中的模块

图 2.23 中主要的修改就是 import openhome.hello2 与 openhome.hello2.name，也就是模块名称前被加上了包名称，这就说明**包名称会成为命名空间的一部分**。

当 Python 解释器看到 import openhome.hello2 时，会寻找 sys.path 中的路径里是否在某个文件夹中含有 openhome 文件夹。若找到，再进一步确认其中是否有一个__init__.py 文件，若有就确认有 openhome 包了。接着寻找其中是否有 hello2.py，如果找到，就可以顺利完成模块的导入。

要执行 hello3.py，请在控制台中切换至 c:\workspace\hello_prj 文件夹，一个执行范例如图 2.24 所示。

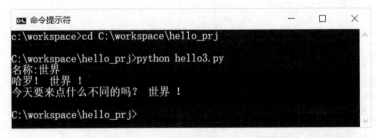

图 2.24　调用包中模块的执行范例

由于包名称会成为命名空间的一部分，就先前 A、B 两部门的例子来说，可以分别建立 a 包与 b 包，其中放置各自的 util.py。当两个部门的 a、b 两个文件夹放到同一个 lib 文件夹时，并不会发生 util.py 文件彼此覆盖的问题。而在调用模块时，可以分别 import a.util 与 import b.util。若想调用各自模块中的名称，也可以使用 a.util.some、b.util.other 来区别。

如果模块数量很多，也可以建立多层次的包，也就是包中还会有子包，在这种情况下，**每个作为包的文件夹与子文件夹中要各有一个 __init__.py 文件**。举例来说，若想要建立 openhome.blog 包，那么 openhome 文件夹中要有一个 __init__.py 文件，而 openhome/blog 文件夹中也要有一个 __init__.py 文件。

提示 >>> 还记得 1.2.3 小节中谈过，在安装 Python 的 lib 文件夹中，包括了许多标准链接库的源代码文件吗？lib 文件夹被包含在 sys.path 中，这个文件夹中也使用了一些包来管理模块，而其中还有一个 site-packages 文件夹，用来安装 Python 的第三方程序库，该文件夹也包含在 sys.path 中，通常第三方程序库也会使用包来管理相关模块。

2.2.4　使用 import as 与 from import

使用包管理解决了实体文件与 import 模块时命名空间的问题。然而，有时包名称加上模块名称会使得访问某个函数、类等时，必须编写很长的前置。若嫌麻烦，可以使用 import as 或者 from import 来解决这个问题。

1．import as 重新命名模块

如果想改变被导入模块在当前模块中的变量名称，可以使用 import as。例如，可修改先前 hello_prj 中的 hello3.py 为以下：

`hello_prj2  hello3.py`
```
import openhome.hello2 as hello
print('今天要来点什么不同的吗?', hello.name, '!')
```

在上面的范例中，import openhome.hello2 as hello 将 openhome.hello2 模块重新命名为 hello。接下来就能使用 hello 这个名称，直接访问模块中定义的名称。

2．from import 直接导入名称

使用 import as 是将模块重新命名。然而，访问模块中定义的名称时，还是得加上名称前置。如果仍然嫌麻烦，可以使用 from import 直接将模块中指定的名称导入。例如：

`hello_prj3  hello.py`
```
from sys import argv
print('哈罗!', argv[1], '!')
```

在这个范例中，直接将 sys 模块中的 argv 名称导入到 hello 模块中，也就是当前的 hello.py 中，接下来就可以直接使用 argv，而不是 sys.argv 来访问命令行自变量。

如果有多个名称想要直接导入当前模块，除了逐行 from import 之外，也可以在单一行中使用逗号（,）来分隔。例如：

```
from sys import argv, path
```

你可以更偷懒一些，用下面的 from import 语句导入 sys 模块中全部的名称。

```
from sys import *
```

不过这个方式有点危险,因为很容易造成名称冲突问题,若两个模块中正好都有相同名称,那么后面 from import 的名称就会覆盖先前的名称,导致一些意外的 Bug 发生。因此,除非是编写一些简单且内容不长的脚本,否则并不建议使用 from 模块 import *的方式。

from import 除了从模块导入名称之外，也可以从包导入模块。例如，若 openhome 包下有一个 hello 模块，就可以按如下方式导入模块名称。

```
from openhome import hello
```

2.3 使用 IDE

在开始使用包管理模块之后，你必须建立与包对应的实体文件夹阶层，还要自行新增 __init__.py 文件。这其实有点麻烦，你可以考虑开始使用 IDE（Integrated Development Environment），由 IDE 代劳一些包与相关资源管理的工作，提升你的产能。

2.3.1 下载、安装 PyCharm

在 Python 的领域中，有为数不少的 IDE。然而使用哪个 IDE，必须根据开发的应用程序特性或者基于一些团队管理等因素来决定，有时其实也是个人喜好问题。以下是一些我看过有人推荐或使用过的 IDE。

➢ PyCharm（www.jetbrains.com/pycharm/）

➢ PyDev（www.pydev.org/）

➢ Komodo IDE（komodoide.com/）

➢ Spyder（code.google.com/archive/p/spyderlib/）

➢ WingIDE（wingware.com/）

➢ NINJA-IDE（www.ninja-ide.org/）

➢ Python Tools for Visual Studio（pytools.codeplex.com/）

提示 >>> 有时甚至会考虑使用一些功能强大的编辑器，加上一些外挂来组装出自己专属的 IDE。在 Python 领域，要使用 IDE 或编译程序，也是一个经常讨论的话题，这当中也有一些值得思考的要素。有兴趣者可以参考《IDE、编辑器的迷思》这篇文章: openhome.cc/Gossip/Programmer/IDEorEditor.html。

为了能与本书谈过的观念相衔接，我在这里选择使用 PyCharm 做一个基本介绍。它提供了社区版本，对于入门用户练习来说，已足够使用，你可以直接连接到 www.jetbrains.com/pycharm/download/网站，单击图 2.25 右侧 Community 下面的 Download

按钮，即可进行下载。

编写这段文字的同时，可下载的 PyCharm Community 版本是 2019.3.4，文件是 pycharm-community-2019.3.4.exe。双击该文件即可开始安装，安装的默认路径是 C:\Program Files\JetBrains\PyCharm Community Edition 2019.3.4，基本上只需要一直单击 Next 与 Install 按钮就可以完成安装了。

在安装完成后，桌面上会显示一个 JetBrains PyCharm Community Edition 2019.3.4 图标，双击就可启动 PyCharm。初次开启会有一个画面，如图 2.26 所示，询问是否导入前一版本的 PyCharm 设置，默认是不导入。由于这是初次安装，直接单击 OK 按钮即可。

图 2.25　下载 PyCharm 社区版本　　　　　　图 2.26　初次启动 PyCharm

在下一个画面会有授权声明，可以将滚动条下拉以阅读授权，若同意授权，则可选中相关复选框，单击 Continue 按钮，而后进入 Data Sharing 画面，你可以决定是否传送使用信息供 JetBrains 公司改善这个软件。直接单击 Don't Send 按钮，进入主题设置，如果没有特别偏好的主题，可单击图 2.27 中左下的 Skip Remaining and Set Defaults 按钮，接下来就可以准备建立新项目了。

图 2.27　接受默认的主题

2.3.2　IDE 项目管理基础

IDE 基本上就是建立在当前安装的 Python 环境之上，无论使用哪个 IDE，最重要的是知道它如何与既有的 Python 环境对应，只有认清这样的对应，才不会沦入只知道 IDE 上一些傻瓜式的操作，却不明了各个操作背后原理的窘境，这也是要在这里介绍 IDE 的缘故。

先前在介绍包与模块时提到，我们会建立一个项目文件夹，在其中管理包、模块或其他相关资源。因此，使用 IDE 的第一步就是先新增项目，因此请先单击图 2.28 中的 Create New Project 按钮。

图 2.28　建立新项目

下一步是要决定项目文件夹位置，以及使用的 Python 解释器。未来你的计算机中可能不只安装一个版本的 Python 环境。在 IDE 中通常可以管理、选择不同的 Python 环境来开发程序，这也是使用 IDE 的好处之一。在图 2.29 中选择在 C:\workspace\hello_prj4 中建立项目，并使用当前安装的 Python 解释器。

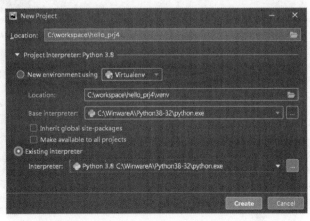

图 2.29　设置项目文件夹与解释器版本

在成功安装好 Python 的情况下，通常 Existing Interpreter 下边会自动显示你计算机中的 Python 环境，选择好要使用的版本，单击 Create 按钮创建即可。如果已经安装了 Python，但这里没有显示，则需要单击 Interpreter 后面的■按钮，在打开的 Add Python Interpreter 窗口中继续单击 Interpreter 后面的■按钮，在打开的 Select Python Interpreter 对话框中手动指定 Python 路径。**注意这里需要指定到 Python 可执行文件的路径**，即 Python 安装目录下的 python.exe，如图 2.30 所示。

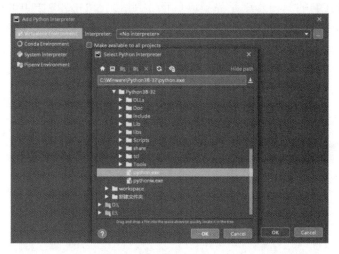

图 2.30　手动指定 Python 路径

选择 Python 解释器后，接着单击 Create 按钮就可以建立项目了。

如图 2.31 中可看到的，在 External Libraries 中可直接浏览当前使用的 python 解释器、链接库的位置等，基于以上这些信息，你可以试着执行 New/Python Package 命令建立一个 openhome 包，在该包上执行 New/Python File 命令建立一个 hello.py，写点程序并执行看看。

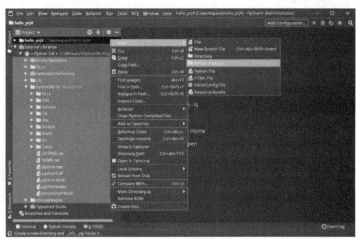

图 2.31　项目基本架构

如图 2.32 所示，在建立包时，IDE 会自动建立 __init__.py，想要执行模块，可以右击，在弹出的快捷菜单中执行 Run 'hello' 命令，其中 hello 会按当前的模块名称而有所不同，执行的程序显示在下面窗格中，其中明确地显示了使用的命令，非常方便。

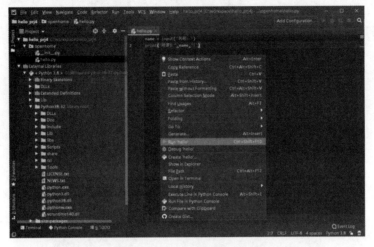

图 2.32　建立包、模块与执行

如果你想要设置命令行自变量，可以执行 Run/Run...命令，如图 2.33 所示，会出现一个 Run 设置窗口，从中可选择要设置哪个模块。

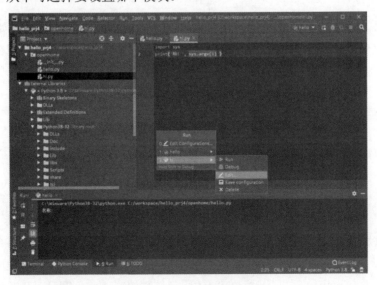

图 2.33　编辑 Run 的设定

在选择 Edit 命令之后，图 2.34 中会出现 Edit configuration settings，可以发现，这里用来设置 python 解释器的一些选项，如 PYTHONPATH 之类的设置，其中命令行自变量可以在 Script parameters 中设置。

图 2.34　设置 python 解释器相关选项

　　基于书籍篇幅有限，这里不会详细地介绍 IDE 的每个功能。不过，在开始使用一个 IDE 时，基本上就是像这样，逐一找出与 Python 环境的对照。而且要知道哪个功能在没有使用 IDE 的情况下如何进行设置。通过这样的探索，才能一方面享有 IDE 的方便性，另一方面又不至于被 IDE 捆绑住。

　　在知道怎么编写、执行各种 Hello World 程序之后，接下来就要更进一步地了解一下 Python 这个程序语言，第 3 章会讲解 Python 语言的基本元素，如内置类型、流程语法等。

2.4　重 点 复 习

　　REPL 环境是一个简单、交互式的程序设计环境，在测试一些程序片段的行为时非常方便。

　　在 Python 2.x 中，print 是一个语句结构，然而从 Python 3.0 开始，必须使用 print()函数。

　　Python 3 之后，python 解释器默认的源代码文件编码必须是 UTF-8（Python 2.x 默认的是 ASCII）。用户可以将文件的字符编码设置为 UTF-8，也可以在源代码的第一行使用注释设置编码信息，python 解释器只要在注释中看到 coding=<encoding name>或者 coding: <encoding name>出现就可以了。

在 Python 源代码文件中，#开头代表这是一行注释，#之后不会被当成是程序代码的一部分。

每个.py 文件本身就是一个模块，文件的主文件名就是模块名称，想要导入模块时，必须使用 import 关键字指定模块名称，若想调用模块中定义的名称，则必须在名称前加上模块名称与一个“.”。

若想要获取命令行自变量，可以通过 sys 模块中的 argv 列表。sys.argv 列表中的数据调用必须指定索引号码。这个号码实际上从 0 开始，sys.argv[0] 会存储源代码文件名，若提供有命令行自变量，就依次从 sys.argv[1] 开始存储。

如果有多个模块需要导入，除了逐行 import 之外，也可以在单行中使用逗号“,”来分隔模块。

在__builtins__模块中的函数、类等名称都可以不用 import 直接调用，而且不用加上模块名称作为前置。

python 解释器会在 PYTHONPATH 环境变量设定的文件夹中，寻找是否有指定模块名称对应的.py 文件。python 解释器会根据 sys.path 列表中的路径来寻找模块。如果想要动态地管理模块的寻找路径，也可以通过程序变更 sys.path 的内容来实现。

文件夹中一定要有一个 __init__.py 文件，该文件夹才会被视为一个包。包名称会成为命名空间的一部分。可以建立多层次的包，也就是包中还会有子包，每个担任包的文件夹与子文件夹中要各有一个 __init__.py 文件。

如果想要改变被导入模块在当前模块中的变量名称，可以使用 import as。可以使用 from import 直接将模块中指定的名称导入。

除非是编写一些简单且内容不长的脚本，否则不建议使用 from 模块 import * 的方式，以免产生命名空间冲突。

第 3 章 数据类型与运算符

学习目标

- ➤ 认识内置类型
- ➤ 学习字符串格式化
- ➤ 了解变量与运算符
- ➤ 运用切片运算

3.1　内　置　类　型

Python 是一种多范式（Paradigm）的程序语言，允许程序员使用不同的编程风格完成任务，如过程式（Procedural）、面向对象（Object-Oriented）、函数式（Functional）等。然而在正式探讨这类典范风格的实现之前，对于语言的基础元素，必须要有一定的认识。那么要从哪个开始呢？Pascal 之父 Niklaus E. Writh 曾说过：

Algorithms + Data Structures = Programs

算法与数据结构就等于程序，而一门语言提供的数据类型（Data Type）、运算符（Operator）、程序代码封装方式等会影响算法与数据结构的实际形式。因此在这一章会先来说明内置类型、变量、运算符等元素在 Python 语言中如何表现，至于基本流程语句、函数、类（Class）等内容，将在之后各章分别说明。

3.1.1　数值类型

在 Python 中，数值类型有整数、浮点数、布尔与复数，**所有的数据都是对象**，但可以使用字面量（Literal）方式来编写数值。实际上，这一章所谓的内置类型，是指内置在 python 解释器中，可以字面量方式编写以建立实例的类型。

> **提示 »**　在 Python 中，万物皆对象！不过，面向对象并非 Python 的主要典范，Python 创建者 Guido van Rossum 曾经说过，自己并非面向对象的信徒。
>
> 在《编程之魂》（*Masterminds of Programming*）书中，Guido van Rossum 也谈到："Python 支持过程式的编程以及（某些程度）面向对象。这两者没太大不同，然而 Python 的过程式风格仍强烈受到对象影响（因为基础的数据类型都是对象）。Python 支持小部分函数式（Functional）编程——不过它不像是任何真正的函数式语言。"

1．整数类型

从 **Python 3** 之后，整数类型为 **int**，不再区分整数与长整数（在 **Python 2.x** 中分别是 **int** 与 **long** 两种类型），整数的长度不受限制（除了硬件物理上的限制之外）。直接写下一个整数值，例如 10，默认是十进制整数，如果要编写二进制字面量，要在数字前置 0b 或 0B；如果要编写八进制字面量，要在数字前置 0o 或 0O，之后接上 1 到 7 的数字；如果要编写十六进制整数，以 0x 或 0X 开头，之后接上 1 到 9 以及 A 到 F。例如以下的写法，都相当于十进制整数 10。

```
>>> 10
10
```

```
>>> 0b1010
10
>>> 0o12
10
>>> 0xA
10
>>>
```

从 Python 3.6 开始，在编写数字时，可以使用下划线，这对冗长的数字在编写与阅读上很有帮助。例如：

```
>>> 1_000_000_000_000_000
1000000000000000
>>> 0x_FF_FF_FF_FF
4294967295
>>> 0b_1001_0100_1011_0011
38067
>>>
```

无论十进制、二进制、八进制或十六进制整数，都是 int 类型的实例，**想知道某个数据的类型，可以使用 type() 函数**。例如：

```
>>> type(10)
<class 'int'>
>>> type(0b1010)
<class 'int'>
>>> type(0o12)
<class 'int'>
>>> type(0xA)
<class 'int'>
>>>
```

若想从字符串、浮点数、布尔等类型建立整数，可以使用 int()。浮点数的小数会被截去，布尔值的 True 会返回 1，False 会返回 0。而使用 oct()、hex() 可以将十进制整数分别以八进制、十六进制表示字符串返回。例如：

```
>>> int('10')
10
>>> int(3.14)
3
>>> int(True)
1
>>> int(False)
0
>>> oct(10)
'0o12'
>>> hex(10)
'0xa'
>>>
```

使用 int() 从字符串构造整数时，默认会将字符串当成十进位剖析，然而也可以指定基底。例如：

```
>>> int('10', 2)
2
>>> int('10', 8)
8
>>> int('10', 16)
16
>>>
```

> **提示 >>>** 对象（Object）与实例（Instance）这两个名词，就技术上而言略有不同，不过在本书中会将它们当成是相同的意思，如有时会说"1 是 int 对象"，有时会说"1 是 int 实例"。

2. 浮点数类型

浮点数是 float 类型，可以使用 3.14e-10 这样的表示法，如果想将字符串剖析为浮点数，可以使用 float()。例如：

```
>>> type(3.14)
<class 'float'>
>>> 3.14e-10
3.14e-10
>>> float('1.414')
1.414
>>>
```

如果有一个字符串是 '3.14'，想要获取整数部分并剖析为 int，不能直接使用 int()。这样会出现 ValueError 错误，要先使用 float() 剖析为 float，接着再用 int() 获取 int 整数。例如：

```
>>> int('3.14')
Traceback (most recent call last):
  File "<stdin>", line 1, in <module>
ValueError: invalid literal for int() with base 10: '3.14'
>>> int(float('3.14'))
3
>>>
```

3. 布尔类型

布尔类型的值只有两个，分别是 True 与 False，为 bool 类型。可以使用 bool() 将 0 转换为 False，而非 0 值转换为 True，为什么不是只有 1 能转换为 True？

实际上，bool() 可以传入任何类型，就目前为止知道的是，**将 None、False、0、0.0、0j（复数）、''（空字符串）、( )（空元组）、[ ]（空列表）、{ }（空字典）等传给 bool( )，都会返回 False，这些类型以外的其他值传入 bool( )，都会返回 True。**

4. 复数

Python 支持复数的字面量表示,编写时使用 a + bj 的形式,复数是 complex 类的实例,可以直接对复数进行数值运算,例如:

```
>>> a = 3 + 2j
>>> b = 5 + 3j
>>> a + b
(8+5j)
>>> type(a)
<class 'complex'>
>>>
```

提示 >>> 虽然在数学界,复数会使用 i 来代表虚数的部分,然而在电子电机相关的工程领域,习惯上使用 j 来表示虚数部分。这是因为,i 在这类工程领域往往被用来表示电流符号。Python 的复数表示方式显然也受到了工程领域的影响。

3.1.2 字符串类型

如果要在 Python 中表示字符串,可以使用 '' 或 " " 包括文字,两者在 Python 中具有相同的作用。在 Python 3 之后的版本都是产生 str 实例,可视情况互换。

例如:

```
>>> "Just'in"
"Just'in"
>>> 'Just"in'
'Just"in'
>>> 'c:\workspace'
'c:\\workspace'
>>> "c:\workspace"
'c:\\workspace'
>>>
```

1. 基本字符串表示

单引号或双引号的字符串表示,在 Python 中可以交替使用,就像上例中,若要在字符串中包括单引号,则使用双引号包括字符序列,反之亦然。然而多数 Python 开发者的习惯是使用单引号。

在某些情况下,不用特别对 \ 进行转义(Escape),Python 会自动将其视为 \\,然而在下面这种情况(\ 与 t 连用时)下就需要特别注意了。

```
>>> print('c:\todo')
c:  odo
>>> print('c:\\todo')
c:\todo
>>>
```

第一个示范中显示的结果中间有一个 Tab 空格，这是因为 \t 在 Python 是 Tab 的转义表示方式，所以在结果中会输出一个 Tab 空格，如果不想输出 Tab 空格，就需要使用 \\ 了。其他表示方式如表 3.1 所示。

表 3.1 常用的转义字符

符 号	说 明
\\	反斜杠
\'	单引号，在使用 ' ' 来表示字符串，又要表示单引号（'）时使用，例如 'Justin\'s Website'
\"	双引号，在使用 " " 来表示字符串，又要表示双引号（"）时使用，例如 " \" text\" is a string"
\ooo	以八进位数字指定字符码点（Code Point），最多三位数，例如 '\101' 表示字符串 'A'
\xhh	以十六进位数字指定字符码点，至少两位数，例如 '\x41' 表示字符串 'A'
\uhhhh	以十六位十六进位值指定字符，例如 '\u54C8\u56C9' 表示 "哈罗"
\Uhhhhhhhh	以三十二位十六进位值指定字符，例如 '\U000054C8\U000056C9' 表示 '哈罗'
\0	空字符，请不要与空字符串搞混，'\0' 相当于 '\x00'
\n	换行
\r	回车
\t	Tab

因此，想要以字符串表示 \t 这类文字，就必须编写 \\t，这有些不方便，这时可以使用原始字符串（Raw String）表示，只要在字符串前加上 r 即可。例如：

```
>>> print('\\t')
\t
>>> print(r'\t')
\t
>>> r'\t'
'\\t'
>>> print(r'c:\todo')
c:\todo
>>>
```

使用 " " 或 ' ' 表示字符串时，不可以换行。如果字符串内容必须跨越数行，可以使用三重引号。在三重引号间输入的任何内容，在最后的字符串会照单全收，包括换行、缩进等。例如：

```
>>> '''Justin is caterpillar!
...     caterpillar is Justin!'''
'Justin is caterpillar!\n    caterpillar is Justin!'
>>> print('''Justin is caterpillar!
...     caterpillar is Justin!''')
Justin is caterpillar!
```

```
      caterpillar is Justin!
>>>
```

在 REPL 中，若程序代码编写过程中有换行，会使用"…"来提示，因此上面的示范中，"…"并不是跨行字符串时要输入的部分，使用 REPL 是为了方便看到多行字符串换行时的 \n 表示。

提示 >>> 虽然 Python 不支持多行注释，然而，三重引号间输入的任何内容都会被当成字符串来看待。因此有些开发者会用三重引号暂时包含不想执行的程序代码，即变相地当成多行注释使用。

可以使用 str() 类将数值转换为字符串。若想知道某个字符的码点，可以使用 ord() 函数，使用 chr() 则可以将指定码点转换为字符。

```
>>> str(3.14)
'3.14'
>>> ord('哈')
21704
>>> chr(21704)
'哈'
>>>
```

2. print 函数

至今为止，为了在控制台显示输出结果，只使用过 print() 函数。当需要在一行中显示多个字符串时，可在调用 print() 函数时以逗号（,）来分隔多个字符串，例如：

```
name = 'Justin'
print('Hello', name)
```

print() 函数默认会换行显示，**print() 有一个 end 参数，在指定的字符串显示之后，end 参数指定的字符串就会输出**。因此如果不想让 print() 函数换行，只要将 end 指定为空字符串（''）就可以了。例如，下面这个程序片段输出结果与上面的程序片段是相同的。

```
name = 'Justin'
print('Hello', end = '')
print(name)
```

当指定多个字符串给 print() 函数时，默认的分隔符是一个空格符，如果想要指定其他字符，可以指定 sep 参数。例如：

```
name = 'Justin'
print('Hello', name, sep = ', ') # 显示 Hello, Justin
```

除了 end 与 sep 参数的指定之外，也许还有其他的显示格式需求，在其他程序语言中，可能会提供 printf() 之类的函数，以便完成这类的显示格式需求。不过 Python 中并没有这类函数，你必须直接对字符串进行格式化，接着将格式化后的字符串交给 print() 函数。

虽然这里只是在进行类型的基本认识，然而格式化字符串这件事也许比你想象的还要重要且常用，因此需要先做一个介绍。Python 3.x 基本上支持两种格式化方式，一种旧式（从 Python 2 就存在），一种新式（从 Python 2.6、2.7 开始支持）。目前两种方式都很常见，从 Python 3.6 开始，还支持格式化字符串字面量（Formatted String Literals），这里都会加以介绍。

3．旧式字符串格式化

旧式字符串格式化是使用 string % data 或 string % (data1, data2, …) 的方式，直接来看一个范例会比较清楚。

```
>>> '哈罗！%s!' % '世界'
'哈罗！世界!'
>>> '你目前的存款只剩 %f 元' % 1000
'你目前的存款只剩 1000.000000 元'
>>> '%d 除以 %d 是 %f' % (10, 3, 10 / 3)
'10 除以 3 是 3.333333'
>>> '%d 除以 %d 是 %.2f' % (10, 3, 10 / 3)
'10 除以 3 是 3.33'
>>> '%5d 除以 %5d 是 %.2f' % (10, 3, 10 / 3)
'   10 除以     3 是 3.33'
>>> '%-5d 除以 %-5d 是 %.2f' % (10, 3, 10 / 3)
'10    除以 3     是 3.33'
>>> '%-5d 除以 %-5d 是 %10.2f' % (10, 3, 10 / 3)
'10    除以 3     是       3.33'
>>>
```

也就是 % 前面的字符串中会有一些占位用的控制字符，如 %s、%d、%f，分别表示这里会有一个字符串、整数、浮点数，% 之后的 ( ) 中要依次摆放实际的值，如果只有一个控制字符需要取代，那么可以不使用 ( )。常见的控制字符如表 3.2 所示。

表 3.2　常用格式化控制字符

符　号	说　明
%%	% 符号已经被用来作为控制字符前置，所以规定使用 %% 才能在字符串中表示 %
%d	十进制整数
%f	十进制浮点数
%g	十进制整数或浮点数
%e, %E	以科学记数浮点数格式化，%e 表示输出小写表示，如 2.13 e+12，%E 表示输出大写表示
%o	八进制整数
%x, %X	以十六进制整数格式化，%x 表示字母输出以小写表示，%X 表示以大写表示
%s	字符串格式字符
%r	以 repr() 函数取得的结果输出字符串，第 5 章会谈到 repr()

在先前的范例中也可以看到，% 之后还可以指定最小字段宽度与小数点个数。例如 %5d 表示最少保留 5 个字段宽度给整数使用，若整数不足 5 个位数，就使用空格表示。若加上减号

（–）表示靠左对齐，而 %.2f 表示小数点后保留两位数。若不想写定字段宽度或小数点，也可以用 %*.* 来表示。例如：

```
>>> n1 = 10
>>> n2 = 3
>>> '%-5d 除以 %-5d 是 %10.2f' % (n1, n2, n1 / n2)
'10    除以 3     是       3.33'
>>> '%*d 除以 %*d 是 %*.*f' % (-5, n1, -5, n2, 10, 2, n1 / n2)
'10    除以 3     是       3.33'
>>>
```

4．新式字符串格式化

旧式格式化方式在复杂的格式化需求下，可读性并不好，**如果使用 Python 3 之后的版本（或者 Python 2.6、2.7），建议使用新的格式化方式**。直接来看几个范例。

```
>>> '{} 除以 {} 是 {}'.format(10, 3, 10 / 3)
'10 除以 3 是 3.3333333333333335'
>>> '{2} 除以 {1} 是 {0}'.format(10 / 3, 3, 10)
'10 除以 3 是 3.3333333333333335'
>>> '{n1} 除以 {n2} 是 {result}'.format(result = 10 / 3, n1 = 10, n2 = 3)
'10 除以 3 是 3.3333333333333335'
>>>
```

新的格式化方式中，占位符的部分使用{}。若当中没有数字或名称，format() 方法中就要依次指定对应的数值。若{}中有数字，例如{1}，就表示使用 format() 方法中第二个自变量，这是因为索引值从 0 开始。若{}中指定了名称，例如{n1}，就表示使用 format() 中的具名参数 n1 对应的值，在这种情况下，不用在意 n1、n2、result 在 format() 中的指定顺序。

无论是 {0} 或者是 {n} 这样的方式，都可以像旧式格式化那样指定类型，也可以指定字段宽度与小数点个数，例如：

```
>>> '{0:d} 除以 {1:d} 是 {2:f}'.format(10, 3, 10 / 3)
'10 除以 3 是 3.333333'
>>> '{0:5d} 除以 {1:5d} 是 {2:10.2f}'.format(10, 3, 10 / 3)
'   10 除以     3 是       3.33'
>>> '{n1:5d} 除以 {n2:5d} 是 {r:.2f}'.format(n1 = 10, n2 = 3, r = 10 / 3)
'   10 除以     3 是 3.33'
>>> '{n1:<5d} 除以 {n2:<5d} 是 {r:.2f}'.format(n1 = 10, n2 = 3, r = 10 / 3)
'10    除以 3     是 3.33'
>>> '{n1:>5d} 除以 {n2:>5d} 是 {r:.2f}'.format(n1 = 10, n2 = 3, r = 10 / 3)
'   10 除以     3 是 3.33'
>>> '{n1:*^5d} 除以 {n2:!^5d} 是 {r:.2f}'.format(n1 = 10, n2 = 3, r = 10 / 3)
'*10** 除以 !!3!! 是 3.33'
>>>
```

在上面的范例中，<用来指定向左靠齐，>用来指定向右靠齐；若没有指定，默认是向右靠齐。如果想在数字位数不足字段宽度时，补上指定的字符，可以在 ^ 前面指定。

format()方法甚至可以进行简单的运算，像是使用索引获取列表元素值，使用键（Key）名称获取字典中对应的值，或者访问模块中的名称，例如：

```
>>> names = ['Justin', 'Monica', 'Irene']
>>> 'All Names: {n[0]}, {n[1]}, {n[2]}'.format(n = names)
'All Names: Justin, Monica, Irene'
>>> passwords = {'Justin': 123456, 'Monica': 654321}
>>> 'The password of Justin is {passwds[Justin]}'.format(passwds = passwords)
'The password of Justin is 123456'
>>> import sys
>>> 'My platform is {pc.platform}'.format(pc = sys)
'My platform is win32'
>>>
```

关于列表与字典，稍后就会说明。如果只是要格式化单一数值，则可以使用 format() 函数。例如：

```
>>> format(3.14159, '.2f')
'3.14'
>>>
```

5. 字符串格式化字面量

从 **Python 3.6 开始，若编写字符串字面量时加上 f 或 F 作为前置，就可以直接进行字符串的格式化，又称 f-strings**。在 f-strings 中，{ 与 } 之间可以编写表达式，运算结果与整个字符串其余部分结合后返回字符串。例如：

```
>>> name = 'Justin'
>>> f'Hello, {name}'
'Hello, Justin'
>>> f'1 + 2 = {1 + 2}'
'1 + 2 = 3'
>>> f'you want to show {{ and }}?'
'you want to show { and }?'
>>>
```

由于 { 与 } 被用来标示字符串中要先进行运算的部分，若要在 f-strings 中表示 { 或 }，必须分别使用 {{ 与 }}。

f-strings 中 { 与 } 之间可以编写表达式（本质上 f-strings 也是一个表达式），因而像 if...else、函数调用等也都可以。例如：

```
>>> name = None
>>> f'Hello, {"Guest" if name == None else name}'
'Hello, Guest'
>>> name = 'Justin'
>>> f'Hello, {"Guest" if name == None else name}'
'Hello, Justin'
```

```
>>> f'"林"的十六进制值 {ascii("林")}'
'"林"的十六进制值 \'\\u6797\''
>>>
```

在第 4 章会看到，在 Python 中有 if…else 表达式，上面看到的就是将 if…else 运用于 f-strings 之中。不过上面的写法显然不易阅读，这只是一个示范，f-strings 在使用上应以易读易写为优先考虑。

如果想调用的函数为 ascii()、str() 或是 repr()，f-strings 中定义了三个特别的转换字符 !a、!s 与 !r。例如：

```
>>> name = '林'
>>> f'{name!a}' # 相当于 f'{ascii(name)}'
"'\\u6797'"
>>> f'{name!s}' # 相当于 f'{str(name)}'
'林'
>>> f'{name!r}' # 相当于 f'{repr(name)}'
"'林'"
>>>
```

f-strings 的 { } 中若要指定字段宽度与小数点个数，可以使用 "："。例如，将新式字符串格式化中的一个范例改为使用 f-strings 来写的话就会是下面这种形式。

```
>>> '{0:5d} 除以 {1:5d} 是 {2:10.2f}'.format(10, 3, 10 / 3)
'   10 除以     3 是       3.33'
>>> n = 10
>>> m = 3
>>> f'{n:5d} 除以 {m:5d} 是 {n / m:10.2f}'
'   10 除以     3 是       3.33'
>>>
```

提示 >>> 那么 Python 3.6 之后，使用字符串的 format() 方法好呢，还是使用 f-strings 好呢？如果没有版本兼容问题，以可读性为优先考虑；若考虑程序可能用于 Python 3.5 或更早的 3.x 版本，那就使用 format()。

6．str 与 bytes

在 1.1.1 小节就谈到了，Python 3 最引人注目的是 Unicode 的支持，将 str/unicode 做了一个统合，并明确地提供了另一个 bytes 类型，解决了许多人处理字符编码的问题。在这里就来解释一下 str、unicode 与 bytes 之间的关系。

先来谈一下 len() 函数，它可以用来获取一个字符串的长度，那么你觉得 len('哈罗') 得到的数字是多少？应该是 2。如果是 Python 3 之后的版本，这个答案是正确的。

从 Python 3 之后，每个字符串都包含了 Unicode 字符，每个字符串都是 str 类型。 如果想将字符串转为指定的编码，可以使用 encode() 方法指定编码，获取一个 bytes 实例，其中包含了字节数据。如果有一个 bytes 实例，也可以使用 decode() 方法，指定该字节代表的编码，将

bytes 解码为 str 实例。

```
>>> text = '哈'
>>> len(text)
1
>>> text.encode('UTF-8')
b'\xe5\x93\x88'
>>> text.encode('GBK')
b'\xb9\xfe'
>>> GBK_impl = text.encode('GBK')
>>> type(GBK_impl)
<class 'bytes'>
>>> GBK_impl.decode('GBK')
'哈'
>>>
```

当使用 UTF-8 来实现一个汉字时，需要用到三个字节。因此在上面的代码片段中，'哈' 使用了三个字节 b'\xe5\x93\x88'，而使用 GBK 实现一个汉字时，会用到两个字节，也就是 b'\xb9\xfe'。

提示 >>> 能搞清楚谁可以用 encode() 而谁可以用 decode() 吗？'\xe5\x93\x88'这样的信息，人类不容易理解，编码就是将可理解的东西变为不容易理解的信息（encode()），反之将不易理解的信息变为可理解的东西就是解码（decode()）。

在 REPL 显示结果中也可以看到，可以在字符串前加上 b 来建立一个 bytes，这是从 Python 3.3 后开始支持的语法。相应地，也可以在字符串前加上 u，结果就会是一个 str。

在 Python 3 之后，字符串默认就是 str，因此不用特别加上 u，这个语法是为了增加与 Python 2 的兼容性而增加的。在 Python 2 中，如果有个 u'哈罗' 字符串，会建立一个 unicode，而 len(u'哈罗') 的结果会是 2，然而，如果单纯地编写 '哈罗' 字符串，会建立一个 str。len('哈罗') 的结果，得视你的源代码文件字符编码而定，如果是 UTF-8 编码，结果会是 6；如果是 GBK 编码，结果会是 4。

这是因为在 Python 2 中，str 实际上代表着字符串编码实现的字节序列（Byte Sequence），而 len() 函数返回的就是字节序列的长度，而不是字符长度，为了支持 unicode，才有了 u'哈罗' 这样的语法。相对地，在 Python 2 中，str 实例可以使用 decode() 指定编码，返回一个 unicode，而 unicode 实例可以使用 encode() 指定编码，返回一个 str。

从 Python 3 之后，想要取得字符串中某个位置字符时，可以使用索引，索引从 0 开始。想要测试某字符是否在字符串中，可以使用 in。例如：

```
>>> text = '哈罗'
>>> text[0]
'哈'
>>> text[1]
'罗'
>>>
```

```
>>> '哈' in text
True
>>>
```

不过在 Python 2 中要注意，使用索引取字符串中的值其实是存取某个位置的字节。虽然可以使用索引对字符串取值，然而无论是 Python 2 或 3，字符串都是不可变动（Immutable）的，一旦建立，就无法修改它的内容。

3.1.3　群集类型

在编写程序的过程中，经常要收集一些数据以备后续处理，因应不同的需求，收集数据上会需要不同数据结构，如可能会需要有序列表、元素不重复的集合、键值对应的字典等。在其他语言中，要建立这类数据结构，可能要使用函数调用等形式，然而，在 Python 中要建立这类常用的数据结构，语法上有直接的支持，这也是 Python 易于使用的原因。

接下来会对 Python 常用的群集类型做些简介，然而这些群集类型功能强大，更多强大的API 使用在之后的章节还会有详细的说明。

1. 列表 (list)

列表的类型是 list，特性为有序、具备索引，内容与长度可以变动。要建立列表，可以使用 [ ] 字面量，列表中每个元素使用逗号（,）分隔。例如：

```
>>> numbers = [1, 2, 3]
>>> numbers
[1, 2, 3]
>>> numbers.append(4)
>>> numbers
[1, 2, 3, 4]
>>> numbers[0]
1
>>> numbers[1]
2
>>> numbers[3] = 0
>>> numbers
[1, 2, 3, 0]
>>> numbers.remove(0)
>>> numbers
[1, 2, 3]
>>> del numbers[0]
>>> numbers
[2, 3]
>>> 2 in numbers
True
>>>
```

可以使用 [ ] 建立长度为 0 的 list，可以对 list 使用 append()、pop()、remove()、reverse()、sort() 等方法。若要附加多个元素，可以使用 extend() 方法，例如 numbers.extend([10, 20, 30])；想要知道 list 中是否含有某元素，可以使用 in；想知道长度，可以使用 len()。列表中的元素通常是同质的，也就是通常是相同类型；然而，也可以建立异质元素，如 [1, 'two', True]。

注意 >>> 在上面的 REPL 示范中可以看到，list 的 remove() 方法可指定要移除的元素值；若要指定索引位置删除，使用的是 del。

如果想从其他可迭代（Iterable[①]）的对象（之后章节会说明）中建立 list，如字符串、集合或元组（Tuple）等，可以使用 list()，例如：

```
>>> list('哈罗! 世界!')
['哈', '罗', '!', '世', '界', '!']
>>> list({'哈', '罗', '哈', '罗'})
['哈', '罗']
>>> list((1, 2, 3))
[1, 2, 3]
>>>
```

2. 集合（set）

集合的内容无序、元素不重复，要建立集合，可以使用 { } 包括元素，元素间使用（,）隔开，这会建立集合实例，若有重复元素，会加以剔除，就像上面的 REPL 中，{'哈', '罗', '哈', '罗'} 建立了一个集合，当中不会有重复的"哈""罗"。

如果要建立空集合，并非使用 { }，因为这会建立空的 dict，而不是 set。若想建立空集合，必须使用 set()；想新增元素，可以使用 add() 方法；想移除元素，可以使用 remove() 方法；想测试元素是否存在于集合中，可以使用 in。例如：

```
>>> users = set()
>>> users.add('caterpillar')
>>> users.add('Justin')
>>> users
{'caterpillar', 'Justin'}
>>> users.remove('caterpillar')
>>> 'caterpillar' in users
False
>>>
```

由于集合必须保证内容的不重复，所以并非任何元素都能放到集合中，如 list 就不行，甚至 set 也不行。例如：

```
>>> {[1, 2, 3]}
```

---

① Iterable：docs.python.org/3/glossary.html#term-iterable

```
Traceback (most recent call last):
  File "<stdin>", line 1, in <module>
TypeError: unhashable type: 'list'
>>> {{1, 2, 3}}
Traceback (most recent call last):
  File "<stdin>", line 1, in <module>
TypeError: unhashable type: 'set'
>>>
```

错误信息中明确地指出，list 或 set 都是 unhashable 类型，第 9 章会说明什么样的对象才是 hashable[①]。

如果想从其他可迭代的对象中建立 set，如字符串、list 或元组等，可以使用 set()。例如：

```
>>> set('哈罗！世界!')
{'哈', '罗', '!', '世', '界'}
>>> set([1, 2, 3])
{1, 2, 3}
>>> set((1, 2, 3))
{1, 2, 3}
>>>
```

3. 字典（dict）

字典用来存储两两对应的键与值，为 dict 类型。下面直接示范如何建立字典对象。

```
>>> passwords = {'Justin' : 123456, 'caterpillar' : 933933}
>>> passwords['Justin']
123456
>>> passwords['caterpillar']
933933
>>> passwords['Irene'] = 970221
>>> passwords
{'caterpillar': 933933, 'Irene': 970221, 'Justin': 123456}
>>> passwords['Irene']
970221
>>> del passwords['caterpillar']
>>> passwords
{'Irene': 970221, 'Justin': 123456}
>>>
```

建立 dict 之后，键可以用来获取对应的值。dict 中的键不重复，必须是 hashable，想通过指定键获取值时是使用 [ ]。建立 dict 后，可以随时再加入成对键值。如果要删除某对键值，则可以使用 del。

直接使用 [ ] 指定键要获取值时，若 dict 中并没有该键的存在，会发生 KeyError 的错误。可以使用 in 来测试键是否存在于字典中。例如：

---

① hashable：docs.python.org/3/glossary.html#term-hashable

```
>>> passwords = {'Justin' : 123456, 'caterpillar' : 933933}
>>> 'Justin' in passwords
True
>>> passwords['Monica']
Traceback (most recent call last):
  File "<stdin>", line 1, in <module>
KeyError: 'Monica'
>>> passwords.get('Monica')
>>> passwords.get('Monica') == None
True
>>> passwords.get('Monica', 9999)
9999
>>>
```

上面也示范了 dict 的 get() 方法，使用 get() 方法指定的键若不存在，默认会返回 None（在 REPL 中不会有任何显示）。get() 也可以指定默认值，在指定的键不存在时就返回默认值。

如果要获取 dict 中的每一对键值，可以使用 items() 方法，这会返回 dict_items 实例，可以从中逐一取得代表各对键值的元组。如果只想取得键，可以使用 keys() 方法，这会返回 dict_keys 实例，可以从中逐一取得每个键。如果要取得值，可以使用 values() 方法，这会返回 dict_values 实例，可以从中逐一取得每个值。dict_items、dict_keys、dict_values 都是可迭代对象。因此，可以传给 list()，建立一个 list 来包含其中全部的值。

```
>>> passwords = {'Justin' : 123456, 'caterpillar' : 933933}
>>> list(passwords.items())
[('caterpillar', 933933), ('Justin', 123456)]
>>> list(passwords.keys())
['caterpillar', 'Justin']
>>> list(passwords.values())
[933933, 123456]
>>>
```

提示 >>> 在 Python 2 中，dict 的 items()、keys()、values() 会返回 list。然而若 dict 中有很多成对键值，相较于建立一个够长的 list 来存储这些元素，Python 3 的做法比较经济。因为 Python 3 的 dict_items、dict_keys、dict_values 返回后，还没有实际取得 dict 中的对应键值，只在真正需要下个元素时，才会进行相关运算，这样的特性称为惰性求值（Lazy Evaluation）。

除了字面量表示方式之外，也可以使用 dict() 来建立字典。例如：

```
>>> passwords = dict(justin = 123456, momor = 670723, hamimi = 970221)
>>> passwords
{'hamimi': 970221, 'justin': 123456, 'momor': 670723}
>>> passwords = dict([('justin', 123456), ('momor', 670723), ('hamimi', 970221)])
>>> passwords
{'hamimi': 970221, 'justin': 123456, 'momor': 670723}
>>> dict.fromkeys(['Justin', 'momor'], 'NEED_TO_CHANGE')
{'Justin': 'NEED_TO_CHANGE', 'momor': 'NEED_TO_CHANGE'}
```

4．元组（tuple）

元组许多地方都跟 list 很像，是有序结构，可以使用 [ ] 指定索引取得元素，不过元组建立之后就无法变动。想要建立元组，只要在某个值后面加上一个逗号（,）就可以。例如：

```
>>> 10,
(10,)
>>> 10, 20, 30,
(10, 20, 30)
>>> acct = 1, 'Justin', True
>>> acct
(1, 'Justin', True)
>>> type(acct)
<class 'tuple'>
>>>
```

建立元组时，最后一个逗号可以省略。可以看到，元组的类型是 tuple。虽然只要在值之后加上逗号就可以了。不过，通常会加上 () 让人一眼就看出这是一个元组，例如 (1, 2, 3)、(1, 'Justin', True)。不过要注意，只包含一个元素的元组，不能写成 (elem)，而要写成 elem, 或者是 (elem,)。如果要建立没有任何元素的元组，倒是可以只写 ()。

> **提示 >>>** 事实上，之前在建立 list、set 或 dict 时，也都是省略了最后一个元素之后的逗号。以后若在一些程序代码中看到最后有一个逗号，就不要太惊讶了。

元组可以做什么呢？有时想要返回一组相关的值，又不想特地定义一个类型，这就会使用元组，像 (1, 'Justin', True)，也许就代表了从数据库中临时捞出来的一笔数据。有时希望某函数不要修改传入的数据，因为元组无法变动，这时就可将数据放在元组中传入，万一函数的使用者试图修改数据，执行时就会出错，也就会知道有人试图做出规格外的事情。另外，元组占用的内存空间比较小。

可以将元组中的元素拆解（Unpack），逐一分配给每个变量，例如：

```
>>> data = (1, 'Justin', True)
>>> id, name, verified = data
>>> id
1
>>> name
'Justin'
>>> verified
True
>>>
```

记得吗？元组的 () 括号可以省略，虽然多数情况下为了表示是一个元组而加上括号。然而，以下情况省略括号却是 Python 中最常被拿来津津乐道的特性之一。

```
>>> x = 10
>>> y = 20
>>> x, y = y, x
>>> x
20
>>> y
10
>>>
```

这个置换（Swap）变量值的动作在其他语言中通常需要一个暂存变量，而在 Python 中只要一行就可以完成。

无论是 Python 2 或 Python 3，拆解元素指定给变量的特性，在 list、set 等对象上也可以使用。例如 x, y, z = [1, 2, 3] 的结果，x 会是 1、y 会是 2，而 z 会是 3。不过，Python 3 之后，进一步扩展了这个功能，称为 Extended Iterable Unpacking[①]。以下的功能在 Python 2 无法执行。

```
>>> a, *b = (1, 2, 3, 4, 5)
>>> a
1
>>> b
[2, 3, 4, 5]
>>> a, *b, c = [1, 2, 3, 4, 5]
>>> a
1
>>> b
[2, 3, 4]
>>> c
5
>>>
```

在某个变量上指定星号（*），其他变量被分配了单一值之后，剩余的元素就会以 list 的形式指定给标上了星号的变量。

提示 >>> 为什么要认识这么多类型？实际上，计算机里一切都是位，将一组有用的位数据定义为一个数据类型，这样就可以用具体概念来操作这一组位，而不用直接面对 0101 的运算。

3.2　变量与运算符

在 3.1 节中使用过变量，在介绍 Python 的内置类型时，对它们做了些基本操作。接下来会进一步认识变量，并集中探讨 Python 的运算符，在内置类型上会有什么样的展现。这也是为了突显一个事实，未来若有必要，你也能自定义运算符。

---

① PEP 3132 -- Extended Iterable Unpacking：www.python.org/dev/peps/pep-3132/

3.2.1 变量

在 3.1 节介绍各个内置类型时，多是直接使用字面量写下一个值，实际在编写程序时这么写可不行。

```
print('圆半径: ', 10)
print('圆周长: ', 2 * 3.14 * 10)
print('圆面积: ', 3.14 * 10 * 10)
```

半径 10 同时出现在多个位置，圆周率 3.14 也是。如果将来要修改半径呢？或者是要使用更精确一些的圆周率，像是 3.14159 呢？你得修改多个位置。

这时若能要求 Python 保留某些名称，可以对照至 10 与 3.14 这些值，每次要运算时，都通过这些名称取得对应的值。若名称对应的值有变化了，既有的程序代码就会取得新的对应值来运算，这样不是很方便吗？

```
radius = 10
PI = 3.14
print('圆半径: ', radius)
print('圆周长: ', 2 * PI * radius)
print('圆面积: ', PI * radius * radius)
```

radius、PI 这些名称被称为**变量（Variable）**。因为它们的对应值是可以变动的，如你所见，程序代码清楚多了，原来 10 是半径（Radius），3.14 是圆周率（PI），而不是魔术数字（Magic Number），而公式部分 2 * PI * radius 比 2 * 3.14 * 10 有意义。

按类型信息是记录在变量之上或者是执行时期的对象之上，程序语言可以分为静态类型（Statically-typed）和动态类型（Dynamically-typed）。

Python 属于动态类型语言，变量本身并没有类型信息。因此到现在可以看到，建立变量没有声明类型，只要命名变量并以赋值运算 "=" 指定对应的值，就建立了一个变量。在建立变量前就尝试访问某变量，会发生 NameError，表示变量未定义的错误。例如：

```
>>> x
Traceback (most recent call last):
  File "<stdin>", line 1, in <module>
NameError: name 'x' is not defined
>>>
```

在 Python 中，变量始终是一个参考（对应）至值的名称，赋值运算只是改变了变量的参考对象。例如：

```
>>> x = 1.0
>>> y = x
>>> print(id(x), id(y))
25711904 25711904
>>> y = 2.0
>>> print(id(x), id(y))
```

```
25711904 25711872
>>>
```

在上面的范例中，x 一开始参考了 1.0 这个浮点数对象，而后将 x 参考的对象指定给 y 来参考。id() 函数能用来获取变量参考的对象内存地址值，可以看到一开始 x 与 y 都参考同一对象，之后 y 参考至 2.0，x 与 y 就参考了不同的对象。下面这个例子也显示变量在 Python 中只是一个参考。

```
>>> x = 1
>>> id(x)
1795962640
>>> x = x + 1
>>> id(x)
1795962656
>>>
```

一开始 x 参考了 1 这个整数对象，之后进行了 + 运算后，建立了新的 2 整数对象，而后指定给 x，因此 x 参考至新对象。由于变量在 Python 中只是一个参考至对象的名称，所以可变动对象才会有以下的操作结果。

```
>>> x = [1, 2, 3]
>>> y = x
>>> x[0] = 10
>>> y
[10, 2, 3]
>>>
```

在指定 y = x 时，x 与 y 就参考了同一个对象，将 x[0] 修改为 10，通过 y 就会看到修改的元素。除了使用 id() 查看变量参考的对象地址值，以确认两个变量是否参考同一对象之外，还可以使用 is 或 is not 运算。例如：

```
>>> list1 = [1, 2, 3]
>>> list2 = [1, 2, 3]
>>> list1 == list2
True
>>> list1 is list2
False
>>>
```

稍后在介绍关系运算符时会看到，== 运用在 list 上时，可以逐一比较两个 list 中的元素是否全部相等。因此，上面的 list1 == list2 的结果会是 True；然而，list1 与 list2 参考了不同的对象，因此 list1 is list2 的结果会是 False。

变量本身没有类型，同一个变量可以前后指定不同的数据类型，若想通过变量操作对象的某个方法，只要确认该对象上确实有该方法即可。例如下面的 x 前后分别指定了 list 与 tuple，然而两个对象都有可查询元素索引位置的 index() 方法，因此并不会出现错误。

```
>>> x = [1, 2, 3]
```

```
>>> x.index(2)
1
>>> x = (10, 20, 30)
>>> x.index(20)
1
>>>
```

这是动态类型语言界流行的**鸭子类型（Duck Typing）**：如果它走路像个鸭子，游泳像个鸭子，叫声像个鸭子，那它就是鸭子。

如果想知道一个对象有几个名称参考至它，可以使用 sys.getrefcount() 函数。例如：

```
>>> import sys
>>> x = [1, 2, 3]
>>> y = x
>>> z = x
>>> sys.getrefcount(x)
4
>>>
```

如果某个变量不再需要，可以使用 del 来删除它。例如：

```
>>> x = 10
>>> x
10
>>> del x
>>> x
Traceback (most recent call last):
  File "<stdin>", line 1, in <module>
NameError: name 'x' is not defined
>>>
```

3.2.2 加减乘除运算

学习程序语言，加、减、乘、除应该是很基本的知识，不就是使用+、-、*、/ 运算符吗？许多程序设计书籍也都很快地讲完这部分内容，但是，实际上并不是那么简单。毕竟你是在跟计算机打交道，目前还没有一个程序语言可以高级到完全忽略计算机的物理性质。因此，有些细节还是要注意一下。

1. 应用于数值类型

首先来看看 +、-、*、/ 应用在数值类型时，有哪些需要注意的地方。$1 + 1$、$1 - 0.1$ 对你来说都不成问题，结果分别是 2、0.9，那么你认为 $0.1 + 0.1 + 0.1$、$1.0 - 0.8$ 会是多少？前者不是 0.3，后者也不是 0.2。

```
>>> 0.1 + 0.1 + 0.1
0.30000000000000004
>>> 1.0 - 0.8
```

```
0.19999999999999996
>>>
```

奇怪吗？开发人员基本上都要知道 IEEE 754 浮点数算术标准，Python 也遵守此标准，这个算术标准不使用小数点，而是使用分数及指数来表示小数。例如 0.5 会以 1/2 来表示，0.75 会以 1/2+1/4 来表示，0.875 会以 1/2+1/4+1/8 来表示。然而，有些小数无法使用有限的分数来表示，像是 0.1，会是 1/16+1/32+1/256+1/512 +1/4096+1/8192+…没有止境，因此造成了浮点数误差。

那么有这个误差又怎么了呢？如果对小数点的精度要求很高，就要小心这个问题。像是最基本的 0.1 + 0.1 + 0.1 == 0.3，结果会 False，如果程序代码中有这类判断，那么就会因为误差而使得程序行为不会按你想象的方式进行。

提示 >>> 在 Google 搜索中输入"算钱用浮点"，你会看到什么搜索建议呢？试试看吧！

如果需要处理小数，而且需要精确的结果，那么可以使用 decimal.Decimal 类。例如：

```
operator  decimal_demo.py
import sys
import decimal

n1 = float(sys.argv[1])
n2 = float(sys.argv[2])
d1 = decimal.Decimal(sys.argv[1])
d2 = decimal.Decimal(sys.argv[2])

print('# 不使用 decimal')
print(f'{n1} + {n2} = {n1 + n2}')
print(f'{n1} - {n2} = {n1 - n2}')
print(f'{n1} * {n2} = {n1 * n2}')
print(f'{n1} / {n2} = {n1 / n2}')

print()   # 换行

print(f'{d1} + {d2} = {d1 + d2}')
print(f'{d1} - {d2} = {d1 - d2}')
print(f'{d1} * {d2} = {d1 * d2}')
print(f'{d1} / {d2} = {d1 / d2}')
```

这个程序可以使用命令行自变量指定两个数字，可以观察到是否使用的差别，一个执行范例是：

```
>python decimal_demo.py 1.0 0.8
# 不使用 decimal
1.0 + 0.8 = 1.8
1.0 - 0.8 = 0.19999999999999996
1.0 * 0.8 = 0.8
```

```
1.0 / 0.8 = 1.25

# 使用 decimal
1.0 + 0.8 = 1.8
1.0 - 0.8 = 0.2
1.0 * 0.8 = 0.80
1.0 / 0.8 = 1.25
```

　　要注意的是，指定数字时必须使用字符串，而你也没有看错，decimal.Decimal 可以直接使用+、−、*、/ 等运算符。这样的方便性，就是 Python 在数值运算上大受欢迎的原因之一。运算结果也是以 decimal.Decimal 类型返回。

提示 》》　在 Python 2 中，1.0 − 0.8 当然也是存在误差。不过，print(1.0 − 0.8) 却会看到 0.2 的结果，这是因为 REPL 使用 repr() 函数来获取字符串描述并显示，而 print() 会使用 str() 来获取字符串描述进行显示。第 5 章会谈到 repr() 与 str()。

　　在乘法运算上，除了可以使用 * 进行两个数字的相乘之外，还可以使用 ** 进行指数运算。例如：

```
>>> 2 ** 3
8
>>> 2 ** 5
32
>>> 2 ** 10
1024
>>> 9 ** 0.5
3.0
>>>
```

　　在除法运算上，有 / 与 // 两个运算符，前者若有小数部分会加以保留，后者的运算结果只留下整数部分。在 Python 3 中，/ 一定是产生浮点数，而整数与整数 // 运算会产生整数，如果是整数与浮点数进行 // 运算会产生浮点数。

```
>>> 10 / 3
3.3333333333333335
>>> 10 // 3
3
>>> 10 / 3.0
3.3333333333333335
>>> 10 // 3.0
3.0
>>>
```

提示 》》　Python 2 的 / 行为与 Python 3 不同，详情可以参考《Python 3 Tutorial 第二堂 (2) 数值与字符串类型》。

　　还有一个 % 没谈到，a % b 时会进行除法运算，并取余数作为结果。至于布尔值在需要进行+、−、*、/ 等运算时，True 会被当成是 1，False 会被当成是 0，接着再进行运算。

2. 应用于字符串类型

使用 + 运算符可以串接字符串，使用 * 可以重复字符串。

```
>>> text1 = 'Just'
>>> text2 = 'in'
>>> text1 + text2
'Justin'
>>> text1 * 10
'JustJustJustJustJustJustJustJustJustJust'
>>>
```

字符串不可变动，因此+串接字符串时产生新字符串。在强类型（Strong Type）与弱类型（Weak Type）的光谱中，Python 偏向强类型，也就是类型间在运算时，不会自行发生转换。在 Python 中，字符串与数字不能进行 + 运算，若要进行字符串串接，需将数字转为字符串；若要进行数字运算，需将字符串剖析为数字。例如：

```
>>> '10' + 1
Traceback (most recent call last):
  File "<stdin>", line 1, in <module>
TypeError: Can't convert 'int' object to str implicitly
>>> '10' + str(1)
'101'
>>> int('10') + 1
11
>>>
```

3. 应用于 list 与 tuple

list 有许多方面与字符串类似，使用 + 运算符可以串接 list，使用 * 可以重复 list。

```
>>> nums1 = ['one', 'two']
>>> nums2 = ['three', 'four']
>>> nums1 + nums2
['one', 'two', 'three', 'four']
>>> nums1 * 2
['one', 'two', 'one', 'two']
>>>
```

虽然 list 本身的长度可变动，不过，+ 串接两个 list，实际上会产生新的 list。然后将原有的两个 list 中的元素参考，复制至新产生的 list 上，同样的道理也应用在使用 * 重复 list 时。**请注意，我说的是复制参考，而不是复制元素本身。**这可以用以下的实验来印证。

```
>>> nums1 = ['one', 'two']
>>> nums2 = ['three', 'four']
>>> nums_lt = [nums1, nums2]
>>> nums_lt
[['one', 'two'], ['three', 'four']]
```

```
>>> nums1[0], nums1[1] = '1', '2'
>>> nums_lt
[['1', '2'], ['three', 'four']]
>>>
```

在上例中，nums_lt[0]只是参考至 nums1 参考的 list，因此，通过 nums1 来修改索引位置的元素，nums_lt 取得的也会是修改过的结果。

tuple 与 list 有许多类似之处，+ 与 * 的操作在 tuple 也有同样的效果。虽然说 tuple 本身的结构不可变动，不过，这并不是指当中的元素本身也不可变动。例如：

```
>>> nums1 = ['one', 'two']
>>> nums2 = ['three', 'four']
>>> nums_tp = (nums1, nums2)
>>> nums_tp
(['one', 'two'], ['three', 'four'])
>>> nums1[0], nums1[1] = '1', '2'
>>> nums_tp
(['1', '2'], ['three', 'four'])
>>>
```

看到了吗？nums_tp 本身是一个 tuple 放了两个 list 作为元素，list 是可变动的，因此才会有这样的结果。所谓 tuple 本身不能变动，只是指你不能做 nums_tp[0] = ['five', 'six']这类的事。

3.2.3　比较与赋值运算

对于大于、小于、等于这类的比较，Python 提供了 >、>=、<、<=、==、!=、<>等运算符。其中 <> 效果与 != 相同，但建议别再使用 <>，使用 != 比较清楚，<> 只是为了兼容性而存在。

这些比较运算有一个很 "Python" 的特色，就是它们可以串接在一起。例如 x < y <= z，其实相当于 x < y and y <= z，and 是布尔运算符，表示"而且"。如果愿意，也可以像 w == x == y == z 这样一直串接下去。

请注意，不要将 ==、!= 与 is 及 is not 搞混，==、!= 是比较对象实际的值、状态等的相等性，而 is 及 is not 是比较两个对象的参考是否相等。

想知道对象是否能进行 >、>=、<、<=、==、!= 等比较，以及它们比较之后的结果为何，应该看看它们的__gt__()、__ge__()、__lt__()、__le__()、__eq__() 或__comp__() 等方法如何实现。在第 5 章谈到自定义类时，就能知道如何实现这些方法。

对于数值类型，进行 >、>=、<、<=、==、!= 等比较没有问题，就是比较数字。至于其他类型，可以先知道的是，字符串与 list 也能进行 >、>=、<、<=、==、!= 比较，字符串会逐字符按字典顺序来比较，因此 'AAC' < 'ABC' 会是 True，'ACC' < 'ABC' 会是 False。你可以写一个简单的程序，通过命令行自变量指定两个字符串，看看比较的结果。

```
operator  compare.py
```

```
import sys

str1 = sys.argv[1]
str2 = sys.argv[2]

print(f'"{str1}" > "{str2}"? {str1 > str2}')
print(f'"{str1}" == "{str2}"? {str1 == str2}')
print(f'"{str1}" < "{str2}"? {str1 < str2}')
```

一个执行结果如下：

```
>python compare.py Justin Monica
"Justin" > "Monica"? False
"Justin" == "Monica"? False
"Justin" < "Monica"? True
```

至于 list，则是逐元素进行比较，因为 [1, 2, 3] == [1, 2, 3] 结果是 True，然而 [1, 2, 3] > [1, 3, 3] 结果会是 False。

到目前为止只看过一个赋值运算符，也就是 = 这个运算符，事实上赋值运算符还有几个，如表 3.3 所示。

表 3.3　赋值运算符

赋值运算符	范　例	结　果
+=	a += b	a = a + b
−=	a −= b	a = a − b
*=	a *= b	a = a * b
/=	a /= b	a = a / b
%=	a %= b	a = a % b
&=	a &= b	a = a & b
|=	a |= b	a = a | b
^=	a ^= b	a = a ^ b
<<=	a <<= b	a = a << b
>>=	a >>= b	a = a >> b

3.2.4　逻辑运算

在逻辑上有所谓的"且""或"与"异或"，在 Python 中也提供对应的逻辑运算符（Logical Operator），分别为 and、or 及 not。下面这个程序是一个简单的示范，可以判断命令行自变量指定的两个字符串大小写关系。

```
operator  uppers.py
```

```
import sys

str1 = sys.argv[1]
```

```
str2 = sys.argv[2]

print('两个都大写? ', str1.isupper() and str2.isupper())
print('有一个大写? ', str1.isupper() or str2.isupper())
print('都不是大写? ', not (str1.isupper() or str2.isupper()))
```

一个执行结果如下：

```
>python uppers.py Justin MONICA
两个都大写? False
有一个大写? True
都不是大写? False
```

在 3.1.1 小节讲到布尔类型时曾经讲过，将 None、False、0、0.0、0j、''、( )、[ ]、{ }等传给 bool()，都会返回 False，这些类型的其他值传入 bool()，都会返回 True。在 and、or、not 运算时，遇到非 bool 类型时，也是这么判断。例如，若 value 为 None、False、0、0.0、0j、''、()、[ ]、{ }等其中之一，那么 not value 结果都会是 True。

and、or 有快捷方式运算的特性。and 左操作数若判定为假，就可以确认逻辑不成立，因此不用继续运算右操作数；or 是左操作数判断为真，就可以确认逻辑成立，不用再运算右操作数。当判断确认时停留在哪个操作数，就会返回该操作数，例如：

```
>> [] and 'Justin'
[]
>>> [1, 2] and 'Justin'
'Justin'
>>> [] or 'Justin'
'Justin'
>>> [1, 2] or 'Justin'
[1, 2]
>>>
```

3.2.5 位运算

在数字设计上有 AND、OR、NOT、XOR 与补码运算，在 Python 中提供对应的位运算符（Bitwise Operator），分别是 &（AND）、|（OR）、^（XOR）与 ~（补码）。如果不会基本位运算，可以从以下范例了解各个位运算结果。

```
operator  bitwise_demo.py
print('AND 运算: ')
print('0 AND 0 {:5d}'.format(0 & 0))
print('0 AND 1 {:5d}'.format(0 & 1))
print('1 AND 0 {:5d}'.format(1 & 0))
print('1 AND 1 {:5d}'.format(1 & 1))

print('\nOR 运算: ')
print('0 OR 0 {:6d}'.format(0 | 0))
```

```
print('0 OR 1 {:6d}'.format(0 | 1))
print('1 OR 0 {:6d}'.format(1 | 0))
print('1 OR 1 {:6d}'.format(1 | 1))

print('\nXOR 运算: ')
print('0 XOR 0 {:5d}'.format(0 ^ 0))
print('0 XOR 1 {:5d}'.format(0 ^ 1))
print('1 XOR 0 {:5d}'.format(1 ^ 0))
print('1 XOR 1 {:5d}'.format(1 ^ 1))
```

执行结果就是各个位运算的结果。

```
AND 运算:
0 AND 0     0
0 AND 1     0
1 AND 0     0
1 AND 1     1

OR 运算:
0 OR 0      0
0 OR 1      1
1 OR 0      1
1 OR 1      1

XOR 运算:
0 XOR 0     0
0 XOR 1     1
1 XOR 0     1
1 XOR 1     0
```

位运算是逐位运算，例如 10010001 与 01000001 做 AND 运算，是一个一个位对应运算，答案就是 00000001。补码运算是将所有位 0 变 1，1 变 0。例如 00000001 经补码运算就会变为 11111110。

```
>>> 0b10010001 & 0b01000001
1
>>> number1 = 0b0011
>>> number1
3
>>> ~number1
-4
>>> number2 = 0b1111
>>> number2
15
>>> ~number2
-16
>>>
```

number1 的 0011 经补码运算就变成 1100，这个数在计算机中以二补码来表示就是-4。需要注意的是，在 Python 中使用二进制字面量写法表示一个整数时，如用 0b1111 表示 15，实际上 1111 更左边的位会是 0，经过补码运算后，1111 的部分会变成 0000，而更左边的位变成 1，整个值用二补码来表示就是-16。

在位运算上，Python 还有左移（<<）与右移（>>）两个运算符。左移运算符会将所有位往左移指定位数，左边被挤出去的位会被丢弃，而右边补上 0；右移运算则是相反，会将所有位往右移指定位数，右边被挤出去的位会被丢弃，至于最左边补上原来的位，如果左边原来是 0 就补 0，是 1 就补 1。

使用左移运算来做简单的二次方运算示范。

```
operator shift_demo.py
number = 1
print('2 的 0 次方: ', number);
print('2 的 1 次方: ', number << 1)
print('2 的 2 次方: ', number << 2)
print('2 的 3 次方: ', number << 3)
```

执行结果如下：

```
2 的 0 次方:  1
2 的 1 次方:  2
2 的 2 次方:  4
2 的 3 次方:  8
```

实际来左移看看，就知道为何可以如此做次方运算了。

```
00000001 → 1
00000010 → 2
00000100 → 4
00001000 → 8
```

实际上，&、|、^ 不只能用在数值类型上，还可以应用在 set 类型，这是 Python 中最有趣也是最实用的特性之一。例如，若想比较两个用户群组的状态，可以如下：

```
operator groups.py
import sys

admins = {'Justin', 'caterpillar'}
users = set(sys.argv[1:])
print('站长: {}'.format(admins & users))
print('非站长: {}'.format(users - admins))
print('全部用户: {}'.format(admins | users))
print('身份不重复用户: {}'.format(admins ^ users))
print('站长群包括用户群? {}'.format(admins > users))
print('用户群包括站长群? {}'.format(admins < users))
```

使用在 set 类型时，& 可用来进行交集，| 可用来做联集，^ 可用来做互斥。除此之外，从

上面的程序中也看到了，-可用来做减集，>、<（以及>=、<=、==）可用来测试两集合的包括关系。一个测试范例如下：

```
>python groups.py Justin Monica momor Irene hamimi
站长: {'Justin'}
非站长: {'Monica', 'momor', 'Irene', 'hamimi'}
全部用户: {'caterpillar', 'Monica', 'momor', 'Irene', 'Justin', 'hamimi'}
身份不重复用户: {'caterpillar', 'momor', 'Irene', 'hamimi', 'Monica'}
站长群包括用户群? False
用户群包括站长群? False
```

在上面的范例中，你看到了 sys.argv[1:] 这个程序代码，这是 Python 的切片（Slicing）运算，意思是将 sys.argv 索引 1 开始，至 list 尾端的全部元素，切出成为新的 list，这是为了取得用户输入的命令行自变量（因为 sys.argv[0] 是 .py 文件名），之后再交给 set() 转换为 set 类型。接下来我们将认识更多切片运算的方式。

3.2.6 索引切片运算

在 Python 的内置类型中，只要具有索引特性，基本上都能进行切片运算，像是字符串、list、tuple 等，下面以字符串为例来示范几个切片运算。

```
>>> name = 'Justin'
>>> name[0:3]
'Jus'
>>> name[3:]
'tin'
>>> name[:4]
'Just'
>>> name[:]
'Justin'
>>> name[:-1]
'Justi'
>>> name[-5:-1]
'usti'
>>>
```

上面示范了切片运算时可以是 [start:end] 形式，也就是指定起始索引（包括）与结尾索引（不包括）来切出子字符串。如果是 [start:] 形式，只指定起始索引，不指定结尾索引，表示切出从起始索引至字符串结束间的子字符串。若是 [:end] 形式，只指定结尾索引，不指定起始索引，表示切出从 0 索引至（不包括）结尾索引间的子字符串。若两个都不指定，也就是 [:]，就相当于复制字符串了。

Python 中的索引不仅可指定正值，还可以指定负值。实际上，了解索引意义的开发人员都知道索引其实就是相对第一个元素的偏移值。在 Python 中，正值索引就是指正偏移值，负值索引就是负偏移值，也就是-1 索引就是倒数第一个元素，-2 索引就是倒数第二个元素。

在切片运算时，起始索引与结尾索引都可以指定负值。实际上，省略结尾索引时，就相当于结尾索引使用-1（省略起始索引时，就相当于使用 0）。

切片运算的另一个形式是 [start:end:step]，意思是切出起始索引与结尾索引（不包括）之间，每次间隔 step 元素的内容（也就是省略 step 时，就相当于使用 1）。例如：

```
>>> name = 'Justin'
>>> name[0:4:2]
'Js'
>>> name[2::2]
'si'
>>> name[:5:2]
'Jsi'
>>> name[::2]
'Jsi'
>>> name[::-1]
'nitsuJ'
>>>
```

注意最后一个范例，当 step 指定为正时，表示正偏移每 step 个取出元素；间隔指定为负时，表示负偏移每 step 个取出元素。[::-1] 表示从索引 0 至结尾，以负偏移 1 方式取得字符串，结果就是反转字符串了。

以上的操作对于 tuple 也是适用的，下面介绍几个简单的例子。

```
>>> nums = 10, 20, 30, 40, 50
>>> nums[0:3]
(10, 20, 30)
>>> nums[1:]
(20, 30, 40, 50)
>>> nums[:4]
(10, 20, 30, 40)
>>> nums[-5:-1]
(10, 20, 30, 40)
>>> nums[::-1]
(50, 40, 30, 20, 10)
>>>
```

在使用 [:] 时要注意，[:] 只是做浅层复制（Shallow Copy），也就是复制元素时只复制元素的参考，而不是复制整个元素内容。对于字符串来说，这不会造成什么困扰。不过，若是 tuple 或 list 中包含可变动元素，就要注意了。

```
>>> nums1 = [10, 20, 30, 40, 50]
>>> nums2 = [60, 70, 80, 90, 100]
>>> tlp1 = (nums1, nums2)
>>> tlp2 = tlp1[:]
>>> tlp2[0][0] = 1
>>> tlp1
```

```
([1, 20, 30, 40, 50], [60, 70, 80, 90, 100])
>>>
```

由于只复制元素的参考，在上面范例中对 tlp2 索引 0 的 list 修改内容，通过 tlp1 也就看到了修改的结果。

若是 list 这类元素可变动的结构，在进行切片运算时，还可以进行元素取代，例如：

```
>>> lt = ['one', 'two', 'three', 'four']
>>> lt[1:3] = [2, 3]
>>> lt
['one', 2, 3, 'four']
>>> lt[1:3] = ['ohoh']
>>> lt
['one', 'ohoh', 'four']
>>> lt[:] = []
>>> lt
[]
```

事实上，与其说是取代元素，不如说是会将指定的索引范围元素清除，再将指定的 list 的元素放入。因此，对于 lt[1:3] = ['ohoh']，有两个元素消失了，只置入了一个 'ohoh'，而对于 lt[:] = [ ] 这样的指定，就相当于清空元素了（实际上是让 lt 参考至[ ]）。

对于可变动的 list，若要直接删除某一段元素，也可以使用 del 结合切片运算。例如：

```
>>> lt = ['one', 'two', 'three', 'four']
>>> del lt[1:3]
>>> lt
['one', 'four']
>>>
```

3.3　重点复习

在 Python 中，所有的数据都是对象，然而可以使用字面量方式来编写一些内置类型。想知道某个数据的类型，可以使用 type() 函数。

从 Python 3 之后，整数类型为 int，不再区分整数与长整数（在 Python 2.x 中分别是 int 与 long 两种类型），整数的长度不受限制（除了硬件物理上的限制之外）。

如果有个字符串是 '3.14'，想取得整数部分并剖析为 int，不可以直接使用 int()，这样会出现 ValueError 错误。你要先使用 float() 剖析为 float，接着再用 int() 取得 int 整数。

将 None、False、0、0.0、0j（复数）、''（空字符串）、()（空元组）、[]（空列表）、{}（空字典）等传给 bool()，都会返回 False，这些类型的其他值传入 bool()，则都会返回 True。

Python 支持复数的字面量表示，编写时使用 a + bj 的形式，复数是 complex 类的实例，可以直接对复数进行数值运算。

可以使用 '' 或 " " 包括文字，两者在 Python 中具相同的作用，在 Python 3 之后的版本都是产生 str 实例，可视情况互换。想使用原始字符串表示，只要在字符串前加上 r 即可。如果字符串内容必须跨越数行，可以使用三重引号。在三重引号间输入的任何内容在最后的字符串会照单全收，像是换行、缩排等。

print() 函数的显示默认是会换行，print() 有一个 end 参数，在指定的字符串显示之后，end 参数指定的字符串就会输出。

Python 3.x 基本上支持两种格式化方式，一种旧式（从 Python 2 就存在），一种新式（从 Python 2.6、2.7 开始支持）。目前两种方式都很常见，从 Python 3.6 开始，还支持格式化字符串字面量。

从 Python 3 之后，每个字符串都包含了 Unicode 字符，每个字符串都是 str 类型。如果想将字符串转为指定的编码格式，可以使用 encode() 方法指定编码，取得一个 bytes 实例，其中包含了字节数据。如果有一个 bytes 实例，也可以使用 decode() 方法，指定该字节代表的编码，将 bytes 解码为 str 实例。

可以在字符串前加一个 b 来建立一个 bytes，这是从 Python 3.3 之后开始支持的语法。相对地，也可以在字符串前加一个 u，结果会是一个 str。在 Python 3 之后，字符串默认就是 str，因此不用特别加上 u。这个语法是为了增加与 Python 2 的兼容性而增加。

set 中的元素必须都是 hashable（可哈希的，不可变的）。

建立 dict 时，每个键会被用来取得对应的值，dict 中的键不重复，必须是 hashable。

如果要取得 dict 中的每一对键值，可以使用 items() 方法，这会返回 dict_items 对象，可使用元组取得每一对键值。如果只要取得键，可以使用 keys() 方法，这会返回 dict_keys 对象，可以逐一取得每个键。如果要取得值，可以使用 values() 方法，这会传回 dict_valucs 对象。

元组许多地方都跟 list 很像，是有序结构，可以使用 [ ] 指定索引取得元素。不过元组建立之后，就不能变动了。

Python 3 之后，还进一步扩展了拆解元素的功能，称为 Extended Iterable Unpacking。

Python 属于动态类型语言，变量本身并没有类型信息。变量始终是一个参考了实际对象的名称。赋值运算只是改变了变量的参考对象，同一个变量可以前后指定不同的数据类型，若想通过变量操作对象的某个方法，只要确认该对象上确实有该方法即可。

动态类型语言界流行的鸭子类型："如果它走路像个鸭子，游泳像个鸭子，叫声像个鸭子，那它就是鸭子。"

开发人员基本上都要知道 IEEE 754 浮点数算术标准，Python 也遵守此标准。这个算术标准不使用小数点，而是使用分数及指数来表示小数。

如果需要处理小数，而且需要精确的结果，那么可以使用 decimal.Decimal 类别。decimal.Decimal 可以直接使用 +、-、*、/ 等运算符。

在强类型与弱类型的光谱中，Python 偏向强类型，也就是类型间在运算时，不会自行发生转换。在 Python 中，字符串与数字不能进行+运算，若要进行字符串串接，需将数字转为字符串；若要进行数字运算，需将字符串剖析为数字。

　　+ 串接两个 list，实际上会产生新的 list，然后将原有两个 list 中的元素参考，复制到新产生的 list 中。同样道理也应用在使用 * 重复 list 时，复制参考，而不是复制元素本身。

　　<> 效果与!=相同，不过建议不要再用<>，使用!=比较清楚，<>只是为了兼容性而存在。

　　比较运算有一个很"Python"的特色，就是它们可以串接在一起，如 x < y <= z，其实相当于 x < y and y <= z。

　　and、or 有快捷方式运算的特性。and 左操作数若判定为假，就可以确认逻辑不成立，因此不用继续运算右操作数；or 是左操作数判断为真，就可以确认逻辑成立，不用再运算右操作数。当判断确认时停留在哪个操作数，就会传回该操作数。

　　&、|、^ 不只能用在数值类型上，还可以应用在 set 类型。

　　在 Python 的内置类型中，只要具有索引特性，基本上都能进行切片运算。Python 中的索引不仅可指定正值，还可以指定负值。

　　在使用 [:] 时要注意，[:] 只是做浅层复制，也就是复制元素时只复制元素的参考，而不是复制整个元素。

3.4　课 后 练 习

　　1. 建立一个程序，可用命令行自变量接收用户输入的字符串列表，列出列表中不重复的字符串与数量。例如，要有以下的执行结果。

```
>python exercise1.py your right brain has nothing left and your left brain has nothing right
有 7 个不重复字符串: {'left', 'has', 'your', 'right', 'nothing', 'brain', 'and'}
```

　　2. 建立一个程序，可用命令行自变量接收用户输入的字符串列表，第一个参数可用来指定查询后续参数某字符串出现的次数。例如，要有以下的执行结果。

```
>python exercise2.py brain your right brain has nothing left and your left brain has nothing right
brain 出现了 2 次。
```

提示 >>> list、str、tuple 等类型，都有一个 count()方法，详情可参阅：docs.python.org/3/library/stdtypes.html#common-sequence-operations。

第 4 章　流程语句与函数

学习目标

➢ 认识基本流程语句

➢ 使用 for Comprehension

➢ 认识函数与变量范围

➢ 运用一级函数特性

➢ 使用 yield 建立生成器

➢ 初探类型提示

4.1　流　程　语　句

现实生活中待解决的事千奇百怪，计算机发明之后，想要使用计算机解决的需求也是各式各样："如果"发生了……，就要……；"对于"……，就一直执行……；"如果"……，就"中断"……。为了告诉计算机特定条件下该执行哪些动作，就要使用各种表达式来定义程序执行的流程。

4.1.1　if 分支判断

流程语句中最简单也最常见的是 if 分支判断，在 Python 中是这样写的。

basic hello.py
```python
import sys


name = 'Guest'
if len(sys.argv) > 1:
    name = sys.argv[1]
print(f'Hello, {name}')
```

在 Python 中，代码块是使用冒号"："开头，同一代码块范围要有相同的缩进，不可混用不同空格数量，不可混用空格与 Tab，Python 的建议是使用 4 个空格作为缩进。

这个范例中，默认的名称是'Guest'。如果执行时提供命令行自变量，sys.argv 的长度就会大于 1（记得索引 0 会是.py 文件名），len(sys.argv) > 1 的结果是 True，if 条件成立，因而将 name 设定为用户提供的命令行自变量。一个执行范例如下：

```
>python hello.py
Hello, Guest

>python hello.py Justin
Hello, Justin
```

if 可以搭配 else，在 if 条件不成立时，执行 else 中定义的程序代码，例如写一个判断数字为奇数或偶数的范例。

basic is_odd.py
```python
import sys


number = int(sys.argv[1])
if number % 2:
    print('f{number} 为奇数')
else:
    print(f'{number} 为偶数')
```

若是偶数，那么 number % 2 就会是 0，在 if 判断式中就会被认定为 False，因此会执行 else 代码块内容。一个执行范例如下：

```
>python is_odd.py 10
10 为偶数

>python is_odd.py 9
9 为奇数
```

Python 的代码块定义方式可以避免 C/C++、Java 这类 C-like 语言中某些不明确的状况。例如在 C-like 语言中，可能会出现这样的程序代码。

```
if(condition1)
    if(condition2)
        doSomething();
else
    doOther();
```

乍看之下，else 似乎是与第一个 if 配对，但实际上，else 是与最近的 if 配对，也就是第二个 if。在 Python 中的代码块定义就没有这个问题。

```
if condition1:
    if condition2:
        do_something()
else:
    do_other()
```

以上例而言，else 必定是与第一个 if 配对，如果是下例，else 必定是与第二个 if 配对。

```
if condition1:
    if condition2:
        do_something()
    else:
        do_other()
```

提示 >>> Apple 曾经提交一个 iOS 上的安全更新: support.apple.com/kb/HT6147 原因是在某个函数中有两个连续的缩进。

```
...
if ((err = SSLHashSHA1.update(&hashCtx, &signedParams)) != 0)
        goto fail;
        goto fail;
if ((err = SSLHashSHA1.final(&hashCtx, &hashOut)) != 0)
        goto fail;
...
```

因为缩进在同一层，阅读代码时大概也没注意到，又没有 { 与 } 定义代码块，结果就是 goto fail，无论如何都会被执行到的错误。

如果有多重判断，则可以使用 if…elif…else 结构。例如：

```
basic   grade.py
score = int(input('输入分数: '))
if score >= 90:
    print('得 A')
elif 90 > score >= 80:
    print('得 B')
elif 80 > score >= 70:
    print('得 C')
elif 70 > score >= 60:
    print('得 D')
else:
    print('不及格')
```

一个执行范例如下：

```
>python grade.py
输入分数: 88
得 B
```

在 Python 中有一个 if…else 表达式，直接来看看如何用该表达式来改写先前 is_odd.py 的程序代码。

```
basic is_odd2.py
import sys

number = int(sys.argv[1])
print('{} 为 {}'.format(number, '奇数' if number % 2 else '偶数'))
```

当 if 的条件表达式成立时，会返回 if 前的数值；若不成立，则返回 else 后的数值。这个程序的执行结果与 is_odd.py 是相同的。

4.1.2   while 循环

Python 提供 while 循环，可根据指定条件表达式来判断是否执行循环体，语句如下：

```
while 条件表达式:
    语句
else:
    语句
```

在条件表达式成立时，会执行 while 代码块，至于可与 while 搭配的 else，是其他语言几乎没有的特色，**不建议使用**，原因稍后再来说明。先来看一个很无聊的游戏，看谁可以最久不碰到 5 这个数字。

```
basic lucky5.py
import random

number = 0
```

```
while number != 5:      ←  ❶如果不是 5，就执行循环
    number = random.randint(0, 9)   ←  ❷随机产生 0 到 9 的整数
    print(number)
    if number == 5:
        print('我碰到 5 了...Orz')
```

这个范例的 while 条件表达式会判断 number 是否为 5❶，若判断为 True，就执行循环，random.randint() 指定了随机产生 0 到 9 的整数 ❷。一个参考的执行结果如下：

```
4
5
我碰到 5 了...Orz
```

至于可跟 while 搭配的 else，乍看会以为类似 if...else，误认为若没有执行 while 循环，就执行 else 的部分。然而实际上，若 while 循环正常执行结束，也会执行 else 的部分。

```
>>> while False:
...     print('while')
... else:
...     print('else')
...
else
>>> num = 0
>>> while num == 0:
...     print('while')
...     num = 1
... else:
...     print('else')
...
while
else
>>>
```

若不想让 else 执行，必须是 while 中因为 break 而中断循环。下面是求最大公约数的程序，程序代码经过特别安排，或许会比较好懂这个逻辑。

basic gcd.py
```
print('输入两个数字...')

m = int(input('数字 1: '))
n = int(input('数字 2: '))

while n != 0:
    r = m % n
    m = n
    n = r
    if m == 1:
```

```
        print('互质')
        break        ←——  break 可用来中断循环
else:
        print("最大公约数: ", m)
```

在上面的范例中，如果求出的最大公约数是 1，显示两数互质并使用 break。在循环中若遇到了 break，循环就会中断，此时就不会执行 else。一个执行结果如下：

```
>python gcd.py
输入两个数字...
数字 1: 20
数字 2: 16
最大公约数: 4


>python gcd.py
输入两个数字...
数字 1: 10
数字 2: 3
互质
```

在范例程序代码中，特别使用粗体标示的部分，像组成了一对 if...else。"if 因某条件而执行 break 了，就不会执行 else"，或者反过来想 "if 没有执行 break，就执行 else"，这样或许会比较容易理解 while 与 else 的关系吧！

无论如何，这实在太难懂了，**建议别使用 while 与 else 的形式**，上面的范例改成以下写法才容易理解。

basic gcd2.py

```
print('输入两个数字...')

m = int(input('数字 1: '))
n = int(input('数字 2: '))

while n != 0:
    r = m % n
    m = n
    n = r

if m == 1:
    print('互质')
else:
    print("最大公约数: ", m)
```

4.1.3 for in 迭代

如果想顺序迭代某个序列，例如字符串、list、tuple，则可以使用 for in 语句。例如，迭代用户提供的命令行自变量，转为大写后输出。

```
basic uppers.py
import sys
for arg in sys.argv:
    print(arg.upper())
```

　　要被迭代的序列是放在 in 之后，对于字符串、list、tuple 等具有索引特性的序列，for in 会按照索引顺序逐一取出元素，并指定给 in 之前的变量。一个执行结果如下：

```
>python uppers.py justin monica irene
UPPERS.PY
JUSTIN
MONICA
IRENE
```

　　如果在迭代的同时，需要同时提供索引信息，那么有几个方式。例如使用 range() 函数生成一个指定的数字范围，使用 for in 进行迭代，再利用迭代出来的数字作为索引。例如：

```
>>> name = 'Justin'
>>> for i in range(len(name)):
...     print(i, name[i])
...
0 J
1 u
2 s
3 t
4 i
5 n
>>>
```

　　range() 函数的形式是 range(start, stop[, step])。start 省略时，默认是 0，step 是步进值，省略时默认是 1。因此，上例中 range(len(name)) 是生成 0 到 5 的数字。

　　你也可以使用 zip() 函数，将两个序列的各元素像拉链（zip）般一对一配对（这就是它叫 zip 的原因。实际上 zip() 可以接受多个序列），生成一个新的 list，其中每个元素都是一个 tuple，也包括了配对后的元素。

```
>>> list(zip([1, 2, 3], ['one', 'two', 'three']))
[(1, 'one'), (2, 'two'), (3, 'three')]
>>>
```

　　zip() 函数会返回一个 zip 对象，这个对象实际上还不包括真正配对后的元素，也就是具有惰性求值的特性（range() 函数生成的 range 对象也是）。zip 对象可以使用 for in 迭代，因此，若迭代时需要索引信息，可以如下：

```
name = 'Justin'
for i, c in zip(range(len(name)), name):
    print(i, c)
```

注意 ▶▶▶ 这里还使用了 tuple 拆解的特性，将每一对 tuple 中的元素拆解指定给 i 与 c 变量。

实际上，若真的要迭代时具有索引信息，建议使用 enumerate() 函数而不是 range() 函数。enumerate() 会返回 enumerate 对象，一样具有惰性求值特性，且可使用 for in 迭代，enumerate 可获取 tuple 元素，例如：

```
>>> name = 'Justin'
>>> list(enumerate(name))
[(0, 'J'), (1, 'u'), (2, 's'), (3, 't'), (4, 'i'), (5, 'n')]
>>>
```

因此，迭代时具有索引信息，也可以使用以下方式。

```
name = 'Justin'
for i, c in enumerate(name):
    print(i, c)
```

默认的情况下，enumerate() 会从 0 开始计数。如果想要从其他数字开始，可以在 enumerate() 的第二个自变量指定。例如从 1 开始。

```
name = 'Justin'
for i, c in enumerate(name, 1):
    print(i, c)
```

实际上，在之后章节你会看到，只要是实现了__iter__()方法的对象，都可以通过__iter__() 方法返回一个迭代器(Iterator)，这个迭代器可以使用 for in 来迭代，之前的 range、zip、enumerate 对象就是如此。

提示 >>> 迭代器是具有__next__()方法的对象，可以使用 next()方法对其进行迭代，4.2.6 小节讲到的生成器也是一种迭代器，届时会看到 next()方法的具体使用，第 9 章也会对迭代器详加讨论。

set 也实现了__iter__()方法，因此可以进行迭代。不过因为 set 是无序的，只能迭代出元素，但不一定是你想要的顺序。

如果想要迭代 dict 键值，可以使用它的 keys()、values()或 items()方法，它们各会返回 dict_keys、dict_values、dict_items 对象，都实现了__iter__()方法，因此也可以使用 for in 迭代。下面举例来说同时迭代 dict 的键值。

```
>>> passwds = {'Justin' : 123456, 'Monica' : 54321}
>>> for name, passwd in passwds.items():
...     print(name, passwd)
...
Justin 123456
Monica 54321
>>>
```

因为 dict_items 的元素是 tuple，各包括了一对键、值。同样地，这里也使用了 tuple 拆解的特性，将 tuple 的键、值拆解给 name 与 passwd 变量。如果直接针对 dict 进行 for in 迭代，默认会进行键的迭代。

79

类似 while 可与 else 配对，for in 也有一个与 else 配对的形式。若不想让 else 执行，必须是 for in 中因为 break 而中断迭代。不过**建议不使用 for in…else 的形式**，如果真的想看一个应用，下面这个例子，可用来判断指定的数字是否为质数。

```
basic is_prime.py
number = int(input('输入数字: '))
half = number // 2
for num in range(2, half + 1):
    if number % num == 0:
        print(f'{number} 不是质数')
        break          ←—— break 可用来中断迭代
else:
    print(f'{number} 是质数')
```

4.1.4　pass、break、continue

有时在某个代码块中并不想做任何的事情，或者是稍后才会写些什么，对于还没打算写任何东西的代码块，可以放一个 pass。例如：

```
if is_prime:
    print('找到质数')
else:
    pass
```

pass 就真的是 pass，什么都不做，只是用来维持程序代码语句结构的完整性。虽然如此，未来也许会常常用到它，因为，你经常地会想要做些小测试，或者是先执行一下程序，检查其他已编写好的程序代码是否如期运行，这时 pass 就会派上用场。

至于 break，在前面介绍 while 与 for in 时已经知道它的功能了，分别用来中断 while 循环、for in 的迭代。这里再提一次，是为了与 continue 对照。在 while 循环中若遇到 continue，此次不执行后续的程序代码，直接进行下次循环。在 for in 迭代遇到 continue，此次不执行后续的程序代码，直接进行下次迭代。

以下是利用 continue 的特性，实现一个只显示小写字母的程序。

```
basic show_uppers.py
text = input('输入一个字符串: ')
for letter in text:
    if letter.isupper():
        continue
    print(letter, end='')
```

这个范例在遇到大写字母时，就会执行 continue，因此该次不会执行 print()。一个执行范例如下：

```
>python show_uppers.py
输入一个字符串: This is a Question!
his is a uestion!
```

4.1.5 for Comprehension

如果用户输入的命令行自变量是数字，想将这些数字全部进行平方运算，该怎么做呢？现在的你也许会想出这样的写法。

```
import sys

squares = []
for arg in sys.argv[1:]:
    squares.append(int(arg) ** 2)
print(squares)
```

将一个 list 转为另一个 list 是很常见的操作，针对这类需求，Python 提供了 for Comprehension 语句，你可以按如下方法实现需求。

basic square.py

```
import sys

squares = [int(arg) ** 2 for arg in sys.argv[1:]]
print(squares)
```

对于 for arg in sys.argv[1:] 这部分，其作用是逐一迭代出命令行自变量指定给 arg 变量，之后执行 for 左边的 int(arg) ** 2 运算。使用 [ ] 括起来，表示每次迭代的运算结果会被收集为一个 list。一个执行结果如下：

```
>python square.py 10 20 30
[100, 400, 900]
```

for Comprehension 也可以与条件表达式结合，这可以构成一个过滤的功能。例如想收集某个 list 中的奇数元素至另一个 list，在不使用 for Comprehension 下，可以如下编写。

```
import sys

odds = []
for arg in sys.argv[1:]:
    if int(arg) % 2:
        odds.append(arg)
print(odds)
```

若使用 for Comprehension，可以改写为以下的程序代码。

basic odds.py

```
import sys

odds = [arg for arg in sys.argv[1:] if int(arg) % 2]
print(odds)
```

在这个例子中，只有在 if 条件表达式成立时，for 左边的表达式才会被执行，并收集为最后结果 list 中的元素。一个执行结果如下：

```
>python odds.py 11 8 9 5 4 6 3 2
['11', '9', '5', '3']
```

如果要形成嵌套结构也是可行的，不过建议不要嵌套太多，否则可读性会迅速降低。简单地将矩阵转换为一维的 list 倒还不错。

```
>>> matrix = [
...     [1, 2, 3],
...     [4, 5, 6],
...     [7, 8, 9]
... ]
>>> array = [element for row in matrix for element in row]
>>> array
[1, 2, 3, 4, 5, 6, 7, 8, 9]
>>>
```

另一个例子是，使用 for Comprehension 来获取两个序列的排列组合。

```
>>> [letter1 + letter2 for letter1 in 'Justin' for letter2 in 'momor']
['Jm', 'Jo', 'Jm', 'Jo', 'Jr', 'um', 'uo', 'um', 'uo', 'ur', 'sm', 'so', 'sm',
'so', 'sr', 'tm', 'to', 'tm', 'to', 'tr', 'im', 'io', 'im', 'io', 'ir', 'nm',
'no ', 'nm', 'no', 'nr']
>>>
```

在 for Comprehension 两旁放上[ ]，表示会生成 list。如果数据源很长，或者数据源本身是一个有惰性求值特性的生成器时，直接生成 list 显得没有效率。这时可以在 for Comprehension 两旁放上()，这样就会建立一个 generator 对象，具有惰性求值特性。

举个例子来说，Python 中有一个 sum() 函数，可以计算指定序列的数字加总值，例如若传递 sum([1, 2, 3])，结果会是 6。如果想计算 1 到 10000 的加总值呢？使用 sum([n for n in range(1, 10001)]) 是可以达到目的的。不过，这会先生成具有 10000 个元素的 list，然后再交给 sum() 函数运算。此时可以写成 sum(n for n in range(1, 10001))，这样就不会有生成 list 的负担。

这里其实也在说明，只要写 n for n in range(1, 10001)，就是一个生成器表达式了。因此在传给 sum() 函数时，不必再写成 sum((n for n in range(1, 10001)))。需要加上括号的情况，是在需要直接参考一个生成器的时候，例如 g = (n for n in range(1, 10001)) 的情况。

for Comprehension 也可用来创建 set，只要在 for Comprehension 两旁放上{}。例如，创建一个 set，其中包括了来源字符串中不重复的大写字母。

```
>>> text = 'Your Right brain has nothing Left. Your Left brain has nothing Right'
>>> {c for c in text if c.isupper()}
{'Y', 'R', 'L'}
>>>
```

若是想使用 for Comprehension 来创建 dict 实例也是可行的。例如：

```
>>> names = ['Justin', 'Monica', 'Irene']
>>> passwds = [123456, 654321, 13579]
```

```
>>> {name : passwd for name, passwd in zip(names, passwds)}
{'Justin': 123456, 'Irene': 13579, 'Monica': 654321}
>>>
```

上面的 zip 函数将 names 与 passwds 两两相扣在一起成为 tuple。每个 tuple 中的一对元素会在 for Comprehension 中拆解指定给 name 与 passwd。最后 name 与 passwd 组成 dict 的每一对键值。

那么，可以使用 for Comprehension 创建 tuple 吗？可以的，不过不是在 for Comprehension 两旁放上()，这样就会创建一个 generator 对象，而不是 tuple。想要用 for Comprehension 创建 tuple，可以将 for Comprehension 生成器表达式传给 tuple()。例如：

```
>>> tuple(n for n in range(10))
(0, 1, 2, 3, 4, 5, 6, 7, 8, 9)
>>>
```

4.2 定 义 函 数

在学会了流程语句之后,你也开始能编写一些小程序,按不同的条件计算出不同的结果了。然而可能会发现有些流程你一用再用,总是复制、粘贴、修改变量名称,让程序代码显得笨拙而且不易维护。针对这种情况,你可以将可重复使用的流程定义为函数,之后直接调用函数来重用这些流程。

4.2.1 使用 def 定义函数

当开始为了重用某个流程，而复制、粘贴、修改变量名称时，或者发现两个或多个程序片段极为类似。只要当中几个计算用到的数值或变量不同时,就可以考虑将那些片段定义为函数。例如发现下面的程序中代码极为相似：

```
# 其他程序片段...
max1 = a if a > b else b
# 其他程序片段...
max2 = x if x > y else y
# 其他程序片段...
```

这时可以定义函数来封装程序片段，将流程中引用不同数值或变量的部分设计为参数，例如：

```
def max(num1, num2):
    return num1 if num1 > num2 else num2
```

定义函数时要使用 def 关键字，max 是函数名称，num1、num2 是参数名称。如果要返回值可以使用 return，如果函数执行完毕但没有使用 return 返回值，或者使用了 return 结束函数但没有指定返回值，默认就会返回 None。

这样一来，原先的程序片段就可以修改为：

```
max1 = max(a, b)
# 其他程序片段...
max2 = max(x, y)
# 其他程序片段...
```

函数是一种抽象，是对流程的抽象。在定义了 max 函数之后，客户端对求最大值的流程被抽象为 max(x, y) 这样的函数调用，求值流程操作被隐藏了。

函数也可以调用自身，这称之为递归（Recursion）。举个例子来说，4.1.2 小节中的 gcd2.py 求最大公约数的流程片段，若定义为函数且用递归求解，可以写成如下。

func gcd.py

```
def gcd(m, n):
    return m if n == 0 else gcd(n, m % n)

print('输入两个数字...')

m = int(input('数字 1: '))
n = int(input('数字 2: '))

r = gcd(m, n)
if r == 1:
    print('互质')
else:
    print(f'最大公约数: {r}')
```

提示 》》 有不少人觉得递归很复杂，其实只要一次只处理一个任务，而且每次递归只专注当次的子任务，递归其实反而清楚易懂，像这里的 gcd() 函数可清楚地看出辗转相除法的定义。有兴趣的话，也可以参考我在《递归的美丽与哀愁》中的一些想法: openhome.cc/Gossip/Programmer/Recursive.html。

在 Python 中，函数中还可以定义函数，称为局部函数（Local Function），可以使用局部函数将某函数中的运算组织为更小单元。例如，在选择排序的操作时，每次会从未排序部分选择一个最小值放到已排序部分之后，在下面的范例中，寻找最小值的索引时，就以局部函数的方式实现。

func sele_sort.py

```
import sys

def sele_sort(number):
    # 找出未排序中的最小值
    def min_index(left, right):
        if right == len(number):
            return left
        elif number[right] < number[left]:
```

```
            return min_index(right, right + 1)
        else:
            return min_index(left, right + 1)

    for i in range(len(number)):
        selected = min_index(i, i + 1)
        if i != selected:
            number[i], number[selected] = number[selected], number[i]

number = [int(arg) for arg in sys.argv[1:]]
sele_sort(number)
print(number)
```

可以看到,局部函数的好处之一就是能直接访问外部函数的参数或者先前声明的局部变量,这样可减少调用函数时自变量的传递。一个执行结果如下:

```
>python sele_sort.py 1 3 2 5 9 7 6 8
[1, 2, 3, 5, 7, 6, 8, 9]
```

4.2.2 参数与自变量

在 Python 中,语句上不直接支持函数重载(Overload)。也就是在同一个命名空间中,不能有相同的函数名称。如果定义了两个函数具有相同名称,但拥有不同参数个数,之后定义的函数会覆盖先前定义的函数。例如:

```
>>> def sum(a, b):
...     return a + b
...
>>> def sum(a, b, c):
...     return a + b + c
...
>>> sum(1, 2)
Traceback (most recent call last):
  File "<stdin>", line 1, in <module>
TypeError: sum() missing 1 required positional argument: 'c'
>>>
```

在上面的例子中,因为后来定义的 sum() 有三个参数,这覆盖了先前定义的 sum(),若只指定两个参数,就会引发 TypeError。实际上,第一次自行定义 sum() 时,也覆盖了标准链接库内置的 sum() 函数。

1. 参数默认值

虽然不支持函数重载的操作,不过在 Python 中可以使用默认自变量,有限度地模仿函数重载。例如:

```
def account(name, number, balance = 100):
```

```
    return {'name' : name, 'number' : number, 'balance' : balance}

# 显示 {'name': 'Justin', 'balance': 100, 'number': '123-4567'}
print(account('Justin', '123-4567'))
# 显示 {'name': 'Monica', 'balance': 1000, 'number': '765-4321'}
print(account('Monica', '765-4321', 1000))
```

使用参数默认值时，必须小心指定可变动对象的一个陷阱，Python 在执行到 def 时，就会按定义创建相关的资源。来看下面这个程序会有什么问题。

```
>>> def prepend(elem, lt = []):
...     lt.insert(0, elem)
...     return lt
...
>>> prepend(10)
[10]
>>> prepend(10, [20, 30, 40])
[10, 20, 30, 40]
>>> prepend(20)
[20, 10]
>>>
```

在上例中，你将 lt 默认值设定为 [ ]，由于 def 是定义函数的关键字，执行到 def 的函数定义时，就建立了 [ ]。而这个 list 对象会一直存在，如果没有指定 lt 时，使用的就会一直是一开始指定的 list 对象。也因此，随着每次调用都不指定 lt 的值，你前置的目标 list 都是同一个 list。

想要避免这样的问题，可以将 prepend() 的 lt 参数默认值设为 None，并在函数中指定真正的默认值。例如：

```
>>> def prepend(elem, lt = None):
...     lt = lt if lt else []
...     lt.insert(0, elem)
...     return lt
...
>>> prepend(10)
[10]
>>> prepend(10, [20, 30, 40])
[10, 20, 30, 40]
>>> prepend(20)
[20]
>>>
```

在上面的 prepend() 函数中，当 lt 为 None 时，使用 [ ] 创建新的 list 实例，这样就不会有之前的问题了。

> 提示 ▶▶▶ 从 Python 3.6 开始，还可以通过 typing 模块的 overload 装饰器，模拟函数重载，并有类型检查效果，本章稍后可以看到实际例子。

2．关键词自变量

事实上，在调用函数时，并不一定要按参数声明的顺序来引入自变量，而可以通过指定参数名称来设定其自变量值，称为关键词自变量。例如：

```
def account(name, number, balance):
    return {'name' : name, 'number' : number, 'balance' : balance}

# 显示 {'name': 'Monica', 'balance': 1000, 'number': '765-4321'}
print(account(balance = 1000, name = 'Monica', number = '765-4321'))
```

3．* 与 **

如果有一个函数拥有固定参数，而你有一个序列，如 list、tuple。只要在引入时加上 *，则 list 或 tuple 中各元素就会自动拆解给各参数。例如：

```
def account(name, number, balance):
    return {'name' : name, 'number' : number, 'balance' : balance}

# 显示 {'name': 'Justin', 'balance': 1000, 'number': '123-4567'}
print(account(*('Justin', '123-4567', 1000)))
```

像 sum() 这种加总数字的函数，事先无法预测要引入的自变量个数，可以在定义函数的参数时使用 *，表示该参数接受不定长度自变量。例如：

```
def sum(*numbers):
    total = 0
    for number in numbers:
        total += number
    return total

print(sum(1, 2))        # 显示 3
print(sum(1, 2, 3))     # 显示 6
print(sum(1, 2, 3, 4))  # 显示 10
```

引入函数的自变量，会被收集在一个 **tuple** 中，再设定给 numbers 参数。这适用于参数个数不固定，而且会顺序迭代处理参数的场合。

如果有一个 dict，打算按键名称指定给对应的参数名称，可以在 dict 前加上 **，这样 dict 中各对键值就会自动拆解给各参数。例如：

```
def account(name, number, balance):
    return {'name' : name, 'number' : number, 'balance' : balance}

params = {'name' : 'Justin', 'number' : '123-4567', 'balance' : 1000}
# 显示 {'name': 'Justin', 'balance': 1000, 'number': '123-4567'}
print(account(**params))
```

如果参数个数越来越多，而且每个参数名称皆有其意义，如 def ajax(url, method, contents,

datatype, accept, headers, username, password)。这样的函数定义不但丑陋，调用时也很麻烦，单纯只搭配关键词自变量或默认自变量，也不见得能改善多少，将来若因需求而必须增减参数，也会影响函数的调用者。因为改变参数个数就是在改变函数签名（Signature），也就是函数的外观，这势必得逐一修改影响到的程序，造成未来程序扩充时的麻烦。

这时可以试着使用 ** 来定义参数，让指定的关键词自变量收集为一个 dict。例如：

```
def ajax(url, **user_settings):
    settings = {
        'method' : user_settings.get('method', 'GET'),
        'contents' : user_settings.get('contents', ''),
        'datatype' : user_settings.get('datatype', 'text/plain'),
        # 其他设定 ...
    }
    print('请求 {}'.format(url))
    print('设定 {}'.format(settings))

ajax('http://openhome.cc', method = 'POST', contents = 'book=python')
my_settings = {'method' : 'POST', 'contents' : 'book=python'}
ajax('http://openhome.cc', **my_settings)
```

像这样定义函数就显得优雅许多，调用函数时可使用关键词自变量，在函数内部也可实现默认自变量的效果，这样的设计在未来程序扩充时比较有利。因为若需增减参数，只需修改函数的内部操作，不用变动函数签名，函数的调用者不会受到影响。

上面的函数定义中是假设 url 为每次调用时必须指定的参数，而其他参数可由用户自行决定是否指定。如果想将一个 dict 作为自变量，也可以 ajax('http://openhome.cc', **my_settings) 这样使用 ** 进行拆解。

可以在一个函数中同时使用 * 与 **，如果想设计一个函数接受任意自变量，就可以加以运用。例如：

```
>>> def some(*arg1, **arg2):
...     print(arg1)
...     print(arg2)
...
>>> some(1, 2, 3)
(1, 2, 3)
{}
>>> some(a = 1, b = 22, c = 3)
()
{'a': 1, 'c': 3, 'b': 22}
>>> some(2, a = 1, b = 22, c = 3)
(2,)
{'a': 1, 'c': 3, 'b': 22}
>>>
```

4.2.3 一级函数的运用

在 Python 中，函数不仅只是一个定义，还是一个值，被定义的函数会生成函数对象，它是 function 的实例。既然函数是对象，也就可以指定给其他的变量。例如：

```
>>> def max(num1, num2):
...     return num1 if num1 > num2 else num2
...
>>> maximum = max
>>> maximum(10, 5)
10
>>> type(max)
<class 'function'>
>>>
```

上面在定义了 max() 函数之后，通过 max 名称将函数对象指定给 maximum 名称。无论通过 max(10, 5) 或者 maximum(10, 5)，结果都是调用了它们参考的函数对象。

函数与数值、list、set、dict、tuple 等一样，都被 Python 视为"一级公民"来对待，可以自由地在变量、函数调用时指定，因此具有这样特性的函数也被称为**一级函数（First-class Function）**。函数代表着某个可重用流程的封装，当它作为值传递时，就表示可以将某个可重用流程进行传递，这是一个极具威力的功能。

1．filter_lt() 函数

如果有一个 lt = ['Justin', 'caterpillar', 'openhome']，现在打算过滤出字符串长度大于 6 的元素，一开始你可以写出如下的程序代码。

```
lt = ['Justin', 'caterpillar', 'openhome']
result = []
for elem in lt:
    if len(elem) > 6:
        result.append(elem)
print(result)
```

你可能会多次进行这类的比较，因此定义出函数以重用这个流程。

```
def len_greater_than_6(lt):
    result = []
    for elem in lt:
        if len(elem) > 6:
            result.append(elem)
    return result

lt = ['Justin', 'caterpillar', 'openhome']
print(len_greater_than_6(lt))
```

那么，如果想要过滤长度小于 5 呢？在急着写 len_less_than_5() 函数之前先仔细想想，这类过滤某列表而后获取另一列表的流程，你写过几次呢？每次其实只有过滤的条件不同，其他流程都是相同的。如果将重复流程提取出来封装为函数如何呢？

```
func filter_demo.py
def filter_lt(predicate, lt):
    result = []
    for elem in lt:
        if predicate(elem):
            result.append(elem)
    return result

def len_greater_than_6(elem):
    return len(elem) > 6

def len_less_than_5(elem):
    return len(elem) < 5

def has_i(elem):
    return 'i' in elem

lt = ['Justin', 'caterpillar', 'openhome']
print('大于 6: ', filter_lt(len_greater_than_6, lt))
print('小于 5: ', filter_lt(len_less_than_5, lt))
print('有个 i: ', filter_lt(has_i, lt))
```

可以看到，将重复的流程提取出来后就可以调用函数，然后每次给予不同的函数来设定过滤条件。就目前来说，特别为 len(elem) > 6、len(elem) < 5、'i' in elem 使用 def 定义了 len_greater_than_6()、len_less_than_5()、has_i()，看起来有点小题大做。然而好处是，只要看 filter_lt(len_greater_than_6, lt)、filter_lt(len_less_than_5, lt)、filter_lt(has_i, lt)，就能清楚地知道程序代码的目的。这个范例的执行结果如下：

```
大于 6:  ['caterpillar', 'openhome']
小于 5:  []
有个 i:  ['Justin', 'caterpillar']
```

当然，你可能觉得 len_greater_than_6() 不够通用。若真如此，也可以修改一下范例，让它更通用些。

```
func filter_demo2.py
def filter_lt(predicate, lt):
    result = []
    for elem in lt:
        if predicate(elem):
            result.append(elem)
    return result
```

```
def len_greater_than(num):
    def len_greater_than_num(elem):
        return len(elem) > num
    return len_greater_than_num

lt = ['Justin', 'caterpillar', 'openhome']
print('大于 5: ', filter_lt(len_greater_than(5), lt))
print('大于 7: ', filter_lt(len_greater_than(7), lt))
```

这次在 len_greater_than() 中定义了一个局部函数 len_greater_than_num()，之后将局部函数返回，返回的函数接受一个参数 elem，而本身带有调用 len_greater_than() 时传入的 num 参数值。因此，len_greater_than(5) 返回的函数相当于进行 len(elem) > 5，而 len_greater_than(7) 返回的函数相当于进行 len(elem) > 7，像这样调用函数返回（内部）另一个函数也是函数作为"一级公民"的语言中常见的应用。

2．map_lt() 函数

类似地，如果想将 lt 的元素全部转为大写后返回新的列表，一开始可能会直接编写以下的流程。

```
lt = ['Justin', 'caterpillar', 'openhome']
result = []
for ele in lt:
    result.append(ele.upper())
print(result)
```

同样地，将列表元素转换为另一组列表，也是你写过无数次的操作，何不将其中重复的流程抽取出来呢？

func map_demo.py

```
def map_lt(mapper, lt):
    result = []
    for ele in lt:
        result.append(mapper(ele))
    return result

lt = ['Justin', 'caterpillar', 'openhome']
print(map_lt(str.upper, lt))
print(map_lt(len, lt))
```

可以看到，将重复流程提取出来后，就可以调用函数，然后每次给予不同的函数，设定对应转换的方式。当转换的函数早就定义好了，使用 map_lt 这样的函数就很方便，就像这里使用了 Python 标准链接库中的 str.upper 与 len。这个范例的执行结果如下：

```
>python map_demo.py
['JUSTIN', 'CATERPILLAR', 'OPENHOME']
[6, 11, 8]
```

3．filter()、map()、sorted()函数

实际上，Python 就内置有 filter()、map() 函数可以直接调用，在 Python 3 中，map()、filter()返回的实例并不是 list，分别是 map 与 filter 对象，都具有惰性求值的特性。下面来看一个简单的示范。

```
func filter_map_demo.py
def len_greater_than(num):
    def len_greater_than_num(elem):
        return len(elem) > num
    return len_greater_than_num

lt = ['Justin', 'caterpillar', 'openhome']
print(list(filter(len_greater_than(6), lt)))
print(list(map(len, lt)))
```

基本上，filter()、map() 能做到的，for Comprehension 基本上都做得到。大多数情况下，for Comprehension 比较常见，不过有时通过适当的命名，使用 filter()、map() 会有比较好的可读性，如 map(len, lt) 就是一个例子。

再来看一个一级函数传递的例子，到目前为止，经常会使用 list、tuple 等有序结构。有时会想将其中的元素进行排序，这时可以使用 sorted() 函数，它可以针对你指定的方式进行排序。例如：

```
>>> sorted([2, 1, 3, 6, 5])
[1, 2, 3, 5, 6]
>>> sorted([2, 1, 3, 6, 5], reverse = True)
[6, 5, 3, 2, 1]
>>> sorted(('Justin', 'openhome', 'momor'), key = len)
['momor', 'Justin', 'openhome']
>>> sorted(('Justin', 'openhome', 'momor'), key = len, reverse = True)
['openhome', 'Justin', 'momor']
>>>
```

sorted() 会返回新的 list，其中包含了排序后的结果，key 参数可用来指定针对什么特性来迭代。例如在指定 len() 函数时，每个元素都会引入 len() 运算，得到的长度值再作为排序依据。

如果是可变动的 list，本身也有一个 sort() 方法，这个方法会直接在 list 本身排序，不像 sorted()方法会返回新的 list。例如：

```
>>> lt = [2, 1, 3, 6, 5]
>>> lt.sort()
>>> lt
[1, 2, 3, 5, 6]
>>> lt.sort(reverse = True)
>>> lt
```

```
[6, 5, 3, 2, 1]
>>> names = ["Justin", "openhome", "momor"]
>>> names.sort(key = len)
>>> names
['momor', 'Justin', 'openhome']
>>>
```

Python 标准链接库中，还有许多可接受函数值（或者返回函数）的函数，本书之后的章节也有机会看到一些应用。

4.2.4 lambda 表达式

在之前的 filter_demo.py 中，大费周章地为 len(elem) > 6、len(elem) < 5、'i' in elem 使用 def 定义了 len_greater_than_6()、len_less_than_5()、has_i()。它们的函数本体其实都很简单，只有一句简单的运算，对于这类情况，可以考虑使用 lambda 表达式。例如：

func filter_demo3.py

```
def filter_lt(predicate, lt):
    result = []
    for elem in lt:
        if predicate(elem):
            result.append(elem)
    return result


lt = ['Justin', 'caterpillar', 'openhome']
print('大于 6: ', filter_lt(lambda elem: len(elem) > 6, lt))
print('小于 5: ', filter_lt(lambda elem: len(elem) < 5, lt))
print('有个 i: ', filter_lt(lambda elem: 'i' in elem, lt))
```

在 lambda 关键词之后定义的是参数，而冒号（:）之后定义的是函数本体，运算结果会作为返回值，不需要加上 return，像 lambda elem: len(elem) > 6 这样的 lambda 表达式会创建 function 实例，也就是一个函数。有时临时只是需要一个小函数，使用 lambda 就很方便。

如果 lambda 不需要参数，直接在 lambda 后加上冒号（:）就可以了；若需要两个以上的参数，中间要使用逗号（,）分隔。例如：

```
>>> max = lambda n1, n2: n1 if n1 > n2 else n2
>>> max(10, 5)
10
>>>
```

在 Python 中缺少其他语言中的 switch 语句，有时会看到一些程序代码中结合 dict 与 lambda 来仿真 switch 的功能，姑且参考一下：

func grade.py

```
score = int(input('请输入分数: '))
level = score // 10
```

```
{
    10 : lambda: print('Perfect'),
    9  : lambda: print('A'),
    8  : lambda: print('B'),
    7  : lambda: print('C'),
    6  : lambda: print('D')
}.get(level, lambda: print('E'))()
```

在上例中，dict 中的值是 lambda 建立的函数对象，程序中使用 get() 方法获取键对应的函数对象。若键不存在，就返回 get() 第二个自变量指定的 lambda 函数，这模拟了 switch 中 default 的部分。最后加上了 () 表示立即执行。

提示 >>> 相较于其他语言中的 lambda 语句，Python 使用 lambda 关键字的方式其实并不简洁，甚至有点妨碍可读性。实际上，Python 中的 lambda 也没办法写太复杂的逻辑，这是 Python 中为了避免 lambda 被滥用而特意做的限制。如果觉得可读性不佳，或者需要编写更复杂的逻辑，请使用 def 定义函数，并给予一个清楚易懂的函数名称。

4.2.5 初探变量范围

在 Python 中，变量无须事先声明，一个名称在指定值时，就可以成为变量，并建立起自己的作用范围（**Scope**）。在调用一个变量时，会查看目前范围中是否有指定的变量名称，若无则向外寻找。因此在函数中可调用全局（Global）变量。

```
>>> x = 10
>>> def func():
...     print(x)
...
>>> func()
10
>>>
```

在上面的例子中，func() 中没有局部变量 x，因此往外寻找而取得了全局范围创建的变量 x。如果在 func() 中对名称 x 做了赋值的动作呢？

```
>>> x = 10
>>> def func():
...     x = 20
...     print(x)
...
>>> func()
20
>>> print(x)
10
>>>
```

在 func() 中进行 x = 20 时，其实就建立了 func() 自己的局部变量 x，而不是将全局变量 x 设为 20。因此在 func() 执行完毕后，显示全局变量 x 的值仍会是 10。

就目前而言可以先知道的是，**变量可以在内置（Builtin）、全局（Global）、外包函数（Endosing Function）、局部函数（Local Function）中寻找或创建**。例子如下：

```
func scope_demo.py
x = 10                      # 建立全局 x

def outer():
    y = 20                  # 建立局部 y

    def inner():
        z = 30              # 建立局部 z
        print('x = ', x)    # 调用全局 x
        print('y = ', y)    # 调用 outer() 函数的 y
        print('z = ', z)    # 调用 inner() 函数的 z

    inner()

    print('x = ', x)        # 调用全局 x
    print('y = ', y)        # 调用 outer() 函数的 y

outer()
print('x = ', x)            # 调用全局 x
```

调用名称时（而不是对名称指定值），一定是从最内层往外寻找。**Python 中的全局作用域实际上是以模块文件为界**。以上例来说，x 实际上是 scope_demo 模块范围中的变量，不会横跨所有模块范围。

我们经常使用的 print 名称是属于内置范围。在 Python 3 中有一个 builtins 模块，该模块中的名称范围横跨各个模块。例如：

```
>>> import builtins
>>> dir(builtins)
['ArithmeticError', 'AssertionError', 'AttributeError', 'BaseException',
'BlockingIOError', 'BrokenPipeError', 'BufferError', 'BytesWarning',
'ChildProcessError', 'ConnectionAbortedError', 'ConnectionError',
'ConnectionRefusedError', 'ConnectionResetError', 'DeprecationWarning', 'EOFError',
'Ellipsis', 'EnvironmentError', 'Exception', 'False', 'FileExistsError',
'FileNotFoundError', 'FloatingPointError', 'FutureWarning', 'GeneratorExit',
'IOError', 'ImportError', 'ImportWarning', 'IndentationError', 'IndexError',
'InterruptedError', 'IsADirectoryError', 'KeyError', ...
```

dir() 函数可用来查询指定的对象上可调用的名称。Python 中可以直接使用的函数，其名称实际上是在 builtins 模块之中。基本上也可以将变量建立在 builtins（但并不建议）。例如：

```
import builtins
import sys
builtins.argv = sys.argv
print(argv[1])
```

在 Python 中有一个 locals() 函数，可用来查询局部变量的名称与值。例如：

func scope_demo2.py

```
x = 10

def outer():
    y = 20

    def inner():
        z = 30
        print('inner locals:', locals())

    inner()
    print('outer locals:', locals())

outer()
```

执行的结果如下：

```
inner locals: {'z': 30}
outer locals: {'inner': <function outer.<locals>.inner at 0x01E11270>, 'y': 20}
```

Python 中还有一个 globals() 函数，可以获取全局变量的名称与值。在全局范围调用 locals() 时，获取结果与 globals() 是相同的。

如果对变量赋值时，希望是针对全局范围，可以使用 global 声明。例如：

```
>>> x = 10
>>> def func():
...     global x, y
...     x = 20
...     y = 30
...
>>> func()
>>> x
20
>>> y
30
>>>
```

来看看下面这段代码运行时会发生什么事情。

```
>>> x = 10
>>> def func():
```

```
...       print(x)
...       x = 20
...
>>> func()
Traceback (most recent call last):
  File "<stdin>", line 1, in <module>
  File "<stdin>", line 2, in func
UnboundLocalError: local variable 'x' referenced before assignment
>>>
```

在 func() 函数中有一个 x = 20 的指定，python 解释器会认为，print(x) 中的 x 是 func() 函数中的局部变量 x。因为范围建立总是在指定时发生，就流程而言，在指定 x 值之前，就要显示其值是一个错误。如果真的想显示全局的 x 值，那么在 print(x) 前一行，使用 global x 声明，就可以避免这个问题。

当然，无论是哪种程序语言，除非那些概念上真的是全局的名称，否则都不鼓励使用全局变量。因此在 Python 中应避免 global 声明的使用。

Python 3 新增了 **nonlocal**，可以指明变量并非局部变量，请解释器按照局部函数、外包函数、全局、内置的顺序来寻找变量，就算是赋值运算时，也要求是这个顺序。例如：

func_scope_demo3.py

```
x = 10
def outer():
    x = 100          # 这是在 outer() 函数范围的 x
    def inner():
        nonlocal x
        x = 1000     # 改变的是 outer() 函数的 x
    inner()
    print(x)         # 显示 1000

outer()
print(x)             # 显示 10
```

在 Python 中没有 if...else、while、for in 中的代码块范围变量，因此在这类流程代码块中建立的变量，离开代码块之后也可以使用。

```
>>> if True:
...       x = 10
...
>>> print(x)
10
>>>
```

变量范围的讨论虽然略显无趣，然而若没有搞清楚相关规则，很容易就发生名称冲突，导致一些不可预期的漏洞，不可不慎。目前暂时是先针对一个模块文件中相关的范围进行探讨，之后有机会还会探讨其他有关范围的议题。

4.2.6 yield 生成器

你可以在函数中使用 yield 来生成值，表面上看来，yield 有点像 return，不过**函数并不会因为 yield 而结束，只是将流程控制权让给函数的调用者**。下面来看一个模仿 range() 函数的实例，自定义一个 xrange() 函数。

func yield_demo.py

```
def xrange(n):
    x = 0
    while x != n:
        yield x
        x += 1


for n in xrange(10):
    print(n)
```

就流程来看，xrange() 函数首次执行时，使用 yield 指定一个值，然后回到主流程使用 print() 显示该值，接着流程重回 xrange() 函数 yield 之后继续执行，循环中再度使用 yield 指定值，然后又回到主流程使用 print() 显示该值。这样的反复流程会直到 xrange() 中的 while 循环结束为止。

显然地，这样的流程有别于函数中使用了 return，函数就结束了的情况。实际上，当函数中使用 yield 指定一个值时，调用该函数会返回一个 generator 对象，也就是一个生成器，此对象具有 __next__() 方法（因此也是一个迭代器）。通常会使用 next() 函数调用该方法取出下一个生成值（也就是 yield 的指定值）；若无法生成下一个值（也就是含有 yield 的函数结束了），则会发生 StopIteration 异常（Exception）。

```
>>> g = xrange(2)
>>> type(g)
<class 'generator'>
>>> next(g)
0
>>> next(g)
1
>>> next(g)
Traceback (most recent call last):
  File "<stdin>", line 1, in <module>
StopIteration
>>>
```

因此，for in 实际上是对 xrange() 返回的生成器进行迭代，它会调用 __next__() 方法取得 yield 的指定值，并在遇到 StopIteration 时结束迭代。因为每次调用生成器的 __next__() 时，生成器才会运算并返回下一个生成值，这就解释了先前为何提到生成器都称其具有惰性求值的效果。

> **提示 >>>** 在 4.1.5 小节讨论 for Comprehension 时曾谈过，可以使用()包括 for Comprehension，这会创建一个 generator 对象，这个对象也可以使用 for in 来迭代。

　　yield 实际上是一个表达式，除了可以调用生成器的__next__()方法获取 yield 的右侧指定值之外，还可以通过 send() 方法指定值，令其成为 yield 运算结果，也就是生成器可以给调用者指定值，调用者也可以指定值给生成器，这成了一种沟通机制。例如，设计一个简单的生产者与消费者程序。

func producer_consumer.py

```
import sys
import random

def producer():
    while True:
        data = random.randint(0, 9)
        print('生产了: ', data)
        yield data          ←———— ❶生成下个值，流程回到调用者

def consumer():
    while True:
        data = yield        ←———— ❷调用生成器 send()方法时的指定值，会成为 yield 的运算结果
        print('消费了: ', data)

def clerk(jobs, producer, consumer):
    print('执行 {} 次生产与消费'.format(jobs))
    p = producer()
    c = consumer()
    next(c)                 ←———— ❸令消费者执行至 yield 处
    for i in range(jobs):
        data = next(p)      ←———— ❹获取生产者的生成值
        c.send(data)        ←———— ❺将值传给消费者

clerk(int(sys.argv[1]), producer, consumer)
```

　　由于 send() 方法会是 yield 的运算结果，所以 clerk() 流程中必须先使用 next(c)❸，使得流程首次执行至 consumer() 函数中 data = yield 处先执行 yield❷，执行 yield 会令流程回到 clerk() 函数，之后执行至 next(p)❹。这时流程进行至 producer() 函数的 yield data❶，在 clerk() 获取 data 之后，接着执行 c.send(data)❺，这时流程回到 consumer() 之前 data=yield 处，send() 方法的指定值此时成为 yield 的结果。一个执行结果如下：

```
>python producer_consumer.py 3
执行 3 次生产与消费
生产了:  4
消费了:  4
```

```
生产了：  5
消费了：  5
生产了：  9
消费了：  9
```

尽管少见，然而具有 yield 的函数还是可以使用 return，由于 return 就是直接结束函数，也就是不再 yield 下一个值，因而执行 return 时会引发 StopIteration，而被 return 的值可以通过 StopIteration 的 args 来获取。

如果想对生成器引发异常，可以使用 throw() 方法，这个方法接受的三个自变量为异常类型、实例以及 traceback 对象。StopIteration 的处理、异常类型等，都与异常处理相关，将在第 7 章加以说明。

4.3　初探类型提示

Python 属于动态类型语言，创建变量时不用声明类型。然而从 Python 3.5 开始，正式纳入了类型提示（Type Hints）特性，Python 3.6 更进一步加强了这个特性，并将 typing 模块纳入标准 API，为中、大型应用程序的开发提供更稳固的基础。

4.3.1　为何需要类型提示

到目前为止，你已经看过一些 Python 程序代码，也声明过一些变量了，应该已经稍微可以体会到动态类型语言的优点，如语句简洁、设计上具有较高的弹性等，然而，可能也曾产生一些困扰。例如，类型错误在执行时期才会呈现出来，如定义了一个 add() 函数，可以接受数值相关类型进行相加。

```
def add(n1, n2):
    return n1 + n2
```

然而，如果以 add(1, '2') 调用函数，执行时就会发生 TypeError 错误，也许你觉得，怎么可能会犯这种错误？不过想想看，在中、大型项目中，调用函数之前，可能有着错综复杂的逻辑，也就有可能误以为传入的是数值，实际上却是字符串的情况发生。

另一个使用 Python 的困扰是，就算使用了 IDE，编辑上的辅助也可能不足，像是自动提示。例如，定义了一个函数可以接受字符串，如图 4.1 所示。

在图 4.1 中，name 会接受字符串，然而这件事只有你知道。对 IDE 来说，因为缺少适当的上下文信息，它不会知道 name 能接受字符串，所以无法给予适当的自动提示，为了要挑选正确的方法名称来调用，得查询 API 才能得知。

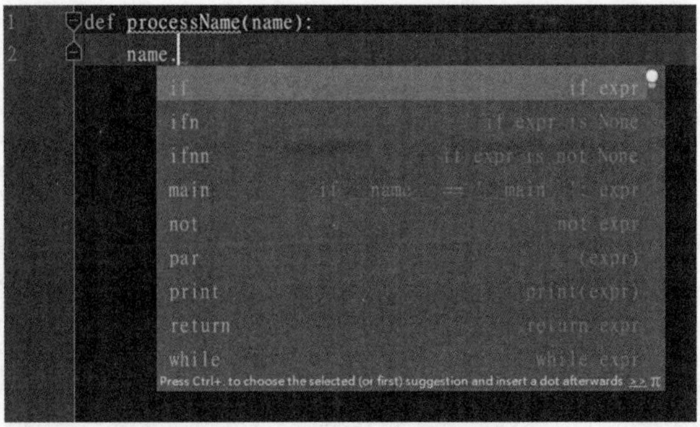

图 4.1 缺少有效的自动提示

缺少有效的自动提示，或许还不是最麻烦的部分。在中、大型应用程序开发中，如果需要调整链接库之间的调用协议，像是函数签名的变更、类间的依赖、对象职责的重新分配等，也会让链接库的客户端必须进行对应的修改，问题在于哪些地方需要修改呢？

动态类型语言开发的应用程序，类型错误只能在执行时才会发现，为了发现必须修改的地方，必须确认每个被影响到的地方，在执行时期都能执行到，这必须有覆盖率高的测试流程才有可能。然而，你的应用程序在开发时真的会写测试吗？测试的覆盖率又真的足够吗？

在静态类型语言中，以上有关于类型的错误可以借由编译程序检查出来，由于变量本身带有类型信息，IDE 在编辑工具上就可以轻松实现自动提示等，是对产能有极大帮助的辅助工具。

当然，静态类型语言也有其麻烦的一面，过去也因此经常有开发者会为了各自拥护的静态或动态类型语言而争论不休，然而实际上各有各的优缺点。Python 采取的是务实路线，经过长时间的社区讨论，根据第三方程序库的操作经验等，从 Python 3.5 开始纳入了类型提示的特性，也就是说从 3.5 版本开始，开发者可以为参数、返回值声明类型，3.6 版本可以更进一步地为局部变量声明类型。

提示 >>> 在 Python 3.5 正式纳入类型提示之前，IDE 或其他开发工具也曾试着以各种机制来提供类型信息，像是在批注或者 DocString（第 6 章会谈到），以特定格式编写类型信息，当然，那并非标准的一部分，方式也是视各门各派而定。

4.3.2 类型提示语句

在定义函数时，如何能为参数、返回值声明类型呢？以刚才的 add() 函数为例，如果想令其参数只接受整数类型，并且返回整数类型，可以声明如下：

```
def add(n1: int, n2: int) -> int:
    return n1 + n2
```

若是想为参数声明类型，可以在参数名称后加上 ":" 并接上类，返回值的类型声明则是使用箭号（->）并接受类型，可以视需求，只针对想加注类型的参数声明，例如，下面不声

101

明返回值类型。

```
def add(n1: int, n2: int):
    return n1 + n2
```

在参数具备类型信息的情况下，IDE 就能有正确的自动提示可以使用，如图 4.2 所示。

图 4.2　提供有效的自动提示

先前各章节看过的类型都可以用来注释类型，例如，为下面的 names 变量注释 list。

```
names: list = ['Justin', 'Monica']
```

现在的问题在于，若想进一步标明 names 的元素只能是 str 呢？从 Python 3.6 开始，标准 API 中纳入了 typing 模块，用来辅助类型提示，若想限定 list 的元素类型，必须使用 typing 模块中的 List，直接来看如何标注。

```
from typing import List
names: List[str] = ['Justin', 'Monica']
```

List[str]的标注实际上是类型提示上的泛型语句，如果有兴趣进一步研究，可以看看 6.4 节的内容。

类似地，若想限定元组中的元素类型，可以使用 Tuple，set 是使用 Set，若是 dict 则是 Dict。

```
from typing import Tuple, Set, Dict
user: Tuple[str, str] = ('Justin', 'Lin')
id: Set[str] = ['1234', '5678']
passwds: Dict[str, str] = {'Justin' : 'admin123', 'Monica' : 'manager456'}
```

在 4.2.2 小节谈过，函数的参数上若加上 *，表示不定长度自变量；若要标注类型，只要标注单一自变量的类型就可以了，例如：

```
def sum(*numbers: int) -> int:
    total = 0
    for number in numbers:
```

```
        total += number
    return total

print(sum(1, 2))          # 显示 3
print(sum(1, 2, 3))       # 显示 6
print(sum(1, 2, 3, 4))   # 显示 10
```

至于 ** 定义的参数，同样只要标注自变量类型就可以了。

```
def ajax(url, **user_settings: str):
    settings = {
        'method' : user_settings.get('method', 'GET'),
        'contents' : user_settings.get('contents', ''),
        'datatype' : user_settings.get('datatype', 'text/plain'),
        # 其他设定 ...
    }
    print('请求 {}'.format(url))
    print('设定 {}'.format(settings))

ajax('http://openhome.cc', method = 'POST', contents = 'book=python')
my_settings = {'method' : 'POST', 'contents' : 'book=python'}
ajax('http://openhome.cc', **my_settings)
```

如果是一个可迭代的对象，例如生成器，可以使用 Iterator，像 4.2.6 小节范例中的 xrange() 函数，可以如下加注类型。

```
from typing import Iterator
def xrange(n: int) -> Iterator[int]:
    x = 0
    while x != n:
        yield x
        x += 1
```

在 4.2.6 小节中曾经讲过，具有 yield 的函数，返回的生成器还可以通过 send() 与函数沟通，而函数中也可以编写 return。因此，若要更精确地定义内含 yield 的函数，可以使用 Generator[YieldType, SendType, ReturnType] 标注，例如：

```
from typing import Generator
def xrange(n: int) -> Generator[int, None, None]:
    x = 0
    while x != n:
        yield x
        x += 1
```

在上面的例子中，由于不需要与 send() 沟通，也没有使用 return。因此，SendType 与 ReturnType 都标注为 None。多数情况下，含有 yield 的函数都是如此，这时采用 Iterator[int] 还是比较精简的。

在程序代码上加注了类型提示之后，或许你会试着执行看看效果如何，例如有一个程序代码如下：

```
type_hints add.py
def add(n1: int, n2: int) -> int:
    return n1 + n2

print(add(3.14, 6.28))
```

add() 函数的参数都加注为 int，然而故意将浮点数作为自变量。如果使用 IDE，可能会提示类型不正确，例如 PyCharm 会有图 4.3 所示的提示画面。

图 4.3　IDE 中自动提示类型错误

然而，试着执行这个范例，却可以顺利显示 9.42 的结果，这是怎么回事呢？因为 Python 的类型提示，真的就是类型提示，python 解释器并不理会加注的类型信息，程序会如同未加注类型一样去执行，至于类型检查的职责，则由其他工具来操作处理。

4.3.3　使用 mypy 检查类型

除了使用 IDE 之外，社区中推荐的类型检查工具之一是 mypy，可以通过 pip 来安装。从 **Python 3.4 开始就内置了 pip 指令**（也可以使用 python -- m pip 来执行），想要使用 pip 安装指定的包，可以使用 pip install '包名称'；想要移除，则使用 pip uninstall '包名称'。

例如想要安装 mypy，可以使用 pip install mypy，如图 4.4 所示安装最新版本的 mypy。

```
命令提示符                                                              —   □   ×
c:\workspace>pip install mypy
Looking in indexes: https://pypi.tuna.tsinghua.edu.cn/simple
Collecting mypy
  Downloading https://pypi.tuna.tsinghua.edu.cn/packages/66/65/6eee965deba36e9899a96879c9ce12c93b6ffe2d154b6253b7
2e2408878e/mypy-0.770-py3-none-any.whl (1.9 MB)
                                                             1.9 MB 6.4 MB/s
Collecting typed-ast<1.5.0,>=1.4.0
  Downloading https://pypi.tuna.tsinghua.edu.cn/packages/95/08/8a4ad31a802b0d0d595c9bd6e808abf690177962e8735cc55b
542339a3d0/typed_ast-1.4.1-cp38-cp38-win32.whl (136 kB)
                                                             136 kB 6.8 MB/s
Collecting typing-extensions>=3.7.4
  Downloading https://pypi.tuna.tsinghua.edu.cn/packages/0c/0e/3f026d0645d699e7320b59952146d56ad7c374e9cd72cd16e7
c74e657a0f/typing_extensions-3.7.4.2-py3-none-any.whl (22 kB)
Collecting mypy-extensions<0.5.0,>=0.4.3
  Downloading https://pypi.tuna.tsinghua.edu.cn/packages/5c/eb/975c7c080f3223a5cdaff09612f3a5221e4ba534f7039db34c
35d95fa6a5/mypy_extensions-0.4.3-py2-none-any.whl (4.5 kB)
Installing collected packages: typed-ast, typing-extensions, mypy-extensions, mypy
Successfully installed mypy-0.770 mypy-extensions-0.4.3 typed-ast-1.4.1 typing-extensions-3.7.4.2
c:\workspace>
```

图 4.4　使用 pip 安装 mypy

提示 >>> 由于 pip 本身也在不断地更新，首次执行 pip 会检查版本，若 pip 命令不是最新的就会提示，你可以执行 pip install --upgrade pip 来进行更新。

如果想要指定安装的包版本，可以使用 pip install mypy == 1.1.0 这样的格式指定（注意是两个等号），也可以使用 >=、<=、>、< 的方式来指定大于或小于某个版本。例如 pip install "mypy>=1.1.0" 或 pip install "mypy<1.1.0"。使用 " " 包括住的原因，是为了避免 > 或 < 被误认为是标准输入输出的导向符号。

如果想要一次安装多个包，可以在一个文本文件中编写包需求，例如在一个 requirements.txt 中编写。

```
django=1.9.0
flask>0.10.1
numpy
```

接着只要执行 pip -r install requirements.txt，就可以按文件中列出的包进行安装。如果想要知道更多 pip 的使用细节，可以参考 pip 的文件[①]。

如图 4.5 所示，要使用 mypy 进行类型检查，直接使用 mypy 指定源代码文件就可以了。

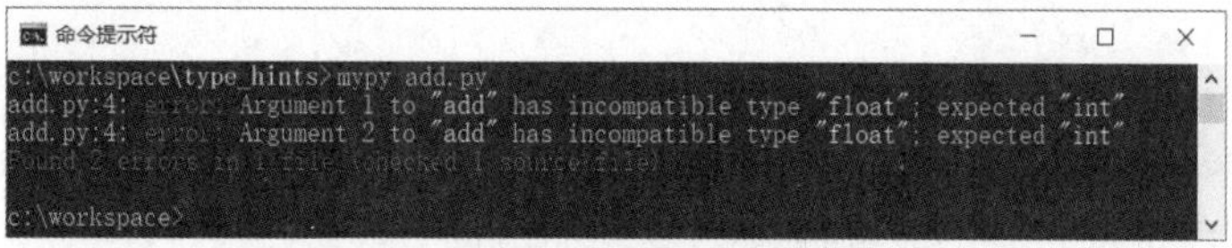

图 4.5　使用 mypy

mypy 本身有一些选项可以使用，可以执行 mypy --help 来获得说明，例如，考虑下面这个范例。

```
type_hints  users.py
def accountNumber(name: str) -> int:
    users = [(1234, 'Justin'), (5678, 'Monica')]
    for acc_num, acc_name in users:
        if name == acc_name:
            return acc_num
    return None
```

在范例的 accountNumber() 函数中，若是找不到对应的用户名称，会直接返回 None，然而函数的返回类型加注为 int，None 算不算是 int 类型呢？在不少静态类型语言中，通常也会有一个类似 None 的东西（像是 Java 的 null），它可以是指定给任何类型的变量。不过目前图 4.6 安装的 mypy 似乎不这么认为。

图 4.6　mypy 预设为--strict-optional

---

① pip：pip.pypa.io/en/stable/

最新版本的 mypy 采取严格可选类型--strict-optional，也就是 None 不可以被当成 int 类型。如果想放宽这个限制，可以在执行 mypy 时加上--no-strict-optional 自变量。

先前谈过，若函数没有返回值，默认会返回 None；若真的要加注函数，必定返回 None，可以使用-> None。

> **注意 >>>** 在定义函数时，若没有定义返回值类型，类型提示上会默认为 typing 模块中的 Any，而不是 None，后者是用来限定函数必然返回 None 的情况。

然而，像上面的范例中可能有值也可能是 None。若执行 mypy 时不想加上--no-strict-optional 自变量，可考虑使用 typing 中的 Union，例如：

```python
from typing import Union
def accountNumber(name: str) -> Union[int, None]:
    users = [(1234, 'Justin'), (5678, 'Monica')]
    for acc_num, acc_name in users:
        if name == acc_name:
            return acc_num
    return None
```

Union 实际上用于返回值可能有两种类型之时。对于可能有值，也可能是 None 的情况，还有一个语意上更精确的 Optional。

```python
from typing import Union
def accountNumber(name: str) -> Optional[int]:
    users = [(1234, 'Justin'), (5678, 'Monica')]
    for acc_num, acc_name in users:
        if name == acc_name:
            return acc_num
    return None
```

类型提示的语句也是多元化的。就目前来说，对于类型提示的语句，认识到这里就足够了。之后有机会会在必要的地方使用类型提示并做说明。

4.3.4　类型提示的时机

在可以为 Python 程序代码加注类型之后，接下来必须考虑的是，何时应该使用类型提示？毕竟用得太多，就会使得程序代码变得不易阅读，其实这就是一个考虑点，**类型提示必须用在对程序代码阅读有帮助的地方。**

类型提示基本上就是在提供类型信息，信息的阅读对象之一是开发者，有些静态类型语言（像 Haskell），在编译程序有办法推断而不用开发者声明类型的地方，仍建议加上类型，就是这个目的；如果你阅读一些既有的 Python 项目，可能在批注或 DocString 中看到特别写出了类型，也是为了提高程序代码的可读性，这时都是可以使用类型提示取代的机会。

类型信息的阅读对象之二是开发工具，如之前看到的，通过类型提示，可获得更有效的自动提示选项，或者是在程序代码修改时有更多的**工具辅助**。

类型提示的运用场合还包括**建立团队合作时的共同约束**，通过加注类型，令类型信息成为规格书或文件的一部分，团队成员可更清楚地知道函数签名上与类型相关的信息，加上类型检查工具，可更实质地检查出类型相关的错误。

以上是运用类型提示的几个最基本考虑，实际上还有其他的可能性。例如，想要模拟重载，可以使用 typing 模块中 overload 装饰器（Decorator）。

type_hints account.py
```python
from typing import Tuple
from typing import overload


@overload
def account(name: str) -> Tuple[str, float]:
    pass


@overload
def account(name: str, balance: float) -> Tuple[str, float]:
    pass


def account(name, balance = 0):
    return (name, balance)


acct1 = account('Justin')
acct2 = account('Monica', 1000)

print(acct1)
print(acct2)
```

在这里被 overload 装饰器标注的函数提供了 mypy 之类的工具进行类型检查信息，对这个范例使用 mypy 可以通过类型检查，执行时期使用了参数默认值来模仿重载，范例的执行结果如下：

```
('Justin', 0)
('Monica', 1000)
```

想要认识如何使用装饰器是进阶课题，这在第 12 章时会讨论。然而就像这里的范例，装饰器在使用上通常不需要知道细节，之后的章节还会看到一些可直接使用的装饰器，非常实用。

提示 》》 类型提示还可以用于执行时期，例如有一个 overloading.py[①]，可以结合类型提示来模仿执行期重载，不过要使用执行时期运用类型信息的工具，需要更多对 Python 的认识，这在第 12 章中会谈到。

———————

① overloading.py：github.com/bintoro/overloading.py

4.4　重点复习

在 Python 中，一个程序代码块是使用冒号（：）开头，之后代码块范围要有相同的缩进，不可混用不同空格数量，不可混用空格与 Tab，Python 的建议是使用 4 个空格作为缩进。

在 Python 中有一个 if…else 表达式语句，当 if 的条件表达式成立时，会返回 if 前的数值；若不成立，则返回 else 后的数值。

Python 提供 while 循环，可根据指定条件表达式来判断是否执行循环本体。如果想要顺序迭代某个序列，例如字符串、list、tuple，可以使用 for in 语句。

range() 函数的形式是 range(start, stop[, step])，start 省略时，默认是 0，step 是步进值，省略时默认是 1。可以使用 zip() 函数将两个序列的各元素像拉链般一对一配对，实际上 zip() 可以接受多个序列。若真的要迭代时具有索引信息，使用 enumerate() 函数可能是最方便的。

只要是实现了 __iter__()方法的对象，都可以使用 for in 来迭代。只要是实现了 __iter__()方法的对象，都可以通过 __iter__()方法返回一个迭代器，这个迭代器可以使用 for in 来迭代。

set 也实现了 __iter__() 方法，因此可以进行迭代，想要迭代 dict 键值，可以使用它的 keys()、values() 或 items() 方法。它们各会返回 dict_keys、dict_values、dict_items 对象，都实现了 __iter__() 方法，因此也可以使用 for in 迭代。

有时在某个代码块中并不想做任何的事情，或者是稍后才会写些什么，对于还没打算写任何东西的代码块，可以放一个 pass。

break 可用来中断 while 循环、for in 的迭代。在 while 循环中遇到 continue，此次不执行后续的程序代码，直接进行下次循环。在 for in 迭代遇到 continue，此次不执行后续的程序代码，直接进行下次迭代。

将一个 list 转为另一个 list 是很常见的操作，Python 针对这类需求，提供了 for Comprehension 语句。for Comprehension 也可以与表达式结合，以构成一个过滤的功能。

在 for Comprehension 两旁放上 [ ]，表示会产生 list。如果数据源很长，或者数据源本身是一个有惰性求值特性的生成器时，直接产生 list 显得没有效率，这时可以在 for Comprehension 两旁放上 ( )，这样就会建立一个 generator 对象，具有惰性求值特性。

for Comprehension 也可以用来建立 set，只需在 for Comprehension 两旁放上 { }。若是想使用 for Comprehension 来建立 dict 实例，也是可行的。想要用 for Comprehension 建立 tuple，可以将 for Comprehension 生成器表达式传给 tuple()。

如果函数执行完毕但没有使用 return 返回值，或者使用了 return 结束函数但没有指定返回值，默认就会返回 None。

在 Python 中，函数中还可以定义函数，称为局部函数。在 Python 中可以使用默认自变量、关键词自变量。

如果有一个函数拥有固定的参数，而你有一个序列，像 list、tuple，只要在传入时加上 *，则 list 或 tuple 中各元素就会自动拆解给各参数。可以在定义函数的参数时使用 *，表示该参数接受不定长度自变量。

如果有一个 dict，打算按键名称指定给对应的参数名称，可以在 dict 前加上 **，这样 dict 中各对键、值就会自动拆解给各参数。读者可试着使用 ** 来定义参数，让指定的关键词自变量收集为一个 dict。

可以在一个函数中同时使用 * 与 **，如果想要设计一个函数接受任意自变量，就可以加以运用。

在 Python 中，函数不仅只是一个定义，还是一个值。你定义的函数会产生一个函数对象，它是 function 的实例，既然函数是对象，也就可以指定给其他的变量。

有时会想将其中的元素进行排序，这时可以使用 sorted() 函数。如果是可变动的 list，本身也有一个 sort() 方法，这个方法会直接在 list 本身排序。

函数本体很简单，只有一句简单运算的情况，可以考虑使用 lambda 表达式。

一个名称在指定值时，就可以成为变量，并建立起自己的作用范围。在调用一个变量时，会寻找目前范围中是否有指定的变量名称；若无，则向外寻找。

变量可以在内置、全局、外包函数、局部函数中寻找或创建。Python 中的全局作用域实际上是以模块文件为界。

dir() 函数可用来查询指定的对象上可调用的名称。Python 中可以直接使用的函数，其名称实际上是在 builtins 模块之中。在 Python 中有一个 locals() 函数，可用来查询局部变量的名称与值。Python 中还有一个 globals()，可以获取全局变量的名称与值，当你在全局范围调用 locals() 时，获取结果与 globals() 是相同的。

如果对变量指定值时，希望是针对全局范围，可以使用 global 声明。在 Python 3 中新增了 nonlocal，可以指明变量并非局部变量。请解释器按照局部函数、外包函数、全局、内置的顺序来寻找变量，就算是赋值运算时，也要求是这个顺序。

可以在函数中使用 yield 来生成值。表面上看来，yield 有点像是 return。不过函数并不会因为 yield 而结束，只是将流程控制权让给函数的调用者。yield 实际上是一个表达式，除了调用生成器的 __next__() 方法，获取 yield 的右侧指定值之外，还可以通过 send() 方法指定值，令其成为 yield 运算结果。

Python 属于动态类型语言，创建变量时不用声明类型，然而从 Python 3.5 开始，正式纳入了类型提示特性，Python 3.6 更进一步加强了这个特性，并将 typing 模块纳入标准 API，为中、大型应用程序的开发提供更稳固的基础。

4.5 课 后 练 习

1. 在三位的整数中，153 可以满足 $1^3 + 5^3 + 3^3 = 153$，这样的数被称为阿姆斯特朗（Armstrong）数，试以程序找出所有三位数的阿姆斯特朗数。

2. 斐波那契（Fibonacci）为公元 12 世纪欧洲数学家，在他的著作中提过，若一只兔子每月生一只小兔子，一个月后小兔子也开始生产。起初只有一只兔子，一个月后有两只兔子，两个月后有三只兔子，三个月后有五只兔子……，也就是每个月兔子总数会是 1、1、2、3、5、8、13、21、34、55、89、……，这就是费氏数列，可用公式定义如下：

```
fn = fn-1 + fn-2              if n > 1
fn = n                        if n = 0, 1
```

请编写程序，可让用户输入想计算的费式数个数，由程序全部显示出来。例如：

```
求几个费式数? 10
0 1 1 2 3 5 8 13 21 34
```

3. 请编写一个简单的洗牌程序，可在文本模式下显示洗牌结果。例如：

```
桃9   心10  梅4   桃J   砖5   梅10  梅K   砖9   梅J   砖2   砖A   心6   心5
桃8   梅2   砖6   梅3   梅7   梅A   心4   心J   心8   心Q   梅6   砖J   心K
桃6   砖8   心7   桃5   砖K   砖3   心A   桃7   梅9   心9   桃3   砖10  心3
桃A   桃4   桃2   桃10  桃Q   砖7   梅8   心2   梅Q   梅5   砖Q   桃K   砖4
```

4. 试着使用 for Comprehension 来找出周长为 24，每个边长都为整数且不超过 10 的直角三角形边长。

第 5 章 从模块到类

学习目标

➢ 深入模块管理

➢ 初识面向对象

➢ 学习定义类

➢ 定义运算符

5.1 模 块 管 理

Python 是一门支持多重典范的程序语言，无论采取过程式、函数式还是面向对象，在架构程序时都应该思考几个重点，如下所示。

➤ 抽象层的封装与隔离。

➤ 对象的状态。

➤ 命名空间。

➤ 资源实体组织方式，像是源代码文件、包等。

在 4.2 节讨论过 Python 中如何定义函数，函数是一个抽象层，用来封装演算流程细节。对于函数调用者而言，最好的方式是只需了解函数的接口，也就是仅需知道函数名称、参数、返回值这样的签名外观，而不用知道函数调用的实现细节。

在 Python 中，模块也提供了一种抽象层的封装与隔离。2.2 节曾简单介绍过模块，这一节要深入介绍模块的细节，了解如何善用模块来建立最自然的抽象层。

5.1.1 用模块建立抽象层

如同 2.2 节中讲到的，**一个.py 文件就是一个模块，这使得模块成为 Python 中最自然的抽象层。**

就算一开始只会建立.py 源代码文件，在当中定义一些基本的变量，你也可以试着将变量分门别类，放在不同名称的.py 文件中。如将一些数学相关的常数，像是圆周率 π、自然对数 e，放在 xmath.py 文件之中。这样一来，在想要使用这些数学相关常量时，就能 import xmath，之后以 xmath.pi、xmath.e 的方式来取用，无须重复编写相关常量。

实际上，Python 就内置有 math 模块，其中除了定义了圆周率 π、自然对数 e 之外，还有一些常用的数学函数定义，如三角函数、log()、pow() 等。**想要知道一个模块中有哪些名称，可以使用 dir() 函数**。例如：

```
>>> import math
>>> math.pi
3.141592653589793
>>> math.e
2.718281828459045
>>> dir(math)
['__doc__', '__loader__', '__name__', '__package__', '__spec__', 'acos', 'acosh',
'asin', 'asinh', 'atan', 'atan2', 'atanh', 'ceil', 'copysign', 'cos', 'cosh',
'degrees', 'e', 'erf', 'erfc', 'exp', 'expm1', 'fabs', 'factorial', 'floor',
'fmod', 'frexp', 'fsum', 'gamma', 'gcd', 'hypot', 'inf', 'isclose', 'isfinite',
```

```
'isinf', 'isnan', 'ldexp', 'lgamma', 'log', 'log10', 'log1p', 'log2', 'modf',
'nan', 'pi', 'pow', 'radians', 'remainder', 'sin', 'sinh', 'sqrt', 'tan', 'tanh',
'tau', 'trunc']
>>>
```

这就是模块作为抽象层的封装与隔离的好处,可以用一个模块名称来组织或思考一个整体功能。实际上,**当 import 某个模块而使得指定的.py 文件被加载时,python 解释器会为它建立一个 module 实例,并建立一个模块名称来参考它。** dir(math) 时实际上是查询 math 名称参考的 module 实例上,有哪些属性(Attribute)名称可以访问。

提示 >>> 若调用 dir() 时未指定任何 module 实例,会查询目前所在模块的 module 实例上的名称。

在这里 math 模块是一个例子,而在 4.2 节学会了如何将可重用流程定义为函数之后,你也许会想设计一个银行商务相关的简单程序,具有建立账户、存款、提款等功能。既然如此,何不将这些函数定义在一个 bank.py 中呢?

modules bank.py

```python
def account(name: str, number: str, balance: float) -> dict:
    return {'name': name, 'number': number, 'balance': balance}

def deposit(acct, amount):
    if amount <= 0:
        print('存款金额不得为负')
    else:
        acct['balance'] += amount

def withdraw(acct, amount):
    if amount > acct['balance']:
        print('余额不足')
    else:
        acct['balance'] -= amount

def desc(acct):
    return f'Account:{acct}'
```

提示 >>> 第 4 章谈过类型提示的使用时机之一,可以是为了增加程序代码的可读性。接下来的范例中,若出现了类型提示,多半也是为了这个目的;以上例来说,不需要每个函数都加上类型提示,只要在 account() 函数加注,其余就近函数可根据程序代码上下文迅速地判断相关类型为何。

接下来,在其他的.py 文件中只要 import bank,就可以通过 bank 模块名称来进行相关的商务流程了。例如:

modules bank_demo.py

```python
import bank

acct = bank.account('Justin', '123-4567', 1000)
```

```
bank.deposit(acct, 500)
bank.withdraw(acct, 200)

# 显示 Account:{'balance': 1300, 'number': '123-4567', 'name': 'Justin'}
print(bank.desc(acct))
```

通过 bank.account()、bank.deposit()、bank.withdraw()、bank.desc() 这样的名称，可以很清楚地看到账户的建立、存款、提款、描述，都是与银行商务相关的操作。bank 这个名称不仅只是用来避免命名空间，也作为一种组织与思考相关功能的方式。

就目前为止，这个简单程序只使用了模块来管理建立账户、存款、提款等函数。然而，这些函数都与一个记录账户状态的 dict 对象相关，稍后还会看到有更好的方式，可用来组织函数与对象的状态。

5.1.2　管理模块名称

模块会被拿来作为命名空间。之前谈到，当 import 某个模块而使得指定的 .py 文件被加载时，python 解释器会为它建立一个 module 实例，并建立一个模块名称来参考它，这是最单纯的情况。然而，Python 中管理模块名称的方式还有着其他的可能性。

1. from import 名称管理

在 2.2 节讲过，可以使用 from import 直接将模块中指定的名称导入。事实上，**from import 会将被导入模块中的名称参考值指定给目前模块中建立的新名称**。例如，也许有一个 foo.py 文件定义了一个 x 变量。

```
x = 10
```

若在另一个 main.py 文件中执行 from foo import x，实际上会在 main 模块中建立一个 x 变量，然后将 foo 中的 x 的值 10 指定给 main 中的 x 变量，因此会产生以下的结果。

```
>>> from foo import x
>>> x
10
>>> x = 20
>>> import foo
>>> foo.x
10
>>>
```

简单来说，在 from foo import x 时，就是在模块中建立了新变量，而不是使用原本的 foo.x 变量，只是一开始两个变量参考同一个值。若是参考了可变动对象，就要特别小心了。例如，若 foo.py 中编写了：

```
lt = [10, 20]
```

就会产生以下的结果。

```
>>> from foo import lt
>>> lt
[10, 20]
>>> lt[0] = 15
>>> import foo
>>> foo.lt
[15, 20]
>>>
```

这是因为 lt 变量与 foo.lt 都参考了同一个 list 对象,因此通过 lt 变量修改索引 0 的元素,通过 foo.lt 就会取得修改后的结果。

2. 限制 from import *

使用 from import 语句时,若最后是 * 结尾,会将被导入模块中的所有变量在当前模块中都建立相同的名称。**如果有些变量并不想被 from import *建立同名变量,可以用下划线作为开头。**例如,若 foo.py 中有以下内容。

```
x = 10
lt = [10, 20]
_y = 20
```

使用 from foo import * 时,目前模块中并不会建立 _y 变量。例如:

```
>>> from foo import *
>>> x
10
>>> lt
[10, 20]
>>> _y
Traceback (most recent call last):
  File "<stdin>", line 1, in <module>
NameError: name '_y' is not defined
>>>
```

想避免 from import * 被滥用而污染了命名空间,就可以使用这种方式。另一个方式是定义__all__列表,使用字符串列出可被 from import * 的名称,例如:

```
__all__ = ['x', 'lt']

x = 10
lt = [10, 20]
_y = 20
z = 30
```

如果模块中定义了**__all__**变量,就只有名单中的变量,才可以被其他模块 **from import ***。例如:

```
>>> from foo import *
>>> x
10
>>> lt
[10, 20]
>>> _y
Traceback (most recent call last):
  File "<stdin>", line 1, in <module>
NameError: name '_y' is not defined
>>> z
Traceback (most recent call last):
  File "<stdin>", line 1, in <module>
NameError: name 'z' is not defined
>>>
```

无论是下划线开头，或者是未被列入__all__列表的名称，只是限制不被 from import *，若用户 import foo，仍然可以使用 foo._y 或 foo.z 来访问。

```
>>> import foo
>>> foo._y
20
>>> foo.z
30
>>>
```

3．del 模块名称

在 3.2.1 小节讨论变量时曾经提过 del，它可以将已建立的变量删除，被 import 的模块名称或者 from import 建立的名称实际上就是一个变量。因此，**可以使用 del 将模块名称或者 from import 的名称删除**。例如：

```
>>> import foo
>>> foo.x
10
>>> del foo
>>> foo.x
Traceback (most recent call last):
  File "<stdin>", line 1, in <module>
NameError: name 'foo' is not defined
>>> from foo import x
>>> x
10
>>> del x
>>> x
Traceback (most recent call last):
  File "<stdin>", line 1, in <module>
```

```
NameError: name 'x' is not defined
>>>
```

因此，若想模拟 import foo as qoo，可以如下操作。

```
>>> import foo
>>> qoo = foo
>>> del foo
>>> qoo.x
10
>>> foo.x
Traceback (most recent call last):
  File "<stdin>", line 1, in <module>
NameError: name 'foo' is not defined
>>>
```

4．sys.modules

del 是用来删除指定的名称，而不是删除名称参考的对象本身，例如：

```
>>> lt1 = [1, 2]
>>> lt2 = lt1
>>> del lt1
>>> lt1
Traceback (most recent call last):
  File "<stdin>", line 1, in <module>
NameError: name 'lt1' is not defined
>>> lt2
[1, 2]
>>>
```

在上例中，虽然执行了 del lt1，然而，lt2 还是参考着 list 实例。同样的道理，del 时若指定了模块名称，只是将该名称删除，而不是删除 module 实例。实际上，**想要知道目前已加载的 module 名称与实例有哪些，可以通过 sys.modules 实现**，这是一个 dict 对象，键的部分是模块名称，值的部分是 module 实例。例如：

```
>>> import sys
>>> import foo
>>> 'foo' in sys.modules
True
>>> foo.x
10
>>> del foo
>>> foo.x
Traceback (most recent call last):
  File "<stdin>", line 1, in <module>
NameError: name 'foo' is not defined
>>> sys.modules['foo'].x
```

```
10
>>>
```

在上面的例子中可以看到，del foo 删除了 foo 名称。然而，还是可以通过 sys.modules['foo'] 访问到 foo 原本参考的 module 实例。

5. 模块名称作用范围

到目前为止，都是在全局范围使用 import、import as、from import。实际上，它们**也可以出现在定义语句能出现的位置**，例如 if...else 代码块或者函数之中。因此，**能根据不同的情况进行不同的 import**。

而到目前为止你也知道了，当使用 import、import as、from import 时，建立的名称其实就是变量名称。因此，根据使用 import、import as、from import 的位置，建立的名称也会有其作用范围。例如，也许在函数中使用了 import foo，那么 foo 名称的范围，就只会在函数之中。

```
>>> def qoo():
...     import foo
...     print(foo.x)
...
>>> qoo()
10
>>> foo.x
Traceback (most recent call last):
  File "<stdin>", line 1, in <module>
NameError: name 'foo' is not defined
>>>
```

5.1.3 设定 PTH 文件

在 2.2.2 小节讲过 sys.path，这个列表中列出了寻找模块时的路径，列表内容基本上有以下几个来源。

- ➢ 执行 python 解释器时的文件夹。
- ➢ PYTHONPATH 环境变量。
- ➢ Python 安装中标准链接库等文件夹。
- ➢ PTH 文件列出的文件夹。

在 2.2.2 小节时，基本上已经说明过前三个来源，也讲到对 sys.path 增删路径可以影响模块搜索路径。至于 PTH 文件的部分，就是指**可以在一个 .pth 文件中列出模块搜索路径**，一行一个路径。例如：

modules workspace.pth

```
C:\workspace\libs
C:\workspace\third-party
C:\workspace\devs
```

不同的操作系统，**PTH** 文件的存放位置并不相同，可以通过 **site** 模块的 **getsitepackages()** 函数获取位置。以 Windows 的 Python 安装版本为例，会显示以下的位置。

```
>>> import site
>>> site.getsitepackages()
['C:\\Winware\\Python38-32', 'C:\\Winware\\Python38-32\\lib\\site-packages']
>>>
```

如果确实创建了 **workspace.pth** 中列出的文件夹，而且将 workspace.pth 放置到 C:\Winware\Python38-32，那么 sys.path 就会是以下的结果。

```
>>> import sys
>>> sys.path
['', 'C:\\Winware\\Python38-32\\python38.zip', 'C:\\Winware\\Python38-32\\DLLs',
'C:\\Winware\\Python38-32\\lib', 'C:\\Winware\\Python38-32',
'C:\\workspace\\libs', 'C:\\workspace\\third-party', 'C:\\workspace\\devs',
'C:\\Winware\\Python38-32\\lib\\site-packages']
>>>
```

注意 》》 如果仅在 PTH 文件中列出路径，却没有建立对应的文件夹，sys.path 并不会加入那些路径。

如果将 workspace.pth 放置到 C:\Winware\Python38-32\lib\site-packages，那么 sys.path 就会是以下的结果。

```
>>> import sys
>>> sys.path
['', 'C:\\Winware\\Python38-32\\python38.zip', 'C:\\Winware\\Python38-32\\DLLs',
'C:\\Winware\\Python38-32\\lib', 'C:\\Winware\\Python38-32',
'C:\\Winware\\Python38-32\\lib\\site-packages', 'C:\\workspace\\libs',
'C:\\workspace\\third-party', 'C:\\workspace\\devs']
>>>
```

如果想将 **PTH** 文件放置到其他文件夹中，可以使用 **site.addsitedir()** 函数新增 **PTH** 文件的文件夹来源。例如，可以将 workspace.pth 放置到 C:\workspace 中，接着如下操作。

```
>>> import site
>>> site.addsitedir('C:\workspace')
>>> import sys
>>> sys.path
['', 'C:\\Winware\\Python38-32\\python38.zip', 'C:\\Winware\\Python38-32\\DLLs',
'C:\\Winware\\Python38-32\\lib', 'C:\\Winware\\Python38-32', 'C:\\Winware\\
Python38-32\\lib\\site-packages', 'C:\\workspace', 'C:\\workspace\\libs',
'C:\\workspace\\third-party', 'C:\\workspace\\devs']
>>>
```

除了 workspace.pth 中列出的路径之外，site.addsitedir() 函数新增的路径也会是 sys.path 路径中的一部分。

若有兴趣了解细节，以下列出了一个模块被 import 时发生了什么事。

(1) 在 sys.path 寻找模块。

(2) 加载、编译模块的程序代码。

(3) 创建空的模块对象。

(4) 在 sys.modules 中记录该模块。

(5) 执行模块中的程序代码及相关定义。

5.2 初识面向对象

函数是一个抽象层，封装了算法的流程细节。模块也是一个抽象层，可以用模块名称来组织或思考一个整体功能。那么 Python 中的类应用场合呢？Python 中不是一切都是对象吗？何时该以对象来思考或组织应用程序行为呢？嗯……这可以从打算将对象的**状态与功能**连在一起时开始……

5.2.1 定义类型

在 5.1.1 小节中曾经建立了一个 bank.py，其中是有关于账户建立、存款、提款等函数。实际上，bank 模块中的函数操作都是与传入的 dict 实例，也就是代表账户状态的对象高度相关，何不将它们组织在一起呢？

可以为账户建立一个专属类型，拥有专用属性，然后让存款、提款等函数专属于这个账户类型的实例。这样，在设定对象状态、思考对象可用的操作时都会比较方便一些。

我们直接来修改 bank.py 中的程序代码，看看是否真的能增加可用性（Usability）。**在 Python 中可以使用 class 来建立一个专属类型**，bank.py 第一次修改后的成果如下。

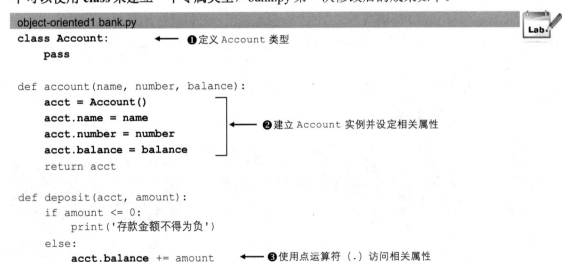

```
object-oriented1 bank.py
class Account:                 ←  ❶定义 Account 类型
    pass

def account(name, number, balance):
    acct = Account()
    acct.name = name
    acct.number = number       ←  ❷建立 Account 实例并设定相关属性
    acct.balance = balance
    return acct

def deposit(acct, amount):
    if amount <= 0:
        print('存款金额不得为负')
    else:
        acct.balance += amount    ←  ❸使用点运算符（.）访问相关属性
```

```
def withdraw(acct, amount):
    if amount > acct.balance:
        print('余额不足')
    else:
        acct.balance -= amount

def desc(acct):
    return return f "Account('{acct.name}', '{acct.number}', {acct.balance})"
```

在这个范例中定义了 Account 类❶。类是对象的蓝图，目前还没有在蓝图中加上任何定义，只是单纯地 pass，目的只是先让账户有一个专属类型 Account。

想要建立 Account 实例，可以调用 Account()（这相当于按照蓝图来制作出一个成品），接着在实例上设置相关属性❷。这样一来，**类型与属性就有了特定关联**，也就是想到 Account，就想到有 name、number、balance 等，进一步地，可在 Account 上使用点运算符（.）来访问这些属性❸。这会比原先使用 dict 实例来得好，毕竟键值访问操作是专属于 dict 这个类型。

因为 account()、deposit()、withdraw()、desc() 函数的外观并没有改变，只是更改了内部操作，因此完成了 bank.py 的修改后，可以直接执行 bank_demo.py 程序。

5.2.2　定义方法

虽然我们定义了 Account 类，作为账户的专属类型，然而 account()、deposit()、withdraw()、desc() 函数却是在其他地方定义，明明它们都是与 Account 实例相关的操作，将相关的操作放在一起而不是分开。这是设计时的一个基本原则，对面向对象更是如此。

1. 定义__init__()方法

来看看 account() 函数，它定义了如何建立实例，以及实例建立后的相关属性设定。这是每个 Account 实例都要经历的初始化流程，**可以将初始化流程，使用__init__()方法定义在类之中**。例如：

```
class Account:
    def __init__(self, name, number, balance):
        self.name = name
        self.number = number
        self.balance = balance
```

记得先将 pass 删除，然后定义__init__() 方法，接着就可以将原先的 account() 函数删除。

可以看到**方法前后各有两个连接下划线，在 Python 中，这样的名称意味着在类以外的其他位置，不要直接调用**。基本上都会有一个函数可用来调用这类方法，就__init__()而言，若如下建立 Account 实例时就会调用：

```
acct = Account('Justin', '123-4567', 1000)
```

在调用__init__()方法时，**建立的 Account 实例会传入作为方法的第一个参数。虽然第一个参数的名称可以自定义。然而在 Python 的惯例中，第一个参数的名称会命名为 self**。

在建立类实例时，如果有其他的参数，可以从第二个参数开始依次定义。若要设定实例属性，可以通过 self 与点运算符来设置，__init__()方法不返回任何值，acct = Account('Justin', '123-4567', 1000) 执行过后，就会将建立的实例指定给 acct。

2. 定义操作方法

接下来将 deposit() 以及 withdraw() 也定义在 Account 类之中。例如：

```
class Account:
    ...

    def deposit(self, amount):
        if amount <= 0:
            print('存款金额不得为负')
        else:
            self.balance += amount

    def withdraw(self, amount):
        if amount > self.balance:
            print('余额不足')
        else:
            self.balance -= amount
```

在将 deposit()、withdraw() 移至 Account 类后主要的修改在于第一个参数名称，**在 Python 中，对象方法第一个参数一定是对象本身**。就《Python 之禅》(*Zen of Python*)来说，这是"Explicit is better than implicit"的实践。因为在方法的操作中，若以 self. 作为前置的名称，一定就是对实例属性进行访问，而不会是针对局部变量。

稍后也会看到，定义在 Account 中的__init__()、deposit()、withdraw() 本质上也是函数。不过在面向对象的术语中，对这些定义在类中、可对对象进行的操作，习惯上会称它是方法（Method）。

3. 定义__str__()方法

目前有一个 desc() 函数，还没定义到 Account 类中。虽然可以像 desposit()、withdraw() 那样，直接将 desc() 定义在 Account 中，然后将第一个参数更名为 self。不过，像 desc() 这个会返回对象描述字符串的方法，在 Python 中有一个特殊名称__str__()，专门用来定义这个行为。

```
class Account:
    ...

    def __str__(self):
        return f "Account('{self.name}', '{self.number}', {self.balance})"
```

同样地，方法的第一个参数定义为 self，用来接受对象本身，正如先前所述，方法前后各有两个连接下划线。在 Python 中意味着不要直接去调用，基本上会有函数可用来调用这类方法。就__str__() 而言，print() 方法是一个例子，在执行 print(acct) 时，就会调用 acct 的__str__() 方法取得描述字符串，然后显示描述字符串。

另一个例子是 str()，**若执行 str(acct) 时，就会调用 acct 的__str__()方法取得描述字符串并返回**，这时可以回忆一下，3.2.2 小节曾经提过 str() 与 repr()，实际上，类中也可以定义__repr__() 方法，**当执行 repr(acct) 时，就会调用 acct 的__repr__() 方法取得描述字符串并返回。**

虽然__str__() 与__repr__()返回的字符串描述也可以相同。不过，**__str__() 字符串描述主要是给人类看的易懂格式，而__repr__() 是给程序、机器剖析用的特定格式时（像是对代表日期的字符串剖析，以建立一个日期对象），或者是包含除错用的字符串信息。**

提示 >>>　Python 内置类型的 __repr__() 返回的字符串会是一个有效的 Python 表达式（expression），可以使用 eval() 运算来产生一个内含值相同的对象。

从__init__()、__str__()、__repr__() 的例子中，你也知道了，在 Python 中，__xxx__() 这类有着特定意义的方法名称还真不少，之后还会看到更多。

为了方便了解全部修改后的结果，来看看现在的 bank.py 内容长什么样子。

object-oriented2 bank.py

```python
class Account:
    def __init__(self, name: str, number: str, balance: float) -> None:
        self.name = name
        self.number = number
        self.balance = balance

    def deposit(self, amount: float):
        if amount <= 0:
            print('存款金额不得为负')
        else:
            self.balance += amount

    def withdraw(self, amount: float):
        if amount > self.balance:
            print('余额不足')
        else:
            self.balance -= amount

    def __str__(self):
        return f "Account('{self.name}', '{self.number}', {self.balance})"
```

这样的修改主要是为了客户端使用上的方便，在这边也示范了如何适当地加上类型提示。有一点必须注意的是，**若要能通过 mypy 的类型检查，__init__() 必须明确地编写 ->None**，这在 PEP484[①]也有规范。

---

① PEP484：www.python.org/dev/peps/pep-0484/#the-meaning-of-annotations

由于调用方式做了改变，所以 bank_demo.py 也必须进行修改。

```
object-oriented2 bank_demo.py
import bank

acct = bank.Account('Justin', '123-4567', 1000)
acct.deposit(500)
acct.withdraw(200)

# 显示 Account('Justin', '123-4567', 1300)
print(acct)
```

可以看到需要进行存款、提款动作时，使用的是专属于 Account 的 deposit()、withdraw() 方法，这样就容易使用得多了。若 IDE 有图 5.1 所示的支持智能提示功能，还能自动出现对象上可用的操作进行选取，这样就更方便了。

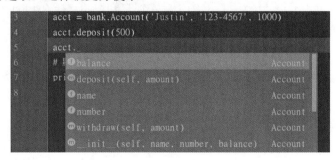

图 5.1　IDE 的智能提示

5.2.3　定义内部属性

目前的 Account 类拥有 name、number 与 balance 三个属性可供访问。虽然你设计了 deposit()、withdraw() 方法，希望用户想要变更 Account 对象的状态时，都要通过这些方法，然而，可能会有人误用如下：

```
import bank
acct = bank.Account('Justin', '123-4567', 1000)
acct.balance = 1000000
```

这样的结果显然就没有经过 deposit() 或 withdraw() 的相关条件检查，直接修改了 balance 属性的值。若 IDE 有智能提示功能，图 5.1 中可直接看到 name、number、balance 属性的情况下，用户可能会直接这样违规地访问。

如果想要避免用户直接的误用，可以使用 **self.__xxx** 的方式定义内部值域。例如：

```
object-oriented3 bank.py
class Account:
    def __init__(self, name: str, number: str, balance: float) -> None:
        self.__name = name
        self.__number = number
        self.__balance = balance

    def deposit(self, amount: float):
        if amount <= 0:
            print('存款金额不得为负')
        else:
            self.__balance += amount

    def withdraw(self, amount: float):
        if amount > self.__balance:
            print('余额不足')
        else:
            self.__balance -= amount

    def __str__(self):
        return f "Account('{self.__name}', '{self.__number}', {self.__balance})"
```

在 Account 类定义时,可以使用 self.__name、self.__number、self.__balance 来进行属性的访问。然而,若用户建立 Account 实例并指定给 acct,就不能使用 acct.__name、acct.__number、acct.__balance 来进行属性的访问,这会引发 AttributeError,若使用的 IDE 有智能提示功能,也不会带出这些属性,如图 5.2 所示。

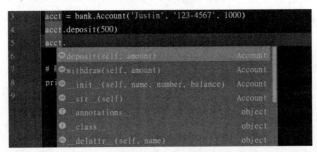

图 5.2 IDE 智能提示不会带出__xxx 的属性

不过,属性名称前加上__只是一个避免直接误用的方式,当一个属性名称前加上__,用户仍然可以用另一种方式来访问。例如:

```
acct = bank.Account('Justin', '123-4567', 1000)
print(acct._Account__name)
acct._Account__balance = 1
```

也就是说,属性若使用__xxx 这样的名称,会自动转换为"_类名称__xxx",Python 并没有完全阻止访问,只要在原本的属性名称前加上_类名称,仍旧可以访问到名称为__开头的属性。然而并不建议这样做，一个__xxx 名称的属性，习惯上是作为类定义时内部相关流程操作之用，外界最好是不要知道其存在，更别说是操作了。如果真的想这样做，最好是清楚地知道自己在做些什么。

5.2.4　定义外部属性

之前使用了__xxx 这样的格式来定义了内部属性。不过留下了一个问题，若只是想获取账户名称、账号、余额等信息，以便在相关用户接口上显示，那该怎么办呢？以 acct._Account__name 这样的方式是不建议的，那还能用什么方式？

基本上，可以直接定义一些方法来返回 self.__name、self.__number 这些内部属性的值，例如：

```python
class Account:
    ...

    def name(self) -> str:
        return self.__name

    def number(self) -> str:
        return self.__number

    def balance(self) -> float:
        return self.__balance
```

这样一来，用户就可以使用 acct.name()、acct.number() 这样的方式来取得值。不过，针对这种情况，可以考虑在这类方法上加注 **@property**，例如：

object-oriented4 bank.py

```python
class Account:
    def __init__(self, name: str, number: str, balance: float) -> None:
        self.__name = name
        self.__number = number
        self.__balance = balance

    @property
    def name(self) -> str:
        return self.__name

    @property
    def number(self) -> str:
        return self.__number

    @property
    def balance(self) -> float:
        return self.__balance
```

其他程序代码同前一范例，故略...

现在用户可以使用 acct.name、acct.number、acct.balance 这样的形式取得值。例如：

```
object-oriented4 bank_demo.py
import bank

acct = bank.Account('Justin', '123-4567', 1000)

acct.deposit(500)
acct.withdraw(200)

print('账户名称: ', acct.name)
print('账户号码: ', acct.number)
print('账户余额: ', acct.balance)
```

然而，就目前的程序代码编写，无法直接使用 acct.balance = 10000 这样的形式来设定属性值，因为 @property 只允许 acct.balance 这样的形式取值。

> **提示 >>>** 反过来说，如果在程序设计的一开始没有使用 self.__balance 的方式，而是以 self.balance 定义内部属性，而用户也使用了 acct.balance 取得值。后来考虑避免进一步被误用，因此想改 self.__balance 来定义内部属性。这时就可以像上面的范例，定义一个方法并加注 @property，如此一来，用户原本的程序代码也不会受到影响，这是统一访问原则（Uniform Access Principle）的实现。

如果这个范例想要进一步提供 acct.balance = 10000 这样的形式，可以使用 @name.setter、@number.setter、@balance.setter 来标注对应的方法。例如：

```
class Account:
    ...
    @name.setter
    def name(self, name: str):
        # 可实现一些设值时的条件控制
        self.__name = name

    @number.setter
    def number(self, number: str):
        # 可实现一些设值时的条件控制
        self.__number = number

    @balance.setter
    def balance(self, balance: float):
        # 可实现一些设值时的条件控制
        self.__balance = balance
```

被 **@property** 标注的 **xxx** 取值方法（Getter）可以使用 **@xxx.setter** 标注对应的设值方法（Setter），使用 **@xxx.deleter** 来标注对应的删除值方法。取值方法返回的值可以是实时运算的结果，而设值方法中，必要时可以使用流程语句等来实现一些访问控制。

5.3　类语法细节

思考面向对象有许多不同的切入角度，5.2 节以黏合状态与操作作为起点，进一步探讨定义内部属性与外部属性的需求，并使用了一些简单的 Python 语法来实现。接下来这一节要讨论 Python 中定义类时的更多语法细节。

提示 ►►► 若想从另一个切入角度来了解定义类的需求，可以参考《何谓封装》：www.slideshare.net/JustinSDK/java-se-7-16580919。

5.3.1　绑定与未绑定方法

在 5.2.2 小节中曾经讲过，定义在类中的方法本质上也是函数。以目前定义的 Account 类为例，可以如下建立实例，并调用已定义的方法。

```
acct = Account('Justin', '123-4567', 1000)
acct.deposit(500)
acct.withdraw(200)
```

若试着将 acct.deposit 或 acct.withdraw 指给一个变量，会发现变量实际上参考着一个函数，而且可以对函数进行调用。例如：

```
>>> import bank
>>> acct = bank.Account('Justin', '123-4567', 1000)
>>> deposit = acct.deposit
>>> withdraw = acct.withdraw
>>> deposit
<bound method Account.deposit of <bank.Account object at 0x014FB8F0>>
>>> withdraw
<bound method Account.withdraw of <bank.Account object at 0x014FB8F0>>
>>> deposit(500)
>>> withdraw(200)
>>> print(acct)
Account(Justin, 123-4567, 1300)
>>>
```

提示 ►►► 在上面的例子中，若直接在 REPL 中输入 acct，会显示<bank.Account object at 0x0141B8F0>这样的字样。这是因为 REPL 中会使用 repr()来获取对象的描述字符串，而我们的 Account 类并没有定义__repr__()方法，所以显示的字样是来自默认的__repr__()操作。

试着呈现 acct.deposit 或 acct.withdraw 的字符串描述时，会出现 **bound method** 这样的字样，这表示此函数是一个绑定方法。也就是说，此函数已经绑定了一个 Account 实例，也就是方法的第一个参数 self 参考的 Account 实例。

使用 acct.deposit(500) 的方式来调用方法时，acct 参考的对象实际上就会传给 deposit() 方法的第一个参数。相对地，如果在类中定义了一个方法，但没有任何参数会怎样呢？

```
>>> class Some:
...     def nothing():
...         print('nothing')
...
>>> s = Some()
>>> s.nothing()
Traceback (most recent call last):
  File "<stdin>", line 1, in <module>
TypeError: nothing() takes 0 positional arguments but 1 was given
>>>
```

如果通过类的实例调用方法时，点运算符左边的对象会传给方法作为第一个参数。然而，这边的 nothing() 方法不接受任何参数，因此发生了 TypeError，并说明错误在于试图在调用时给予一个参数。

相对于绑定方法，像这样定义在类中，没有定义 self 参数的方法，称为未绑定方法（Unbound Method）。这类方法，充其量只是将类名称作为一种命名空间，可以通过类名称来调用它或取得函数对象进行调用。

```
>>> Some.nothing()
nothing
>>> nothing = Some.nothing
>>> nothing()
nothing
>>>
```

一个有趣的问题是，有没有办法获取绑定方法绑定的对象呢？虽然不鼓励，不过确实可以通过绑定方法的特定属性 __self__ 来获取。例如：

```
>>> class Some:
...     def me(self):
...         return self
...
>>> s = Some()
>>> s.me() is s.me.__self__
True
>>>
```

提示 >>> 从 Python 2.6 开始，绑定方法的 __self__ 属性就存在了，同时也可以使用 im_self 属性，不过 im_self 在 Python 3 后被剔除了。

5.3.2　静态方法与类方法

若使用 5.2.4 小节设计的 bank.py 中的 Account 类建立了一个实例并指定给 acct，调用 acct.deposit(500) 时，会将 acct 参考的实例传给 deposit() 的第一个 self 参数。实际上，也可以如下获取相同效果。

```
acct = Account('Justin', '123-4567', 1000)
Account.deposit(acct, 500)
```

如果要有类似 deposit = acct.deposit 的效果，也可以如下编写。

```
deposit = lambda amount: Account.deposit(acct, amount)
```

1．标注 @staticmethod

现在假设在 Account 类中增加一个 default() 函数，以便建立默认账户，只需要指定名称与账号，开户时余额默认为 100。

```
class Account:
    ...
    def default(name: str, number: str):
        return Account(name, number, 100)
```

> **提示 >>>** 当然，这个需求也可以在 __init__() 上使用默认自变量来达成。这里只是为了示范，因而请暂时忘了有默认自变量的存在。

你原本的用意是希望 default() 函数是以 Account 类作为命名空间，因为它与建立账户有关，而用户应该要以 Account.default('Monica', '765-4321') 这样的方式来调用它。然而，若用户误用如下，正好也能够执行。

```
acct = Account('Justin', '123-4567', 1000)

# 显示 Account(Account(Justin, 123-4567, 1000), 1000, 100)
print(acct.default(1000))
```

就这个例子来讲，acct 参考的对象传给了 default() 方法的第一个参数 name，而执行过程正好也没有引发错误，只不过显示了怪异的结果。

若在定义类时，希望某个方法不被拿来作为绑定方法，可以使用 @staticmethod 加以标注。例如：

```
class Account:
    ...
    @staticmethod
    def default(name: str, number: str):
        return Account(name, number, 100)
```

这样一来，除了可以使用 Account.default('Monica', '765-4321') 这样的方式来调用它，就算用户通过类的实例来调用它，如 acct.default('Monica', '765-4321')，acct 也不会被传入作为 default()

的第一个参数。

虽然可以通过实例来调用 **@staticmethod** 标注的方法，但建议通过类名称来调用，明确地让类名称作为静态方法的命名空间。

2．标注 @classmethod

来仔细看看上面的例子，default()方法中写死了 Account 这个名称，万一要修改类名称，也要记得修改 default() 中的类名称，我们可以让 default() 的操作更有弹性。

首先得知道的是，在 Python 中定义的类也会产生对应的对象，这个对象会是 type 的实例。例如：

```
>>> class Some:
...     pass
...
>>> Some
<class '__main__.Some'>
>>> type(Some)
<class 'type'>
>>> s = Some()
>>> s.__class__
<class '__main__.Some'>
>>> s.__class__()
<__main__.Some object at 0x0143C730>
>>>
```

可以看到，也可以使用对象的__class__属性来得知该对象是从哪个类构造而来，也可以通过取得的 type 实例来构造对象。

因此，只要能在先前的 default() 方法中取得目前所在类的 type 实例，就可以不用把类名称固定了，对于这个需求，可以在 default() 方法上标注 **@classmethod**。例如：

```
class Account:
    ...
    @classmethod
    def default(cls, name: str, number: str):
        return cls(name, number, 100)
```

类中的方法若标注了**@classmethod**，那么第一个参数一定是接受所在类的 **type** 实例。因此，在 default() 方法中就可以使用第一个参数来构造对象。同样地，建议通过 Account.default() 这样的方式来使用，让 Account 成为 default() 方法的命名空间。

5.3.3 属性命名空间

到目前为止，你已经看过几种可以作为命名空间的地方了？应该马上想到的就是模块，类也可以作为命名空间使用，除此之外呢？可作为命名空间的都是对象，在 5.1.2 小节就讲过，每个模块导入后都会是一个对象，是 module 类的实例。而刚才也看到了，每个类也会是一个对象，是 type 类的实例。

如果必要的话，一个自定义的类实例也可以作为命名空间。例如：

```
>>> class Namespace:
...     pass
...
>>> ns = Namespace()
>>> ns.some = 'Just a value'
>>> ns.other = 'Just another value'
>>>
```

在上面的例子中，ns 参考的对象不就是作为 some 与 other 的命名空间吗？某种意义上，类的实例确实可作为属性的命名空间。

提示 ❭❭❭ 在一些语言中，本身没有提供命名空间的机制。如 ECMAScript 6 前的 JavaScript，开发者为了管理名称，就有不少是使用对象来实现出类似的机制。

每个对象本身都会有一个 __dict__ 属性，其中记录着类或实例拥有的特性。例如：

```
>>> class Some:
...     def __init__(self, x):
...         self.x = x
...     def add(self, y):
...         return self.x + y
...
>>> s = Some(10)
>>> s.__dict__
{'x': 10}
>>> Some.__dict__
mappingproxy({'__dict__': <attribute '__dict__' of 'Some' objects>, '__weakref__':
<attribute '__weakref__' of 'Some' objects>, '__init__': <function Some.__init__
at 0x01421588>, '__doc__': None, 'add': <function Some.add at 0x01421348>,
'__module__': '__main__'})
>>>
```

在这里可以看到，真正属于实例的属性其实只有 x，Some 中定义的 add 方法其实是属于类，这也可用来解释，当调用 s.add(10) 时，为何效果相当于 Some.add(s, 10)，实际上就是通过 Some 类调用了 add 方法。

在 Python 中，两个下划线的方法是不建议直接调用的，**若想获取 __dict__ 的数据，其实可以使用 vars() 函数**。例如：

```
>>> class Ball:
...     PI = 3.14159
...
>>> vars(Ball)
mappingproxy({'__dict__': <attribute '__dict__' of 'Ball' objects>, '__weakref__':
```

```
<attribute '__weakref__' of 'Ball' objects>, 'PI': 3.14159, '__doc__': None,
'__module__': '__main__'})
>>> ball = Ball()
>>> vars(ball)
{}
>>> Ball.PI
3.14159
>>> ball.PI
3.14159
>>>
```

在这边的 Ball 类中，直接定义了一个 PI 变量，从 vars(Ball) 的结果可以看到，这样的变量属于 Ball 类，而不是 ball 参考的实例。这类变量是以类作为命名空间，因此建议通过类名称来访问。

然而，确实也能通过 ball.PI 这样的方式来取得，当一个实例上找不到对应的属性时，会寻找实例的类。看看上面有没有对应的属性，如果有，就可以取用；若没有就会发生 AttributeError。

提示 >>> 更细部的流程其实是，如果尝试通过实例获取属性，而实例的__dict__中没有，会到生成实例的类的__dict__中寻找。若类的__dict__仍没有，则会试着调用__getattr__() 来取得。若没有定义__getattr__()方法，就会发生 AttributeError，第 14 章会讲到如何定义__getattr__()。

为什么一再强调，若函数或变量以类为命名空间，建议通过类名称来调用或访问。一是语义上比较清楚，一眼就可以看出函数或变量是以类为命名空间，二是还可以避免以下的问题。

```
>>> ball.PI = 3.14
>>> ball.PI
3.14
>>> Ball.PI
3.14159
>>>
```

这里的操作接续了上一个 REPL 的示范，虽然一个实例上找不到对应的属性时，会寻找实例的类，看看上面有没有对应的属性，如果有，就可以取用。然而，如果在这样的实例上指定属性值时，会直接在实例上建立属性，而不是修改实例的类上对应的属性。

既然自定义的类型可以在建构出来的实例上直接新增属性，那么可不可以在类上直接新增方法呢？答案是可以的。

```
>>> class Account:
...     pass
...
>>> acct = Account()
>>> acct.name = 'Justin'
>>> acct.number = '123-4567'
>>> acct.balance = 1000
>>> def deposit(self, amount):
...     self.balance += amount
```

```
...
>>> Account.deposit = deposit
>>> acct.deposit(500)
>>> acct.balance
1500
>>>
```

可以看到，就算新增的方法是在实例构造之后，通过实例调用方法时仍是可以生效的。

在 5.1.2 小节曾经讲过 del，这可以用来删除变量，或者已导入目前模块的命名（本质上也是一个变量），它也可以用来删除某个对象上的属性。例如：

```
>>> class Some:
...     def __init__(self, x):
...         self.x = x
...     def add(self, y):
...         return self.x + y
...
>>> s = Some(10)
>>> s.x
10
>>> del s.x
>>> s.x
Traceback (most recent call last):
  File "<stdin>", line 1, in <module>
AttributeError: 'Some' object has no attribute 'x'
>>> del Some.add
>>> Some.add
Traceback (most recent call last):
  File "<stdin>", line 1, in <module>
AttributeError: type object 'Some' has no attribute 'add'
>>>
```

由于模块也是一个对象，所以，你也可以使用 del 来删除模块上定义的名称。例如：

```
>>> import math
>>> math.pi
3.141592653589793
>>> del math.pi
>>> math.pi
Traceback (most recent call last):
  File "<stdin>", line 1, in <module>
AttributeError: module 'math' has no attribute 'pi'
>>>
```

其实 del 真正的作用是删除某对象上的指定属性。举例来说，在全局范围建立变量时，就是在当时的模块对象上建立属性。而在全局范围使用 del 删除变量时，就是从当时的模块对象上删除属性。

每个模块都会有一个__name__属性，一个模块被 import 时，__name__属性会被设定为模块名称。直接使用 python 命令执行某模块时，__name__属性会被设定为 '__main__'。无论如何，想要获取目前的模块对象，可以使用 sys.modules[__name__]来取得。

5.3.4 定义运算符

到目前为止，你知道了__init__()、__str__()、__repr__() 这类方法，在 Python 中是用来定义某些特定行为。例如，__init__() 可定义对象建立后的初始化流程，__str__()、__repr__() 是用来定义对象的字符串描述，之后还会看到更多这类的方法定义。

就现在而言，可以先知道的是，在 Python 中可以定义特定的__xxx__() 方法名称来定义特定类型遇到运算符时应该具有的行为。实际上，第 3 章讲到类型与运算符时，它们彼此间的运算行为就是由这些特定方法来定义。例如：

```
>>> x = 10
>>> y = 3
>>> x + y
13
>>> x.__add__(y)
13
>>> x % 3
1
>>> x.__mod__(3)
1
>>>
```

可以看到，+运算符实际上是由 int 的__add__()方法定义，而 % 运算符是由 int 的__mod__()方法定义。为了实际了解这些方法如何定义，先来看一个具体的范例，建立一个有理数类，并定义其 +、-、*、/ 等运算符的行为。

classes xmath.py

```
class Rational:
    def __init__(self, numer: int, denom: int) -> None:    ← ❶ 设定分子与分母
        self.numer = numer
        self.denom = denom


    def __add__(self, that):    ← ❷ 定义+运算符
        return Rational(
            self.numer * that.denom + that.numer * self.denom,
            self.denom * that.denom
        )


    def __sub__(self, that):    ← ❸ 定义-运算符
        return Rational(
            self.numer * that.denom - that.numer * self.denom,
```

```
            self.denom * that.denom
        )

    def __mul__(self, that):          ←——❹定义*运算符
        return Rational(
            self.numer * that.numer,
            self.denom * that.denom
        )

    def __truediv__(self, that):      ←——❺定义/运算符
        return Rational(
            self.numer * that.denom,
            self.denom * that.numer
        )

    def __str__(self):   ←——❻定义__str__()
        return f'{self.numer}/{self.denom}'

    def __repr__(self):  ←——❼定义__repr__()
        return f'Rational({self.numer}, {self.denom})'
```

在建立 Rational 实例之后，会使用__init__() 初始分子与分母❶。而对象常见的 +、-、*、/ 等操作，则分别由__add__()❷、__sub__()❸、__mul__()❹、__truediv__()❺定义（//则是由__floordiv__() 定义）。至于对象的字符串描述想要以 1/2 这样的形式呈现运算结果，这定义在__str__() 方法中❻。而__repr__() 方法的实现则采用 Rational(1, 2) 这类的字符串描述❼。

来看看 REPL 中的执行结果。

```
>>> import xmath
>>> r1 = xmath.Rational(1, 2)
>>> r2 = xmath.Rational(2, 3)
>>> print(r1 + r2)
7/6
>>> print(r1 - r2)
-1/6
>>> print(r1 * r2)
2/6
>>> print(r1 / r2)
3/6
>>>
```

这应该能让你回想起 3.2.2 小节中，曾经谈过的 decimal.Decimal 类。该类建立的实例可以直接使用 +、-、*、/ 进行运算，就是因为 decimal.Decimal 类定义了相对应的方法。

类似地，如果想定义 >、>=、<、<=、==、!= 等比较，可以分别调用__gt__()、__ge__()、__lt__()、__le__()、__eq__()或__comp__() 等方法。不过对象的相等性要考虑的要素比较多一些，因此这里暂不讨论，这会等到第 6 章再来说明。

提示 >>>　operator 模块定义了一组运算符对应的函数，例如 add(a, b)相当于 a + b，如果需要将运算符当成
是函数，传递时可以使用。

5.3.5　__new__()、__init__()与__del__()

到目前为止只要讲到__init__()，都是说这个方法是在类的实例构造之后，进行初始化的方法，而不是说__init__()是用来构造类实例。这样的说法是有意义的，因为**类的实例如何构造，实际上是由__new__()方法来定义**。__new__()方法的第一个参数是类本身，之后可定义任意参数作为构造对象之用。

__new__()方法可以返回对象，若返回的对象是第一个参数的类实例，接下来就会执行__init__()方法，而__init__()方法的第一个参数就是__new__()返回的对象。__new__()如果没有返回第一个参数的类实例（返回别的实例或 None），就不会执行__init__() 方法。

一个简单测试构造与初始流程的例子如下所示。

```
>>> class Some:
...     def __new__(cls, isClsInstance):
...         print('__new__')
...         if isClsInstance:
...             return object.__new__(cls)
...         else:
...             return None
...     def __init__(self, isClsInstance):
...         print('__init__')
...         print(isClsInstance)
...
>>> Some(True)
__new__
__init__
True
>>> Some(False)
__new__
>>>
```

在上面的示范中可以看到，调用类建立实例时指定的自变量会成为__new__()与__init__()的第二个参数，如果有更多自变量，就会依次指定给后续参数。

当使用 Some(True) 建立实例时，isClsInstance 会是 True，因而执行了 if代码块，这时使用 **object.__new__(cls)** 来建立类的实例，而不是直接以 cls(isClsInstance) 建立。这是因为前者只是单纯建立对象，然而后者等同于再执行了一次 Some(True)，这样又会再调用__new__()，然后又执行 cls(isClsInstance)，如此不停递归下去，直到最后发生 RecursionError 为止。

如果使用了 Some(False) 而使得__new__() 返回 None，除了不执行__init__() 方法之外，Some(False) 的结果也会是 None。

由于 __new__() 若返回第一个参数的类实例，就会执行 __init__() 方法。借由定义 __new__() 方法，就可以决定如何构造对象与初始对象。下面看一个具体应用的例子：

```python
from typing import Dict, Type

TLogger = Type['Logger']    ← ❶类型提示的别名

class Logger:
    __loggers: Dict[str, TLogger] = {}    ← ❷保存已建立的 Logger 实例

    def __new__(cls: TLogger, name: str) -> TLogger:
        if name not in cls.__loggers:    ← ❸如果 dict 中不存在对应的 Logger 就建立
            logger = object.__new__(cls)
            cls.__loggers[name] = logger
            return logger
        return cls.__loggers[name]    ← ❹否则返回 dict 中对应的 Logger 实例

    def __init__(self, name: str) -> None:
        if 'name' not in vars(self):
            self.name = name    ← ❺设定 Logger 的名称

    def log(self, message: str):    ← ❻简单模仿日志的行为
        print(f'{self.name}: {message}')
```

这个 Logger 类的设计想法是，每个指定名称下的 Logger 实例只会有一个，因此使用了一个 dict 来保存已建立的实例❷。如果以 Logger('某名称') 调用时会先执行 __new__() 方法，这时检查 dict 中是否有指定名称的键存在❸。若没有表示先前没有建立 Logger 实例，此时使用 object.__new__(cls) 建立对象，并以 name 作为键而建立的对象作为值，保存在 dict 中，接着返回建立的对象；如果指定名称已有对应的对象，就直接返回❹。

由于这个范例的 __new__() 都会返回 Logger 实例，在 __init__() 方法中，为了不重复设定 Logger 实例的 name 属性，使用 vars(self) 取得了 Logger 实例上的属性列表，并看看 name 是否为 Logger 实例的属性之一。如果不是，表示这是新建的 Logger，为其设定 name 属性❺。最后为了方便进行示范，定义了一个简单的 log() 方法来模仿日志（Logging）的行为❻。

在类型提示的部分，由于 object.__new__() 首个自变量接受的是 Type[object]，若要能满足它的类型约束，Logger 的 __new__ 首个自变量必须约束为 Type[Logger]，要能理解其原因，必须讲到泛型（Generics）的观念，这是进阶议题，之后会在适当章节视情况加以讨论。

Type[Logger] 在名称上有些长，程序中为其建立了别名 TLogger❶，不过，由于执行顺序上，在建立 TLogger 时，Logger 还没有定义，因此使用 'Logger' 字符串指定。实际上，在进行类型提示时，都可以使用字符串来指定类型的名称。

以下是一个简单的测试程序。

```
classes xlogging_demo.py
import xlogging

logger1 = xlogging.Logger('xlogging')
logger1.log('一些日志信息...')

logger2 = xlogging.Logger('xlogging')
logger2.log('另外一些日志信息...')

logger3 = xlogging.Logger('xlog')
logger3.log('再来一些日志信息...')

print(logger1 is logger2)
print(logger1 is logger3)
```

在程序中，logger1 与 logger2 参考的对象都是使用 xlogging.Logger('xlogging') 来取得。根据 Logger 的定义，应该会是相同的 Logger 实例。而 logger3 使用的名称不同，因此会是不同的 Logger 实例。一个执行结果如下：

```
xlogging: 一些日志信息...
xlogging: 另外一些日志信息...
xlog: 再来一些日志信息...
True
False
```

如果一个对象不再被任何名称参考，就无法在程序流程中继续被使用，那么这个对象就是一个垃圾对象。Python 解释器会在适当的时候删除这个对象，以回收相关的资源。**如果想在对象被删除时自行定义一些清除相关资源的行为，可以使用__del__()方法**。例如：

```
>>> class Some:
...     def __del__(self):
...         print('__del__')
...
>>> s = Some()
>>> s = None
__del__
>>>
```

在这个例子中，原本被 s 参考的对象，由于 s 被指定了 None，而不再有任何名称参考了。就这个单纯的例子来说，该对象马上就被回收资源了，因此你看到__del__()方法被执行了。

不过，实际上，对象被回收的时机并不一定，因此也就无法预期__del__()会被执行的时机，__del__()中最好只定义一些不急着执行的资源清除行为。如果有些资源清除行为希望能够掌控执行的时机，那么最好定义其他方法，并在必要时明确地进行调用。

> **提示 >>>** 除了这一章介绍的几个 _xxx_ 方法外，还有更多其他的方法，各自定义着特定的行为。这在之后按各章主题会有相关介绍，想要提前知道还有哪些方法，可以先看看《特殊方法名称》(*Special Method Names*)：docs.python.org/3/reference/datamodel.html#special-method-names。

5.4 重点复习

一个.py 文件就是一个模块，这使得模块成为 Python 中最自然的抽象层。

想要知道一个模块中有哪些名称，可以使用 dir() 函数。

当 import 某个模块而使得指定的.py 文件被加载时，python 解释器会为它建立一个 module 实例，并建立一个模块名称来参考它。from import 会将被导入模块中的名称参考的值指定给目前模块中建立的新名称。

如果有些变量并不想被 from import * 建立同名变量，可以用下划线作为开头。如果模块中定义了_all_变量，那么就只有名单中的变量才可以被其他模块 from import *。可以使用 del 将模块名称或者 from import 的名称删除。

想要知道目前已加载的 module 名称与实例有哪些，可以通过 sys.modules。

import、import as、from import 可以出现在可执行语句能出现的位置，例如 if…else 代码块或者函数之中，因此，能根据不同的情况进行不同的 import。

sys.path 列表中列出了寻找模块时的路径，列表内容基本上可来自这几个来源：执行 python 解释器时的文件夹、PYTHONPATH 环境变量、Python 安装中标准链接库等文件夹、PTH 文件列出的文件夹。

可以在一个.pth 文件中列出模块搜索路径，不同操作系统，PTH 文件的存放位置并不相同，可以通过 site 模块的 getsitepackages() 函数获取位置。

如果想将 PTH 文件放置到其他文件中，可以使用 site.addsitedir() 函数新增 PTH 文件的文件夹来源。

想以对象来思考或组织应用程序行为，可以从打算将对象的状态与功能连在一起时开始。

在 Python 中可以使用 class 来建立一个专属类型。可以将初始化流程使用_init_()方法定义在类中。

方法前后各有两个连接下划线，在 Python 中，这样的名称意味着在类以外的其他位置不要直接调用，基本上都会有一个函数可用来调用这类方法。

在调用_init_()方法时，建立的类实例会传入作为方法的第一个参数，虽然第一个参数的名称可以自定义，然而在 Python 的惯例中，第一个参数的名称会命名为 self。

在 Python 中，对象的方法第一个参数一定是对象本身。

返回对象描述字符串的方法，在 Python 中有一个特殊名称__str__()，专门用来定义这个行为。若执行 str(acct) 时，就会调用 acct 的__str__()方法取得描述字符串并返回，当执行 repr(acct) 时，就会调用 acct 的__repr__()方法取得描述字符串并返回。

__str__()字符串描述主要是给人类看的易懂格式，而__repr__()是给程序、机器剖析用的特定格式（如对代表日期的字符串剖析，以建立一个日期对象），或者是包含除错用的字符串信息。

如果想避免使用者直接的误用，可以使用 self.__xxx 的方式定义内部值域。属性若使用__xxx 这样的名称，则会自动转换为"_类名称__xxx"，Python 并没有完全阻止你访问，只要在原本的属性名称前加上 _ 类名称，仍旧可以访问到名称为__开头的属性。

被@property 标注的 xxx 取值方法，可以使用@xxx.setter 标注对应的设值方法，使用@xxx.deleter 来标注对应的删除值的方法。取值方法返回的值可以是实时运算的结果，而设值方法中必要时可以使用流程语法等来实现一些访问控制。

定义在类中的方法本质上也是函数。

定义在类中没有定义任何参数的方法，称之为未绑定方法。这类方法充其量只是将类名称作为一种命名空间，可以通过类名称来调用它，或取得函数对象进行调用。

如果在定义类时，希望某个方法不被拿来作为绑定方法，可以使用 @staticmethod 加以标注。

虽然可以通过实例来调用 @staticmethod 标注的方法，但建议通过类名称来调用，明确地让类名称作为静态方法的命名空间。

类中的方法若标注了 @classmethod，那么第一个参数一定是接受所在类的 type 实例。

若想取得__dict__的资料，可以使用 vars() 函数。

del 真正的作用是删除某对象上的指定属性。

对象常见的 +、-、*、/ 等操作，则分别是由__add__()、__sub__()、__mul__()、__truediv__()定义（//则是由__floordiv__()定义）。想定义 >、>=、<、<=、==、!= 等比较，可以分别调用__gt__()、__ge__()、__lt__()、__le__()、__eq__()或__comp__() 等方法。

__init__()是在类的实例构造之后进行初始化的方法，类的实例如何构造，实际上是由__new__()方法来定义。

如果想在对象被删除时自行定义一些清除相关资源的行为，可以使用__del__()方法。

5.5 课后练习

1. 据说创世纪时有座波罗教塔由三支钻石棒支撑，神在第一根棒上放置 64 个由小至大排列的金盘,命令僧侣将所有金盘从第一根棒移至第三根棒,搬运过程遵守大盘在小盘下的原则,若每日仅搬一盘，在盘子全部搬至第三根棒，此塔将毁损。请编写程序，可输入任意盘数，按以上搬运原则显示搬运过程。

2. 如果有一个二维数组代表迷宫如下，0 表示道路，2 表示墙壁。

```
maze = [[2, 2, 2, 2, 2, 2, 2],
        [0, 0, 0, 0, 0, 0, 2],
        [2, 0, 2, 0, 2, 0, 2],
        [2, 0, 0, 2, 0, 2, 2],
        [2, 2, 0, 2, 0, 2, 2],
        [2, 0, 0, 0, 0, 0, 2],
        [2, 2, 2, 2, 2, 0, 2]]
```

假设老鼠会从索引 (1, 0) 开始，请使用程序找出老鼠如何跑至索引 (6, 5) 位置，并以 ■ 代表墙，◇ 代表老鼠，显示出走迷宫路径。如右图所示。

3. 有一个 8 × 8 棋盘，骑士走法为西洋棋走法，请编写程序，可指定骑士从棋盘任一位置出发，以标号显示走完所有位置。例如其中一个走法。

```
52 21 64 47 50 23 40  3
63 46 51 22 55  2 49 24
20 53 62 59 48 41  4 39
61 58 45 54  1 56 25 30
44 19 60 57 42 29 38  5
13 16 43 34 37  8 31 26
18 35 14 11 28 33  6  9
15 12 17 36  7 10 27 32
```

4. 西洋棋中皇后可直线前进，吃掉遇到的棋子，如果棋盘上有八个皇后，请编写程序，显示八个皇后相安无事地放置在棋盘上的所有方式。例如其中一个放置方法如右图所示。

第 6 章　类的继承

6.1 何 谓 继 承

面向对象中，子类继承（Inherit）父类，避免重复的行为与操作定义。不过并非为了避免重复定义行为与操作就得使用继承，滥用继承而导致程序维护上的问题时有所闻。如何正确判断使用继承的时机，以及继承之后如何活用多态，才是学习继承时的重点。

6.1.1　继承共同行为

继承基本上是为了避免多个类间重复定义相同的行为。以实际的例子来说明比较清楚，假设你正在开发一款 RPG（Role-playing Game）游戏，一开始设定的角色有剑士与魔法师。首先你定义了剑士类。

```python
class SwordsMan:
    def __init__(self, name: str, level: int, blood: int) -> None:
        self.name = name    # 角色名称
        self.level = level  # 角色等级
        self.blood = blood  # 角色血量

    def fight(self):
        print('挥剑攻击')

    def __str__(self):
        return "('{name}', {level}, {blood})".format(**vars(self))

    def __repr__(self):
        return self.__str__()
```

剑士拥有名称、等级与血量等属性，可以挥剑攻击。为了方便显示剑士的属性，定义了 __str__() 方法，并让 __repr__() 的字符串描述直接返回 __str__() 的结果。

__str__() 方法中直接使用了 5.2.3 小节介绍过的 vars() 函数，以 dict 获取目前实例的属性名称与值，然后用了 4.2.2 小节介绍过的 dict 拆解方式，将 dict 的属性名称与值拆解后，传给字符串的 format() 方法。这样的写法相对于以下代码，显然简洁了许多。

```python
class SwordsMan:
    ...
    def __str__(self):
        return "('{name}', {level}, {blood})".format(
            name = self.name, level = self.level, blood = self.blood)
    ...
```

接着为魔法师定义类。

```
class Magician:
    def __init__(self, name: str, level: int, blood: int) -> None:
        self.name = name    # 角色名称
        self.level = level  # 角色等级
        self.blood = blood  # 角色血量

    def fight(self):
        print('魔法攻击')

    def cure(self):
        print('魔法治疗')

    def __str__(self):
        return "('{name}', {level}, {blood})".format(**vars(self))

    def __repr__(self):
        return self.__str__()
```

你注意到什么呢？因为只要是游戏中的角色，都会具有角色名称、等级与血量，也定义了相同的__str__()与__repr__()方法。Magician 中粗体字部分与 SwordsMan 中相对应的程序代码重复了。

重复在程序设计上就是不好的信号。举个例子来说，如果要将 name、level、blood 更改为其他名称，那就要修改 SwordsMan 与 Magician 两个类。如果有更多类具有重复的程序代码，那就要修改更多类，造成维护上的不便。

如果要改进，可以把相同的程序代码提升（Pull up）至父类 Role，并让 SwordsMan 与 Magician 类都继承自 Role 类。

game1 rpg.py

```
class Role:                 ← ❶定义类 Role
    def __init__(self, name: str, level: int, blood: int) -> None:
        self.name = name    # 角色名称
        self.level = level  # 角色等级
        self.blood = blood  # 角色血量

    def __str__(self):
        return "('{name}', {level}, {blood})".format(**vars(self))

    def __repr__(self):
        return self.__str__()

class SwordsMan(Role):      ← ❷继承父类 Role
    def fight(self):
        print('挥剑攻击')

class Magician(Role):       ← ❸继承父类 Role
```

```
    def fight(self):
        print('魔法攻击')

    def cure(self):
        print('魔法治疗')
```

在这个范例中定义了 Role 类❶，可以看到没什么特别之处，不过是将先前的 SwordsMan 与 Magician 中重复的程序代码都定义在 Role 类之中。

接着 SwordsMan 类在定义时，类名称旁边多了一个括号，并指定了 Role，这在 Python 中代表着 SwordsMan 继承了 Role❷ 已定义的程序代码。接着 SwordsMan 类定义了自己的 fight() 方法。类似地，Magician 类也继承了 Role 类❸，并且定义了自己的 fight() 与 cure() 方法。

如何看出确实继承了呢？以下简单的程序可以看出。

game1 rpg_demo.py

```
import rpg

swordsman = rpg.SwordsMan('Justin', 1, 200)
print('SwordsMan', swordsman)

magician = rpg.Magician('Monica', 1, 100)
print('Magician', magician)
```

在执行 print('剑士', swordsman) 与 print('魔法师', magician) 时，会调用 swordsman 与 magician 的 __str__() 方法。虽然在 SwordsMan 与 Magician 类的定义中并没有看到定义了 __str__() 方法，但是它们都从 Role 继承下来了，因此可以如范例中直接使用。执行的结果如下：

```
SwordsMan ('Justin', 1, 200)
Magician ('Monica', 1, 100)
```

可以看到，__str__()返回的字符串描述确实就是 Role 类中定义的结果。继承的好处之一就是若你要将 name、level、blood 改为其他名称，那就只需修改 Role 类的程序代码就可以了，只要是继承 Role 的子类，都无须修改。

6.1.2 鸭子类型

现在有一个需求，请设计一个函数，可以播放角色属性与攻击动画，由于在 3.2.1 小节讨论变量时曾经谈过，Python 的变量本身没有类型，若想通过变量操作对象的某个方法，只要确认该对象上确实有该方法即可。因此，你可以编写如下程序。

game2 rpg_demo.py

```
import rpg

def draw_fight(role):
    print(role, end = '')
    role.fight()
```

```
swordsman = rpg.SwordsMan('Justin', 1, 200)
draw_fight(swordsman)

magician = rpg.Magician('Monica', 1, 100)
draw_fight(magician)
```

这里的 draw_fight() 函数中直接调用了 role 的 fight() 方法。如果是 fight(swordsman)，那么 role 就是参考了 swordsman 的实例，这时 role.fight() 就相当于 swordsman.fight()。同样地，如果是 fight(magician)，role.fight() 就相当于 magician.fight() 了。执行结果如下：

```
('Justin', 1, 200) 挥剑攻击
('Monica', 1, 100) 魔法攻击
```

别因为这一章是在讨论继承，就误以为必须是继承才能有这样的行为。实际上就这个范例来说，只要对象拥有 fight() 方法就可以传入 draw_fight() 函数。例如：

```
>>> from rpg_demo import draw_fight
(Justin, 1, 200) 挥剑攻击
(Monica, 1, 100) 魔法攻击
>>> class Duck:
...     pass
...
>>> duck = Duck()
>>> duck.fight = lambda: print('呱呱')
>>> draw_fight(duck)
<__main__.Duck object at 0x0182B410>呱呱
>>>
```

可以看到，在这里就算是随便定义了一个 Duck 类，建立了一个实例，临时指定一个 lambda 函数给 fight 属性，仍然可以传给 draw_fight() 函数执行，因为 Duck 并没有定义__str__()，所以使用的是默认的__str__() 操作，因而你看到了<__main__.Duck object at 0x0182B410> 的结果。

在 3.2.1 小节就说过了，这就是动态类型语言界流行的**鸭子类型（Duck Typing）**："**如果它走路像个鸭子，游泳像个鸭子，叫声像个鸭子，那它就是鸭子。**"反过来说，虽然这是只鸭子，但是它打起架来像个 Role（具有 fight()），那它就是一个 Role。

鸭子类型实际的意义在于："思考对象的行为，而不是对象的种类。"按照此思维设计的程序会具有比较高的通用性。就像在这里看到的 draw_fight() 函数，不仅仅只是能接收 Role 类与子类实例，只要是具有 fight() 方法的任何实例，draw_fight() 都能接受。

你也许会想，怎么不在 role 参数加注类型提示呢？如前所述，思考鸭子类型时，主要着重在对象的行为而不是种类，如果加注 role 为 Role 类型，因为 Role 本身没有定义 fight() 方法，也无法通过类型检查。

如果真想加注类型提示，可以将 fight() 提升至 Role 类中，并搭配稍后就会谈到的抽象方法，达到实质规范类型上可用方法的作用。

6.1.3 重新定义方法

draw_fight() 函数若传入 SwordsMan 或 Magician 实例时，各自会显示 ('Justin', 1, 200) 挥剑攻击或 ('Monica', 1, 100) 魔法攻击。如果想显示 SwordsMan('Justin', 1, 200) 挥剑攻击或 Magician('Monica', 1, 100) 魔法攻击，要怎么做呢？

你也许会想要判断传入的对象，到底是 SwordsMan 的实例还是 Magician 的实例，然后分别显示剑士或魔法师的字样。在 Python 中，确实有一个 isinstance() 函数，可以进行这类的判断。例如：

```
def draw_fight(role):
    if isinstance(role, rpg.SwordsMan):
        print('SwordsMan', end = '')
    elif isinstance(role, rpg.Magician):
        print('Magician', end = '')

    print(role, end = '')
    role.fight()
```

isinstance() 函数可用来进行执行时期类型检查，不过每当想要 isinstance() 函数时，要再多想一下，有没有其他的设计方式。

以这边的例子来说，若是未来有更多角色，势必要增加更多类型检查的表达式。在多数的情况下，**检查类型而给予不同的流程行为，对于程序的维护有着不良的影响，应该避免。**

那么该怎么做呢？print(role, end = '') 时，既然实际上是获取 role 参考实例的 __str__() 返回的字符串并显示，目前 __str__() 的行为是定义在 Role 类而继承下来，那么可否分别重新定义 SwordsMan 与 Magician 的 __str__() 行为，让它们各自能增加剑士或魔法师的字样如何？

我们可以这么做，不过并不用单纯地在 SwordsMan 或 Magician 中定义以下的 __str__()。

```
...
    def __str__(self):
        return "SwordsMan('{name}', {level}, {blood})".format(**vars(self))
...
    def __str__(self):
        return "Magician('{name}', {level}, {blood})".format(**vars(self))
```

因为实际上，Role 的 __str__() 返回的字符串只要各自在前面附加上剑士或魔法师就可以了。**在继承后若打算基于父类的方法实现来重新定义某个方法，可以使用 super() 来调用父类方法。**例如：

game3 rpg.py

```
class Role:
    ...
```

```
    def __str__(self):
        return ' ({name}, {level}, {blood}) '.format(**vars(self))

    def __repr__(self):
        return self.__str__()

class SwordsMan(Role):
    def fight(self):
        print('挥剑攻击')

    def __str__(self):      ←──── ❶重新定义类 SwordsMan 的__str__()
        return f'SwordsMan{super().__str__()}'

class Magician(Role):
    def fight(self):
        print('魔法攻击')

    def cure(self):
        print('魔法治疗')

    def __str__(self):    ←──── ❷重新定义类 Magician 的__str__()
        return f'Magician{super().__str__()}'
```

在重新定义 SwordsMan 的__str__()方法时❶，调用了 super().__str__()，这会执行父类 Role 中定义的__str__()方法并返回字符串，这个字符串与 SwordsMan 串接，就会是我们想要的结果。同样地，在重新定义 Magician 的__str__()方法时❷，也是使用 super().__str__() 取得结果，然后串接 'Magician' 字符串。

其实 super() 是在类的__mro__属性中寻找指定的方法，6.2.1 小节与 6.2.5 小节还有针对 super() 的探讨。

6.1.4 定义抽象方法

在 6.1.2 小节讨论鸭子类型时曾经谈到，若想通过变量操作对象的某个方法，只要确认该对象上确实有该方法即可，并不一定要在程序代码上有继承的关系。然而，有时候希望提醒或说是强制，子类一定要实现某个方法，也许是怕其他开发者在操作时输错了方法名称，如将 fight()输成了 figth()，也许是有太多行为必须操作，不小心遗漏了其中一两个。

如果希望子类在继承之后一定要实现的方法，可以在父类中指定 metaclass 为 abc 模块的 **ABCMeta** 类，并在指定的方法上标注 abc 模块的 **@abstractmethod** 来达到需求。例如，若想强制 Role 的子类一定要实现 fight() 方法，可以如下：

game4 rpg.py

```
from abc import ABCMeta, abstractmethod    ←──── ❶导入 ABCMeta 与 abstractmethod
```

```
class Role(metaclass=ABCMeta):   ←    ❷指定 metaclass 为 ABCMeta

    def __init__(self, name: str, level: int, blood: int) -> None:
        self.name = name    # 角色名称
        self.level = level  # 角色等级
        self.blood = blood  # 角色血量

    @abstractmethod   ←    ❸标注@abstractmethod
    def fight(self):
        pass

    def __str__(self):
        return "('{name}', {level}, {blood})".format(**vars(self))

    def __repr__(self):
        return self.__str__()
```

...

由于 ABCMeta 类与 abstractmethod 函数定义在 abc 模块之中，所以使用 from import 将其导入❶。接着在定义 Role 类时，指定 metaclass 为 ABCMeta 类❷，metaclass 是一个协议，当定义类时指明 metaclass 的类时，Python 会在剖析完类定义后，使用指定的 metaclass 来进行类的构造与初始化。这是进阶议题，第 14 章还会说明，就目前来说，请先当它是一个魔法。

接着，我们在 fight() 方法上标注了 @abstractmethod❸，由于 Role 只是一个通用的父类，并不知道具体的各个角色会如何进行攻击，也就不用有相关的程序代码操作，因此直接在 fight() 方法的本体中使用 pass 即可。

> **提示 >>>** 在 Python 中，abc 或 ABC 字样是指 Abstract Base Class，也就是抽象基类。通常这些类已实现了一些基础行为，开发者可根据需求使用不同的 ABC 来实现想要的功能，但又不用一切从无到有亲手打造。

一旦如上定义了 Role 类，就不能使用 Role 来构造对象了，否则会发生 TypeError。例如：

```
>>> import rpg
>>> rpg.Role('Justin', 1, 200)
Traceback (most recent call last):
  File "<stdin>", line 1, in <module>
TypeError: Can't instantiate abstract class Role with abstract methods fight
>>>
```

如果有一个类继承了 Role 类，没有定义 fight() 方法，在实例化时也会发生 TypeError。

```
>>> Monster('Pika', 3, 500)
Traceback (most recent call last):
```

```
    File "<stdin>", line 1, in <module>
TypeError: Can't instantiate abstract class Monster with abstract methods fight
>>>
```

然而，先前的 SwordsMan 与 Magician，由于已经定义了 fight()方法，因此可以顺利地拿来构造对象。

game4 rpg_demo.py
```
from rpg import Role, SwordsMan, Magician

def draw_fight(role: Role):
    print(role, end = '')
    role.fight()

swordsman = SwordsMan('Justin', 1, 200)
draw_fight(swordsman)

magician = Magician('Monica', 1, 100)
draw_fight(magician)
```

现在由于 Role 已经定义了 fight() 方法，可以在 role 参数旁加上类型提示，也可以通过类型检查。

6.2 继承语法细节

6.1 节介绍了继承的基础观念与语法，然而结合 Python 的特性，继承还有许多细节必须明了。如必要时怎么调用父类方法，如何定义对象间的 Rich comparison 方法，多重继承的属性查找等，这些将在本节中详细说明。

6.2.1 初识 object 与 super()

在 6.1.1 小节的 rpg.py 中可以看到，SwordsMan 与 Magician 继承了 Role 之后，并没有重新定义自己的__init__()方法。因此，在构造 SwordsMan 或 Magician 实例时会直接使用 Role 中定义的__init__()方法来进行初始化。

还记得在 5.3.5 小节中谈过，类的实例如何构造，实际上是由__new__()方法来定义的。那么在没有定义时，__new__()方法又是由谁提供的呢？答案就是 object 类。在 Python 中定义一个类时，**若没有指定父类，那么就是继承 object 类**，这个类提供了一些属性定义，所有的类都会继承这些属性定义。

```
>>> dir(object)
['__class__', '__delattr__', '__dir__', '__doc__', '__eq__', '__format__', '__ge__',
'__getattribute__', '__gt__', '__hash__', '__init__', '__init_subclass__', '__le__',
```

```
'__lt__', '__ne__', '__new__', '__reduce__', '__reduce_ex__', '__repr__', '__setattr__',
'__sizeof__', '__str__', '__subclasshook__']
>>>
```

除了__new__()、__init__()方法之外，你曾经接触过的方法还有__str__()、__repr__()，这是用来定义对象的字符串描述。如果你定义了一个类，而没有定义__str__()或__repr__()方法，就会使用 object 默认的字符串描述定义。这个字符串描述就像是 6.1.2 小节曾经看到过的 <__main__.Duck object at 0x0182B410> 字样，对人类来说意义不大。

其他属性的作用或方法的定义方式之后会在适当的章节进行说明。例如，稍后就会介绍__eq__() 与__hash__()方法的作用与定义方式，这与对象相等性有关联。

简单来说，**在 Python 中若没有定义的方法，某些场合下必须调用时，就会看看父类中是否有定义。如果定义了自己的方法，那么就会以你定义的为主，不会主动调用父类的方法。**例如：

```
>>> class P:
...     def __init__(self):
...         print('P __init__')
...
>>> class S(P):
...     def __init__(self):
...         print('S __init__')
...
>>> s = S()
S __init__
>>>
```

在上面的例子中，类 S 继承了 P，并定义了自己的__init__()方法。在构造 S 的实例时，只调用了 S 中定义的__init__()，而没有调用 P 中的__init__()。有时候这样的行为会是你想要的，不过有时候必须在初始化的过程中也进行父类中定义的初始化流程。

举个例子来说，也许你建立了一个 Account 类，其中定义了__name、__number 与 __balance 三个属性，分别代表账户的名称、账号与余额。其中__init__()方法必须初始化这三个属性。后来，你又定义了一个 SavingsAccount 类，增加了利率__interest_rate 属性。你不想在 SavingsAccount 中重复定义初始化__name、__number 与__balance 的过程，因此会想要直接调用 Account 类中的__init__()。

在 6.1.3 小节中曾经介绍过，可以使用 super() 来调用父类中已定义的某个方法，这在__init__() 中也是可行的。例如：

inheritance bank.py

```
class Account:
    def __init__(self, name: str, number: str, balance: float) -> None:
        self.__name = name
        self.__number = number
        self.__balance = balance
```

```
    ...

    def __str__(self):
        return f"Account('{self.__name}', '{self.__number}', {self.__balance})"

class SavingsAccount(Account):
    def __init__(self, name: str, number: str,
                       balance: float, interest_rate: float) -> None:

        super().__init__(name, number, balance)    ←——— ❶调用父类__init__()
        self.__interest_rate = interest_rate

    def __str__(self):
        acctinfo = super().__str__()←——— ❷调用父类__str__()
        return f'{acctinfo}\n\tInterest rate: {self.__interest_rate}'
```

由于 SavingsAccount 类的 __init__() 方法中使用 super().__init__(name, number, balance) 主动调用了 Account 父类的 __init__() ❶，因此最后构造的对象也会具有 __name、__number 与 __balance 三个属性。类似地，在 SavingsAccount 的 __str__() 中也使用 super().__str__() 先取得父类的结果 ❷，再加上利率的描述字符串。

如果使用下面的程序进行测试：

inheritance bank_demo.py
```
import bank

savingsAcct = bank.SavingsAccount('Justin', '123-4567', 1000, 0.02)

savingsAcct.deposit(500)
savingsAcct.withdraw(200)

print(savingsAcct)
```

将会有以下的执行结果。

```
Account('Justin', '123-4567', 1300)
        Interest rate: 0.02
```

Python 3 中，在定义方法时使用无自变量的 **super()** 调用等同于 **super(__class__, <first argument>)** 调用，**__class__** 代表着目前所在类，而 **<first argument>** 是指目前所在方法的第一个自变量。

因此就绑定方法来说，在定义方法时使用无自变量的 **super()** 调用，而方法的第一个参数名称为 **self**，就相当于 **super(__class__, self)**，将刚刚 bank.py 中的 super().__init__(name, number, balance) 改成 super(__class__, self).__init__(name, number, balance)，以及将 super().__str__() 改成 super(__class__, self).__str__()，执行的结果是相同的。

super(__class__, <first argument>) 时，会查找__class__的父类中是否有指定的方法，若有，就将 **<first argument>** 作为调用方法时的第一个自变量。就刚才的 bank.py 中的例子，super(__class__, self).__str__() 时，会在 SavingsAccount 的父类 Account 中找到__str__()方法，结果就相当于以 Account.__str__(self)的方式调用。

实际上，确实也可以在程序代码中直接以 Account.__init__(self, name, number, balance)、Account.__str__(self) 的方式来调用父类中定义的方法，不过缺乏弹性，将来若修改父类名称，那么子类中的程序代码也必须做出对应的修正。使用 super().__init__(name, number, balance)、super().__str__() 这样的方式显然比较方便。

super() 指定自变量时，并不限于在方法之中才能使用，而且实际上是在__mro__中查找指定的方法，6.2.5 小节还会看到 super() 的进一步探讨。

6.2.2　Rich comparison 方法

在 object 类还定义了__lt__()、__le__()、__eq__()、__ne__()、__gt__()、__ge__() 等方法。这组方法定义了对象之间使用 <、<=、==、!=、>、>= 等比较时应该有的比较结果。这组方法在 Python 官方文件上被称为 Rich comparison 方法。

1. 定义__eq__()

想要使用 == 来比较两个对象是否相等，必须定义**__eq__()**方法。因为**__ne__()** 默认会调用**__eq__()**并反向其结果，所以定义了**__eq__()**就等于定义了**__ne__()**，也就可以使用 != 比较两个对象是否不相等。

object 定义的**__eq__()**方法，默认是使用 **is** 来比较两个对象，也就是检查两个对象实际上是不是同一个实例；要比较实质相等性，必须自行重新定义。下面一个简单的例子就是比较两个 Cat 对象是否实际上代表同一只 Cat 的数据。

```
class Cat:
    ...
    def __eq__(self, other):
        # other 参考的就是这个对象，当然是同一对象
        if self is other:
            return True

        # 检查是否有相同的属性，如果没有就不用比了
        if hasattr(other, 'name') and hasattr(other, 'birthday'):
            # 定义如果名称与生日相同，表示两个对象实质上相等
            return self.name == other.name and self.birthday == other.birthday

        return False
```

第二个 if 中使用了 hasattr() 函数，它可用来检查指定的对象上是否具有指定的属性。这是

采取鸭子类型，也就是针对属性检查，而不是针对类型检查，这样可以取得较大的弹性。如果想更严格地检查是否为 Cat 类型，那么第二个 if 中可改用 isinstance(other, __class__) 来替代。

你也许会想进一步地为 other 参数加上类型提示，然而 object 的 __eq__() 第二个参数类型只能是 object 或 Any。若想为 Cat 的 other 参数加注 Cat，就会与父类 object 的 __eq__() 方法类型不符而无法通过类型检查，通常，不需要为 __eq__() 加上类型提示。

> **提示 ⟫⟫** 在静态类型语言中，子类若要重新定义父类的方法，该方法必须具有相同的类型，若只是方法名称相同，而参数类型或个数不同，那也是重载了一个新方法，而不是重新定义。

这里仅示范了 __eq__() 方法的基本概念，实际上定义 __eq__() 方法并非这么简单，**定义 __eq__() 时通常也会定义 __hash__()**，原因等到之后谈到 Python 标准数据结构链接库时再说明。如果现在就想知道 __eq__() 与 __hash__() 定义时要注意的一些事项，可以先参考《对象相等性》：openhome.cc/Gossip/Python/ObjectEquality.html。

2．定义 __gt__()、__ge__()

想要能使用 >、>=、<、<= 来进行对象的比较，必须定义 __gt__()、__ge__()、__lt__()、__le__() 方法。然而，**__lt__() 与 __gt__() 互补，而 __le__() 与 __ge__() 互补，因此基本上只要定义 __gt__()、__ge__() 就可以了**。下面来看一个简单的例子。

```
>>> class Some:
...     def __init__(self, value):
...         self.value = value
...     def __gt__(self, other):
...         return self.value > other.value
...     def __ge__(self, other):
...         return self.value >= other.value
...
>>> s1 = Some(10)
>>> s2 = Some(20)
>>> s1 > s2
False
>>> s1 >= s2
False
>>> s1 < s2
True
>>> s1 <= s2
True
>>>2
```

3．使用 functools.total_ordering

并不是每个对象都要定义整组比较方法。然而，若真的需要定义整组方法的行为，可以使用 functools.total_ordering。例如：

```
>>> from functools import total_ordering
>>> @total_ordering
... class Some:
...     def __init__(self, x):
...         self.x = x
...     def __eq__(self, other):
...         return self.x == other.x
...     def __gt__(self, other):
...         return self.x > other.x
...
>>> s1 = Some(10)
>>> s2 = Some(20)
>>> s1 >= s2
False
>>> s1 <= s2
True
>>>
```

当一个类被标注了@total_ordering 时，必须定义__eq__()方法，并选择__lt__()、__le__()、__gt__()、__ge__() 其中一个方法定义，这样就可以拥有整组的比较方法了。其背后基本的原理在于，只要定义了__eq__()以及__lt__()、__le__()、__gt__()、__ge__()其中一个方法，假设是__gt__()，那么剩下的__ne__()、__lt__()、__le__()、__ge__() 就可以各自调用这两个方法来完成比较的行为。稍后在 6.2.4 小节中也会看到一个类似的实例。

6.2.3 使用 enum 枚举

在 Python 中如果想要枚举值，可以通过 dict 或者是类来定义。例如使用 dict 的情况。

```
>>> Action = {
...     'stop' : 1,
...     'right': 2,
...     'left' : 3,
...     'up'   : 4,
...     'down' : 5
... }
>>> Action['stop']
1
>>> Action['down']
5
>>>
```

或者是使用类定义的方式。

```
>>> class Action:
...     stop  = 1
...     right = 2
...     left  = 3
```

```
...      up    = 4
...      down  = 5
...
>>> Action.right
2
>>> Action.left
3
>>>
```

基本上这两种方式都可以解决问题。问题在于，无法检查枚举值是否重复。此时可以通过 Action['up'] = 5 或者是 Action.up = 5 这样的方式来修改枚举值。如果通过类方式来定义，Action 类本身还能够实例化，这些都是使用上的一些困扰。

从 **Python 3.4 开始新增了 enum 模块**，其中提供了 Enum、IntEnum 等类，可以用来继承以便定义枚举。继承 Enum，枚举值可以是各种类型，不过建议使用状态不可变的值（例如字符串），继承 IntEnum，枚举值就只能是整数。例如：

```
>>> from enum import IntEnum
>>> class Action(IntEnum):
...      stop  = 1
...      right = 2
...      left  = 3
...      up    = 4
...      down  = 5
...
>>> Action.left
<Action.left: 3>
>>> Action()
Traceback (most recent call last):
  File "<stdin>", line 1, in <module>
TypeError: __call__() missing 1 required positional argument: 'value'
>>> Action.left = 5
Traceback (most recent call last):
  File "<stdin>", line 1, in <module>
  File "C:\Program Files (x86)\Python35-32\lib\enum.py", line 305, in __setattr__
    raise AttributeError('Cannot reassign members.')
AttributeError: Cannot reassign members.
>>>
```

可以看到，你无法使用 Action() 来建立一个对象，也无法重新指定枚举值。实际上，Action() 是用来指定枚举值，然后返回枚举对象。枚举对象上具有 name 与 value 属性，可用来获取枚举名称与枚举值，也可以使用 [ ] 指定枚举名称来获取枚举对象。例如：

```
>>> Action(3)
<Action.left: 3>
>>> enum_member = Action(3)
>>> enum_member.name
'left'
```

```
>>> enum_member.value
3
>>> Action['left']
<Action.left: 3>
>>>
```

继承了 Enum 或 IntEnum 而定义的类可以使用 for in 来迭代枚举。

```
>>> for member in Action:
...     print(member.name, '\t: ', member.value)
...
stop     :  1
right    :  2
left     :  3
up       :  4
down     :  5
>>>
```

继承 Enum 或 IntEnum 类定义枚举时，枚举名称不得重复，而枚举值可以重复。例如：

```
>>> class Action(IntEnum):
...     stop = 1
...     stop = 2
...
Traceback (most recent call last):
  File "<stdin>", line 1, in <module>
  File "<stdin>", line 3, in Action
  File "C:\Program Files (x86)\Python35-32\lib\enum.py", line 66, in __setitem__
    raise TypeError('Attempted to reuse key: %r' % key)
TypeError: Attempted to reuse key: 'stop'
>>> class Action(IntEnum):
...     stop = 1
...     left = 1
...
>>> Action(1)
<Action.stop: 1>
>>> Action['left']
<Action.stop: 1>
>>>
```

如果枚举名称不同而值相同，那么后者会是前者的别名。因此就上例来说，无论使用 Action(1) 还是 Action['left']，一律返回 <Action.stop: 1>。

如果想要在枚举时值不得重复，可以在类上加注 enum 模块的 @unique，这么一来若枚举时有重复的值，就会引发 ValueError。例如：

```
>>> from enum import IntEnum, unique
>>> @unique
... class Action(IntEnum):
...     stop  = 1
```

```
...        right = 2
...        left  = 3
...        up    = 4
...        down  = 4
...
Traceback (most recent call last):
  File "<stdin>", line 2, in <module>
  File "C:\Program Files (x86)\Python35-32\lib\enum.py", line 567, in unique
    (enumeration, alias_details))
ValueError: duplicate values found in <enum 'Action'>: down -> up
>>>
```

在 enum 模块的官方说明文件[①]中，还有一些关于枚举的相关说明，有兴趣的读者可以进一步参考。

6.2.4 多重继承

在 **Python** 中可以进行多重继承，也就是一次继承两个父类的程序代码定义，父类之间使用逗号隔开。多个父类继承下来的方法名称没有冲突时是最单纯的情况，例如：

```
>>> class P1:
...     def mth1(self):
...         print('mth1')
...
>>> class P2:
...     def mth2(self):
...         print('mth2')
...
>>> class S(P1, P2):
...     pass
...
>>> s = S()
>>> s.mth1()
mth1
>>> s.mth2()
mth2
>>>
```

然而，如果继承时多个父类中有相同的方法名称，就要注意搜索的顺序。基本上是从子类开始寻找名称，接着是同一阶层父类由左至右搜索，再至更上层同一阶层父类由左至右搜索，直到达到顶层为止。例如：

```
>>> class P1:
...     def mth(self):
...         print('P1 mth')
```

---

① enum 模块：docs.python.org/3/library/enum.html

```
...
>>> class P2:
...     def mth(self):
...         print('P2 mth')
...
>>> class S1(P1, P2):
...     pass
...
>>> class S2(P2, P1):
...     pass
...
>>> s1 = S1()
>>> s2 = S2()
>>> s1.mth()
P1 mth
>>> s2.mth()
P2 mth
>>>
```

在上面的例子中，S1 继承父类的顺序是 P1、P2，而 S2 是 P2、P1。因此在寻找 mth()方法时，S1 实例使用的是 P1 继承而来的方法，而 S2 使用的是 P2 继承而来的方法。

具体来说，一个子类在寻找指定的属性或方法名称时，会依据类的__mro__属性的 tuple 中元素的顺序寻找 MRO（全名是 Method Resolution Order）。如果想知道直接父类，则可以通过类的__bases__来得知。

```
>>> S1.__mro__
(<class '__main__.S1'>, <class '__main__.P1'>, <class '__main__.P2'>, <class 'object'>)
>>> S1.__bases__
(<class '__main__.P1'>, <class '__main__.P2'>)
>>> S2.__mro__
(<class '__main__.S2'>, <class '__main__.P2'>, <class '__main__.P1'>, <class 'object'>)
>>> S2.__bases__
(<class '__main__.P2'>, <class '__main__.P1'>)
>>>
```

__mro__是只读属性，有趣的是，可以改变__bases__来改变直接父类，从而使得__mro__的内容也跟着变动。例如：

```
>>> S2.__bases__ = (P1, P2)
>>> S2.__mro__
(<class '__main__.S2'>, <class '__main__.P1'>, <class '__main__.P2'>, <class 'object'>)
>>> s2.mth()
P1 mth
>>>
```

在上面的例子中，故意调换了 S2 的父类为 P1、P2 的顺序，结果__mro__查找父类的顺序，也变成了 P1 在前、P2 在后。因此，这次通过 S2 实例调用 mth() 方法时，先找到的会是 P1 上的 mth()方法。

如果定义类时，python 解释器无法生成__mro__，会引发 TypeError，一个简单的例子如下所示。

```
>>> class First:
...     pass
...
>>> class Second(First):
...     pass
...
>>> class Third(First, Second):
...     pass
...
Traceback (most recent call last):
  File "<stdin>", line 1, in <module>
TypeError: Cannot create a consistent method resolution
order (MRO) for bases Second, First
>>>
```

在 6.1.4 小节谈过如何定义抽象方法。如果有一个父类中定义了抽象方法，而另一个父类中实现了一个方法，且名称与另一个父类的抽象方法相同，子类继承这两个父类的顺序会决定抽象方法是否得到实现。例如：

```
>>> from abc import ABCMeta, abstractmethod
>>> class P1(metaclass=ABCMeta):
...     @abstractmethod
...     def mth(self):
...         pass
...
>>> class P2:
...     def mth(self):
...         print('mth')
...
>>> class S(P1, P2):
...     pass
...
>>> s = S()
Traceback (most recent call last):
  File "<stdin>", line 1, in <module>
TypeError: Can't instantiate abstract class S with abstract methods mth
>>> class S(P2, P1):
...     pass
...
>>> s = S()
>>> s.mth()
mth
>>>
```

基本上，**判定一个抽象方法是否实现，也是按照__mro__中类的顺序**，如果在__mro__中先找到有类实现的方法，后续才找到定义了抽象方法的类，那么就会认定已经实现了抽象方法。

6.2.5　建立 ABC

在 Python 中可以多重继承，这是一把双刃剑，特别是在继承的父类中，具有相同名称的方法定义时，尽管有__mro__属性可以作为名称搜索依据，然而总是会令情况变得复杂。

多重继承的能力通常建议只用来继承 ABC，也就是抽象基类（Abstract Base Class）。一个抽象基类不会定义属性，也不会有__init__()定义。

什么样的情况下会需要定义一个符合刚才要求的抽象基类？来考虑一个 Ball 类，其中定义了一些比较大小的方法（暂时忘了 6.2.2 小节介绍过的 functools.total_ordering）。

```python
class Ball:
    def __init__(self, radius):
        self.radius = radius

    def __eq__(self, other):
        return hasattr(other, 'radius') and self.radius == other.radius

    def __gt__(self, other):
        return hasattr(other, 'radius') and self.radius > other.radius

    def __ge__(self, other):
        return self > other or self == other

    def __lt__(self, other):
        return not (self > other and self == other)

    def __le__(self, other):
        return (not self >= other) or self == other

    def __ne__(self, other):
        return not self == other
```

> 提示 >>> 虽然 6.2.2 小节谈过，_eq_()与_ne_()互补，_gt_()与_lt_()互补，_ge_()与_le_()互补，可以仅定义_eq_()、_gt_()、_ge_()，这里为了凸显可重用的共同操作，也将互补的方法定义出来了。

事实上，"比较"这件任务许多对象都会用得到，仔细观察以上的程序代码，会发现一些可重用的方法，你可以将之抽离出来。

inheritance xabc.py

```python
from abc import ABCMeta, abstractmethod

class Ordering(metaclass=ABCMeta):
```

```
    @abstractmethod
    def __eq__(self, other):          ◀━━━━━━━━❶定义抽象方法
        pass

    @abstractmethod
    def __gt__(self, other):
        pass

    def __ge__(self, other):                    ❷定义可重用的共同操作
        return self > other or self == other

    def __lt__(self, other):
        return not (self > other and self == other)

    def __le__(self, other):
        return (not self >= other) or self == other

    def __ne__(self, other):
        return not self == other
```

像 Ordering 这样的类就是一个抽象基类。由于实际的对象==以及>的行为必须按不同的对象而有不同的操作，在 Ordering 中不予以定义，必须由子类继承之后加以定义，在这里使用 @abstractmethod 标注不是必要的❶。然而，为了避免开发者在继承之后忘了定义必要的方法，使用 @abstractmethod 标注可具有提醒的作用。至于 __ge__()、__lt__()、__le__()、__ne__()方法，只是从刚才的 Ball 类中抽取出来的可重用操作❷。

提示 >>> 可以看到，Python 的 abc 模块就提供了 ABCMeta、abstractmethod 等用来定义抽象基类的组件。

有了这个 Ordering 类之后，若有对象需要比较的行为，只要继承 Ordering 并调用 __eq__() 与 __gt__()方法就可以了。例如，刚才的 Ball 类现在只需如下编写。

inheritance xabc_demo.py

```
from xabc import Ordering

class Ball(Ordering):          ◀━━━━━━━━ ❶继承 Ordering
    def __init__(self, radius: int) -> None:
        self.radius = radius

    def __eq__(self, other):          ◀━━━━━━ ❷调用 __eq__()与 __gt__()
        return hasattr(other, 'radius') and self.radius == other.radius

    def __gt__(self, other):
        return hasattr(other, 'radius') and self.radius > other.radius

b1 = Ball(10)
```

```
b2 = Ball(20)

print(b1 > b2)
print(b1 <= b2)
print(b1 == b2)
```

在继承了 Ordering 之后❶，Ball 类只需要调用__eq__()与__gt__()方法❷，就能具有比较的行为。

由于 Python 可以多重继承，在必要时，可以同时继承多个 ABC，针对必要的方法进行调用，就可以拥有多个 ABC 类上已定义好的其他可重用操作。实际上，在 Python 的标准链接库中，就提供有不少 ABC，之后章节会看到其中一些 ABC 的介绍。

提示 >>> 像这种抽离可重用流程，必要时可以某种方式安插至类定义之中的特性，有时被称为 Mix-in。

6.2.6 探讨 super()

多数情况下，只需要在定义方法时使用无自变量的 super() 来调用父类中的方法就足够了，然而在 6.2.1 小节中也谈到，无自变量的 super() 调用其实是 super(__class__, <first argument>) 的简便方法，这表示，super()是可以使用具自变量的调用方式，接下来就要探讨这些具有自变量的 super() 调用，这是怎么回事呢？这是进阶主题，若暂时不感兴趣，可以先跳过这部分，待日后有机会再回过头来学习。

在 6.2.1 小节时提过，在一个绑定方法中使用无自变量 super() 调用时，若绑定方法的第一个参数名称是 self，就相当于使用 super(__class__, self)。如果在@classmethod 标注的方法中，以无自变量调用 super() 呢？在 5.3.2 小节中谈过，@classmethod 标注的方法第一个参数一定是绑定类本身,若参数名称是 cls，那么无自变量调用 super()，就相当于调用 super(__class__, cls)。

因此，也可以在 @classmethod 标注的方法中直接如下使用无自变量 super()调用，这相当于调用父类中以 @classmethod 标注定义的方法。

```
>>> class P:
...     @classmethod
...     def cmth(cls):
...         print('P', cls)
...
>>> class S(P):
...     @classmethod
...     def cmth(cls):
...         super().cmth()
...         print('S', cls)
...
>>> S.cmth()
P <class '__main__.S'>
S <class '__main__.S'>
>>>
```

如果使用 help(super) 查看说明文件，会看到 super() 的几个调用方式。

```
>>> help(super)
Help on class super in module builtins:

class super(object)
 |  super() -> same as super(__class__, <first argument>)
 |  super(type) -> unbound super object
 |  super(type, obj) -> bound super object; requires isinstance(obj, type)
 |  super(type, type2) -> bound super object; requires issubclass(type2, type)
 |  Typical use to call a cooperative superclass method:
...
```

无自变量的调用方式已经说明过多次了，直接来查看 super(type, obj)。可以看到这个调用方式必须符合 isinstance(obj, type)，也就是 obj 必须是 type 的实例。在一个绑定方法中使用 super() 时相当于 super(__class__, self)，就是这种情况，self 是当时类 __class__ 的一个实例。

另一个 super(type, type2) 的调用方式必须符合 issubclass(type2, type)，也就是 type2 必须是 type 的子类。有趣的是，issubclass(type, type) 的结果也会是 True，在 @classmethod 标注的方法中，使用 super() 调用时相当于 super(__class__, cls)，就是这个情况。

在 6.2.1 小节中曾谈到，super(__class__, <first argument>) 时，会查找 __class__ 的父类中是否有指定的方法，若有，就将 <first argument> 作为调用方法时的第一个自变量。**更具体地说，调用 super(type, obj) 时，会使用 obj 类的 __mro__ 列表，从指定 type 的下个类开始查找，查看是否有指定的方法，若有，将 obj 当作是调用方法的第一个自变量。**

因此，在一个多层的继承体系或者是具有多重继承的情况下，通过 super(type, obj) 可以指定要调用哪个父类中的绑定方法。例如：

```
>>> class P:
...     def mth(self):
...         print('P')
...
>>> class S1(P):
...     def mth(self):
...         print('S1')
...
>>> class S2(P):
...     def mth(self):
...         print('S2')
...
>>> class SS(S1, S2):
...     pass
...
>>> ss = SS()
>>> super(SS, ss).mth()
S1
```

```
>>> super(S1, ss).mth()
S2
>>> super(S2, ss).mth()
P
>>>
```

在上面的例子中，P、S1、S2 都定义了 mth()方法，SS 继承了 S1 与 S2，ss 的类是 SS，其 __mro__ 中类的顺序为 SS、S1、S2、P。

super(SS, ss).mth()时，会从 SS 的下个类开始寻找 mth()方法，结果就是使用 S1 的 mth()方法；super(S1, ss).mth()时，会从 S1 的下个类开始寻找 mth()方法，结果就是使用 S2 的 mth()方法；super(S2, ss).mth()时，会从 S2 的下个类开始寻找 mth()方法，结果就是使用 P 的 mth()方法，**调用 super(type, type2)时，会使用 type2 的 __mro__ 列表，从指定 type 的下个类开始查找，查看是否有指定的方法，若有，将 type2 当作是调用方法的第一个自变量。**

因此，可以模仿刚才的范例，针对@classmethod 标注的方法做一个类似的测试过程。

```
>>> class P:
...       @classmethod
...       def cmth(cls):
...           print('P', cls)
...
>>> class S1(P):
...       @classmethod
...       def cmth(cls):
...           print('S1', cls)
...
>>> class S2(P):
...       @classmethod
...       def cmth(cls):
...           print('S2', cls)
...
>>> class SS(S1, S2):
...       pass
...
>>> super(SS, SS).cmth()
S1 <class '__main__.SS'>
>>> super(S1, SS).cmth()
S2 <class '__main__.SS'>
>>> super(S2, SS).cmth()
P <class '__main__.SS'>
>>>
```

由于这里使用了@classmethod，你可能会问，那么@staticmethod 标注的方法呢？如果想调用父类的静态方法，其实也是要使用 super(type, type2) 的形式，例如：

```
>>> class P:
...       @staticmethod
```

```
...       def smth(p):
...           print(p)
...
>>> class S(P):
...      pass
...
>>> super(S, S).smth(10)
10
>>>
```

由于 @staticmethod 标注的方法是一个未绑定方法，而在 help(super) 的说明中，可以看到 super(type) -> unbound super object 的字样，这会让人以为可以 super(S).smth(10)。然而实际上，super() 返回的是一个代理对象，为 super 的实例，而不是类本身，因此 super(S).smth(10) 会发生 AttributeError 错误。

使用 super(type) 的机会非常少，一个可能性是作为描述器（Descriptor）使用。因为 super(type) 返回的对象具有__get__()、__set__()方法，所以，会有以下的执行结果。

```
>>> class P:
...      def mth(self):
...          print('P')
...
>>> class S(P):
...      pass
...
>>> s = S()
>>> super(S).__get__(s, S).mth()
P
>>>
```

提示 >>>　本书第 14 章会谈到描述器，到时会知道描述器的定义方式，也就能明白__get__()的意义。你基本上可以忽略 super(type) 的用法，若真的想要深入了解，可以参考"Things to Know About Python Super"中的说明。

06

6.3　文件与包资源

如果你跟随本书学到这一节，那就表示对于函数、模块与类的定义与编写等都有了一定的认识。一个好的语言必须有好的链接库来搭配，而一个好的链接库必定得有清楚、详尽的文件，对 Python 来说正是如此。在这一节中，将先从如何编写文件开始，之后来看看如何查询既有的文件，以及去哪寻找社区贡献的包。

6.3.1 DocStrings

对于链接库的使用，实际上，Python 的标准链接库源代码本身就附有文件。以 list() 来说，如果在 REPL 中输入 list.__doc__ 会发生什么事呢？

```
>>> list.__doc__
"list() -> new empty list\nlist(iterable) -> new list initialized from iterable's items"
>>>
```

这字符串很奇怪，还有一些换行字符？如果输入 help(list)，就不会觉得奇怪了。

```
>>> help(list)
Help on class list in module builtins:

class list(object)
 |  list() -> new empty list
 |  list(iterable) -> new list initialized from iterable's items
 |
...
```

实际上，help() 函数会取得 list.__doc__ 的字符串，结合一些它在链接库中查找出来的信息加以显示。通过 __doc__ 取得的字符串称为 DocStrings，可以自行在源代码中定义。例如，想为自定义函数定义 DocStrings。

```
def max(a, b):
    '''Given two numbers, return the largest one.'''
    return a if a > b else b
```

在函数、类或模块定义的一开头，使用 ''' 包括起来的多行字符串会成为函数、类或模块的 __doc__ 属性值，也就是会成为 help() 的输出内容之一。先来看一个函数的例子。

```
>>> def max(a, b):
...     '''Given two numbers, return the largest one.'''
...     return a if a > b else b
...
>>> max.__doc__
'Given two numbers, return the largest one.'
>>> help(max)
Help on function max in module __main__:

max(a, b)
    Given two numbers, return the largest one.

>>>
```

如果 DocStrings 只有一行，那么 ''' 包括起来的字符串就不会换行。如果 ''' 包括换行与缩进，那么 __doc__ 的内容也会包括这些换行与缩进。

因此，惯例上，单行的 DocStrings 会是在一行中使用 ''' 左右包括起来，而函数或方法中的 DocStrings 若是多行字符串，''' 紧接的第一行会是这个函数的简短描述，之后空一行后才是参数或其他相关说明，最后换一行并缩进结束，这样在 help() 输出时会比较美观。例如：

```
>>> def max(a, b):
...      '''Find the maximum number.
...
...      Given two numbers, return the largest one.
...      '''
...      return a if a > b else b
...
>>> help(max)
Help on function max in module __main__:

max(a, b)
    Find the maximum number.

    Given two numbers, return the largest one.

>>>
```

如果是类或模块的多行 DocStrings，会在 ''' 后马上换行，然后以相同层次缩进，并开始编写说明。例如：

```
docs openhome/abc.py
# Copyright 2016 openhome.cc. All Rights Reserved.
# Permission to use, copy, modify, and distribute this code and its
# documentation for educational purpose.

"""
Abstract Base Classes (ABCs) for Python Tutorial

Just a demo for DocStrings.
"""

from abc import ABCMeta, abstractmethod

class Ordering(metaclass=ABCMeta):
    '''
    A abc for implementing rich comparison methods.

    The class must define __gt__() and __eq__() methods.
    '''
    @abstractmethod
    def __eq__(self, other):
        '''Return a == b'''
        pass
```

169

```
    @abstractmethod
    def __gt__(self, other):
        '''Return a > b'''
        pass

    def __ge__(self, other):
        '''Return a >= b'''
        return self > other or self == other

    ...
```

如果想针对包来编写 DocStrings，可以在包相对应的文件夹中的 __init__.py 中使用 ''' 来包括字符串编写。例如：

docs openhome/__init__.py
```
'''
Libraries of openhome.cc

If you can't explain it simply, you don't understand it well enough.
    - Albert Einstein
'''
```

在 REPL 中可针对包使用 help()。例如：

```
>>> import openhome.abc
>>> help(openhome)
Help on package openhome:

NAME
    openhome - Libraries of openhome.cc

DESCRIPTION
    If you can't explain it simply, you don't understand it well enough.
        - Albert Einstein

PACKAGE CONTENTS
    abc

FILE
    c:\workspace\docs\openhome\__init__.py


>>>
```

至于刚才定义的 abc.py 模块，使用 help() 的结果如下：

```
>>> help(openhome.abc)
Help on module openhome.abc in openhome:
```

```
NAME
    openhome.abc - Abstract Base Classes (ABCs) for Python Tutorial

DESCRIPTION
    Just a demo for DocStrings.
CLASSES
    builtins.object
        Ordering

    class Ordering(builtins.object)
     |  A abc for implementing rich comparison methods.
     |
     |  The class must define __gt__() and __eq__() methods.
     |
     |  Methods defined here:
     |
     |  __eq__(self, other)
     |      Return a == b
     |
     |  __ge__(self, other)
     |      Return a >= b
    ...
```

你也可以直接使用 help(openhome.abc.Ordering)、help(openhome.abc.Ordering.__eq__) 来分别查询相对应的 DocStrings。如果想要进一步认识 DocStrings 的编写或使用惯例，可以参考标准链接库（位于 Python 安装目录的 Lib）源代码中的编写方式，或者是参考 PEP 275：www.python.org/dev/peps/pep-0257/#what-is-a-docstring。

6.3.2　查询官方文件

除了使用 help() 查询文件外，对于 Python 官方的链接库，也可以在线查询。文件地址是 docs.python.org，默认会显示最新版本的 Python 文件，也可以在首页左上角选取想要查看的其他版本。

提示 >>>　在 1.2.3 小节中谈过，Windows 版本的 Python 中，安装文件夹中提供了一个 python380.chm 文件，包含了许多 Python 文件，方便随时取用查阅。

在官方文件中，有关于链接库 API 查询的部分是列在 Indices and tables 中。在编写 Python 程序的过程中，经常需要在这里查询相关 API 如何使用，如图 6.1 所示。

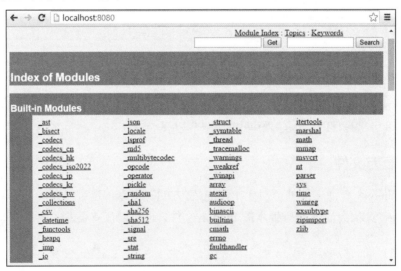

Indices and tables:

Global Module Index
quick access to all modules

General Index
all functions, classes, terms

Glossary
the most important terms explained

Search page
search this documentation

Complete Table of Contents
lists all sections and subsections

图 6.1　API 索引

除了联上网站查询官方 API 文件之外，还可以使用内置的 pydoc 模块启动一个简单的 pydoc 服务器，例如：

```
>python -m pydoc -p 8080
Server ready at http://localhost:8080/
Server commands: [b]rowser, [q]uit
server>
```

在执行 python 时指定 -m 自变量，表示执行指定模块中顶层的程序流程，在这里是指定执行 pydoc 模块，并附上 -p 自变量指定了 8080，这会建立一个简单的文件服务器，并在 8080 端口接受联机。你可以使用 b 开启默认浏览器或自行启动浏览器联机 http://localhost:8080/，就可以进行文件查询，如图 6.2 所示。

图 6.2　pydoc 文件服务器

6.3.3　PyPI 与 pip

如果标准链接库无法满足需要，Python 社区中还有数量庞大的链接库在等着你。若想要寻找第三方程序库，那么 Python 官方维护的 **PyPI（Python Package Index）** 网站可以作为不错的起点，网址是 pypi.org，如图 6.3 所示。

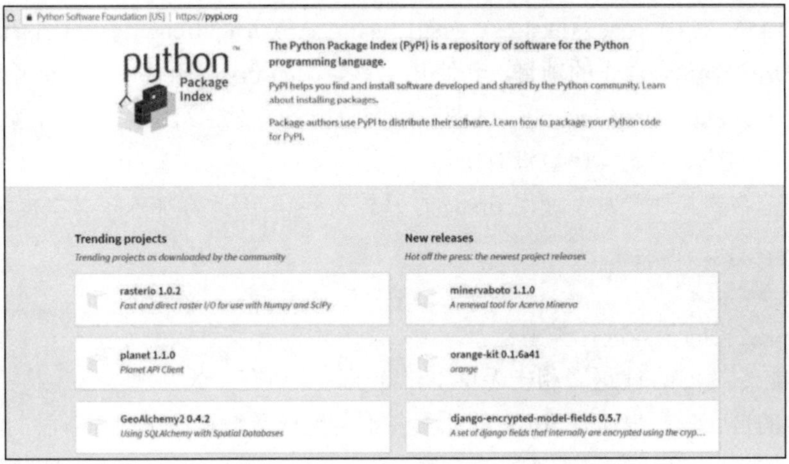

图 6.3　PyPI 网站

你可以在 PyPI 上寻找适合你需求的包，想要安装上面的包，可以通过 pip 来安装，在 4.3.3 小节曾经介绍 pip 的基本使用方式，可以回顾一下。

6.4　泛　型　入　门

到目前为止，你已经看过不少类型提示的范例了。使用类型来约束程序代码的组织方式是把双刃剑，运用良好可增加程序的可读性与程序的稳固性，运用失当会使得程序代码充满对人类无意义的类型信息，造成程序代码难以阅读。在运用泛型（Generics）进行类型标注时，更需要在用与不用之间做出衡量。

泛型在运用上有一定的复杂性，对于动态类型的 Python 而言，优势在于采用鸭子类型而带来的弹性，多数情况下也应该这么做，如果你打算略过本节内容，对编写 Python 程序来说不会有任何影响。

然而，若开始考虑到 4.3.4 小节中的一些因素或者其他工程上的考虑而开始使用类型提示，后续也许就会开始考虑泛型，以便结合一些工具对程序项目做出更进一步的约束，这就是接下来要讨论泛型的目的。

6.4.1　定义泛型函数

先来看一个案例，你的应用程序中使用 list 来收集 int 或者 str。你发现在程序演算过程中经常要获取 list 中第一个元素，因此定义了 first() 函数，可以返回 list 的首个元素。

```
def first(lt):
    return lt[0]
```

first([123, 456, 789]) 就会返回 123，first(['Justin', 'Monica', 'Irene']) 会返回 'Justin'。问题来了，应用程序是一个多人合作的项目，其他开发者会调用 first() 函数，其中有开发者忽略了规范将字符串传入。例如 first('Justin')，试图获取字符串的首个字符，因为字符串也可以使用索引方式访问内含字符，因此程序也没有出错。

然而，规范希望其他开发者调用 first() 时只传入 list，因此你加入了类型提示。

```
def first(lt: list):
    return lt[0]
```

通过 mypy 之类的工具进行类型检查，传入字符串的开发者收到了类型错误的信息。因此明白 first() 只能传入 list，就这么相安无事了一阵子，然后有一天发现，有开发者传入了 ['a', 1, 2,'Justin'] 这样的自变量，也就是 list 中的元素并不是单一类型，而可能有各种类型。

若有够好的理由，list 有异质类型的元素并非不行。然而，若这并不在团队规范之内，你的 first() 接受的 list，元素应该是同质类型，要么全部是 int，要么全部是 str。只不过在类型提示时，使用 List[int]、List[str] 都不对，前者限制 list 的元素只能用 int，后者限制为 str，这时该怎么办？

如果有一个占位类型 T 就好了，这样就可以限制为 List[T]，也就是 list 的元素必须都是 T 类型。对于这类的需求，可以通过 typing 模块的 TypeVar 来定义占位类型 T。

```
from typing import TypeVar, List

T = TypeVar('T')

def first(l: List[T]) -> T:
    return l[0]
```

这就建立了一个泛型函数，目前的 T 代表着任意类型，如果想限制 T 实际的类型，只能都是 int，或者都是 str，可以使用 TypeVar 指定。

```
from typing import TypeVar, List

T = TypeVar('T', int, str)

def first(l: List[T]) -> T:
    return l[0]
```

这样一来，若试图使用 ['a', 1, 2, 'Justin'] 调用 first()，使用 mypy 检查时就会出现错误，只能使用 [1, 2, 3] 或者 ['a', 'b', 'c'] 等才可以通过类型检查。

6.4.2　定义泛型类

假设你定义了 Basket 类，可以在其中放置物品，例如 Apple 的实例的类。

```
class Basket:
    def __init__(self):
```

```
        self.things = []

    def add(self, thing):
        self.things.append(thing)

    def get(self, idx):
        return self.things[idx]

class Apple:
    pass

basket = Basket()
basket.add(Apple())
apple = basket.get(0)
```

目前的 Basket 实例可以放置的水果种类是没有限制的，若想限制只能放置同样的水果，类似地，若有一个 T 占位类型，可以标注在 add() 方法的 things 参数，以及 get() 的返回值类型，就可以达到目的。为了这类需求，typing 模块中提供了 Generics 类，搭配 TypeVar 就可以定义泛型类。

```
from typing import TypeVar, Generic

T = TypeVar('T')

class Basket(Generic[T]):
    def __init__(self):
        self.things = []

    def add(self, thing: T):
        self.things.append(thing)

    def get(self, idx) -> T:
        return self.things[idx]

class Apple:
    pass

basket = Basket[Apple]()
basket.add(Apple())
apple: Apple = basket.get(0)
```

在定义泛型类时，除了使用 TypeVar 定义类型 T 之外，还可以令类继承 Generic[T]，在类中就可以使用 T 来定义参数、返回值等类型；在实例化 Basket 时，可以指定 T 的类型，例如 Basket[Apple]()，这样一来，后续在调用相关方法时，就可以通过 mypy 来检查方法可以接受的参数或返回值类型。

06

以上面的范例来说，若程序中定义了 Banana 类，而程序代码中编写了 basket.add(Banana())，
在使用 mypy 进行类型检查时，就会出现错误信息。

在定义泛型类时，可以使用的类型占位名称并不限于一个。例如在 typing 模块的文件说
明中就有这个范例。

```
from typing import TypeVar, Generic
...

T = TypeVar('T')
S = TypeVar('S', int, str)

class StrangePair(Generic[T, S]):
    ...
```

实际上，在 4.3.2 小节谈到可以使用 List[str] 来标注类型时，就已经实际应用了 typing 模
块中预先定义好的泛型类了；对于支持泛型的类，如果在使用时不指定占位类型 T 实际的类
型，会使用 typing 模块的 Any 类型，而不是 object，前者可以支持鸭子类型，后者就真的限定
为 object。

直接使用范例来比较 Any 与 object 的不同，首先是被标注为 List[object] 的情况。

```
from typing import List
lt: List[object] = ['1', '2', '3']
print(lt[0].upper())
```

若使用 mypy 检查类型，上面的范例第三行会出现 error: "object" has no attribute "upper" 的
信息。因为限定为 object，而 object 本身并没有定义 upper()方法；若是下面的范例就不会出错。

```
from typing import Any, List
lt: List[Any] = ['1', '2', '3']
print(lt[0].upper())
```

List[Any] 实际上也可以写为 List，结果也等同于 list，因此上面的范例中，标注为 lt: list
也是可以的。

就身为动态类型的 Python 而言，以上的讨论加上 typing 模块，应该足以应付大多数想要
自定义泛型的需求。然而，泛型实际上还有不少可以深入的地方，这在第 14 章会再加以讨论。

6.5 重点复习

类名称旁边多了一个括号，并指定了类，这在 Python 中代表着继承该类。

鸭子类型实际的意义在于："思考对象的行为，而不是对象的种类。"按此思维设计的程

序，会具有比较高的通用性。

在继承后若打算基于父类的方法实现来重新定义某个方法，可以使用 super() 来调用父类方法。

如果希望子类在继承之后一定要操作的方法，可以在父类中指定 metaclass 为 abc 模块的 ABCMeta 类，并在指定的方法上标注 abc 模块的 @abstractmethod 来达到需求。抽象类不能用来实例化，继承了抽象类而没有操作抽象方法的类，也不能用来实例化。

若没有指定父类，那么就是继承 object 类。

在 Python 中若没有定义的方法，某些场合下必须调用时，就会查看父类中是否有定义。如果定义了自己的方法，那么就会以自己定义的为主，不会主动调用父类的方法。

在 Python 3 中，在定义方法时使用无自变量的 super()调用等同于 super(__class__, <first argument>) 调用，__class__ 代表着目前所在类，而 <first argument> 是指目前所在方法的第一个自变量。

就绑定方法来说，在定义方法时使用无自变量的 super() 调用，而方法的第一个参数名称为 self，就相当于 super(__class__, self)。

在 object 类上定义了__lt__()、__le__()、__eq__()、__ne__()、__gt__()、__ge__()等方法，这组方法定义了对象之间使用 <、<=、==、!=、>、>= 等比较时应该要有的比较结果，这组方法在 Python 官方文件上被称为 Rich comparison 方法。

想要使用==来比较两个对象是否相等，必须定义__eq__()方法。因为__ne__()默认会调用__eq__()并反向其结果，因此定义了__eq__()就等于定义了__ne__()，也就可以使用 != 比较两个对象是否不相等。

object 定义的__eq__()方法，默认是使用 is 来比较两个对象，重写__eq__()时通常也会重写__hash__()。

__lt__()与__gt__()互补，而__le__()与__ge__()互补，因此基本上只要定义__gt__()、__ge__()就可以了。

从 Python 3.4 开始新增了 enum 模块。

在 Python 中可以进行多重继承，也就是一次继承两个父类的程序代码定义，父类之间使用逗号隔开。

一个子类在寻找指定的属性或方法名称时，会按照类的__mro__ 属性的 tuple 中元素的顺序寻找。如果想知道直接父类，则可以通过类的__bases__ 来得知。

判定一个抽象方法是否有操作，也是按照__mro__ 中类的顺序。

多重继承的能力通常建议只用来继承 ABC，也就是抽象基类。一个抽象基类不会定义属性，也不会有__init__() 定义。

在函数、类或模块定义的一开头，使用 ''' 包括起来的多行字符串会成为函数、类或模块的__doc__ 属性值，也就是会成为 help() 的输出内容之一。

06

在执行 python 时指定 -m 自变量，表示执行指定模块中顶层的程序流程。

Python 官方维护的网站可以作为搜索链接库时不错的起点。

6.6 课后练习

1. 虽然目前不知道要采用的执行环境是文本模式、图形接口还是 Web 页面。然而，现在就要你写出一个猜数字游戏，会随机产生 0~9 的数字，程序可获取用户输入的数字，并与随机产生的数字相比，如果相同就显示"猜中了"，如果不同就继续让用户输入数字，直到猜中为止。请问你该怎么做？

2. 在 5.3.4 小节曾经开发过一个 Rational 类，请为该类加上 Rich comparison 方法的定义，让它可以有 >、>=、<、<=、==、!= 的比较能力。

第 7 章　异常处理

学习目标

➤ 使用 try、except 处理异常

➤ 认识异常继承结构

➤ 认识 raise 使用时机

➤ 运用 finally 清除资源

➤ 使用 with as 管理资源

7.1 语法与继承架构

当某些原因使得执行流程无法继续时，Python 中可以引发异常（Exception）。至今为止看过的 TypeError、AttributeError、ValueError 等错误，就是具体的例子。未经处理的异常会自动传播，传播过程中自动收集相关的环境信息。开发者可以在适当的地方处理异常，获取相关环境信息，确认异常发生的根源，以采取适当的行动。

7.1.1 使用 try、except

来看一个简单的程序，用户可以连续输入整数，输入结束后会显示输入数的平均值。

```
exceptions  average.py
numbers = input('输入数字 (空格隔开) : ').split(' ')
print('平均', sum(int(number) for number in numbers) / len(numbers))
```

如果用户正确地输入每个整数，程序会如预期地显示平均值。

```
输入数字 (空格隔开) : 10 20 30 40
平均 25.0
```

如果用户不小心输入错误，就会出现奇怪的信息，例如第三个数输入为 3o，而不是 30。

```
输入数字 (空格隔开) : 10 20 3o 40
Traceback (most recent call last):
  File "C:/workspace/exceptions/average.py", line 2, in <module>
    print('平均', sum((int(number) for number in numbers)) / len(numbers))
  File "C:/workspace/exceptions/average.py", line 2, in <genexpr>
    print('平均', sum((int(number) for number in numbers)) / len(numbers))
ValueError: invalid literal for int() with base 10: '3o'
```

这段错误信息对除错是很有价值的，不过先看到错误信息的最后一行。

```
ValueError: invalid literal for int() with base 10: '3o'
```

问题的来源在于 int() 接受了一个 '3o' 的字符串，无法将这样的字符串剖析为一个整数。在不指定基数的情况下，int() 预期的字符串必须是十进制整数。

如果只是想要处理调用 int() 时的 ValueError 错误，可以写一个 if...else 语句来检查输入的每个字符串是否代表着以 10 为底的整数，例如定义一个 all_int_str() 之类的函数。

```
numbers = input('输入数字 (空格隔开) : ').split(' ')
if all_int_str(numbers):
    print('平均', sum((int(number) for number in numbers)) / len(numbers))
else:
    print('必须输入整数')
```

这样的方式基本上可行，只不过没有说明是哪个输入发生了错误，既然刚才看到 ValueError 的错误信息中提供了发生错误的原因，何不直接使用上面的信息呢？

exceptions average2.py

```
try:
    numbers = input('输入数字 (空格隔开): ').split(' ')
    print('平均', sum(int(number) for number in numbers) / len(numbers))
except ValueError as err:
    print(err)
```

这里使用了 **try**、**except** 语法，**python** 解释器尝试执行 **try** 代码块中的程序代码。如果发生异常，执行流程会跳离异常发生点，然后比对 **except** 声明的类型是否符合引发的异常对象类型，如果符合，就执行 **except** 代码块中的程序代码。

一个执行无误的范例如下所示。

```
输入数字 (空格隔开): 10 20 30 40
平均 25.0
```

范例中如果执行 int() 时发生 ValueError，流程就会跳离当时的执行点，若在 except 处比对到与异常相同的类型，就会执行 except 代码块。由于之后没有其他程序代码，程序就结束了。一个执行时输入有误的范例如下所示。

```
输入数字 (空格隔开): 10 20 3o 40
invalid literal for int() with base 10: '3o'
```

当 int() 遇到无法剖析为整数的字符串时，它无法执行程序流程。因而以异常的方式让调用的客户端得知，发生了无法执行程序流程的错误。然而在 **Python** 中，异常并不一定是错误。例如，当使用 **for in** 语法时，其实底层就运用到了异常处理机制。

实际上，只要具有**__iter__()方法的对象就被称为 iterable 对象**，都能使用 **for in** 来迭代。__iter__()方法应该返回一个迭代器（Iterator），该**迭代器具有__next__()方法，每次迭代时就会返回下一个对象。若没有下一个元素，会引发 StopIteration 异常**，通知客户端因为没有下一个可迭代的对象，迭代流程无法继续。

可以使用 **iter()方法调用对象的__iter__()方法获取一个迭代器，使用 next()来调用迭代器的__next__()方法**。例如：

```
>>> iterator = iter([10, 20, 30])
>>> next(iterator)
10
>>> next(iterator)
20
>>> next(iterator)
30
>>> next(iterator)
Traceback (most recent call last):
  File "<stdin>", line 1, in <module>
```

```
StopIteration
>>>
```

for in 会在遇到 StopIteration 时静静地结束迭代，因此不会看到 StopIteration。如果自行使用函数来实现类似操作，流程会像是：

```
exceptions for_in.py
from typing import Any, Iterable, Callable

Consume = Callable[[Any], None]

def for_in(iterable: Iterable[Any], consume: Consume):
    iterator = iter(iterable)
    try:
        while True:
            consume(next(iterator))
    except StopIteration:
        pass
```

```
for_in([10, 20, 30], print)
```

在这里看到 except 比对到 StopIteration 之后并没有使用 as，这是因为在发生 StopIteration 时不用做什么事，所以不需要使用 as 将异常对象指定给某个名称，只要静静地 pass 过去就可以了。

在类型提示部分，对于 iterable 对象，可以使用 typing 模块的 Iterable 来标注。如果被迭代的元素可以是任何类型，可以使用 Any 来标注；至于函数的类型提示，是以 Callable[[paramType1, paramType2], returnType] 的方式来标注。就这个范例来说，for_in 第二个参数虽然可以直接标注为 consume: Callable[[Any], None]，不过这样的标注方式不易阅读，取一个 Consume 别名，然后标注为 consume: Consumer 会比较易于阅读。如果函数接受任意数量自变量，可以标注为 Callable[..., returnType]。

提示 >>> 运用类型提示时若遇到泛型，特别容易出现嵌套的标注。这时可考虑像这里一样取个别名，或者是自定义泛型类，以提高可读性。

except 右方可以使用 tuple 指定多个对象，也可以有多个 except，如果没有指定 except 后的对象类型，表示捕捉所有引发异常的对象。举例来说，下面的范例中若用户于 time.sleep(10) 期间，按 Ctrl+C 会引发 KeyboardInterrupt。若在 input() 等待用户输入期间按 Ctrl+Z 会引发 EOFError。下例中处理这些可能的状况。

```
import time

try:
    time.sleep(10) # 仿真一个耗时流程
    num = int(input('输入整数: '))
    print('{0} 为 {1}'.format(num, '奇数' if num % 2 else '偶数'))
```

```
except ValueError:
    print('请输入阿拉伯数字')
except (EOFError, KeyboardInterrupt):
    print('用户中断程序')
except:
    print('其他程序异常')
```

当程序中发生异常时，流程会从异常发生处中断，并进行 except 的比对。如果有相符的异常类型，就会执行对应的 except 代码块。执行完成后若仍有后续流程，就会继续执行。例如：

exceptions average3.py

```
total = 0
count = 0

while True:
    number_str = ''
    try:
        number_str = input('输入数字（0 结束）: ')
        number = int(number_str)
        if number == 0:
            break
        else:
            total += number
            count += 1
    except ValueError as err:
        print('非整数的输入', number_str)

print('平均', total / count)
```

在这个范例中，若输入非整数的字符串，会引发 ValueError，在执行了对应的 except 代码块后流程继续。由于仍在 while 循环中，所以用户仍可进行下一个输入。一个执行范例如下：

```
输入数字（0 结束）: 10
输入数字（0 结束）: 20
输入数字（0 结束）: 3o
非整数的输入  3o
输入数字（0 结束）: 30
输入数字（0 结束）: 40
输入数字（0 结束）: 0
平均 25.0
```

如果没有相符的异常类型，或者异常没有使用 try…except 处理，异常就会持续往上层调用者传播。在每一层调用处中断，这是运用异常机制的目的之一，就算是底层引发的异常，不需要在源代码层面上处理，顶层的调用者也能获取异常并加以处理。

提示 >>> 相对地，若是发现了可能令流程无法继续的错误，然而不希望这个错误自动传播，就不要使用引发异常。此时返回错误代码、信息或对象等，由调用端使用 if 来检查返回值、确认是否发生错误反倒是一个可行的方式。

若引发的异常都没有任何处理，在异常传播至顶层时，就会由 python 解释器处理。默认的处理方式是显示本小节一开始看到的 Traceback 信息。

7.1.2 异常继承结构

在使用多个 except 时，必须留意一下异常继承结构。**如果一个异常在 except 的比对过程中就符合了某个异常的父类型，后续即使定义了 except 比对子类型异常，也等同于没有定义。** 例如：

```
try:
    dividend = int(input('输入被除数: '))
    divisor = int(input('输入除数: '))
    print('{} / {} = {}', dividend, divisor, dividend / divisor)
except ArithmeticError:
    print('运算错误')
except ZeroDivisionError:
    print('除零错误')
```

执行上面这个程序片段，你永远不会看到"除零错误"的信息。因为在异常继承结构中，ArithmeticError 是 ZeroDivisionError 的父类，发生 ZeroDivisionError 时，在 except 比对时会先遇到 ArithmeticError。就语义上来说，ZeroDivisionError 是一种 ArithmeticError，因此就执行了对应的代码块，后续的 except 就不会再进行比对了。

在 Python 中，异常都是 BaseException 的子类。当使用 except 而没有指定异常类型时，实际上就是比对 BaseException。例如：

```
while True:
    try:
        print('跑跑跑...')
    except:
        print('Shit happens!')
```

上面这个程序无法通过按 Ctrl+C 组合键来中断循环。因为只写了 except 而没有指定异常类型，这等同于比对了 BaseException，也就是全部的异常都会比对成功。这包括了 KeyboardInterrupt 异常，执行过 except 代码块后，又仍在循环之中，因此永不停止。

提示 >>> 如果在文本模式中直接执行了上面的程序，就直接关掉文本模式窗口来结束程序吧！

然而，如果在 except 旁边指定了 Exception 类型，那么就可以通过按 Ctrl+C 组合键来中断程序。例如：

```
while True:
    try:
        print('跑跑跑...')
    except Exception:
        print('Shit happens!')
```

这是因为 KeyboardInterrupt 异常并不是 Exception 的子类，因此没有对应的 except 可以处理 KeyboardInterrupt 异常，循环流程会被中断，最后整个程序结束。

Python 标准链接库中，完整的异常继承结构可以在官方文件 Built-in Exceptions 中找到[①]。为了查阅方便，下面直接列出。

```
BaseException
 +-- SystemExit
 +-- KeyboardInterrupt
 +-- GeneratorExit
 +-- Exception
      +-- StopIteration
      +-- StopAsyncIteration
      +-- ArithmeticError
      |    +-- FloatingPointError
      |    +-- OverflowError
      |    +-- ZeroDivisionError
      +-- AssertionError
      +-- AttributeError
      +-- BufferError
      +-- EOFError
      +-- ImportError
      |    +-- ModuleNotFoundError
      +-- LookupError
      |    +-- IndexError
      |    +-- KeyError
      +-- MemoryError
      +-- NameError
      |    +-- UnboundLocalError
      +-- OSError
      |    +-- BlockingIOError
      |    +-- ChildProcessError
      |    +-- ConnectionError
      |    |    +-- BrokenPipeError
      |    |    +-- ConnectionAbortedError
      |    |    +-- ConnectionRefusedError
      |    |    +-- ConnectionResetError
      |    +-- FileExistsError
      |    +-- FileNotFoundError
      |    +-- InterruptedError
      |    +-- IsADirectoryError
      |    +-- NotADirectoryError
      |    +-- PermissionError
      |    +-- ProcessLookupError
```

① Built-in Exceptions：docs.python.org/3/library/exceptions.html

```
    |     +-- TimeoutError
    +-- ReferenceError
    +-- RuntimeError
    |     +-- NotImplementedError
    |     +-- RecursionError
    +-- SyntaxError
    |     +-- IndentationError
    |           +-- TabError
    +-- SystemError
    +-- TypeError
    +-- ValueError
    |     +-- UnicodeError
    |           +-- UnicodeDecodeError
    |           +-- UnicodeEncodeError
    |           +-- UnicodeTranslateError
    +-- Warning
          +-- DeprecationWarning
          +-- PendingDeprecationWarning
          +-- RuntimeWarning
          +-- SyntaxWarning
          +-- UserWarning
          +-- FutureWarning
          +-- ImportWarning
          +-- UnicodeWarning
          +-- BytesWarning
          +-- ResourceWarning
```

先前谈过，Python 中的异常并非都是错误。例如，StopIteration 只是通知迭代的流程无法再进行了；刚才看到的 KeyboardInterrupt 也是，表示发生了一个键盘中断；SystemExit 是由 sys.exit() 引发的异常，表示离开 Python 程序；GeneratorExit 会在生成器的 close() 方法被调用时，从当时暂停的位置引发，如果在定义生成器时想要在 close() 时为生成器做资源善后等动作，就可以使用。例如：

```
>>> def natural():
...     n = 0
...     try:
...         while True:
...             n += 1
...             yield n
...     except GeneratorExit:
...         print('GeneratorExit', n)
...
>>> n = natural()
>>> next(n)
1
>>> n.close()
GeneratorExit 1
>>>
```

SystemExit、KeyboardInterrupt、GeneratorExit 都直接继承了 BaseException，这是因为它们在 Python 中都是属于退出系统的异常。**如果想要自定义异常，不要直接继承 BaseException，而应该继承 Exception，或者是 Exception 的相关子类来继承。**

在继承 Exception 自定义异常时，如果自定义了 __init__()，建议将自定义的 __init__() 传入的自变量，通过 super().__init__(arg1, arg2, …) 来调用 Exception 的 __init__()。因为 Exception 的 __init__() 默认接受所有传入的自变量，而这些被接受的全部自变量可通过 **args** 属性以一个 **tuple** 获取。

7.1.3　引发异常

在 5.2.2 小节的 bank.py 中曾经创建过一个 Account 类，为了讨论方便，这边再将程序代码列出。

```
class Account:
    def __init__(self, name: str, number: str, balance: float) -> None:
        self.name = name
        self.number = number
        self.balance = balance

    def deposit(self, amount: float):
        if amount <= 0:
            print('存款金额不得为负')
        else:
            self.balance += amount

    def withdraw(self, amount: float):
        if amount > self.balance:
            print('余额不足')
        else:
            self.balance -= amount

    def __str__(self):
        return f "Account('{self.name}', '{self.number}', {self.balance})"
```

这个 Account 类有什么问题呢？如粗体字部分显示，当存款金额为负或余额不足时，直接在程序流程中使用 print() 显示信息。如果 Account 实际上不是用在文本模式，而是用在 Web 应用程序或者其他环境呢？print() 的信息将不会出现在这类环境的互动接口上。

可以从另一方面来想，当存款金额为负时，存款流程无法继续而必须中断。类似地，余额不足时，提款流程无法继续而必须中断。**如果想让调用方知道因为某些原因，使得流程无法继续而必须中断时，可以引发异常。**

在 Python 中如果想要引发异常，可以使用 raise。之后指定要引发的异常对象或类型，只指定异常类型时会自动创建异常对象。例如：

```
exceptions bank.py
class Account:
    def __init__(self, name: str, number: str, balance: float) -> None:
        self.name = name
        self.number = number
        self.balance = balance

    def check_amount(self, amount: float):          ❶参数值的错误可引发 ValueError
        if amount <= 0:
            raise ValueError('金额必须是正数:' + str(amount))

    def deposit(self, amount: float):
        self.check_amount(amount)                    ❷检查参数值
        self.balance += amount


    def withdraw(self, amount: float):
        self.check_amount(amount)

        if amount > self.balance:
            raise BankingException('余额不足')        ❸商业规则中断可引发自定义异常


        self.balance -= amount

    def __str__(self):
        return f"Account('{self.name}', '{self.number}', {self.balance})"

class BankingException(Exception):                   ❹自定义商务相关的异常
    def __init__(self, message: str):
        super().__init__(message)
```

在这里定义了一个 check_amount() 方法, 用来检查传入的金额是否为负。因为 deposit() 跟 withdraw() 不接受负数。传入负数会是一个错误, 对于自变量方面的错误, 可以引发内置的 ValueError❶。对于 deposit() 跟 withdraw(), 一开始都会使用 check_amount() 方法进行检查❷。

至于余额不足, 是属于银行商务流程相关的问题, 这部分建议自定义异常 BankingException❹, 而 withdraw() 在余额不足时会引发此异常❸。**可以为自己的 API 建立一个根异常, 商务相关的异常都可以衍生自这个根异常。这可以方便 API 用户必要时在 except 时使用你的根异常来处理 API 相关的异常。**

现在 Account 的用户若对 deposit() 跟 withdraw() 传入负数, 或者提款时余额不足, 都会引发异常, 只是在发现异常时该怎么处理呢?

对于 deposit() 跟 withdraw() 传入负数而引发的 ValueError 异常, 基本上不应该发生。因为正常来说, 不应该在存款或提款时输入负数。在设计用户输入接口时, 本来就应该有这种防恶意输入的考虑。

如果接口上没有此设计，而使得 deposit() 跟 withdraw() 真的被输入负数而引发异常，比较好的方式就是不处理异常，让异常浮现到用户接口层面，看是在用户层面处理异常还是检查用户输入，总之就是要让用户知道他们做了不该做的事。

如果真的要在底层调用 deposit() 跟 withdraw() 时处理 ValueError 异常，如留下日志信息，那么可以考虑以下类似的流程。

```
try:
    acct.deposit(-500)
except ValueError as err:
    import logging, datetime
    logging.getLogger(__name__).log(
        logging.ERROR,
        'Logging: {time}, {number}, {message}'.format(
            time = datetime.datetime.now(),
            number = acct.number,
            message = err
        )
    )
    raise
```

由于异常并没有真的被解决，只是留下了一些日志信息，问题还是要向上呈现。因此最后又**直接使用 raise，这会将 except 比对到的异常实例重新引发**。就这里的案例来说，会看到类似以下的信息。

```
Logging: 2018-07-31 10:51:18.696695, 123-4567, 金额必须是正数:-500
Traceback (most recent call last):
  File "C:/workspace/exceptions/bank_demo.py", line 5, in <module>
    acct.deposit(-500)
  File "C:\workspace\exceptions\bank.py", line 12, in deposit
    self.check_amount(amount)
  File "C:\workspace\exceptions\bank.py", line 9, in check_amount
    raise ValueError('金额必须是正数:' + str(amount))
ValueError: 金额必须是正数:-500
```

若重新引发异常时，想要使用自定义的异常或其他异常类型，并且将 **except 比对到的异常作为来源**，可以使用 **raise from**。例如：

```
try:
    acct.deposit(-500)
except ValueError as err:
    ...
    raise bank.BankingException('输入金额为负的行为已记录') from err
```

在这里，新创建的 BankingException 会包含 ValueError，因此会看到类似以下的信息。

```
Logging: 2018-07-31 10:56:40.989010, 123-4567, 金额必须是正数:-500
Traceback (most recent call last):
  File "C:/workspace/exceptions/bank_demo.py", line 5, in <module>
```

```
    acct.deposit(-500)
  File "C:\workspace\exceptions\bank.py", line 12, in deposit
    self.check_amount(amount)
  File "C:\workspace\exceptions\bank.py", line 9, in check_amount
    raise ValueError('金额必须是正数:' + str(amount))
ValueError: 金额必须是正数:-500

The above exception was the direct cause of the following exception:

Traceback (most recent call last):
  File "C:/workspace/exceptions/bank_demo.py", line 16, in <module>
    raise bank.BankingException('输入金额为负的行为已记录') from err
bank.BankingException: 输入金额为负的行为已记录
```

如果进一步使用 except 处理了重新引发的 BankingException，可以通过异常实例的
__cause__ 来获取 **raise from** 时的来源异常。如果一个异常在 **except** 中被引发，就算没有使用
raise from，原本比对到的异常也会自动被设定给被引发异常的 **__context__** 属性。

例如，下面的例子中，IndexError 是在 except 中引发，在外层的 try、except 中比对到
IndexError 时，也可以通过__context__知道异常引发时的 except 是比对到哪个异常。

```
>>> try:
...     try:
...         raise EOFError('XD')
...     except EOFError:
...         raise IndexError('Orz')
... except IndexError as e:
...     print(e.__cause__)
...     print(e.__context__)
...
None
XD
>>>
```

至于withdraw()时因为余额引发的 BankingException 异常，由于是商务流程问题，这就看
项目的规格书怎样规范了。也许是在余额不足时，转而进行借贷流程。例如：

```
try:
    acct.withdraw(2000)
except bank.BankingException as ex:
    print(ex)
    print('你要进行借贷吗？')
    # 其他借贷流程
```

7.1.4　Python 异常风格

在 7.1.1 小节谈到，在 **Python** 中，异常不一定是错误，例如 **SystemExit**、**GeneratorExit**、
KeyboardInterrupt 或 **StopIteration** 等。更像是一种事件，代表着流程因为某个原因无法继续

而必须中断。

在 7.1.3 小节的几个 raise 范例中，就可以清楚地看出这一点。例如，当检查出金额为负数时，按照商务上的设计，若不能再继续流程的话，会**主动引发一个异常，这并不是嫌程序中的 Bug 不够多**，而是对调用者尽到告知的责任。

因此，对于标准链接库会引发的异常也可以从开发标准链接库的开发者角度来思考，为什么他会想引发这样的异常？主动让我知道发生了异常，我可以有什么好处？如此就会更好地知道该怎么处理异常，例如是该留下日志信息，转为其他流程，还是重新引发异常？

> **提示 >>>** 在 The art of throwing JavaScript errors 中有一个有趣的比拟，在程序代码的特定点规划出失败，总比在预测哪里会出现失败来得简单。这就像是车体框架的设计，会希望撞击发生时，框架能以一个可预测的方式溃散，如此制造商才能确保乘客的安全性。

在其他程序语言中常会有一个告诫，异常处理就应当用来处理错误，不应该将异常处理当成是程序流程的一部分。然而**在 Python 中，就算异常是一个错误，只要程序代码能明确表达出意图的情况下，也常会当成是流程的一部分。**

举个例子来说，如果 import 的模块不存在，就会引发 ImportError，然而因为 import 是一个语句，可以出现在语句能出现的场合。因此，有时候会想查看某个模块能否被导入，若模块不存在，则改导入另一个模块，此时在 Python 中就会如下编写。

```
try:
    import some_module
except ImportError:
    import other_module
```

这样的编写方式基本上已成了 Python 在导入替代模块时的惯例。实际上，同样的需求也可以通过以下的程序片段来完成。

```
import importlib
some_loader = importlib.find_loader('some_module')
if some_loader:
    import some_module
else:
    import other_module
```

如果指定的模块确实存在，那么 importlib.find_loader() 返回值就不会是 None，因此就可以导入指定模块而不会引发 ImportError。然而，相较于使用 try、except 的版本，使用 importlib.find_loader() 并进行检查的方式就显得啰唆了，在必须导入的模块替代方案较多时，这样的方式就显得更为复杂。

> **提示 >>>** 若事先无法决定模块名称，后续可能以字符串方式指定来动态加载模块，才会是 importlib 模块使用的时机。

而另一方面，使用 try、except 的版本就程序代码流程的语义来说也挺符合的，也就是"尝试 import some_module，若引发 ImportError 就 import other_module"。

因此，是否使用 try、except 处理异常，是否重新引发异常等，除了考虑目前已知的信息能否妥善处理异常之外，也可以从程序代码是否能彰显意图来考虑。7.1.3 小节最后在处理 withdraw() 方法的异常时，实际上就程序代码来说，也有显示出"试着提款，如果余额不足引发异常，就进行借贷流程"的意图。

> **提示 >>>** 如有机会，也可以翻阅一下 Python 标准链接库的源代码，查看其中有引发异常及使用 try、except 处理异常的部分。试着揣摩其中的情境，了解为何采用这样的编写方式，这将会有很大的收获。

7.1.5　认识堆栈追踪

在层层叠叠的 API 调用下，异常发生点可能是在某个函数或方法之中，**若想得知异常发生的根源以及多重调用下异常的传播过程，可以利用 traceback 模块**。这个模块提供了方式，模仿 python 解释器在处理异常**堆栈追踪（Stack Trace）**时的行为，可在受控的情况下获取、格式化或显示异常堆栈追踪信息。

1. 使用 traceback.print_exc()

查看堆栈追踪最简单的方法，就是直接调用 traceback 模块的 print_exc() 函数。例如：

```
exceptions  stacktrace_demo.py
def a():
    text = None
    return text.upper()

def b():
    a()

def c():
    b()

try:
    c()
except:
    import traceback
    traceback.print_exc()
```

在这个范例程序中，c() 函数调用 b() 函数，b() 函数调用 a() 函数，而 a() 函数中会因 text 为 None，而后试图调用 upper() 而引发 AttributeError。假设事先并不知道这个调用的顺序（也许你是在使用一个链接库），当异常发生而被比对后，可以调用 traceback.print_exc() 显示堆栈追踪。

```
Traceback (most recent call last):
  File "C:/workspace/exceptions/stacktrace_demo.py", line 12, in <module>
    c()
  File "C:/workspace/exceptions/stacktrace_demo.py", line 9, in c
    b()
  File "C:/workspace/exceptions/stacktrace_demo.py", line 6, in b
    a()
  File "C:/workspace/exceptions/stacktrace_demo.py", line 3, in a
    return text.upper()
AttributeError: 'NoneType' object has no attribute 'upper'
```

堆栈追踪信息从上而下 c()、b()、a()、text.upper() 的调用顺序，以及引发的异常，每个都标明了源代码文件名、行数以及函数名称。如果使用 PyCharm IDE，按下行数就会直接开启源代码并跳至对应行数。

traceback.print_exc() 还可以指定 file 参数，指定一个已开启的文件对象（File Object），将堆栈追踪信息输出至文件。例如 traceback.print_exc(file=open('traceback.txt','w+'))，可将堆栈追踪信息写至 traceback.txt（有关文件处理的说明，第 8 章还会详加介绍）。

traceback.print_exc() 的 limit 参数默认是 None，也就是不限制堆栈追踪个数，可以指定正数或负数。指定正数，就是显示最后几次的堆栈追踪个数；指定负数，就是倒过来显示最初几次的堆栈追踪个数。traceback.print_exc() 的 chain 参数默认是 True，也就是一并显示__cause__、__context__等串联起来的异常。

如果只想获取堆栈追踪的字符串描述，可以使用 traceback.format_exc()，它会返回字符串，只具有 limit 与 chain 两个参数。

2．使用 sys.exc_info()

实际上，print_exc() 是 print_exception(*sys.exc_info(), limit, file, chain)的缩写方法。sys.exc_info() 可获取一个 tuple 对象，包括异常的类型、实例以及 traceback 对象。例如：

```
>>> import sys
>>> try:
...     raise Exception('Shit happens!')
... except:
...     print(sys.exc_info())
...
(<class 'Exception'>, Exception('Shit happens!',), <traceback object at 0x00F05DC8>)
>>>
```

traceback 对象代表了调用堆栈中每个层次的追踪，可以使用 tb_next 获取更深一层的调用堆栈。例如：

exceptions traceback_demo.py

```
import sys

def test():
```

```
        raise Exception('Shit happens!')

try:
    test()
except:
    type, value, traceback = sys.exc_info()
    print('异常类型: ', type)
    print('异常对象: ', value)

    while traceback:
        print('..........')
        code = traceback.tb_frame.f_code
        print('文件名: ', code.co_filename)
        print('函数或模块名称: ', code.co_name)

        traceback = traceback.tb_next
```

tb_frame 代表了该层追踪的所有对象信息，f_code 可以获取该层的程序代码信息。例如 co_name 可获取函数或模块名称，而 co_filename 表示该程序代码所在的文件。上例的执行范例如下：

```
异常类型: <class 'Exception'>
异常对象: Shit happens!
..........
文件名: C:/workspace/exceptions/traceback_demo.py
函数或模块名称: <module>
..........
文件名: C:/workspace/exceptions/traceback_demo.py
函数或模块名称: test
```

你也可以通过 tb_frame 的 f_locals 和 f_globals，获取执行时的局部或全局变量，返回的会是一个 dict 对象。

提示 ▶▶▶ 如果手边已经有一个 traceback 对象，也可以通过 traceback.print_tb() 进行显示，或者是通过 traceback.format_tb() 获取一个描述字符串 更多traceback模块的使用方式可以参考官方说明文件：docs.python.org/3/library/traceback.html。

3. 使用 sys.excepthook()

对一个未被比对到的异常，python 解释器最后会调用 sys.excepthook() 并传入三个自变量：异常类、实例与 traceback 对象。也就是 sys.exc_info() 传回的 tuple 中三个对象，默认行为是显示相关的异常追踪信息（也就是程序结束前看到的那些信息）。

如果想要自定义 sys.excepthook() 被调用时的行为，也可以自行指定一个可接受三个自变量的函数给 sys.excepthook。如果希望比对程序中没有被比对到的其他程序全部异常，就可以善用这个特性，而不一定要在程序顶层使用 try、except。例如：

07

```
exceptions excepthook_demo.py
import sys

def my_excepthook(type, value, traceback):
    print('异常类型: ', type)
    print('异常对象: ', value)

    while traceback:
        print('..........')
        code = traceback.tb_frame.f_code
        print('文件名: ', code.co_filename)
        print('函数或模块名称: ', code.co_name)

        traceback = traceback.tb_next

sys.excepthook = my_excepthook

def test():
    raise Exception('Shit happens!')

test()
```

这个程序的执行结果与上一个范例相同，不过这次采取的是注册 sys.excepthook 的方式。

7.1.6　提出警告信息

在 7.1.2 小节谈到异常继承结构，其中 Exception 有一个子类 Warning，当中包括一些代表警告信息的子类。

```
BaseException
 +-- Exception
     +-- Warning
         +-- DeprecationWarning
         +-- PendingDeprecationWarning
         +-- RuntimeWarning
         +-- SyntaxWarning
         +-- UserWarning
         +-- FutureWarning
         +-- ImportWarning
         +-- UnicodeWarning
         +-- BytesWarning
         +-- ResourceWarning
```

警告信息通常作为一种提示，用来告知程序有一些潜在性的问题。例如使用了被弃用（**Deprecated**）的功能、以不适当的方式访问资源等。Warning 虽然是一种异常，不过基本上不会直接通过 raise 引发，而是**通过 warnings 模块的 warn() 函数来提出警告**。例如，想要提出已弃用的警告，可以编程如下：

```
import warnings
warnings.warn('orz 方法已弃用', DeprecationWarning)
```

默认情况下，执行 warnings.warn() 函数不会产生任何结果，若想让 warnings.warn() 函数起作用，方式之一是在执行 python 解释器时，通过 -W 自变量指定警告控制。例如，总是显示警告信息，可以指定 always。

```
>python -W always
Python 3.7.0 (v3.7.0:1bf9cc5093, Jun 27 2018, 04:06:47) [MSC v.1914 32 bit (Intel)]
on win32
Type "help", "copyright", "credits" or "license" for more information.
>>> import warnings
>>> warnings.warn('orz 方法已弃用', DeprecationWarning)
__main__:1: DeprecationWarning: orz 方法已弃用
>>>
```

-W 接受的格式是 action:message:category:module:lineno，always 是 action 指定，可指定的值列于表 7.1。

表 7.1　警告指定动作

值	说　　明
error	将警告信息转为异常（引发）
ignore	不显示警告信息
always	总是显示警告信息
default	只显示每个位置第一个符合的警告信息
module	只显示每个模块第一个符合的警告信息
once	只显示第一个符合的警告信息（无论位置如何）

message 是一个正则表达式（Regular Expression），可用来比对想显示的警告消息正文。category 可指定 Warning 的任一子类，默认会是 UserWarning，module 是一个正则表达式，用来比对想显示警告信息的模块名称，lineno 是一个整数，指定发出警告的程序代码行号。

为了了解如何指定警告信息控制，假设有以下程序。

exceptions warnings_demo.py
```
import warnings
warnings.warn('orz 方法已弃用', DeprecationWarning)
warnings.warn('XD 用户权力不足', UserWarning)
```

以下是几个警告信息控制的示范。

```
>python warnings_demo.py
warnings_demo.py:3: UserWarning: XD 用户权力不足
  warnings.warn('XD 用户权力不足', UserWarning)

>python -W error:orz warnings_demo.py
```

```
Traceback (most recent call last):
  File "warnings_demo.py", line 2, in <module>
    warnings.warn('orz 方法已弃用', DeprecationWarning)
DeprecationWarning: orz 方法已弃用
>python -W ignore::UserWarning warnings_demo.py

>python -W always::DeprecationWarning warnings_demo.py
warnings_demo.py:2: DeprecationWarning: orz 方法已弃用
  warnings.warn('orz 方法已弃用', DeprecationWarning)
warnings_demo.py:3: UserWarning: XD 用户权力不足
  warnings.warn('XD 用户权力不足', UserWarning)

>python -W always::DeprecationWarning::2 warnings_demo.py
warnings_demo.py:2: DeprecationWarning: orz 方法已弃用
  warnings.warn('orz 方法已弃用', DeprecationWarning)
warnings_demo.py:3: UserWarning: XD 用户权力不足
  warnings.warn('XD 用户权力不足', UserWarning)

>python -W always::DeprecationWarning::1 warnings_demo.py
warnings_demo.py:3: UserWarning: XD 用户权力不足
  warnings.warn('XD 用户权力不足', UserWarning)

>
```

　　如果不想在执行 python 解释器时加上 –W 指定，也可以设定 PYTHONWARNINGS 环境变量。若已经设定 PYTHONWARNINGS 环境变量，执行时又自行加上 –W 指定，则使用 –W的指定。例如：

```
>SET PYTHONWARNINGS=always::DeprecationWarning

>python warnings_demo.py
warnings_demo.py:2: DeprecationWarning: orz 方法已弃用
  warnings.warn('orz 方法已弃用', DeprecationWarning)
warnings_demo.py:3: UserWarning: XD 用户权力不足
  warnings.warn('XD 用户权力不足', UserWarning)

>python -W error warnings_demo.py
Traceback (most recent call last):
  File "warnings_demo.py", line 2, in <module>
    warnings.warn('orz 方法已弃用', DeprecationWarning)
DeprecationWarning: orz 方法已弃用

>
```

　　也可以在程序中设定警告信息控制，例如简单地使用 warnings.simplefilter() 方法。

```
>python -W error
Python 3.7.0 (v3.7.0:1bf9cc5093, Jun 27 2018, 04:06:47) [MSC v.1914 32 bit (Intel)] on win32
```

```
Type "help", "copyright", "credits" or "license" for more information.
>>> import warnings
>>> warnings.warn('Orz', UserWarning)
Traceback (most recent call last):
  File "<stdin>", line 1, in <module>
UserWarning: Orz
>>> warnings.simplefilter('ignore')
>>> warnings.warn('Orz', UserWarning)
>>> warnings.simplefilter('always')
>>> warnings.warn('Orz', UserWarning)
__main__:1: UserWarning: Orz
>>>
```

warnings 模块中还提供 filterwarnings()、resetwarnings() 等函数，详细可参考 warnings 模块的官方文件说明①。

7.2 异常与资源管理

程序中因错误而抛出异常时，原本的执行流程就会中断，抛出异常处之后的程序代码就不会被执行。如果程序设定了相关资源，使用完成后你是否考虑到关闭资源呢？若因错误而抛出异常，你的设计是否还能正确地关闭资源呢？

7.2.1 使用 else、finally

try、except 的语法其实还可以搭配 else、finally 来使用。当 else 代码块出现时，如果 try 代码块中没有发生异常，else 才会执行；如果 finally 代码块出现时，无论 try 代码块中有没有发生异常，finally 代码块都一定会执行。

1. try、except、else

else 可与 try、except 搭配，是其他语言中不常见的，乍看 else 与 finally 的功能类似。不过，**else 可与 try、except 搭配的原因在于，让 try 中的程序代码尽量与可能引发异常的来源相关。**例如，在 7.1.1 小节中有一个 average2.py，其中与引发 ValueError 相关的其实是 int() 函数的调用，若改以 try、except、else 编写，可以像是：

clean-up average.py

```
numbers = input('输入数字（空格隔开）: ').split(' ')
try:
    ints = [int(number) for number in numbers]
```

---

① warnings — Warning control：docs.python.org/3/library/warnings.html

```
except ValueError as err:
    print(err)
else:
    print('平均', sum(ints) / len(ints))
```

在这个范例中，try 代码块集中在尝试执行 int()，紧接着的 except 用以比对 ValueError。这样程序代码上就可以清楚地看出，int() 与 ValueError 的关系，若没有引发异常，就会执行 else 代码块以显示结果。

在 Python 官方文件 Errors and Exceptions[①] 中也有个范例如下：

```
for arg in sys.argv[1:]:
    try:
        f = open(arg, 'r')
    except OSError:
        print('cannot open', arg)
    else:
        print(arg, 'has', len(f.readlines()), 'lines')
        f.close()
```

在上面的范例中，open() 调用时若没有因文件开启失败而引发异常，就会执行 else 代码块的内容，这会比编写以下的程序好。

```
for arg in sys.argv[1:]:
    try:
        f = open(arg, 'r')
        print(arg, 'has', len(f.readlines()), 'lines')
        f.close()
    except OSError:
        print('cannot open', arg)
```

在上面的程序中，如果真的引发了异常，那到底是 open() 引发的异常，还是 readlines() 引发的异常呢？如果是 readlines() 引发的异常，那么 except 中 "cannot open" 的信息显示可能就误导了调试的方向。

2. try、finally

在 Python 官方文件 Errors and Exceptions 的范例中，实际上 readlines() 也有可能引发异常。如果文件顺利开启，然而 readlines() 引发了异常，那么最后的 f.close() 就不会被执行。如果想确保 f.close() 一定会执行，可以修改如下：

clean-up read_files.py

```
import sys

for arg in sys.argv[1:]:
```

[①] Errors and Exceptions：docs.python.org/3/tutorial/errors.html

```
try:
    f = open(arg, 'r')
except FileNotFoundError:
    print('找不到文件', arg)
else:
    try:
        print(arg, ' 有 ', len(f.readlines()), ' 行 ')
    finally:
        f.close()
```

由于 finally 代码块一定会被执行，这个范例要关闭文件的动作一定得是在文件开启成功，而 f 被指定了文件对象之后，如果这么编写：

```
import sys

for arg in sys.argv[1:]:
    try:
        f = open(arg, 'r')
    except FileNotFoundError:
        print('找不到文件', arg)
    else:
        print(arg, ' 有 ', len(f.readlines()), ' 行 ')
    finally:
        f.close()
```

若文件开启失败，就不会建立 f 变量，最后执行 finally 的 f.close() 时，就会引发 NameError，并且指出 f 名称未定义。

如果程序编写的流程中先 return 了，而且也有写 finally 代码块，那 finally 代码块会先执行完后，再将值返回。 例如，下面这个范例会先显示 "finally" 再显示 1。

clean-up finally_demo.py
```
def test(flag: bool):
    try:
        if flag:
            return 1
    finally:
        print('finally')
    return 0


print(test(True))
```

7.2.2 使用 with as

经常地，在使用 try、finally 尝试关闭资源时，会发现程序编写的流程是类似的。就如先前 read_files.py 示范的，在 try 中进行指定的动作，最后在 finally 中关闭文件，为了应付之后类似的需求，你可以自定义一个 with_file() 函数。例如：

```
from typing import Any, Callable, IO

Consume = Callable[[Any], None]

def with_file(f: IO, consume: Consume):
    try:
        consume(f)
    finally:
        f.close()
```

这里必须先说明的是，在类型提示上，open() 返回的对象可以标示为 typing.IO，第 8 章谈到文件访问时就会知道为什么；有了 with_file() 函数，那么 read_files.py 就可以运用这个 with_file() 函数来改写。

```
import sys

for arg in sys.argv[1:]:
    try:
        f = open(arg, 'r')
    except FileNotFoundError:
        print('找不到文件', arg)
    else:
        with_file(f, lambda f: print(arg, ' 有 ', len(f.readlines()), ' 行 '))
```

对于其他的需求，也可以重用这个 with_file() 函数。例如：

```
import sys, logging

def print_each_line(file: IO):
    try:
        # 文件对象可以使用 for in
        #下一章会说明
        for line in file:
            print(line, end = '')
    except:
        logger = logging.getLogger(__name__)
        logger.exception('未处理的异常')

try:
    with_file(open(sys.argv[1], 'r'), print_each_line)
except IndexError:
    print('请提供文件名')
    print('范例: ')
    print('    python read.py your_file')
except FileNotFoundError:
    print('找不到文件 {0}'.format(sys.argv[1]))
```

实际上，不用自行定义 with_file() 这样的函数，Python 提供了 with as 语法来解决这类需求。例如：

```
clean-up  read_files2.py
import sys

for arg in sys.argv[1:]:
    try:
        with open(arg, 'r') as f:
            print(arg, ' 有 ', len(f.readlines()), ' 行 ')
    except FileNotFoundError:
        print('找不到文件', arg)
```

with 之后衔接的资源实例可以通过 as 来指定给一个变量，之后就可以在代码块中进行资源的处理。当离开 with as 代码块之后，就会自动清除资源的动作，这里的例子就是关闭文件。

如果需要同时使用 with 来管理多个资源，可以使用逗号（,）隔开。例如：

```
with open(file_name1, 'r') as f1, open(file_name2, 'r') as f2:
    print(file_name1, ' 有 ', len(f1.readlines()), ' 行 ')
    print(file_name2, ' 有 ', len(f2.readlines()), ' 行 ')
```

with as 的 as 不一定需要。例如：

```
f = open(file_name, 'r')
with f:
    print(file_name, ' 有 ', len(f.readlines()), ' 行 ')
```

7.2.3　调用上下文管理器

实际上，**with as 不仅使用于文件，只要对象支持上下文管理协议（Context Management Protocol），就可以使用 with as 语句。**

1．调用__enter__()、__exit__()

支持上下文管理协议的对象必须执行**__enter__()**与**__exit__()**两个方法，这样的对象称为上下文管理器（**Context Manager**）。

with 语句一开始执行就会进行__enter__()方法，该方法返回的对象可以使用 as 指定给变量（如果有），接着就执行 with 代码块中的程序代码。下面是一个简单的范例。

```
clean-up  context_manager_demo.py
from types import TracebackType
from typing import Optional, Type

class Resource:
    def __init__(self, name: str) -> None:
        self.name = name

    def __enter__(self):
        print(self.name, ' __enter__')
        return self
```

```
    def __exit__(self, exc_type: Optional[Type[BaseException]],
                 exc_value: Optional[BaseException],
                 traceback: Optional[TracebackType]) -> Optional[bool]:
        print(self.name, ' __exit__')
        return False

with Resource('res') as resource:
    print(resource.name)
```

　　如果 with 代码块中的程序代码发生了异常，会执行 __exit__()方法，并传入三个自变量，这三个自变量就是 sys.exc_info() 返回的三个对象（参考 7.1.5 小节相关内容）。此时 __exit__()方法若返回 False，异常会被重新引发。否则异常就停止传播。通常 __exit__()会返回 False，以便在 with 之后还可以处理异常。

　　如果 with 代码块中没有发生异常而执行完毕，也是执行 __exit__()方法，此时 __exit__()的三个参数都接收到 None。就上面的例子来说，会如下按序显示。

```
res   __enter__
res
res   __exit__
```

提示 ⟫⟫　在_exit_() 使用类型提示，令程序代码变得难读了？可以考虑为类型取一个别名，另一个选择是，由于 __exit__() 是公开规范的协议，而且会由执行环境调用，不标注类型也不会有什么问题。在范例中标注类型只是为了示范，真的想加上类型提示的话，应该怎么编写。

　　traceback 对象的类型并没有被 builtin 模块公开。对于这类类型 可以使用 types 模块中定义的类型，就这里来说，可以使用 types.TracebackType。

　　虽然 open() 函数返回的文件对象本身就调用了 __enter__()与 __exit__()。不过这边假设它没有，并自行调用一个可搭配 with as 的文件读取器，进一步了解 open() 函数返回的文件对象，大致上如何操作上下文管理器协议。

clean-up context_manager_demo2.py

07

```
import sys

class FileReader:
    def __init__(self, filename: str) -> None:
        self.filename = filename

    def __enter__(self):
        self.file = open(self.filename, 'r')
        return self.file

    def __exit__(self, exc_type, exc_value, traceback):
        self.file.close()
        return False

with FileReader(sys.argv[1]) as f:
```

```
    for line in f:
        print(line, end='')
```

2．使用@contextmanager

虽然可以直接执行__enter__()、__exit__()方法，让对象能支持 with as。不过，将资源的设定与清除分开在两个方法中实现显得不够直观，**可以使用 contextlib 模块的 @contextmanager 来实现，让资源的设定与清除更为直观。**例如，修改一下刚才的 context_manager_demo2.py。

clean-up context_manager_demo3.py

```
import sys
from contextlib import contextmanager
from typing import Iterator, IO


@contextmanager        ←────    ❶标注@contextmanager
def file_reader(filename) -> Iterator[IO]:
    try:
        f = open(filename, 'r')
        yield f        ←────    ❷yield 的对象将作为 as 的值
    finally:
        f.close()


with file_reader(sys.argv[1]) as f:
    for line in f:
        print(line, end='')
```

在这里的 file_reader() 函数上标注了 @contextmanager❶，这表示此函数将会返回一个实现了上下文管理器协议的对象，函数中只要按需求编写 try、finally。重点在于设定的资源若要搭配 with as 的 as 设定值，就要将资源接在 yield 之后❷，with 代码块执行完之后，程序流程会回到 file_reader() 中，自 yield 之后继续流程，因此就可以完成文件的关闭。

实际上，**with as 语法是用来表示其代码块处于某个特殊情境之中，处于自动关闭文件情境的只是其中的一种情况。**因此，也可以实现一个上下文管理器抑制指定的异常。

clean-up context_manager_demo4.py

```
import sys
from contextlib import contextmanager
from typing import Type, Iterator


@contextmanager
def suppress(ex_type: Type[BaseException]) -> Iterator[None]:
    try:
        yield
    except ex_type:
        pass
```

```
with suppress(FileNotFoundError):
    for line in open(sys.argv[1]):
        print(line, end='')
```

可以看到，**使用 @contextmanager 操作函数时，yield 的前后建立了 with 代码块的情境。**实际上，contextlib 模块就提供有 suppress() 这个函数可以使用。

```
import sys
from contextlib import suppress

with suppress(FileNotFoundError):
    for line in open(sys.argv[1]):
        print(line, end='')
```

如果某个对象调用了 close() 方法，但没有调用上下文管理协议，仍然有方式可以让它搭配 with as 来使用。例如：

```
from contextlib import contextmanager
from typing import Any, Iterator


@contextmanager
def closing(thing: Any) -> Iterator[Any]:
    try:
        yield thing
    finally:
        thing.close()

class Some:
    def __init__(self, name: str) -> None:
        self.name = name

    def close(self):
        print(self.name, 'is closed.')


with closing(Some('Resource')) as res:
    print(res.name)
```

实际上，contextlib 模块提供的 closing() 这个函数就可以使用。因此，上面的范例可以直接改写为以下：

```
from contextlib import closing

class Some:
    def __init__(self, name: str) -> None:
        self.name = name
```

```
    def close(self):
        print(self.name, 'is closed.')

with closing(Some('Resource')) as res:
    print(res.name)
```

contextlib 模块中还有 redirect_stdout()、redirect_stderr() 函数可以使用。可以将标准输出或标准错误置于一个重新导向至指定目标（例如一个文件）的情境。更多有关于 contextlib 模块的介绍，可以直接参考官方说明文件：docs.python.org/3/library/contextlib.html。

7.3　重点复习

python 解释器尝试执行 try 代码块中的程序代码，如果发生异常，执行流程会跳离异常发生点。然后比对 except 声明的类型是否符合引发的异常对象类型，如果是，就执行 except 代码块中的程序代码。

在 Python 中，异常并不一定是错误。例如，当使用 for in 语法时，其实底层就运用到了异常处理机制。

只要是具有 __iter__() 方法的对象，都可以使用 for in 来迭代。迭代器具有 __next__() 方法，每次迭代时就会返回下一个对象。而没有下一个元素时，则会引发 StopIteration 异常。

可以使用 iter() 方法调用对象上的 __iter__() 获取迭代器，可以使用 next() 来调用迭代器的 __next__() 方法。

except 之后可以使用 tuple 指定多个对象，也可以有多个 except。如果没有指定 except 后的对象类型，表示捕捉所有引发的对象。

如果一个异常在 except 的比对过程中就符合了某个异常的父类型，后续即使定义了 except 比对子类型异常，也等同于没有定义。

在 Python 中，异常都是 BaseException 的子类，当使用 except 而没有指定异常类型时，实际上就是比对 BaseException。如果想要自定义异常，不要直接继承 BaseException，而应该继承 Exception，或者是 Exception 的相关子类来继承。

在继承 Exception 自定义异常时，如果自定义了 __init__()，建议将自定义的 __init__() 传入的自变量通过 super().__init__(arg1, arg2, …) 来调用 Exception 的 __init__()。因为 Exception 的 __init__() 默认接受所有传入的自变量，而这些被接受的全部自变量，可通过 args 属性以一个 tuple 获取。

如果想让调用方知道因为某些原因，流程无法继续而必须中断时，可以引发异常。在 Python 中如果想要引发异常，可以使用 raise，之后指定要引发的异常对象或类型，只指定异常类型时，会自动建立异常对象。

可以为自己的 API 建立一个根异常，商务相关的异常都可以衍生自这个根异常。这可以方便 API 用户必要时在 except 时使用你的根异常，处理 API 相关的异常。

直接使用 raise 会将 except 比对到的异常实例重新引发。若重新引发异常时，想要使用自定义的异常或其他异常类型，并且将 except 比对到的异常作为来源，可以使用 raise from。

可以通过异常实例的 __cause__ 获取 raise from 时的来源异常。如果一个异常在 except 中被引发，就算没有使用 raise from，原本比对到的异常也会自动被设定给被引发异常的 __context__ 属性。

在 Python 中，异常并不一定是错误，例如 SystemExit、GeneratorExit、KeyboardInterrupt 或 StopIteration 等，更像是一种事件，代表着流程因为某个原因无法继续而必须中断。

主动引发一个异常并不是嫌程序中的漏洞不够多，而是对调用者尽到告知的责任。在 Python 中，就算异常是一个错误，只要程序代码能明确表达出意图的情况下，也常会当成是流程的一部分。

有时想查看某个模块能否被 import，若模块不存在，则改 import 另一个模块，此时在 Python 中就会如下编写。

```
try:
  import some_module
except ImportError:
  import other_module
```

若想得知异常发生的根源，以及多重调用下异常的传播过程，可以利用 traceback 模块。

警告信息通常作为一种提示，用来告知程序有一些潜在性的问题，例如使用了被弃用（Deprecated）的功能、以不适当的方式访问资源等。Warning 虽然是一种异常，不过基本上不会直接通过 raise 引发，而是通过 warnings 模块的 warn() 函数来提出警告。

else 可与 try、except 搭配的原因在于，让 try 中的程序代码尽量与可能引发异常的来源相关。

如果程序编写的流程中先 return 了，而且也有写 finally 代码块，那 finally 代码块会先执行完后再将值传回。

with 之后衔接的资源实例可以通过 as 来指定给一个变量，之后就可以在代码块中进行资源的处理，当离开 with as 代码块之后，就会自动执行清除资源的动作。

with as 不仅使用于文件，只要对象支持上下文管理协议，就可以使用 with as 语句。

支持上下文管理协议的对象必须执行 __enter__() 与 __exit__() 两个方法，这样的对象称为上下文管理器。可以使用 contextlib 模块的 @contextmanager 来实现，让资源的设定与清除更为直观。

with as 语法是用来表示其代码块处于某个特殊情境之中，处于自动关闭文件情境的只是其中的一种情况。

使用 @contextmanager 操作函数时，yield 的前后建立了 with 代码块的情境。

7.4 课后练习

1. 针对 7.1.3 小节设计的 Account 类，请重新设计异常。在 deposit()、withdraw() 方法的自变量为负时，使用指定信息与当时的负数建立 IllegalMoneyException 并引发。在 withdraw() 方法余额不足时，使用指定的信息与当时余额建立 InsufficientException 并引发。IllegalMoneyException 与 InsufficientException 都必须继承 BankingException。

2. 请自行设计一个 Suppress 类。调用上下文管理器的__enter__()、__exit__() 方法可指定想要抑制的异常类型。例如：

```
with Suppress(FileNotFoundError):
    for line in open(sys.argv[1]):
        print(line, end='')
```

3. 请实现一个 contextmanager() 函数，当执行以下程序：

```
def suppress(ex_type):
    try:
        yield
    except ex_type:
        pass


suppress = contextmanager(suppress)
with suppress(FileNotFoundError):
    for line in open(sys.argv[1]):
        print(line, end='')
```

FileNotFoundError 会被抑制，也就是说，这个练习的 contextmanager() 函数模仿了 contextlib 的 @contextmanager 功能。因此，也可以具有以下的功能。

```
class Some:
    def __init__(self, name):
        self.name = name

    def close(self):
        print(self.name, 'is closed.')


def closing(thing):
    try:
        yield thing
    finally:
        thing.close()


closing = contextmanager(closing)
```

```
with closing(Some('Resource')) as res:
    print(res.name)
```

　　这是一个选择性的进阶练习，若想挑战，可参考 contextlib 模块源代码中的 contextmanager() 函数操作。也可以试着在变量、参数、返回值等加上类型提示。

07

第 8 章 open()函数与 io 模块

学习目标

- ➤ 使用 open() 函数
- ➤ 使用 stdin、stdout、stderr
- ➤ 认识文件描述符
- ➤ 认识 io 模块

8.1　使用 open()函数

在 Python 中想要进行文件读写，基本上可以从内置的 open() 函数出发。这是一个工厂函数，隐藏了文件对象（File Object）的相关细节，这就使得 open() 函数可以应付文件读写的大部分需求。

8.1.1　file 与 mode 参数

如果想利用 **open()** 函数进行文件读写，在最基本的需求上，只需要使用到它的前两个参数：**file** 与 **mode**。file 可以是字符串，指定了要读写的文件路径，可指定相对路径（相对于目前工作路径）或者绝对路径；mode 是使用字符串来指定文件开启模式，可以指定的字符串及意义如表 8.1 所示。

表 8.1　文件开启模式

字　符　串	说　　　明
r	读取模式（默认）
w	写入模式，会先清空文件内容
x	只在文件不存在时才建立新文件并开启为写入模式，若文件已存在，会引发 FileExistsError
a	附加模式，若文件已存在，写入的内容会附加至文件尾端
b	二进制模式
t	文本模式（默认）
+	更新模式（读取与写入）

open()的 mode 默认是 r。而在只指定 r、w、x、a 的情况下，就相当于以文本模式开启，也就是等同于 rt、wt、xt、at。如果要以二进制模式开启，要指定 rb、wb、xb、ab。

如果想以更新模式开启，对于文本模式，可以使用 r+、w+、a+，对于二进制模式，可以使用 r+b、w+b、a+b。

在类型提示的部分，可以使用 typing 模块的 IO 来标注 open() 函数返回的对象类型。或者是进一步地，若以文本模式开启文件，可以使用 typing.TextIO 来标注；若是二进制模式开启文件，则可以使用 typing.BinaryIO。

1．read()、write()、close()

下面直接来设计一个通用的 upper 程序，可使用命令行自变量指定来源与目的地，将来源文本文件内容全部转为大写后写入目的地，这同时示范了文本模式的读取与写入。

```
basicio upper.py
import sys

src_path = sys.argv[1]
dest_path = sys.argv[2]                        ❶分别以 r 与 w 模式开启

with open(src_path) as src, open(dest_path, 'w') as dest:
    content = src.read()          ← ❷使用 read()读取数据
    dest.write(content.upper())   ← ❸使用 write()写入数据
```

这个 upper 程序会从命令行自变量获取文件来源与目的地的路径，程序中分别使用以 r（mode 参数默认值）及 w 模式 open()了来源与目的地文件❶。**每个被开启的文件，建议在不使用时，调用 open()返回的文件对象的 close()方法，以明确地关闭文件，而文件对象支持上下文管理器协议（详见 7.2.3 小节），因此可使用 with 来代替我们进行文件关闭的动作。**

对于文本模式来说，read()会返回 str 实例❷（对于二进制文件来说，read()会返回 bytes 实例）。因此范例中可以使用 upper()，将其中的字符全部转为大写。write()方法可将指定的数据写入文件，对于文本模式来说，write()接收 str 实例❸，并返回写入的字符数（对于二进制文件来说，write() 接收 bytes 实例，并返回写入的字节数）。

read()方法在指定整数自变量的情况下，会读取指定的字符数或字节数（按开启模式是文字或者二进制而定）。

文件开启模式与后续进行的操作必须符合，否则会引发 UnsupportedOperation 异常。例如使用 r 模式开启，却要进行写入的情况，可以使用 readable() 方法测试是否可读取，使用 writable() 方法测试是否可写入。

```
>>> f = open('upper.py')
>>> f.write('write it?')
Traceback (most recent call last):
  File "<stdin>", line 1, in <module>
io.UnsupportedOperation: not writable
>>> f.readable()
True
>>> f.writable()
False
>>> f.close()
>>>
```

2. readline()、readlines()、writelines()

有趣的是，无论是文本模式还是二进制模式，都可以使用 readline()、readlines()、writelines() 方法。

对于文本模式来说，默认是读取到 \n、\r 或\r\n，都可以被判定为一行。而 **readline()** 或 **readlines()** 读到的每一行，换行字符都一律换为 \n。对于二进制模式来说，行的判断标准默认是遇到 b'\n' 这个 **bytes**。

文本模式在写入的情况下，任何 **\n** 都会被置换为 **os.linesep** 的值（**Windows** 就是\r\n）。

下面的范例故意以 rb 模式开启.py 文件，readlines() 会返回什么样的内容。

```
>>> f = open('upper.py', 'rb')
>>> f.readlines()
[b'import sys\r\n', b'\r\n', b'src_path = sys.argv[1]\r\n', b'dest_path =
sys.argv[2]\r\n', b'\r\n', b"with open(src_path) as src, open(dest_path, 'w') as
dest:\r\n", b' content = src.read()\r\n', b' dest.write(content.upper())']
>>> f.close()
>>>
```

可以看到，readlines() 方法会以 list 返回文件的内容，list 中每个元素是文件中被判定为一行的内容。

如果想逐行读取文件内容，基本上可以使用 readline() 方法搭配 while 循环。readline() 在读不到下一行时会返回空字符串，因此可以这样写：

```
>>> with open('upper.py') as f:
...     while True:
...         line = f.readline()
...         if not line:
...             break
...         print(line, end = '')
...
import sys

src_path = sys.argv[1]
dest_path = sys.argv[2]

...
```

不过，**open()** 返回的文件对象都操作了 **__iter__()** 方法，可以返回一个迭代器。因此，可以直接使用 for in 来进行迭代，每次迭代都相当于执行 readline()，上面的例子可以改写为：

```
>>> with open('upper.py') as f:
...     for line in f:
...         print(line, end = '')
...
import sys

src_path = sys.argv[1]
dest_path = sys.argv[2]

...
```

可以看到，这样的写法简洁多了，这正是 **Python** 的文件读取风格：读取一个文件最好的方式就是不要去 **read**！

3. tell()、seek()、flush()

在进行文件读写时，**tell()方法可以告知目前在文件中的位移值，单位是字节值，文件开头的位移值是 0，seek()方法可以指定跳到哪个位移值**。为了示范，接下来假设在一个 test.txt 文件中输入了 12345 并保存。

```
>>> f = open('test.txt', 'rb')
>>> f.tell()
0
>>> f.read(1)
b'1'
>>> f.read(1)
b'2'
>>> f.tell()
2
>>> f.seek(1)
1
>>> f.read(1)
b'2'
>>> f.close()
>>>
```

如果在 Windows 中建立纯文本文件，那么应该采取 UTF-8 编码，12345 每个字符会占一个字节，采用二进制开启模式，每次 read(1) 会读取一个字节。在上面的范例中也就可以看到相应的结果，实际上，seek() 的返回值也会是操作之后目前文件的位移值。

因此，可以使用 seek() 来实现随机访问，例如，下面会将第三个字节改为 b'0'.

```
>>> f = open('test.txt', 'r+b')
>>> f.seek(2)
2
>>> f.write(b'0')
1
>>> f.flush()
>>> f.seek(0)
0
>>> f.read()
b'12045'
>>> f.close()
>>>
```

这次的开启模式是 r+b，表示为可读取与更新模式。请不要写成 w+b，这样会清空文件内容；也不要写成 a+b，这样会将写入的数据放到文件尾端。由于文件对象默认会缓冲处理，不一定会马上看到文件写入了资料，这时**可以执行 flush()方法，将缓冲内容清空**。

4. readinto()

在二进制模式时，read()方法返回的 bytes 是不可变动的。如果想将读取的字节数据收集至一个 list，基本上可以使用 list()，将 read() 到的 bytes 转为 list，例如：

```
>>> content = None
>>> with open('test.txt', 'rb') as f:
...     content = f.read()
...
>>> list(content)
[49, 50, 51, 52, 53]
>>>
```

不过，**二进制模式时的文件对象拥有一个 readinto()方法接收 bytearray 实例，可以直接将读取到的数据传入**，这样就可以不用中介的变量。例如：

```
>>> import os.path
>>> b_arr = bytearray(os.path.getsize('test.txt'))
>>> with open('test.txt', 'rb') as f:
...     f.readinto(b_arr)
...
5
>>> b_arr[0]
49
>>> b_arr[1]
50
>>> b_arr
bytearray(b'12345')
>>>
```

> **注意 >>>** 无论是通过 list() 将 bytes 转为 list 实例还是使用 bytearray，通过索引取得的每个元素都是 int 类型。可以通过 bytes([value]) 将某个整数值转为 bytes，例如 bytes([49]) 结果会是 b'1'.

8.1.2 buffering、encoding、errors、newline 参数

open() 函数实际上有 8 个参数，前面说明的 file 与 mode 是最常使用的参数。接下来我们要再来看看 buffering、encoding、errors 与 newline 参数。至于 closed、opener 参数的说明，将在 8.2.1 小节中说明。

1. buffering

buffering 参数用来设置缓冲策略，默认的缓冲策略会试着自行决定缓冲大小（通常会是 4096 字节或 8192 字节），或者对互动文本文件（isatty()为 True 时，例如 Windows 的命令提示符）采用行缓冲（line buffering）。

如果 buffering 设定为 0，表示关闭缓冲。设定为大于 0 的整数值，表示指定缓冲的字节大小。

举个例子来说，8.1.1 小节看到的随机访问范例，如果采用 f = open('test.txt', 'r+b', buffering = 0)，在 f.write() 更新文件之后，不必使用 f.flush()，就可以马上看到文件内容变化。

2．encoding 与 errors

指定文本模式时的文件编码，默认会采用 locale.getpreferredencoding() 的返回值作为编码，以 Windows 来说是返回 'cp950'。

提示 >>> 对于 Python 执行环境来说，则是将 MS950 与 CP950 视为同一套编码。

如果文本文件采用的编码与 locale.getpreferredencoding() 的返回值不同时，读取时就有可能会出现乱码问题。例如，当有一个文件中编写了中文，以文本模式开启且未指定 encoding，在读取中文时会试着一次读取两个字节。若有一个 test_ch.txt 是以 UTF-8 编码并编写中文，那么读取时就会出现乱码。例如：

```
>>> with open('test_ch.txt', 'r') as f:
...     print(f.read(1))
...     print(f.tell())
...
皞
2
>>>
```

在上面的例子中，假设 test_ch.txt 中写了"测试"两个字，由于 UTF-8 对这两个字采取每个字三个字节，因此只读取两个字节的情况下，当然就出现了乱码。在正确指定 encoding 为 UTF-8 的情况下，就不会有问题了。

```
>>> with open('test_ch.txt', 'r', encoding = 'UTF-8') as f:
...     print(f.read(1))
...     print(f.tell())
...
测
3
>>>
```

errors 参数可指定发生编码错误时该如何进行处理。在不设定的情况下，发生编码错误时会引发 ValueError 的子类异常。例如有一个 test_ch2.txt 中有"方法已弃用"几个汉字，并以 UTF-8 编码，若如下读取，将会引发 UnicodeDecodeError。

```
>>> with open('test_ch2.txt') as f:
...     print(f.read())
...
Traceback (most recent call last):
  File "<stdin>", line 2, in <module>
UnicodeDecodeError: 'cp950' codec can't decode byte 0xe6 in position 0: illegal
multibyte sequence
>>>
```

若设定 errors 为 'ignore'，那么会忽略错误，继续进行读取的动作。

```
>>> with open('test_ch2.txt', errors = 'ignore') as f:
...     print(f.read())
...
莫推脱
>>>
```

errors 的其他可设定选项可参考 open() 函数的说明[①]。

3．newline

newline 参数，对于文本模式来说，默认是读取到 \n、\r 或\r\n，都可以被判定为一行。而 readline() 或 readlines() 读到的每一行，换行字符都一律换为 \n。

newline 的赋值还可以是 ''、\n、\r 与 \r\n。如果指定了 ''，读取到 \n、\r 或 \r\n，都可以被判定为一行。而 readline() 或 readlines() 读到的每一行一律保留来源换行字符。如果设定为其他 \n、\r 或 \r\n，那么读取后的换行字符就会是指定的字符。

文本模式在写入的预设情况下，任何 \n 都会被置换为 os.linesep 的值。如果 newline 设为 '' 就保留原有的换行字符。如果指定为其他值，就以指定的字符进行置换。

8.1.3　stdin、stdout、stderr

就目前为止，如果想获取用户输入，都是使用 input() 函数；若想显示指定的值，则是使用 print() 函数。它们各自会使用预先链接的装置进行输入或输出，预先链接的输入、输出装置被称为**标准输入（Standard input）与标准输出（Standard output）**，以个人计算机而言，通常对应至终端机的输入与输出。

在 sys 模块中有 stdin 就代表着标准输入，而 stdout 就代表着标准输出，它们的行为就像是以 open() 函数开启的文本模式文件对象。例如，下面的范例模仿了 input() 函数的操作。

basicio stdin_demo.py

```
import sys

def console_input(prompt: str) -> str:
    sys.stdout.write(prompt)     ←❶使用标准输出
    sys.stdout.flush()           ←❷清空数据
    return sys.stdin.readline()  ←❸使用标准输入读取一行

name = console_input('请输入名称: ')
print('哈罗, ', name)
```

可以使用 sys.stdout 的 write() 方法写出信息❶，为了马上能看到指定的信息显示，必须使用 flush() 方法清空数据❷，接着可以使用 sys.stdin.readline() 读入一行输入的信息❸。

[①] open() 函数：docs.python.org/3/library/functions.html#open

对于标准输入或输出，若想要以二进制模式读取或写入，可以使用 **sys.stdin.buffer** 或 **sys.stdout.buffer**。它们的行为就像是以 **open()** 函数开启的二进制模式文件对象。

实际上，你可以改变标准输入或输出的来源，例如，将一个自行以 open() 函数开启的文件对象指定给 sys.stdin，就可以利用 input() 来读取。例如：

```
>>> import sys
>>> sys.stdin = open('stdin_demo.py', encoding = 'UTF-8')
>>> input()
'import sys'
>>> input()
''
>>> input()
'def console_input(prompt):'
>>> input()
'    sys.stdout.write(prompt)'
>>> input()
'    sys.stdout.flush()'
>>> input()
'    return sys.stdin.readline()'
>>> input()
''
>>>
```

类似地，将一个自行开启的文件对象指定给 sys.stdout，就可以利用 print() 来写出数据至文件。不过，内置的 print() 函数本身就有一个 file 参数可以实现这样的需求。

```
>>> with open('data.txt', 'w') as f:
...     print('Hello, World', file = f)
...
>>>
```

上面的程序执行过后，工作目录下就会发现有一个 data.txt，内容是执行 print() 函数时指定的"Hello, World"信息。

在文本模式下，可以使用 > 将程序执行时的标准输出信息导向至指定的文件，或者使用 >> 附加信息。例如：

```
>python -c "print('Hello, World')" > data.txt

>python -c "print('Hello, World')" >> data.txt

>
```

执行以上指令，标准输出的信息被直接重新导向至 data.txt。因此不会看到信息显示，而

data.txt 中会出现两行 "Hello, World" 文字。实际上，还有一个 sys.stderr 代表着标准错误（Standard Error）装置。就 Windows 而言，默认也就是命令提示符，标准错误的输出不能使用 > 或 >> 重新导向至文件。例如：

```
>python -c "import sys; sys.stderr.write('Hello, World')" > data.txt
Hello, World
>python -c "import sys; sys.stderr.write('Hello, World')" >> data.txt
Hello, World
>
```

在上面的范例中，因为使用了 sys.stderr 来写出信息，这不能使用 > 或 >> 重新导向。所以信息仍然显示出来了，而 data.txt 的内容都是一片空白。

提示 ≫≫ 看到了吗？Python 中还是可以使用分号（;），想要在一行中写两个语句时就可以使用。

8.2　进阶文件处理

在处理文件时，使用 open() 函数可以应付绝大多数的情况。然而，open() 函数实际上是一个工厂函数（Factory Function），隐藏了建立文件对象的细节。为了进一步应付需求，或者更清楚地知道目前手上正在操作的文件对象特性为何，认识 open() 函数背后的一些细节仍是必要的，这样也不至于沦落到死背 API 的窘境。

8.2.1　认识文件描述器

open() 函数的 file 参数除了接受字符串指定文件的路径之外，实际上，还可以指定文件描述符（File Descriptor）。文件描述符会是一个整数值，对应至目前程序已开启的文件。举例来说，标准输入通常使用文件描述符 0，标准输出是 1，标准错误是 2，进一步开启的文件则会是 3、4、5 等数字。

对于文件对象，可以使用 fileno() 方法来取得文件描述符。例如：

```
>>> import sys
>>> sys.stdin.fileno()
0
>>> sys.stdout.fileno()
1
>>> sys.stderr.fileno()
2
>>> with open('data.txt') as f:
...     print(f.fileno())
...
3
>>>
```

刚才说 open() 的 file 参数也可以接受文件描述符，而文件描述符的值是一个整数。如果指定 open() 的第一个参数为 0 会如何呢？

```
>>> f = open(0)
>>> f.readline()
This is a test!
'This is a test!\n'
>>>
```

因为标准输入的文件描述符值是 0，因此，上面的例子中，f.readline() 就会从标准输入读入一行。

实际上在 8.1.3 小节讲过，sys.stdin 本身已经有文件对象的行为，不必特别使用 open() 来包裹，这边只是为了示范。**若能获取一个对应至系统上已开启的文件描述符，就有机会使用 open() 来包裹成为文件对象，以利用文件对象的高阶操作行为。**

如果想自行开启一个文件描述符，可以使用 os 模块的 open() 函数，最基本的使用方式是指定 path 与 flags 参数。例如，想以只读方式开启指定的文件描述符并读取 5 个字节。

```
>>> import os
>>> fd = os.open('test.txt', os.O_RDONLY)
>>> os.read(fd, 5)
b'12345'
>>> os.close(fd)
>>>
```

os.read()、os.close()等都属于低阶操作，若想了解更多文件描述符的细节，可以参考 File Descriptor Operations[1]。

之所以要提到文件描述符，原因之一是可以说明 open() 函数的 closed 参数，它的默认值是 True，这表示若 open() 时 file 指定了一个文件描述符。在文件对象调用 close() 方法而关闭时，被指定的文件描述符也会一并关闭，当指定为 False 时，就不会关闭被指定的文件描述符。

open() 还有一个 opener 函数，这可以用来指定一个函数，该函数必须有两个参数：第一个参数会传入 open() 函数被指定的文件路径，第二个参数会是 open() 函数按 mode 而计算出来的 flags 值。函数最后必须返回一个文件描述符，open() 函数基于该文件描述符建立文件对象，以便进行文件操作。

因此，如果想在开启文件时做些加工动作，就可以指定 opener 参数。例如，下面是一个简单示范，指定的 opener 函数可以在文件不存在时以 sys.stdout 的文件描述符来替代。

```
>>> import sys
>>> import os
>>> def or_stdout(path, flags):
...     if os.path.exists(path):
```

[1] File Descriptor Operations：docs.python.org/3/library/os.html#file-descriptor-operations

```
...             return os.open(path, flags)
...         else:
...             return sys.stdout.fileno()
...
>>> f = open('xyz.txt', 'w', opener = or_stdout)
>>> f.write('Hello, World\n')
Hello, World
13
>>>
```

在上面的示范中，实际上 xyz.txt 并不存在。因此 open() 实际上会使用标准输出，结果就直接显示了 write() 的输出信息。

8.2.2 认识 io 模块

open() 函数实际上是一个工厂函数。当按需求指定某些自变量之后，open() 函数在背后会进行文件的开启、相关文件对象的建立与设定，然后将文件对象返回。若想进一步掌握文件对象的操作，就得认识 io 模块，相关的文件对象就是定义在此模块之中。

可以实际来看看指定不同的自变量时，返回的文件对象会是什么类型。

```
>>> open('test.txt')
<_io.TextIOWrapper name='test.txt' mode='r' encoding='cp950'>
>>> open('test.txt', 'rb')
<_io.BufferedReader name='test.txt'>
>>> open('test.txt', 'rb', buffering = 0)
<_io.FileIO name='test.txt' mode='rb' closefd=True>
>>>
```

实际上，TextIOWrapper、BufferredReader、FileIO 等是在 _io 模块之中，并且在 io.py 中定义相同的名称参考至 TextIOWrapper、BufferredReader、FileIO 等。

1. 文件对象继承结构

Python 的 I/O 大致分为三个主要类型：文字（Text）I/O、二进制（Binary）I/O 与原始（Raw）I/O。符合这些分类的具体对象，就是之前一直看到的文件对象，而 TextIOWrapper、BufferredReader、FileIO 分别属于这三种类型。

在 io 模块中各类的继承方面，IOBase 是所有 I/O 类的基类，作用于字节串流之上。而 TextIOBase、BufferedIOBase、RawIOBase 是 IOBase 的子类，分别代表着文字 I/O、二进制 I/O、原始 I/O 的基类。表 8.2 列出了 io 模块的说明文件[①]中这几个类的关系与定义的方法。

---

① io 模块：docs.python.org/3/library/io.html

表 8.2　I/O 基础类与方法定义

基　类	继　承	抽 象 方 法	Mixin 方法
IOBase		fileno、seek、truncate	close、closed、__enter__、__exit__、flush、isatty、__iter__、__next__、readable、readline、readlines、seekable、tell、writable、writelines
RawIOBase	IOBase	readinto、write	继承自 IOBase 的方法，以及 read、readall
BufferredIOBase	IOBase	detach、read、read1、write	继承自 IOBase 的方法，以及 readinto
TextIOBase	IOBase	detach、read、readline、write	继承自 IOBase 的方法，以及 encoding、errors、newline

　　刚才看到的 TextIOWrapper、BufferedReader、FileIO 分别就是 TextIOBase、BufferredIOBase、RawIOBase 的子类，而可操作的方法在 8.1 节基本说明过了。至于其他子类与继承关系如图 8.1 所示。

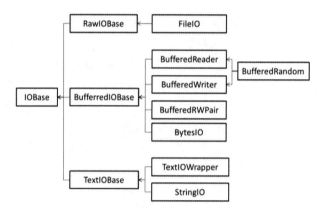

图 8.1　io 模块中类的继承结构

2．自行建立文件对象

　　原始 I/O 是无缓冲的低阶操作，很少直接使用，通常作为文字 I/O 或二进制 I/O 的底层操作。举例来说，如果想要以二进制模式读取文件，可以建立一个 FileIO 实例，接着使用 BufferedReader 实例来包裹它。

```
>>> from io import FileIO, BufferedReader
>>> with BufferedReader(FileIO('test.txt', 'r')) as f:
...     print(f.read())
...
b'12345'
>>>
```

　　FileIO 的模式指定可以是 r、w、x、a。由于是低阶操作，本身就是在处理字节串流，也就没有像 open() 函数那样区分文本模式或二进制模式的需求了。

　　BufferedReader、BufferedWriter、BufferedRandom 实例的作用就是一个包裹器（Wrapper），

可用来包裹 RawIOBase 实例。其中 BufferedRandom 实例继承了 BufferedReader、BufferedWriter，支持 seek()、tell() 功能，可进行随机地读取或写入，这会按包裹的 RawIOBase 实例是读取或写入模式而定。

如果想要能同时进行读取与写入，可以使用 BufferedRWPair 同时包裹一个读取与一个写入 RawIOBase 实例。

TextIOWrapper 也是一个包裹器，可以包裹 BufferedIOBase，以便将二进制数据按指定的文字编码进行转换，例如：

```
>>> from io import FileIO, BufferedReader, TextIOWrapper
>>> with TextIOWrapper(BufferedReader(FileIO('test_ch.txt', 'r')), 'UTF-8') as f:
...     print(f.read())
...
测试
>>>
```

3．BytesIO 与 StringIO

如果数据的读取来源或写入目的地并不是一个文件，而是内存中某个对象，就可以使用 **BytesIO 或 StringIO**。

BytesIO 是 BufferedIOBase 的子类，可以直接构造实例，或者指定一个初始的 bytes 实例来构造，以便进行数据读取与写入，操作上与文件对象相同。例如：

```
>>> import io
>>> b = io.BytesIO(b'12345')
>>> b.read()
b'12345'
>>> b.seek(2)
2
>>> b.write(b'0')
1
>>> b.seek(0)
0
>>> b.read()
b'12045'
>>> b.close()
>>>
```

通常，使用 BytesIO 时最后会使用 getvalue() 方法来获取写入的数据。

```
>>> import io
>>> b = io.BytesIO()
>>> b.write(b'1')
1
>>> b.write(b'2')
1
>>> b.write(b'3')
```

```
1
>>> b.getvalue()
b'123'
>>> b.close()
>>>
```

类似地，若想读写的是文字数据，可以使用 StringIO，它是 TextIOBase 的子类。通常，使用 StringIO 写入数据时会在最后使用 getvalue() 来获取数据。

```
>>> import io
>>> s = io.StringIO()
>>> s.write('Line 1\n')
7
>>> s.write('Line 2\n')
7
>>> s.getvalue()
'Line 1\nLine 2\n'
>>> s.close()
>>>
```

8.3 重点复习

如果想利用 open() 函数进行文件读写，在最基本的需求上，只需要使用到它的前两个参数：file 与 mode。

open() 的 mode 默认是 r。而在只指定 r、w、x、a 的情况下，就相当于以文本模式开启，也就是等同于 rt、wt、xt、at。如果要以二进制模式开启，要指定 rb、wb、xb、ab。

如果想以更新模式开启，对于文本模式，可以使用 r+、w+、a+；对于二进制模式，可以使用 r+b、w+b、a+b。

每个被开启的文件，建议在不使用时调用 open() 返回的文件对象的 close() 方法，以明确地关闭文件。而文件对象支持上下文管理器协议，因此可使用 with 来代替我们进行文件关闭的动作。

read() 方法在未指定自变量的情况下会读取文件全部的内容。read() 方法在指定整数自变量的情况下会读取指定的字符数或字节数（按开启模式是文字还是二进制而定）。

对于文本模式来说，默认是读取到 \n、\r 或 \r\n 都可以被判定为一行。而 readline() 或 readlines() 读到的每一行，换行字符都一律换为\n。对于二进制模式来说，行的判断标准默认是遇到 b'\n' 这个 bytes。

文本模式在写入的情况下，任何 \n 都会被置换为 os.linesep 的值（Windows 就是 \r\n）。

Python 的文件读取风格：读取一个文件最好的方式，就是不要去 read！

在进行文件读写时，tell() 方法可以告知目前在文件中的位移值，单位是字节值，文件开头的位移值是 0，seek() 方法可以指定跳到哪个位移值，可以执行 flush() 方法，将缓冲内容清空。

二进制模式时的文件对象拥有一个 readinto() 方法接收 bytearray 实例，可以直接将读取到的数据传入。

在 sys 模块中有 stdin 就代表着标准输入，而 stdout 就代表着标准输出。它们的行为就像以 open() 函数开启的文本模式文件对象。

对于标准输出或输出，若想要以二进制模式读取或写入，可以使用 sys.stdin.buffer 或 sys.stdout.buffer。它们的行为就像是以 open() 函数开启的二进制模式文件对象。

open() 函数的 file 参数除了接收字符串指定文件的路径之外，实际上，还可以指定文件描述符。文件描述符是一个整数值，对应至目前程序已开启的文件。

若能取得一个对应至系统上已开启的文件描述符，就有机会使用 open() 来包裹成为文件对象，以利用文件对象的高级操作行为。

Python 的 I/O 大致分为三个主要类型：文字 I/O、二进制 I/O 与原始 I/O。符合这些分类的具体对象，称为文件对象。

如果数据的读取来源或写入目的地并不是一个文件，而是内存中某个对象，那么可以使用 BytesIO 或 StringIO。

8.4 课后练习

1. 请设计一个通用的 dump() 函数，可以指定来源与目标文件对象或类似文件的对象，函数会读取来源文件对象的内容，写至目标文件对象之中。例如，dump(open('src.jpg', 'rb'), open('dest.jpg', 'wb'))，最后会建立一个与 src.jpg 内容完全相同的 dest.jpg，而 dump(urllib.request.urlopen('http://openhome.cc'), open('index.html', 'wb')) 将会下载网页。

2. 在异常发生时，可以使用 traceback.print_exc() 显示堆栈追踪，如何改写以下程序，使得异常发生时可将堆栈追踪附加至 UTF-8 编码的 exception.log 文件。

```
def dump(src_path: str, dest_path: str):
    with open(src_path, 'rb') as src, open(dest_path, 'wb') as dest:
        dest.write(src.read())
```

3. 请编写程序，可以指定来源文件与编码，将文本文件读入，并以指定的文件名另存为 UTF-8 的文本文件。

第 9 章　数据结构

学习目标

➤ 认识 hashable、iterable、orderable

➤ 对对象进行排序

➤ 认识群集结构

➤ 使用 collections 模块

➤ 使用 collections.abc 模块

9.1 hashable、iterable 与 orderable

在第 3 章认识 Python 内置类型时，已经看过 list、set、dict、tuple 等，可用来收集整群对象的数据结构，这一章要再来深入探讨相关的群集。然而在这之前，先来看几个在操作群集时可能会遇到的对象协议。

9.1.1 hashable 协议

在 3.1.3 小节中讨论 set 时讲过，set 的内容无序、元素不重复，不过并非任何元素都能放到集合中。例如 list、dict 甚至 set 本身都不行，试图在 set 中放置这些类型的实例，就会引发 TypeError。

```
>>> {{1, 2, 3}}
Traceback (most recent call last):
  File "<stdin>", line 1, in <module>
TypeError: unhashable type: 'list'
>>> {{'Justin': 123456}}
Traceback (most recent call last):
  File "<stdin>", line 1, in <module>
TypeError: unhashable type: 'dict'
>>>
>>> {{1, 2, 3}}
Traceback (most recent call last):
  File "<stdin>", line 1, in <module>
TypeError: unhashable type: 'set'
>>>
```

一个对象能被称为 hashable，它必须有一个 hash 值。这个值在整个执行时期都不会变化，而且必须可以进行相等比较。具体来说，一个对象能被称为 hashable，它必须实现__hash__()与__eq__()方法。

> 提示 >>> 你可以对一个对象使用 hash() 来取得 hash 值，而不是直接调用对象的__hash__()方法。

Python 的某些链接库在内部，会需要使用到 hash 值。例如 set，会对打算加入的对象调用其__hash__()方法取得 hash 值，看它是否与目前 set 中既有对象的 hash 值都不相同。如果不同，就会直接加入；若 hash 值相同，进一步使用__eq__() 比较相等性，以确定是否要加入 set。

对于 Python 内置类型来说，只要是建立后状态就无法变动（Immutable）的类型，它的实例都是 hashable；而可变动（Muttable）的类型的实例都是 unhashable。

为什么无法变动的内置类型会默认为 hashable？如果 hash 值是根据对象状态计算，而对象状态不变，基本上计算出来的 hash 值就不变。因此，对于无法变动的内置类型就可以按各自定义好的方式来使用__hash__()与__eq__() 方法。

一个自定义的类建立的实例，默认也是 **hashable** 的。其 **__hash__()** 操作基本上是根据 **id()** 计算而来，而 **__eq__()** 操作默认是使用 **is** 来比较。因此，两个分别建立的实例，**hash** 值必然不相同，而且相等性比较一定不成立。

虽然一个自定义的类建立的实例默认是 hashable。不过，若放到 set 中或者是作为 dict 的键时，什么样的状态会被认定为重复，还是要自行定义 __hash__() 与 __eq__()。举例来说：

```
>>> class Point:
...     def __init__(self, x, y):
...         self.x = x
...         self.y = y
...     def __repr__(self):
...         return 'Point({}, {})'.format(self.x, self.y)
...
>>> p1 = Point(1, 1)
>>> p2 = Point(2, 2)
>>> p3 = Point(1, 1)
>>> ps = {p1, p2, p3}
>>> ps
{Point(1, 1), Point(2, 2), Point(1, 1)}
>>>
```

在这里的例子中可以看到，虽然 p1 与 p3 代表的都是相同坐标，然而在 set 中两个都收纳了。这是因为 p1 与 p3 使用默认的 __hash__() 取得的 hash 值不同，而默认的 __eq__() 比较也是不相等的结果。

如果想要 set 能剔除代表相同坐标的 Point 对象，必须自行定义 __eq__() 与 __hash__() 方法。例如：

object_protocols point_demo.py
```
class Point:
    def __init__(self, x: int, y: int) -> None:
        self.x = x
        self.y = y

    def __eq__(self, that):
        if hasattr(that, 'x') and hasattr(that, 'y'):
            return self.x == that.x and self.y == that.y
        return False

    def __hash__(self):
        return 41 * (41 + self.x) + self.y

    def __str__(self):
        return self.__repr__()

    def __repr__(self):
        return 'Point({}, {})'.format(self.x, self.y)
```

09

```
p1 = Point(1, 1)
p2 = Point(2, 2)
p3 = Point(1, 1)
ps = {p1, p2, p3}
print(ps) # 显示 {Point(1, 1), Point(2, 2)}
```

在上面的范例中，除了定义 __hash__() 之外，也定义了 Point 的相等性，必须是 x 与 y 都相同才行。因此，在最后的结果显示中可以看到，set 并不会包含相同的坐标。

> **提示 >>>** 当 set 判断新加入的对象与已经包含的某对象 hash 值相同，而且相等性比较也成立时，会丢弃已包含的对象，并将新的对象加入。

现在有个有趣的问题是，在上面的范例中，如果在 print(ps) 之后又加上 p2.x = 1、p2.y = 1 这两行程序代码，并且再度 print(ps) 会怎么样呢？你会看到 {Point(1, 1), Point(1, 1)} 的显示结果，为什么？因为 set 判定是否重复是在对象加入之时，当对象已经在 set 中了，而你又通过其他方式变更了对象状态，就会造成这种尴尬的情况。这也就是为什么**建议状态是不可变动**，在这个例子中，必要时可为 Point 加上一些访问限制的定义。

两个对象若是相等性比较成立，那么也必须有相同的 hash 值。然而 hash 值相同，两个对象的相等性比较不一定是成立的。

在类型提示部分，如果想标注 hashable 对象，可以使用 typing.Hashable。

9.1.2　iterable 协议

Python 提供 for in 语法，不少内置类型或生成器，像是 list、str、tuple、dict 甚至是文件对象，都可以使用 for in 进行迭代。实际上，只要对象具有 __iter__() 方法，就可返回一个迭代器（Iterator），__iter__() 类型提示要标注时，可以使用 typing.Iterable。

可以使用 iter() 方法从一个对象取得迭代器，而不用亲自调用对象的 __iter__() 方法。返回的**迭代器具有 __next__() 方法，可以逐一迭代出对象中的信息，若无法进一步迭代，会引发 StopIteration。迭代器也会具有 __iter__() 方法，返回迭代器自身，因此，每个迭代器本身也是一个 iterable 对象。**

在 4.2.6 小节中讨论过生成器，生成器也是一种迭代器，对于大部分的迭代需求，使用 yield 语法建立生成器会比较简单而直观。举个例子来说，你可能会想要建立一个迭代器，可以对指定的序列不断地重复进行迭代。例如对 cycle('abcd') 进行迭代，结果是不断地 a、b、c、d、a、b、c、d、……循环下去，这个需求可以如下实现。

```
>>> def cycle(elems):
...     while True:
...         for elem in elems:
...             yield elem
```

```
...
>>> abcd_gen = cycle('abcd')
>>> next(abcd_gen)
'a'
>>> next(abcd_gen)
'b'
>>> next(abcd_gen)
'c'
>>> next(abcd_gen)
'd'
>>> next(abcd_gen)
'a'
>>> next(abcd_gen)
'b'
>>>
```

1. 使用__iter__()

对于状态比较复杂的对象来说，有时生成器不见得适合时，就会亲自使用 __iter__() 等方法来建立迭代器。为了示范如何以 __iter__() 实现 iterable 对象，下面的范例故意不使用 yield 来实现。

object_protocols tools.py

```
from typing import Any

class Repeat:
    def __init__(self, elem: Any, n: int) -> None:
        self.elem = elem
        self.n = n

    def __iter__(self):                          ←── ❶使用__iter__()方法
        elem = self.elem
        n = self.n

        class _Iter:                             ←── ❷定义迭代器
            def __init__(self):
                self.count = 0

            def __next__(self):                  ←── ❸定义__next__()方法
                if self.count < n:
                    self.count += 1
                    return elem
                raise StopIteration              ←── ❹引发 StopIteration 停止迭代

            def __iter__(self):                  ←── ❺迭代器的__iter__()返回自身
                return self
```

```
        return _Iter()    ⬅── ❻返回迭代器实例
for elem in Repeat('A', 5):
    print(elem, end = '')
```

在这个范例中，Repeat 类定义了__iter__()方法❶。它必须返回迭代器实例❻，至于迭代器类直接定义在 Repeat 类中❷，这是为了便于访问 Repeat 的成员。迭代器定义了__next__() 方法❸，不断地重复返回指定的元素，如果返回的元素已达指定个数，就引发 StopIteration 停止迭代❹，而迭代器的__iter__() 返回自身❺。这个范例的执行结果最后会显示 AAAAA 的字样。

当然，这只是一个示范，同样的需求也可以使用生成器来操作。例如：

```
def repeat(elem: Any, n: int) -> Iterator:
    count = 0
    while count < n:
        count += 1
        yield elem

for elem in repeat('A', 5):
    print(elem, end = '')
```

> **提示 ≫** 如果需要的重复次数不多, 也可以使用 [elem] * n 的方式 例如 ['A'] * 10 会建立['A', 'A', 'A', 'A', 'A', 'A', 'A', 'A', 'A', 'A']。不过这会返回 list，而不是一个生成器。因此，若需要的重复次数多时，会比较耗费内存空间。

实际上很少有机会直接调用__iter__()，或者是使用 iter() 来取得生成器。因为 Python 标准链接库有许多情况下都接受 iterable 对象，在内部自动帮你调用__iter__()。举例来说，若 lt 是 [1, 2, 3, 4, 5]，那么 set(lt) 会建立{1, 2, 3}，tuple(lt) 会建立(1, 2, 3, 4, 5)。

2. 使用 itertools 模块

在 **Python 标准链接库中提供了 itertools 模块，当中有许多函数，可协助建立迭代器或生成器**。例如刚才自行使用的 cycle()、repeat() 函数，在 itertools 模块中就有提供。

```
>>> import itertools
>>> cycle_gen = itertools.cycle('abcd')
>>> next(cycle_gen)
'a'
>>> next(cycle_gen)
'b'
>>> next(cycle_gen)
'c'
>>> next(cycle_gen)
'd'
>>> next(cycle_gen)
'a'
```

```
>>> rept_gen = itertools.repeat('A', 10)
>>> list(rept_gen)
['A', 'A', 'A', 'A', 'A', 'A', 'A', 'A', 'A', 'A']
>>>
```

在 itertools 模块中，cycle()、repeat() 还有一个 count() 函数都是无限迭代器（repeat() 的第二个自变量可以省略，此时就会建立无限生成器）。例如，count() 可以指定起始值与步进值，无限地迭代出下一个数字，如 count(5) 可以迭代出 5、6、7、8、9、…，而 count(5, 2) 可以迭代出 5、7、9、11、13、…。

对于迭代过程一些常见的操作，itertools 模块也有提供相关函数。例如，accumulate() 可在迭代的过程中进行累加或指定的运算。

```
>>> import itertools
>>> list(itertools.accumulate([1, 2, 3, 4, 5]))
[1, 3, 6, 10, 15]
>>> list(itertools.accumulate([1, 2, 3, 4, 5], int.__mul__))
[1, 2, 6, 24, 120]
>>>
```

chain() 或 chain.from_iterable() 可将指定的序列摊平逐一迭代。例如：

```
>>> list(itertools.chain('ABC', [1, 2, 3]))
['A', 'B', 'C', 1, 2, 3]
>>> list(itertools.chain.from_iterable(['ABC', [1, 2, 3]]))
['A', 'B', 'C', 1, 2, 3]
>>> list(itertools.chain.from_iterable([[9, 8, 6], [1, 2, 3]]))
[9, 8, 6, 1, 2, 3]
>>>
```

dropwhile() 会在指定的函数返回 True 的情况下，持续地丢弃元素，直到有一个元素让函数返回 False 为止。takewhile() 是它的相反，持续地保留元素，直到有一个元素让函数返回 False 为止。filterfalse() 是 filter() 函数的相反，filterfalse() 会将指定函数返回 False 的元素留下来。

```
>>> list(itertools.dropwhile(lambda x: x < 5, [1, 4, 6, 4, 1]))
[6, 4, 1]
>>> list(itertools.takewhile(lambda x: x < 5, [1, 4, 6, 4, 1]))
[1, 4]
>>> list(itertools.filterfalse(lambda x: x % 2, [1, 2, 3 ,4]))
[2, 4]
>>>
```

有时候需要按某个键来进行分类，例如，将 ['Justin', 'Monica', 'Irene', 'Pika', 'caterpillar'] 字符串长度分类。就这个需求来说，虽然可以自行操作，例如：

```
names = ['Justin', 'Monica', 'Irene', 'Pika', 'caterpillar']

grouped_by_len = {}
for name in names:
```

```
    key = len(name)
    if key not in grouped_by_len:
        grouped_by_len[key] = []
    grouped_by_len[key].append(name)

for length in grouped_by_len:
    print(length, grouped_by_len[length])
```

不过，使用 itertools 的 groupby() 函数可以省事许多。

```
>>> names = ['Justin', 'Monica', 'Irene', 'Pika', 'caterpillar']
>>> grouped_by_name = itertools.groupby(names, lambda name: len(name))
>>> for length, group in grouped_by_name:
...     print(length, list(group))
...
6 ['Justin', 'Monica']
5 ['Irene']
4 ['Pika']
11 ['caterpillar']
>>>
```

groupby() 的返回值是一个 itertools.groupby 对象，它是 iterable 对象，从它身上获取的迭代器在每次迭代时会返回一个 tuple。tuple 中第一个值就是指定的分类值，第二个值是一个 itertools._grouper，也是一个 iterable 对象，包含了所有同一分类值的对象。

这里先介绍了 itertools 模块中几个常用的函数，更多的函数说明可以参考 itertools 模块的说明文件[①]。

提示 >>> 在 8.1.1 小节中曾经谈过 Python 的文件读取风格：读取一个文件最好的方式，就是不要去 read！由于 Python 标准链接库在许多情况下都接受 iterable 对象，而使用 open() 开启的文件对象是 iterable 对象，直接将 open() 开启的文件传给这类链接库就非常方便了。例如，若想读取文本文件内容，并将每一行插入 set，一个简洁的方式就是：

```
unrepeated_lines = None
with open('filename', 'r') as f:
    unrepeated_line = set(f)
```

9.1.3 orderable 协议

如果打算对 list 进行排序，可以直接调用它的 sort()方法，这会在既有的 list 上进行排序，例如：

```
>>> lt = [3, 5, 1, 2, 8]
>>> lt.sort()
>>> lt
```

---

① itertools 模块：docs.python.org/3/library/itertools.html

233

```
[1, 2, 3, 5, 8]
>>> lt.sort(reverse = True)
>>> lt
[8, 5, 3, 2, 1]
>>>
```

除了可以使用 reverse 参数指定倒序之外，也可以使用 key 参数，指定要使用哪个值进行排序。例如，下面分别针对姓名、代表字母或年龄进行排序。

```
>>> customers = [('Justin', 'A', 40), ('Irene', 'C', 8), ('Monica', 'B', 37)]
>>> customers.sort(key = lambda cust: cust[0])
>>> customers
[('Irene', 'C', 8), ('Justin', 'A', 40), ('Monica', 'B', 37)]
>>> customers.sort(key = lambda cust: cust[1])
>>> customers
[('Justin', 'A', 40), ('Monica', 'B', 37), ('Irene', 'C', 8)]
>>> customers.sort(key = lambda cust: cust[2])
>>> customers
[('Irene', 'C', 8), ('Monica', 'B', 37), ('Justin', 'A', 40)]
>>>
```

list 才有 sort() 方法。对于其他 iterable 对象，若想进行排序，可以使用 sorted() 函数，可指定的参数同样也有 reverse 与 key 参数。此函数不会变动原有的 list，排序的结果会以新的 list 返回。例如：

```
>>> customers = [('Justin', 'A', 40), ('Irene', 'C', 8), ('Monica', 'B', 37)]
>>> sorted(customers, key = lambda cust: cust[0])
[('Irene', 'C', 8), ('Justin', 'A', 40), ('Monica', 'B', 37)]
>>> sorted(customers, key = lambda cust: cust[2])
[('Irene', 'C', 8), ('Monica', 'B', 37), ('Justin', 'A', 40)]
>>> sorted(customers, key = lambda cust: cust[2], reverse = True)
[('Justin', 'A', 40), ('Monica', 'B', 37), ('Irene', 'C', 8)]
>>>
```

无论是使用 list 的 sort() 方法，还是 sorted() 函数，有一个问题就是，如果是自定义的类实例，它们怎么会知道该怎么排序呢？确实是不知道的！

```
>>> class Customer:
...     def __init__(self, name, symbol, age):
...         self.name = name
...         self.symbol = symbol
...         self.age = age
...
>>> customers = [
...     Customer('Justin', 'A', 40),
...     Customer('Irene', 'C', 8),
...     Customer('Monica', 'B', 37)
... ]
```

```
>>> sorted(customers)
Traceback (most recent call last):
  File "<stdin>", line 1, in <module>
TypeError: unorderable types: Customer() < Customer()
>>>
```

如果没有指定 key 参数，在上面的范例中，sorted()根本就不知道排序的依据，因此引发了 TypeError，告知 Customer 并不是 orderable 的类型。如果希望自定义类型在 sorted() 或者是使用 list 的 sort() 时可以有默认的排序定义，必须使用__lt__() 方法。例如，若想让名称作为默认排序依据，可以如下操作。

object_protocols orderable_types.py

```
class Customer:
    def __init__(self, name, symbol, age):
        self.name = name
        self.symbol = symbol
        self.age = age

    def __lt__(self, other):
        return self.name < other.name

    def __str__(self):
        return "Customer('{name}', '{symbol}', {age})".format(**vars(self))

    def __repr__(self):
        return self.__str__()

customers = [
    Customer('Justin', 'A', 40),
    Customer('Irene', 'C', 8),
    Customer('Monica', 'B', 37)
]

print(sorted(customers))
```

当然，对于一个复合类型的实例来说，排序时可能有多种考虑。因此在使用 list 的 sort() 方法或者 sorted() 函数时，指定 key 参数还是比较方便的。在指定 key 参数时，虽然可以自行定义 lambda 来指定排序依据，不过，也可以指定 operator 模块的 itemgetter、attrgetter。前者可以针对具有索引的结构，后者可以针对对象的属性。下面是使用 itemgetter 的示范。

```
>>> from operator import itemgetter
>>> customers = [('Justin', 'A', 40), ('Irene', 'C', 8), ('Monica', 'B', 37)]
>>> sorted(customers, key = itemgetter(0))
[('Irene', 'C', 8), ('Justin', 'A', 40), ('Monica', 'B', 37)]
>>> sorted(customers, key = itemgetter(1))
[('Justin', 'A', 40), ('Monica', 'B', 37), ('Irene', 'C', 8)]
>>> sorted(customers, key = itemgetter(2))
```

09

```
[('Irene', 'C', 8), ('Monica', 'B', 37), ('Justin', 'A', 40)]
>>>
```

下面是使用 attrgetter 的示范。

```
>>> from operator import attrgetter
>>> class Customer:
...     def __init__(self, name, symbol, age):
...         self.name = name
...         self.symbol = symbol
...         self.age = age
...     def __repr__(self):
...         return "Customer('{name}', '{symbol}', {age})".format(**vars(self))
...
>>> customers = [
...     Customer('Justin', 'A', 40),
...     Customer('Irene', 'C', 8),
...     Customer('Monica', 'B', 37)
... ]
>>> sorted(customers, key = attrgetter('name'))
[Customer('Irene', 'C', 8), Customer('Justin', 'A', 40), Customer('Monica', 'B', 37)]
>>> sorted(customers, key = attrgetter('age'))
[Customer('Irene', 'C', 8), Customer('Monica', 'B', 37), Customer('Justin', 'A', 40)]
>>> sorted(customers, key = attrgetter('symbol'))
[Customer('Justin', 'A', 40), Customer('Monica', 'B', 37), Customer('Irene', 'C', 8)]
>>>
```

9.2　进阶群集处理

在第 3 章介绍 str、list、set、dict、tuple 等类型，应该发现这些类型之间都有一些相同的操作行为。Python 是一个动态类型语言，多数情况下并非使用类型来分类，而是以行为来分类。从这个角度来认识群集结构，就可以活用群集，而不至于落入死背 API 的状况。

9.2.1　认识群集结构

想要进一步认识群集，先要知道在 **Python 中大致将群集分为三种类型：序列类型（Sequence Type）、集合类型（Set Type）与映射类型（Mapping Type）。**

1．序列类型

目前看过的序列类型有 list、tuple、range，以及代表文字数据的 str 与代表二进制数据的 bytes、bytearray 等。可以看出，序列类型都是有序、具备索引的数据结构，序列类型都是 iterable 对象，都具有表 9.1 的行为。

表 9.1　序列类型共同行为

操　作	结　果
x in s	s 中是否包含 x 元素
x not in s	s 中是否未包含 x 元素
s + t	连接 s 与 t
s * n	将 s 的元素重复 n 次
s[i]	取得索引 i 处的元素，第一个索引是 0
s[i:j]	切割出从 i 到 j 的元素
s[i:j:k]	切割出从 i 到 j 的元素，每次间隔 k
len(s)	取得 s 的长度
mix(s)	取得 s 中的最小值
max(s)	取得 s 中的最大值
s.index(x[, i[, j]])	取得第一个 x 的索引位置（可指定从 i 开始至 j 之前）
s.count(x)	取得 x 的出现次数

如果想要针对具有这类行为的对象使用类型提示，可以使用 typing.Sequence。

tuple、str 与 bytes 是**不可变动的序列类型，具有默认的 hash() 操作**，其他可变动的序列类型就没有默认的 hash() 操作。因此，tuple、str、bytes 可以作为 set 的元素或 dict 的键，然而，可变动的 list 就不行。

然而，可变动的序列结构，还会有表 9.2 的操作行为。

表 9.2　可变动序列类型共同行为

操　作	结　果
s[i] = x	指定 s 的索引 i 处值为 x
s[i:j] = t	将 s 的 i 至 j 使用 iterable 的 t 取代
del s[i:j]	相当于 s[i:j] = []
s[i:j:k] = t	将符合 s[i:j:k] 的元素使用 t 取代
del s[i:j:k]	将 s[i:j:k] 的元素删除
s.append(x)	将 x 附加至 s 尾端
s.clear()	清空 s 中全部元素
s.copy()	浅层复制 s（相当于 s[:]）
s.extend(t)	相当于 s += t
s.insert(i, x)	将 x 安插在索引 i 之前
s.pop([i])	取得首个（或索引 i）元素并将之从 s 中移除
s.remove(x)	将 x 从 s 中移除
s.reverse()	反转 s 中元素的顺序

如果想要针对具有这类行为的对象使用类型提示，可以使用 typing.MutableSequence。

提示 >>> 如果你需要一个仅含同质（Homogeneous）元素的序列结构，可以使用 array 模块[1]的 array 类。例如，建立一个只允许整数的 array 实例，若指定了非整数，就会引发 TypeError。

```
>>> from array import array
>>> ints = array('i', [10, 20, 30])
>>> ints.append(40)
>>> ints.append('A')
Traceback (most recent call last):
  File "<stdin>", line 1, in <module>
TypeError: an integer is required (got type str)
>>>
```

2．集合类型

集合类型是无序，元素必须都是 **hashable** 对象而且不会重复。它们是 **iterable** 对象，可以使用 **x in set**、**x not in set**、**len(set)**，以及交集（**Intersection**）、联集（**Union**）、差集（**Difference**）与对称差集（**Symmetric Difference**）等操作。

集合类型的内置类型是 set，除了使用 3.2.5 小节中介绍的 &、|、– 与 ^ 来做交集、联集、差集与对称差集运算之外，还可以使用 intersection()、union()、difference()、symmetric_difference() 方法来进行运算。

如果想要针对具有这类行为的对象使用类型提示，可以使用 typing.Set。

set 本身是可变动的，如果想要不可变动的集合类型，可以使用 frozenset() 来建立。建立的实例本身有使用__hash__()方法，为 hashable 对象。

对于 frozenset() 建立的数据，类型提示上可以使用 typing.FrozenSet。

对于 set 与 frozenset() 建立的集合，它们拥有的共同操作行为可以参考官方文件 Set Types — set, frozenset[2] 的说明，其中也有可变动的 set 上才能操作的相关方法说明。

3．映射类型

映像类型可以将 hashable 对象映射到一个任意值。Python 中的内置类型就是 dict，操作方式可参考 3.1.3 小节有关 dict 的介绍或者官方文件 Mapping Types — dict[3] 的说明。类型提示上，对于具有映射行为的对象，可以使用 typing.Mapping、typing.MutableMapping 等。

提示 >>> 简单来说，typing 模块中有着各自对应于群集的类型提示。各自文件说明中，都会列出对应的类型可以直接查阅。

---

[1] array 模块：docs.python.org/3/library/array.html
[2] Set Types：docs.python.org/3/library/stdtypes.html#set-types-set-frozenset
[3] Mapping Types：docs.python.org/3/library/stdtypes.html#mapping-types-dict

9.2.2 使用 collection 模块

除了内置类型外，Python 标准链接库还包含 collections 模块，包含了一些群集相关的函数与方法，可用来满足一些群集处理的进阶需求。

1. deque 类

如果想实现先进后出的栈（Stack）结构，在 Python 中可以使用 list，运用其 append()与pop() 方法。例如：

```
>>> stack = [1, 2, 3]
>>> stack.append(4)
>>> stack.append(5)
>>> stack
[1, 2, 3, 4, 5]
>>> stack.pop()
5
>>> stack
[1, 2, 3, 4]
>>> stack.pop()
4
>>> stack
[1, 2, 3]
>>>
```

如果想实现先进先出的队列（Queue），在 Python 中也可以使用 list，运用其 append() 与pop(0) 方法即可。或者是想实现双向队列（Double-ended Queue），可在队列前端或尾端插入或取得元素，list 也使用提供的 insert(0, elem)方法。

不过，**对于队列或双向队列来说，使用 list 的效率并不好**。因为 list 本身的操作对于固定长度的访问会比较快速，若使用 pop(0) 或 insert(0, elem) 方法，为了维持索引顺序，必须做 O(n) 数量级的元素搬动。若 list 长度很长，或者必须频繁做 pop(0)、insert(0, elem) 操作的话，并不建议使用 list。

对于队列或双向队列的需求，建议使用 collections 模块中提供的 deque 类。在 deque 实例的两端做插入、移除操作，几乎是接近 O(1) 数量级的效能。除了与 list 相同的 append()、pop()、insert()等方法外，deque 还提供了 appendleft()、popleft()等方法。例如：

```
>>> from collections import deque
>>> deque = deque([1, 2, 3])
>>> deque.appendleft(0)
>>> deque.appendleft(-1)
>>> deque
deque([-1, 0, 1, 2, 3])
>>> deque.pop()
```

```
3
>>> deque.popleft()
-1
>>> deque
deque([0, 1, 2])
>>>
```

deque 甚至还有一个 rotate()方法，可以实现环形队列，rotate()可以指定一次转几个元素，例如一次转一个元素。

```
>>> deque
deque([0, 1, 2])
>>> deque.rotate(1)
>>> deque
deque([2, 0, 1])
>>> deque.rotate(1)
>>> deque
deque([1, 2, 0])
>>>
```

2．namedtuple()函数

在 3.1.3 小节介绍 tuple 时曾经讲过，有时会想要返回一组相关的值，又不想特意自定义一个类型，就会使用 tuple。这有一些好处，因为 tuple 的状态不可变动，比较省内存；而且 tuple 是 hashable，可以作为 set 的元素或 dict 的键。

不过，因为 tuple 的元素没有名称，只依靠索引来取得各个元素并不方便。**如果想有一个简单类，以便建立的实例能拥有域名，实际上不用自行定义，而可以使用 collections 模块的 namedtuple() 函数**。例如：

```
>>> from collections import namedtuple
>>> Point = namedtuple('Point', ['x', 'y'])
>>> p1 = Point(10, 20)
>>> p1.x
10
>>> p1.y
20
>>> p2 = Point(11, y = 22)
>>> p2
Point(x=11, y=22)
>>> x, y = p1
>>> x
10
>>> y
20
>>> p2[0]
11
>>> p2[1]
```

```
22
>>> p1.x = 1
Traceback (most recent call last):
  File "<stdin>", line 1, in <module>
AttributeError: can't set attribute
>>> hash(p2)
112275502
>>>
```

　　namedtuple()的第一个参数是想建立的类型名称，第二个参数是域名，它会返回 tuple 的子类。如上面的例子所示，可以用它来建立实例，并具有域名，同时也保留 tuple 的特性，如状态无法变动，且有默认的__hash__()操作。

提示 >>> Python 创建者 Guido van Rossum 曾经写道："避免过度设计数据结构。元组比对象好（试试 namedtuple）。简单的字段会比 Getter/Setter 函数好。"

　　除了继承 tuple 可用的方法外，namedtuple()返回的类建立的实例也额外定义了一些方法可以使用。为了避免与用户指定的域名冲突，这些方法的名称都是以下划线作为开头。

　　例如刚才的 Point 类，如果来源是一个 iterable 对象，除了 Point(*iterable) 这样的方式之外，还可以使用 Point._make(iterable) 这样的方式来建立 Point 实例。

```
>>> lt = [10, 20]
>>> Point(*lt)
Point(x=10, y=20)
>>> Point._make(lt)
Point(x=10, y=20)
>>>
```

　　可以使用_asdict()方法返回域名与值，使用_replace()并指定字段与值会建立新的实例，包含已替换的域值。

```
>>> p1._asdict()
OrderedDict([('x', 10), ('y', 20)])
>>> p1._replace(x = 20)
Point(x=20, y=20)
>>>
```

　　通过 namedtuple()返回的类有一个_fields 可获取全部域名。如果想简单地定义 namedtuple 的继承，代码如下：

```
>>> Point._fields
('x', 'y')
>>> Point3D = namedtuple('Point3D', Point._fields + tuple('z'))
>>> Point3D(10, 20, 30)
Point3D(x=10, y=20, z=30)
>>>
```

　　如果想定义 Docstrings，可以直接定义 namedtuple() 返回类或者是其字段的__doc__，例如：

```
>>> Point.__doc__ = 'Cartesian coordinate system (x, y)'
>>> Point.x.__doc__ = 'Cartesian coordinate system x'
>>> Point.y.__doc__ = 'Cartesian coordinate system y'
>>>
```

由于 namedtuple() 返回的实际上就是一个类，因此，也可以直接使用继承语法。若想定义一个类，状态不可变动，也可以拥有一些自定义的方法，代码如下：

```
>>> from math import sqrt
>>> from collections import namedtuple
>>>
>>> class Point(namedtuple('Point', ['x', 'y'])):
...     def len_from(self, other):
...         return sqrt(pow(self.x - other.x, 2) + pow(self.y - other.y, 2))
...
>>> p1 = Point(5, 10)
>>> p2 = Point(8, 15)
>>> p1.len_from(p2)
5.830951894845301
>>>
```

3．OrderedDict 类

使用内置类型 dict 时，当必须遍历键时就会发现，你无法测试它的顺序。若想以特定顺序来遍历 dict 中的键值，可以在取得 dict 全部的键排序后再用来取值。

```
>>> custs = [
...     ('A', 'Justin Lin'),
...     ('B', 'Monica Huang'),
...     ('C', 'Irene Lin')
... ]
>>>
>>> cust_dict = dict(custs)
>>> cust_dict
{'C': 'Irene Lin', 'B': 'Monica Huang', 'A': 'Justin Lin'}
>>> for key in sorted(cust_dict.keys()):
...     print(key, ':', cust_dict[key])
...
A : Justin Lin
B : Monica Huang
C : Irene Lin
>>>
```

不过，既然一开始的 custs 数据就有这样的顺序，事后又要对 dict 的键进行排序显得有点麻烦。如果想在建立 **dict** 时保有最初键值加入的顺序，可以使用 **collections** 模块的 **OrderedDict**。

```
>>> custs = [
...     ('A', 'Justin Lin'),
...     ('B', 'Monica Huang'),
```

```
...        ('C', 'Irene Lin')
... ]
>>>
>>> cust_dict = OrderedDict(custs)
>>> cust_dict
OrderedDict([('A', 'Justin Lin'), ('B', 'Monica Huang'), ('C', 'Irene Lin')])
>>> for key in cust_dict:
...        print(key, ':', cust_dict[key])
...
A : Justin Lin
B : Monica Huang
C : Irene Lin
>>>
```

进一步地，OrderedDict 搭配 9.1.3 小节的内容，就可以解决各种按键排序或按值排序的常见需求。

```
>>> from operator import itemgetter
>>> origin_dict = {'A' : 85, 'B' : 90, 'C' : 70}
>>> origin_dict
{'C': 70, 'B': 90, 'A': 85}
>>> OrderedDict(sorted(origin_dict.items(), key = itemgetter(0)))  #按键排序
OrderedDict([('A', 85), ('B', 90), ('C', 70)])
>>> OrderedDict(sorted(origin_dict.items(), key = itemgetter(1)))  #按值排序
OrderedDict([('C', 70), ('A', 85), ('B', 90)])
>>>
```

4．defaultdict 类

回顾一下 9.1.2 小节介绍 itertools 模块中 groupby() 函数前曾经使用过的范例。

```
names = ['Justin', 'Monica', 'Irene', 'Pika', 'caterpillar']

grouped_by_len = {}
for name in names:
    key = len(name)
    if key not in grouped_by_len:
        grouped_by_len[key] = []
    grouped_by_len[key].append(name)

for length in grouped_by_len:
    print(length, grouped_by_len[length])
```

若只是讨论这段程序代码，粗体字的部分其实可以改写为：

```
names = ['Justin', 'Monica', 'Irene', 'Pika', 'caterpillar']

grouped_by_len = {}
for name in names:
```

```
    key = len(name)
    group = grouped_by_len.get(key, [])
    group.append(name)
    grouped_by_len[key] = group

for length in grouped_by_len:
    print(length, grouped_by_len[length])
```

这是利用了 dict 实例的 get()方法，可以在指定的键不存在时返回第二个参数指定的值。实际上对这个需求来说，只要指定的键不存在，一律返回新建的 list。对于这种场合，另一个方式是使用 collections 的 defaultdict 类。例如：

collection_advanced group.py

```
from collections import defaultdict

names = ['Justin', 'Monica', 'Irene', 'Pika', 'caterpillar']

grouped_by_len = defaultdict(list)

for name in names:
    key = len(name)
    grouped_by_len[key].append(name)

for length in grouped_by_len:
    print(length, grouped_by_len[length])
```

defaultdict 接受一个函数，它建立的实例在当指定的键不存在时就会使用指定的函数来生成，并直接设定为键的对应值。上面的范例中指定了 list 在键不存在时生成一个空的 list 并设定为键对应的值。

也可以使用 defaultdict 来设计一个计数器。例如，计算文字中每个字母的出现次数。

collection_advanced counter.py

```
from collections import defaultdict
from operator import itemgetter

def count(text):
    counter = defaultdict(int)
    for c in text:
        counter[c] += 1
    return counter.items()

text = 'Your right brain has nothing left.'
for c, n in sorted(count(text), key = itemgetter(0)):
    print(c, ':', n)
```

如果指定的字母不存在，就会使用 int 生成默认的整数值 0。并设为键对应的值，之后就直接加 1 并再度设回键对应的值。执行结果如下：

```
  : 5
. : 1
Y : 1
a : 2
b : 1
e : 1
f : 1
g : 2
...
```

5．Counter 类

实际上，collections 模块中有一个 Counter 类可以满足刚才的计数需求。例如：

```
>>> from collections import Counter
>>> c = Counter('Your right brain has nothing left.')
>>> c
Counter({' ': 5, 'h': 3, 'i': 3, 'r': 3, 't': 3, 'n': 3, 'a': 2, 'o': 2, 'g': 2,
'l': 1, 'f': 1, 'b': 1, 'Y': 1, 'e': 1, 's': 1, 'u': 1, '.': 1})
>>> list(c.elements())
['h', 'h', 'h', 'i', 'i', 'i', 'l', 'f', 'r', 'r', 'r', 'b', 'Y', 'e', 'a', 'a',
's', 'u', '.', 't', 't', 't', 'o', 'o', 'n', 'n', 'n', ' ', ' ', ' ', ' ', ' ',
'g', 'g']
>>>
```

反过来运用也可以指定一个 dict 给 Counter，它会按 dict 中值的指定建立对应数量的键。例如：

```
>>> c = Counter({'Justin' : 4, 'Monica' : 3, 'Irene' : 2})
>>> list(c.elements())
['Monica', 'Monica', 'Monica', 'Justin', 'Justin', 'Justin', 'Justin', 'Irene', 'Irene']
>>> c['Justin'] = 5
>>> list(c.elements())
['Monica', 'Monica', 'Monica', 'Justin', 'Justin', 'Justin', 'Justin', 'Justin',
'Irene', 'Irene']
>>> c['caterpillar'] = 2
>>> list(c.elements())
['Monica', 'Monica', 'Monica', 'Justin', 'Justin', 'Justin', 'Justin', 'Justin',
'Irene', 'Irene', 'caterpillar', 'caterpillar']
>>>
```

由于 Counter 本身是 dict 的子类，所以，想要新增或删除键值，方式与 dict 都是相同的。

6．ChainMap 类

如果有多个 dict 对象，想要将它们合并在一起，可以使用 dict 的 update()方法。例如：

```
>>> custs1 = {'A' : 'Justin', 'B' : 'Monica'}
```

```
>>> custs2 = {'C' : 'Irene', 'D': 'caterpillar'}
>>> custs = {}
>>> custs.update(custs1)
>>> custs.update(custs2)
>>> custs
{'D': 'caterpillar', 'B': 'Monica', 'C': 'Irene', 'A': 'Justin'}
>>>
```

也可以使用 collections 的 ChainMap 来达到相同的目的。ChainMap 的实例行为上如有 dict，可以将多个 dict 视为一个来进行操作。例如：

```
>>> from collections import ChainMap
>>> custs1 = {'A' : 'Justin', 'B' : 'Monica'}
>>> custs2 = {'C' : 'Irene', 'D': 'caterpillar'}
>>> custs = ChainMap(custs1, custs2)
>>> custs
ChainMap({'B': 'Monica', 'A': 'Justin'}, {'D': 'caterpillar', 'C': 'Irene'})
>>> custs['B']
'Monica'
>>> custs['D']
'caterpillar'
>>>
```

从上面的操作中也可以看到，实际上，ChainMap 的底层使用了一个 list 来维护最初指定的全部 dict。因此，会比单纯使用 dict 的 update() 来合并多个 dict 效率高一些。

如果通过 ChainMap 指定更新某对键值，就会在底层中第一个找到键的 dict 中更新对应的值。若底层中全部的 dict 都找不到对应的键时，就会直接在第一个 dict 中新增键值。例如：

```
>>> custs1 = {'A' : 'Justin', 'B' : 'Monica'}
>>> custs2 = {'B' : 'Irene', 'C' : 'caterpillar'}
>>> custs = ChainMap(custs1, custs2)
>>> custs
ChainMap({'B': 'Monica', 'A': 'Justin'}, {'B': 'Irene', 'C': 'caterpillar'})
>>> custs['B'] = 'Pika'
>>> custs
ChainMap({'B': 'Pika', 'A': 'Justin'}, {'B': 'Irene', 'C': 'caterpillar'})
>>> custs['D'] = 'Bush'
>>> custs
ChainMap({'D': 'Bush', 'B': 'Pika', 'A': 'Justin'}, {'B': 'Irene', 'C': 'caterpillar'})
>>>
```

ChainMap 底层维护的 list 可以通过 maps 属性来获取。这是一个 list，因此只要利用索引就可以获取对应的 dict。

```
>>> custs.maps
[{'D': 'Bush', 'B': 'Pika', 'A': 'Justin'}, {'B': 'Irene', 'C': 'caterpillar'}]
>>> custs.maps[0]
{'D': 'Bush', 'B': 'Pika', 'A': 'Justin'}
```

```
>>>
```

如果想要在既有的 ChainMap 中新增 dict，方式是在 maps 属性上使用 append()方法。
ChainMap 的 new_child() 方法可以指定 dict，这会建立一个新的 ChainMap，其中来源 ChainMap
中的 dict 包含指定的 dict。如果想建立一个新的 ChainMap，不包含来源 ChainMap 的第一个
dict，可以使用 parents 属性。例如：

```
>>> custs.new_child({'X' : 'Monica'})
ChainMap({'X': 'Monica'}, {'D': 'Bush', 'B': 'Pika', 'A': 'Justin'}, {'B': 'Irene',
'C': 'caterpillar'})
>>> custs.parents
ChainMap({'B': 'Irene', 'C': 'caterpillar'})
>>>
```

9.2.3　__getitem__()、__setitem__()、__delitem__()

了解了 collections 模块中提供的一些进阶群集操作之后，接下来的问题是，如果想要根据
自己的需求来操作群集，该如何进行呢？Python 中其实提供了一些基类，可以基于这些类来
操作自己的群集。不过，在这之前，要先来认识一下__getitem__()、__setitem__()、__delitem__()。

简单来说，在 Python 的群集中有许多类型，都可以使用 [ ] 来指定索引或者是键进行访问。
**如果想要实现 [ ] 取值，可以使用__getitem__()，想要实现 [ ] 设值，可以使用__setitem__()，
若想通过 del 与 [ ] 来删除，可以使用__delitem__()。**

作为示范，下面的范例使用了__getitem__()、__setitem__()、__delitem__()，以模仿 ChainMap
的部分功能。

collection_advanced chainmap.py

```python
from typing import Any, Dict, Hashable, Optional

class ChainMap:
    def __init__(self, *tulp: Dict) -> None:
        self.dictLt = list(tulp)

    def lookup(self, key: Hashable) -> Optional[Dict]:
        for m in self.dictLt:            ← ❶查找是否有对应键的 dict
            if key in m:
                return m
        return None

    def __getitem__(self, key: Hashable) -> Any:    ← ❷使用__getitem__()方法
        m = self.lookup(key)
        if m:
            return m[key]
        else:
            raise KeyError(key)
```

```
    def __setitem__(self, key: Hashable, value: Any):  ←—— ❸使用__setitem__()方法
        m = self.lookup(key)
        if m:
            m[key] = value
        else:
            self.dictLt.append({key: value})

    def __delitem__(self, key: Hashable):  ←—— ❹使用__delitem__()方法
        m = self.lookup(key)
        if m:
            del m[key]
            if len(m) == 0:
                self.dictLt.remove(m)
        else:
            raise KeyError(key)


c = ChainMap({'A' : 'Justin'}, {'A' : 'Monica', 'B' : 'Irene'})
print(c.dictLt)

print(c['A'])

c['A'] = 'caterpillar'
print(c.dictLt)

del c['A']
print(c.dictLt)
```

范例中定义了 lookup() 方法，可指定键来获取第一个含有指定键的 dict，若都没有就返回 None❶。__getitem__()的第二个自变量就是 c[key] 时的 key 值❷。而__setitem__()的第二与第三个自变量则是 c[key] = value 时的 key 与 value❸，至于__delitem__()的第二个自变量，则是 del c[key]时的 key❹。范例的执行结果如下：

```
[{'A': 'Justin'}, {'A': 'Monica', 'B': 'Irene'}]
Justin
[{'A': 'caterpillar'}, {'A': 'Monica', 'B': 'Irene'}]
[{'A': 'Monica', 'B': 'Irene'}]
```

09

虽然这里是以实现 ChainMap 作为示范，然而，__getitem__()、__setitem__()与__delitem__()的第二个自变量也可以是数字，也就是当指定索引时，也是使用这三个方法。

附带一提的是，使用 len() 函数打算取得一个群集的长度时，会调用群集的__len__()方法。因此，**可以在自定义群集时使用__len__()方法来计算群集的长度并返回。**

提示 >>> 在类型提示部分，Python 内置的群集多支持泛型，在使用自己的群集类型时，也可以试着在类型提示上支持泛型。如有兴趣，可以回头复习一下 6.4 节的泛型入门，下面的程序代码为上一范例支持泛型的操作。

```python
from typing import TypeVar, Generic, Dict, Optional

KT = TypeVar('KT')
VT = TypeVar('VT')

class ChainMap(Generic[KT, VT]):
    def __init__(self, *tulp: Dict[KT, VT]) -> None:
        self.dictLt = list(tulp)

    def lookup(self, key: KT) -> Optional[Dict]:
        for m in self.dictLt:
            if key in m:
                return m
        return None

    def __getitem__(self, key: KT) -> VT:
        m = self.lookup(key)
        if m:
            return m[key]
        else:
            raise KeyError(key)

    def __setitem__(self, key: KT, value: VT):
        m = self.lookup(key)
        if m:
            m[key] = value
        else:
            self.dictLt.append({key: value})

    def __delitem__(self, key: KT):
        m = self.lookup(key)
        if m:
            del m[key]
            if len(m) == 0:
                self.dictLt.remove(m)
        else:
            raise KeyError(key)
```

9.2.4　使用 collection.abc 模块

刚才自行实现的 ChainMap 范例其实只是部分模仿了 dict 的行为。实际上，要操作一个群集对象能够符合 Python 中对群集对象相关的协议要求，还有着其他方法必须实现。而且，就算记得有哪些方法得实现，要自行逐一实现这些方法，也是件麻烦且容易出错的任务。

为此，Python 标准链接库提供了 collections.abc 模块，就 abc 这名称来看，可以联想到 6.2.5 小节曾介绍过的抽象基类（Abstract Base Class）。事实上也是如此，**collections.abc 模块中提供了许多操作群集时的基类。开发者继承这些类，可以避免遗忘了必须操作的方法，也可以有一些基本的共享操作。**

collections.abc 模块中的类分类与 9.2.1 小节的介绍相关。Sequence 可用来实现序列类型的共同行为，而 MutableSequence 继承 Sequence，定义了可变动序列类型的行为；Set 用来定义集合类型，而 MutableSet 继承 Set，用来定义可变动集合；Mapping 用来定义映射类型，而 MutableMapping 继承 Mapping，定义了可变动映射类型的行为。

collections 模块中的 ChainMap 实际上就是继承 MutableMapping 而实现。如果想自行定义 ChainMap，除了 __getitem__()、__setitem__() 与 __delitem__() 外，必要的操作还有 __iter__()、__len__() 方法，至于 __contains__()、keys()、items()、values()、get() 等 dict 的行为，都有默认的 Mixin 实现，详细清单可参考 collections.abc 模块的官方文件[①]。

因此，刚才自行实现的 ChainMap 可以改继承 MutableMapping，以使其更符合 dict 的对象协议。

collection_advanced chainmap2.py

```python
from typing import Any, Set, Dict, Hashable, Optional
from collections.abc import MutableMapping


class ChainMap(MutableMapping):
    def __init__(self, *tulp: Dict) -> None:
        self.dictLt = list(tulp)

    def lookup(self, key: Hashable) -> Optional[Dict]:
        for m in self.dictLt:
            if key in m:
                return m
        return None

    def __getitem__(self, key: Hashable) -> Any:
        m = self.lookup(key)
        if m:
            return m[key]
        else:
            raise KeyError(key)

    def __setitem__(self, key: Hashable, value: Any):
        m = self.lookup(key)
        if m:
            m[key] = value
        else:
```

---

① collections.abc 模块：docs.python.org/3/library/collections.abc.html

```
            self.dictLt.append({key: value})

    def __delitem__(self, key: Hashable):
        m = self.lookup(key)
        if m:
            del m[key]
            if len(m) == 0:
                self.dictLt.remove(m)
        else:
            raise KeyError(key)

    def key_set(self) -> Set:
        keys: Set = set()
        for m in self.dictLt:
            keys.update(m.keys())
        return keys

    def __iter__(self):
        return iter(self.key_set())

    def __len__(self):
        return len(self.key_set())


c = ChainMap({'A' : 'Justin'}, {'A' : 'Monica', 'B' : 'Irene'})
print(list(c))
print(len(c))
print(c.pop('A'))
print(list(c.keys()))
```

在上面的范例中，继承了 MutableMapping 后操作了必要的__getitem__()、__setitem__()、__delitem__()、__iter__()、__len__()方法，其他 dict 的行为，如 pop()、keys()等，就自动拥有了。一个执行范例如下：

```
['A', 'B']
2
Justin
['A', 'B']
```

要留意的是，**Mapping 并不是 dict 的子类，只是拥有 dict 的行为；Sequence 也不是 list 的子类，只是拥有 list 的行为；Set 也不是 set 的子类，只是拥有 set 的行为。**

如果你的规格书或者相关链接库要求群集的相关操作，必须得是 list、set、dict 的子类（使用了 isinstance()判断），那么必须继承 list、set、dict 等来实现，而不是 Sequence、Set、Mapping 等。

提示 >>> 虽然 hashable、iterable、iterator 等对象协议相对来说比较简单，不过 collections.abc 模块中也有定义 Hashable、Iterable、Iterator 类作为对应。

9.2.5　UserList、UserDict、UserString 类

如果只是要基于 str、list、dict 等行为，增加一些自己的方法定义，那么也可以使用 collections 模块的 UserString、UserList、UserDict。它们分别是 Sequence、MutableSequence、MutableMapping 的子类。

举个例子来说，虽然 Python 中不常见到方法链（method chain）操作。不过，下面故意实现一个可进行方法链操作的 MthChainList 类。

collection_advanced chainable.py

```python
from typing import Any, Callable
from collections import UserList          ←── ❶继承 UserList 类

Consume = Callable[[Any], None]
Predicate = Callable[[Any], bool]
Mapper = Callable[[Any], Any]

class MthChainList(UserList):          ←── ❷可返回 MthChainList 实例的 filter() 方法

    def filter(self, predicate: Predicate):
        return MthChainList(elem for elem in self if predicate(elem))

    def map(self, mapper: Mapper):          ←── ❸可返回 MthChainList 实例的 map() 方法
        return MthChainList(mapper(elem) for elem in self)

    def for_each(self, consume: Consume):          ←── ❹针对各元素进行指定的动作
        for elem in self:
            consume(elem)

lt = MthChainList(['a', 'B', 'c', 'd', 'E', 'f', 'G'])
lt.filter(str.islower).map(str.upper).for_each(print)
```

在这里的范例继承了 UserList 之后❶，并没有重新定义父类的任何方法，只是增加了可返回 MthChainList 实例的 filter() 方法❷与 map() 方法❸，以及可以针对各元素进行指定动作的 for_each()❹。因为 filter()、map() 返回的都是 MthChainList 实例，所以可以直接进行链状操作。在某些程序语言中，这样的链状操作是蛮受欢迎的方式。

> 提示 ›››　这个范例也可以改继承 list，若要求 MthChainList 必须是 list 的子类，这样做也会更符合需求。实际上，UserList 等类的存在还有着过去版本的 Python，不允许直接继承 list 等内置类的历史渊源。

9.3 重点复习

一个对象能被称为 hashable，它必须有一个 hash 值，这个值在整个执行时期都不会变化，而且必须可以进行相等比较。具体来说，一个对象能被称为 hashable，它必须实现__hash__()与__eq__()方法。

对于 Python 内置类型来说，只要是建立后状态就无法变动的类型，它的实例都是 hashable，而可变动的类型实例都是 unhashable。

一个自定义的类建立的实例默认也是 hashable 的，其__hash__()实现基本上是根据 id()计算而来，而__eq__()实现默认是使用 is 来比较。因此，两个分别建立的实例，hash 值必然不相同，而且相等性比较一定不成立。

hashable 对象，建议状态是不可变动。两个对象若是相等性比较成立，那么也必须有相同的 hash 值，然而 hash 值相同，两个对象的相等性比较不一定是成立的。

具有__iter__()方法的对象就是一个 iterable 对象。迭代器具有__next__()方法，可以逐一迭代出对象中的信息，若无法进一步迭代，会引发 StopIteration。迭代器也会具有__iter__()方法，返回迭代器自身，因此，每个迭代器本身也是一个 iterable 对象。

在 Python 标准链接库中提供了 itertools 模块，当中有许多函数，可协助建立迭代器或生成器。

list 才有 sort()方法，对于其他 iterable 对象，若想进行排序，可以使用 sorted()函数，可指定的参数同样也有 reverse 与 key 参数，此函数不会变动原有的函数，排序的结果会以新的 list 返回。

在 Python 中，大致将群集分为三种类型：序列类型、集合类型与映射类型。

不可变动的序列类型具有默认的 hash() 操作。

集合类型是无序，元素必须都是 hashable 对象而且不会重复，它们是 iterable 对象，可以使用 x in set、x not in set、len(set)，以及交集、联集、差集与对称差集等操作。

set 本身是可变动的，如果想要不可变动的集合类型，可以使用 frozenset() 来建立，建立的实例本身有使用__hash__()方法，为 hashable 对象。

对于队列或双向队列来说，使用 list 的效率并不好，对于队列或双向队列的需求，建议使用 collections 模块中提供的 deque 类。

如果想要有一个简单类，以便建立的实例能拥有域名，实际上不用自行定义，而可以使用 collections 模块的 namedtuple()函数。

如果想要在建立 dict 时保有最初键值加入的顺序，可以使用 collections 模块的 OrderedDict。

defaultdict 接收一个函数，它建立的实例在当指定的键不存在时就会使用指定的函数来生成，并直接设定为键的对应值。

如果想要实现 [ ] 取值，可以使用 __getitem__ ()；想要实现 [ ] 设值，可以使用 __setitem__ ()；若想通过 del 与 [ ] 来删除，可以使用 __delitem__ ()。

可以在自定义群集时使用 __len__ () 方法来计算群集的长度并返回。

collections.abc 模块中提供了许多操作群集时的基类，开发者继承这些类，可以避免遗忘了必须操作的方法，也可以有一些基本的共享操作。

Mapping 并不是 dict 的子类，只是拥有 dict 的行为。Sequence 也不是 list 的子类，只是拥有 list 的行为。Set 也不是 set 的子类，只是拥有 set 的行为。

9.4 课 后 练 习

1. 尝试写一个 MultiMap 类，行为上像一个 dict，不过若指定的键已存在，值将会存储在一个集合中，而不是直接覆盖既有的对应值。例如要有以下的行为：

```
mmap = MultiMap({'A' : 'Justin'}, {'A' : 'Monica', 'B' : 'Irene'})
print(mmap) # 显示 {'B': {'Irene'}, 'A': {'Justin', 'Monica'}}

mmap['B'] = 'Pika'
print(mmap) # 显示 {'B': {'Irene', 'Pika'}, 'A': {'Justin', 'Monica'}}
```

2. 如果有一个字符串数组如下：

```
words = ['RADAR', 'WARTER START', 'MILK KLIM', 'RESERVERED','IWI', "ABBA"]
```

请编写程序，判断字符串数组中有哪些字符串，从前面看的字符顺序与从后面看的字符顺序是相同的。

提示 ⟩⟩⟩　可使用 deque。

第 10 章　数据持久化与交换

学习目标

- ➢ 使用 pickle 与 shelve
- ➢ 认识 DB-API 2.0
- ➢ 使用 sqlite3 模块
- ➢ 处理 CSV、JSON、XML

10.1 对象序列化

程序运算的结果经常必须保存下来，下次程序运算时就能再度运用，或者传递给另一程序继续运算。这类能保留运算结果的机制称为持久化（Persistence）。

程序运行时，能将内存中的对象信息直接保存下来的机制通常称为对象序列化（Object Serialization）。反之，若将保存下来的数据读取并转换为内存中的对象信息称为反序列化（Deserialization）。

10.1.1 使用 pickle 模块

如果要序列化 **Python** 对象，可以使用内置的 **pickle** 模块，它能记录已经序列化的对象，如果后续有对象参考到相同对象，才不会再度被序列化。

使用 **pickle** 进行对象序列化时，会将一个 **Python** 对象转换为 **bytes**，在 **Python** 的术语中，这个过程称为 **Pickling**。相反的操作则称为 **unpickling**，会将 **bytes** 转换为 **Python** 对象。Python 使用 pickling、unpickling 来称呼，是为了避免与 serialization、marshalling 等类似的名词混淆。

在 **pickle** 模块的使用上，若想将对象转换为 **bytes**，可以使用 **dumps()** 函数。若想将一个代表对象的 **bytes** 转换为对象，可以使用 **loads()** 函数。例如：

```
>>> import pickle
>>> custs = {'A' : ('Justin', [10, 20]), 'B' : ('Monica', [30, 40])}
>>> pickled = pickle.dumps(custs)
>>> pickled
b'\x80\x03q\x00(X\x01\x00\x00\x00Aq\x01X\x06\x00\x00\x00Justinq\x02]q\x0
3(K\nK\x14e\x86q\x04X\x01\x00\x00\x00Bq\x05X\x06\x00\x00\x00Monicaq\x06]q
\x07(K\x1eK(e\x86q\x08u.'
>>> pickle.loads(pickled)
{'A': ('Justin', [10, 20]), 'B': ('Monica', [30, 40])}
>>>
```

在这个例子中，pickled 参考的是一个 bytes，这时可以将其传送至另一个目的地，或者是网络的另一端，或者是文件。另一方收到 bytes 之后，也就可以使用 loads() 转回 Python 对象。

注意》》》 在 pickle 模块的官方说明文件中，一开始就有一个明显的 Warning。警告绝对不要从非信任来源做 unpickling 的动作，因为可能含有恶意的字节信息。

可以 pickling 与 unpickling 的类型[1]包括 Python 内置类型、用户自定义的顶层函数、类等。

---

[1] What can be pickled and unpickled?：docs.python.org/3/library/pickle.html#pickle.dump

如果无法进行 pickling 或 unpickling，就会引发 PicklingError 或 UnpicklingError（父类皆为 PickleError）。

　　如果 pickling 之后，想直接将 bytes 保存在文件中，可以使用 dump()函数。它有一个 file 参数可以指定文件对象，文件对象必须是二进制模式。如果 unpickling 的来源是一个文件，可以使用 load()来读取并转为 Python 对象。它有一个 file 参数可以指定文件对象，文件对象必须是二进制模式。下面是一个简单的范例。

```
>>> import pickle
>>> custs = {'A' : ('Justin', [10, 20]), 'B' : ('Monica', [30, 40])}
>>> with open('custs.pickle', 'wb') as f:
...     pickle.dump(custs, file = f)
...
>>> with open('custs.pickle', 'rb') as f:
...     pickle.load(file = f)
...
{'A': ('Justin', [10, 20]), 'B': ('Monica', [30, 40])}
>>>
```

　　来看一个更实际的 pickle 使用程序范例，这个范例也示范了实现永续机制时的一种模式，用来保存 DVD 对象的状态。

object_serialization dvdlib_pickle.py

```
import pickle

class DVD:
    def __init__(
        self, title: str, year: int, duration: int, director: str) -> None:

        self.title = title
        self.year = year
        self.duration = duration
        self.director = director
        self.filename = self.title.replace(' ', '_') + '.pickle'    ← ❶ 存储的文件名

    def save(self):        ← ❷ 存储对象
        with open(self.filename, 'wb') as fh:
            pickle.dump(self, fh)

    @staticmethod
    def load(filename: str) -> 'DVD':        ← ❸读取文件获取对象
        with open(filename, 'rb') as fh:
            return pickle.load(fh)

    def __str__(self):
        return repr(self)
```

```
    def __repr__(self):
        return "DVD('{0}', {1}, {2}, '{3}')".format(
            self.title, self.year, self.duration, self.director)

dvd1 = DVD('Birds', 2016, 1, 'Justin Lin')
dvd1.save()
dvd2 = DVD.load('Birds.pickle')
print(dvd2) # 显示 DVD('Birds', 2018, 8, 'Justin Lin')
```

这个 DVD 对象有 title、year、duration、director_4 个字段，每个 DVD 对象会以 title 作主文件名，空格以下划线取代，并加上 .pickle 扩展名进行存储❶。在存储对象的 save() 方法中，使用 'wb' 模式开启文件，然后使用 pickle.dump() 进行 pickling❷。至于 unpickling 的 load() 方法，在这里设计为静态方法，使用 'rb' 模式开启文件，可指定文件名加载并获取 DVD 对象❸。

pickling 时实际采用的模式是 Python 的专属格式，pickle 的保证是能向后兼容未来的新版本。 格式历经几个版本，版本 2 是在 Python 2.3 时导入，版本 3 是在 Python 3.0 时导入，编写本书时最新的版本是版本 4，在 Python 3.4 时导入。

可以使用 pickle.HIGHEST_PROTOCOL 来得知目前可用的最新格式版本，而 pickle.DEFAULT_PROTOCOL 是 pickle 模块的默认版本。为了整个 Python 3 系列的兼容性，Python 3.4 至 3.7 的 pickle.HIGHEST_PROTOCOL 虽然是 4，不过 pickle.DEFAULT_PROTOCOL 值是 3。如果有必要指定格式版本，可以在使用 dumps()、dump()、loads() 或 load() 时指定其 protocol 参数。

提示 >>> cPickle 模块则是用 C 实现的模块，接口上与 pickle 相同，速度在理想上可达 pickle 的 1000 倍。不过，并非每个平台上的 Python 环境都有 cPickle（Windows 上就没有）。可以使用以下方式尝试使用 cPickle，若没有，就会使用 pickle。

```
try:
    import cPickle
except ImportError:
    import pickle
```

10.1.2 使用 shelve 模块

shelve 对象行为上像是字典的对象，键的部分必须是字符串，值的部分可以是 pickle 模块可处理的 Python 对象。 它直接与一个文件关联，因此使用上就像是一个简单的数据库接口。来看看基本的使用方式。

```
>>> import shelve
>>> dvdlib = shelve.open('dvdlib.shelve')
>>> dvdlib['Birds'] = (2018, 1, 'Justin Lin')
>>> dvdlib['Dogs'] = (2018, 7, 'Monica Huang')
>>> dvdlib.close()
>>> dvdlib = shelve.open('dvdlib.shelve')
>>> dvdlib['Dogs']
```

```
(2018, 7, 'Monica Huang')
>>> del dvdlib['Dogs']
>>> dvdlib.sync()
>>> dvdlib['Mouses'] = (2018, 3, 'Irene Lin')
>>> list(dvdlib)
['Mouses', 'Birds']
>>> dvdlib.close()
>>>
```

在这个范例中可以看到，你能将文件当成简单的数据库。只要对 shelve.open()建立的对象进行 dict 般的操作，在 close()或 sync()时，数据就会存储到文件中。

提示>>> shelve 的底层使用 dbm，dbm 为伯克利大学发展的文件型数据库，Python 的 dbm 模块提供了对 UNIX 链接库的接口；由于底层使用 dbm，所以功能上也会受到 dbm 模块的限制[①]。

类似地，下面示范另一种模式来封装 shelve 的操作行为。

object_serialization dvdlib_shelve.py

```python
from typing import List, Optional
import shelve

class DVD:
    def __init__(self, title: str, year: int, duration: int, director: str) -> None:
        self.title = title
        self.year = year
        self.duration = duration
        self.director = director

    def __str__(self):
        return repr(self)

    def __repr__(self):
        return ("DVD('{title}', {year}, {duration}, '{director}')"
                    .format(**vars(self)))

class DvdDao:
    def __init__(self, dbname: str) -> None:
        self.dbname = dbname

    def save(self, dvd: DVD):        ← ❶ 存储 DVD 对象
        with shelve.open(self.dbname) as shelve_db:
            shelve_db[dvd.title] = dvd

    def all(self) -> List[DVD]:       ← ❷ 获取全部 DVD 对象，按标题小写字母排序后返回
        with shelve.open(self.dbname) as shelve_db:
            return [shelve_db[title]
```

---

① shelve 的限制：docs.python.org/3/library/shelve.html#restrictions

```
                          for title in sorted(shelve_db, key = str.lower)]

    def load(self, title: str) -> Optional[DVD]:     ←  ❸指定标题返回 DVD 对象
        with shelve.open(self.dbname) as shelve_db:
            if title in shelve_db:
                return shelve_db[title]
        return None

    def remove(self, title: str):        ←  ❹指定标题移除 DVD 对象
        with shelve.open(self.dbname) as shelve_db:
            del shelve_db[title]


dao = DvdDao('dvdlib.shelve')
dvd1 = DVD('Birds', 2018, 1, 'Justin Lin')
dvd2 = DVD('Dogs', 2018, 7, 'Monica Huang')

dao.save(dvd1)
dao.save(dvd2)
print(dao.all())
print(dao.load('Birds'))
dao.remove('Birds')
print(dao.all())
```

save()方法中，主要是使用 shelve.open()来开启文件，在指定键值之后，with 自动关闭文件前会将数据从缓存中写回文件❶。在 all()方法中，开启文件读取并获取 shelve 的对象之后，将全部 DVD 对象按小写字母排序后返回一个 list❷。load()方法可以指定标题返回 DVD 对象❸，而 remove()方法可以指定标题移除 DVD 对象❹。

注意 >>> 由于 shelve 是以 pickle 为基础。同样地，绝对不要读取不信任的文件，因为可能含有恶意的字节信息。

10.2 数据库处理

对于关系数据库（Relational Database）的访问，Python 中的标准规范是 DB-API 2.0，而标准链接库内置的 sqlite3 模块就符合此规范。SQLite 是一个轻量级数据库，用来学习数据库处理或满足基本需求都非常方便。

10.2.1 认识 DB-API 2.0

DB-API 2.0 是由 PEP 249[①] 规范，所有的数据库接口都应该符合这个规范，以便编写程序

---

① PEP 249：www.python.org/dev/peps/pep-0249/

时能有一致的方式，编写出来的程序也便于跨数据库执行。不过，实际上模块在实际操作时可能提供更多的功能。

在数据库的联机上，DB-API 2.0 规范数据库模块使用时必须提供 connect(parameters...) 函数，用以构造 Connection 对象。而 Connection 基本上要具备表 10.1 中的方法。

表 10.1　Connection 的基本方法

方　　法	说　　明
close()	关闭目前的数据库联机
commit()	将尚未完成的交易提交
rollback()	将尚未完成的交易撤回
cursor([cursorClass])	返回一个 Cursor 对象，代表着基于目前联机的数据库光标，所有与数据库的交谈都是通过 Cursor 对象

使用 Connection 的 cursor() 方法建立的 Cursor 对象可以用来执行 SQL 语句。在 DB-API 2.0 的规范中，Cursor 对象必须具备表 10.2 中的方法。

表 10.2　Cursor 的基本方法

方　　法	说　　明
close()	关闭目前的 Cursor 对象
execute(sql [, params])	执行一次 sql 语句，可以是查询（Query）或命令（Command）
executemany(sql, seq_of_params)	针对 seq_of_params 序列或映射中每个项目执行一次 sql 语句
fetchone()	从查询的结果集中取得下一笔数据
fetchmany([size])	从查询的结果集中取得多笔数据
fetchall()	从查询的结果集中取得全部数据

Cursor 对象本身也有一些属性可获得数据的相关信息。例如，description 属性会是一个序列，里面每个元素为 name、type_code、display_size、internal_size、precision、scale、null_ok，也就是字段的 7 个信息；rowcount 表示 execute() 执行 SQL 之后，影响了多少笔的数据；arraysize 决定了 fetchmany() 方法默认会取回多少笔数据。

由于各个数据库产品皆有不同的特性，初学 Python 如何进行数据库联机处理，可以从这些 DB-API 2.0 规范的基本方法与属性开始认识。进一步地，若想知道 Python 目前所有支持的数据库接口以及各自特性，可以查阅 DatabaseInterfaces 中的说明。

10.2.2　使用 sqlite3 模块

若想马上在 Python 中编写数据库程序，你不需要特别下载、安装以建立一个数据库服务器。**Python 中内置了 SQLite 数据库，这是一个用 C 语言编写的轻量级数据库。数据库本身的数据可以存储在一个文件中**，或者是内存之中，后者对于数据库应用程序的测试非常方便。

若想使用 **SQLite 作为数据库，并编写 Python 程序与数据库进行操作，可以使用 sqlite3**

模块，这个模块遵循 **DB-API 2.0** 的规范而实现。下面先就基本的数据库表格建立、数据新增、查询、更新与删除进行示范。

1. 建立数据库与联机

想要建立一个数据库文件，可以使用 sqlite3.connect() 函数并指定文件名。如果数据库文件尚未存在就会建立一个新的文件，并开启数据库联机；如果文件存在，就直接开启联机，并返回一个 Connection 对象。例如：

```
>>> import sqlite3
>>> conn = sqlite3.connect('db.sqlite3')
>>> conn
<sqlite3.Connection object at 0x00B57F00>
>>> conn.close()
>>>
```

如果是首次执行以上的范例，工作目录下就会出现 db.sqlite3 文件，**也可以传给 connect()一个 ":memory:" 字符串，这样就会在内存中建立一个数据库。**在不使用数据库时，应该调用 Connection 的 close() 关闭联机，以释放数据库联机的相关资源。

2. 建立表格与新增数据

如果想在数据库中新增表格，可以使用 Connection 对象的 cursor()方法取得 Cursor 对象，利用它的 execute()方法来执行建立表格的 SQL 语句。例如：

```
>>> conn = sqlite3.connect('db.sqlite3')
>>>
>>> c = conn.cursor()
>>> c.execute('''CREATE TABLE messages (
...     id INTEGER PRIMARY KEY AUTOINCREMENT UNIQUE NOT NULL,
...     name TEXT NOT NULL,
...     email TEXT NOT NULL,
...     msg TEXT NOT NULL
... )''')
<sqlite3.Cursor object at 0x00C6E4A0>
>>> conn.commit()
>>> conn.close()
>>>
```

在上面的范例中，建立了一个 messages 表格，其中有 id、name、email 与 msg 四个字段，id 会自动以流水号方式递增域值。sqlite3 模块的使用，默认不会自动提交 SQL 执行后的变更，必须自行调用 Connection 的 commit()方法，变更才会生效。

不过，**Connection 对象实现了 7.2.3 小节讲过的上下文管理器，因此可以搭配 with 语句来使用。在 with 代码块的动作完成之后，会自动 commit()与 close()；若发生异常，则会自动 rollback()。**例如，上面的范例也可以改为以下方式编写。

```
import sqlite3

with sqlite3.connect('db.sqlite3') as conn:
    c = conn.cursor()
    c.execute('''CREATE TABLE messages (
        id INTEGER PRIMARY KEY AUTOINCREMENT UNIQUE NOT NULL,
      name TEXT NOT NULL,
      email TEXT NOT NULL,
      msg TEXT NOT NULL
    )''')
```

若要新增一笔数据，也是使用 Cursor 的 execute()方法，下面的范例直接搭配 with 来进行。

```
>>> with sqlite3.connect('db.sqlite3') as conn:
...     c = conn.cursor()
...     c.execute("INSERT INTO messages VALUES (1, 'justin', 'caterpillar@openhome.cc',
'message...')")
...
<sqlite3.Cursor object at 0x00C6E4A0>
>>>
```

3．查询数据

如果要查询数据，可以先用 Cursor 的 execute() 执行查询语句，使用 fetchone()可以获取结果集合中的一笔数据，fetchall()获取结果集合中的全部数据，或者使用 fetchmany()指定要从结果集合中获取几笔数据。例如，查询目前 messages 表格中全部的数据（目前只有一笔）。

```
>>> conn = sqlite3.connect('db.sqlite3')
>>> c = conn.cursor()
>>> c.execute('SELECT * FROM messages')
<sqlite3.Cursor object at 0x00C44BA0>
>>> c.fetchall()
[(1, 'justin', 'caterpillar@openhome.cc', 'message...')]
>>> conn.close()
>>>
```

实际上，**Cursor 本身是一个迭代器，每一次的迭代会调用 Cursor 的 fetchone() 方法**。因此，若想逐笔迭代结果集合，也可以使用 for in 语法。从上面的执行结果也可以看出，查询而得的每一笔数据会以 tuple 返回。

4．更新与删除数据

若想要更新数据表中的字段或是删除某几笔数据，都是使用 Cursor 的 execute()方法。例如：

```
>>> with sqlite3.connect('db.sqlite3') as conn:
...     c = conn.cursor()
...     c.execute("UPDATE messages SET name='Justin Lin' WHERE id = 1")
```

10

263

```
...
<sqlite3.Cursor object at 0x00EB4BA0>
>>> with sqlite3.connect('db.sqlite3') as conn:
...     c = conn.cursor()
...     print(list(c.execute("SELECT * FROM messages")))
...
[(1, 'Justin Lin', 'caterpillar@openhome.cc', 'message...')]
>>> with sqlite3.connect('db.sqlite3') as conn:
...     c = conn.cursor()
...     c.execute("DELETE FROM messages WHERE id = 1")
...
<sqlite3.Cursor object at 0x00EDE560>
>>> with sqlite3.connect('db.sqlite3') as conn:
...     c = conn.cursor()
...     print(list(c.execute("SELECT * FROM messages")))
...
[]
>>>
```

由于 execute() 执行过后都是返回 Cursor，而 Cursor 本身是迭代器，因此在上面的范例中直接使用 list() 将每笔数据放在 list 中，最后使用 print() 来显示。

10.2.3 参数化 SQL 语句

在先前的范例中，SQL 中写死了 name、email、msg 等栏的信息。实际上，这些信息可能是来自用户输入，而你必须将输入组合为 SQL，再交由 Cursor 的 execute() 方法执行。

不过，直接使用+来串接字符串以组成 SQL，容易引发 SQL Injection 的安全问题。举个例子来说，如果原先使用串接字符串的方式来执行 SQL：

```
c = conn.cursor()
query_sql = ("SELECT * FROM user_table WHERE username='" +
            username + "' AND password='" + password + "'")
c.execute(query_sql)
```

其中 username 与 password 若是来自用户的输入字符串，原本是希望用户安分地输入名称密码，组合之后的 SQL 应该像是这样：

```
SELECT * FROM user_table
    WHERE username='caterpillar' AND password='openhome'
```

但如果用户在密码的部分输入了 "' OR '1'='1"，而你又没有针对用户的输入进行字符检查过滤动作，这个奇怪的字符串最后组合出来的 SQL 如下：

```
SELECT * FROM user_table
    WHERE username='caterpillar' AND password='' OR '1'='1'
```

方框是密码请求参数的部分，将方框拿掉会更清楚地看出这个 SQL 有什么问题！

```
SELECT * FROM user_table
    WHERE username='caterpillar' AND password='' OR '1'='1'
```

AND 子句之后的表达式永远成立。也就是说，用户不用输入正确的密码，也可以查询出所有的资料，这就是 **SQL Injection** 的简单例子。

你也许会想到，使用 f-strings、字符串的 format() 或者是旧式的 % 进行格式化。不过，这也会有同样的问题，因为它们也是将指定的字符串直接拿来组合为 SQL 语句，不会做任何转义（Escape）的动作。

```
>>> username = 'caterpillar'
>>> password = "' OR '1'='1"
>>> f"SELECT * FROM user_table WHERE username='{username}' AND password = '{password}'"
"SELECT * FROM user_table WHERE username='caterpillar' AND password = '' OR '1'='1'"
>>> "SELECT * FROM user_table WHERE username='{}' AND password = '{}'".format(username,
password)
"SELECT * FROM user_table WHERE username='caterpillar' AND password = '' OR '1'='1'"
>>> "SELECT * FROM user_table WHERE username='%s' AND password = '%s'" % (username, password)
"SELECT * FROM user_table WHERE username='caterpillar' AND password = '' OR '1'='1'"
>>>
```

Cursor 的 **execute()** 方法本身可以将 **SQL** 语句参数化，有两种参数化的方式：使用问号（**?**）或具名占位符。例如，使用问号作为占位符。

```
c = conn.cursor()
query_sql = "SELECT * FROM user_table WHERE username=? AND password=?"
c.execute(query_sql, (username, password))
```

execute()的第一个参数指定了包含占位符的字符串，第二个参数指定了一个 tuple，元素顺序对应于占位符号的顺序。元素会经过转义，而不是直接拿来作为字符串取代，就可以避免刚才讲到的 SQL Injection 问题。下面是使用具名占位符的例子。

```
c = conn.cursor()
query_sql = "SELECT * FROM user_table WHERE username=:username AND password=:password"
c.execute(query_sql, {'username' : username, 'password' : password})
```

可以看到，使用具名占位符时必须加上冒号（:）作为前导字符，而在 execute() 的第二个参数上是使用 dict 来指定实际数据。

如果有多条 SQL 必须执行，可以使用 for in 自行处理。

```
messages = [
    (1, 'Justin Lin', 'caterpillar@openhome.cc', 'message1...'),
    (2, 'Monica Huang', 'monica@openhome.cc', 'message2...'),
    (3, 'Irene Lin', 'irene@openhome.cc', 'message3...')
]
for message in messages:
    c.execute("INSERT INTO messages VALUES (?, ?, ?, ?)", message)
```

然而，使用 Cursor 的 executemany() 会更方便。

```
messages = [
    (1, 'Justin Lin', 'caterpillar@openhome.cc', 'message1...'),
    (2, 'Monica Huang', 'monica@openhome.cc', 'message2...'),
    (3, 'Irene Lin', 'irene@openhome.cc', 'message3...')
]
c.executemany("INSERT INTO messages VALUES (?, ?, ?, ?)", messages)
```

除了使用问号之外，Cursor 的 executemany() 也可以使用具名占位符。

10.2.4　交易简介

交易的 4 个基本要求是**原子性（Atomicity）**、**一致性（Consistency）**、**隔离行为（Isolation Behavior）**与**持久性（Durability）**，按英文字母首字母简称为 **ACID**。

> 原子性

一个交易是一个单元工作（Unit of Work），可能包括数个步骤。这些步骤必须全部执行成功，若有一个失败，则整个交易宣告失败。交易中其他步骤必须撤销曾经执行过的动作，回到交易前的状态。

在数据库上执行单元工作为数据库交易（Database Transaction），单元中每个步骤就是每一句 SQL 的执行，你要定义开始一个交易边界（通常是以一个 BEGIN 的指令开始）。所有 SQL 语句下达之后，COMMIT 确认所有操作变更，此时交易成功。或者因为某个 SQL 错误，ROLLBACK 进行撤销动作，此时交易失败。

> 一致性

交易作用的数据集合在交易前后必须一致。若交易成功，整个数据集合都必须是交易操作后的状态；若交易失败，整个数据集合必须与开始交易前一样没有变更，不能发生整个数据集合，部分有变更，部分没变更的状态。

例如转账行为，数据集合涉及 A、B 两个账户。A 原有 20000，B 原有 10000，A 转 10000 给 B。如交易成功，最后 A 必须变成 10000，B 变成 20000；如交易失败，A 必须为 20000，B 为 10000，而不能发生 A 为 20000（未扣款），B 也为 20000（已入款）的情况。

> 隔离性

在多人使用的环境下，每个用户可能进行自己的交易。交易与交易之间必须互不干扰。用户不会意识到别的用户正在进行交易，就好像只有自己在进行操作一样。

> 持续性

交易一旦成功，所有变更必须保存下来，即使系统挂了，交易的结果也不能遗失。这通常需要系统软硬件结构的支持。

在原子性的处理上，sqlite3 模块会在 INSERT、UPDATE、DELETE、REPLACE 等变更数据的 SQL 操作前隐含地开启交易。在任何非变更数据的 SQL 操作及一些 CREATE 表格等其他情况下[①]隐含地进行提交。

　　除了一些会隐含地提交的情况，sqlite3 模块的默认使用并不会自动提交。因此，你必须自行调用 Connection 的 commit() 来进行提交。如果交易过程因为发生错误或其他情况，必须撤回交易时，可以调用 Connection 的 rollback() 撤回操作。

　　一个基于异常发生时必须撤销交易的示范如下：

```
conn = None
try:
    conn = sqlite.connect('example.sqlite')
    c = conn.cursor()
    c.execute("INSERT INTO ...")
    c.execute("INSERT INTO ...")
    conn.commit()  # 提交
except DatabaseError as e:
    # 做一些日志记录
    if conn:
        conn.rollback() # 撤回
```

　　而 10.2.2 小节也讲过了，Connection 对象使用了 7.2.3 小节讲过的上下文管理器。因此可以搭配 with 语句来使用，在 with 代码块的动作完成之后，会自动 commit() 与 close()，若发生异常，则会自动 rollback()。

　　在隔离性方面，SQLite 数据库在更新数据的相关操作时，默认会锁定数据库直到该次交易完成，因此多个联机时就会造成等待的状况。sqlite3 模块的 connect() 函数有一个 timeout 可指定等待多久，若逾时就引发异常，默认是 5.0，也就是 5 秒。

　　sqlite3 模块的 Connection 对象有一个 isolation_level 属性，可用来设定或得知目前的隔离性设定，默认是 ''。实际上在 SQLite 数据库就会产生 BEGIN 语句，如果 isolation_level 被设置为 None，表示不做任何的隔离性，也就成为自动提交，每次 SQL 更新相关操作时，就不用自行调用 Connection 的 commit()方法。

　　然而，**不设隔离性，在多个联机访问数据库的情况下，就会引发数据不一致的问题**，以下逐一举例说明。

1. 更新遗失（Lost Update）

　　基本上就是指某个交易对字段进行更新的信息，因另一个交易的介入而遗失更新效力。如图 10.1 所示，若某个字段数据原为 ZZZ，用户 A、B 分别在不同的时间点对同一字段进行更新交易。

[①] Controlling Transactions：docs.python.org/3/library/sqlite3.html

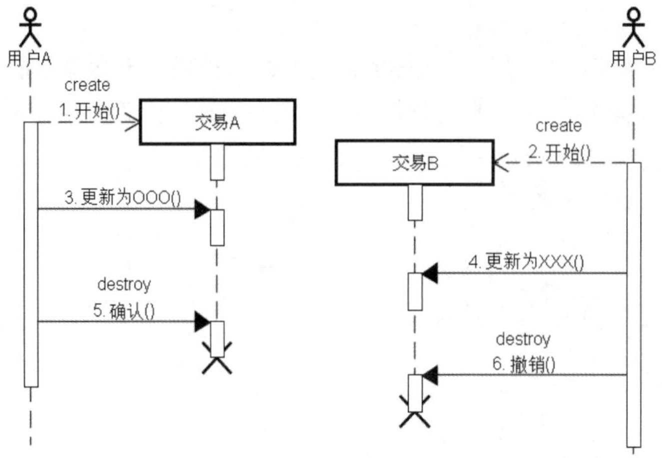

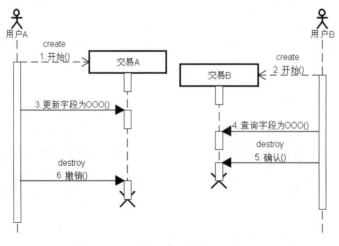

图 10.1　更新遗失

单就用户 A 的交易而言，最后字段应该是 OOO；单就用户 B 的交易而言，最后字段应该是 ZZZ。在完全没有隔离两者交易的情况下，由于用户 B 撤销操作时间在用户 A 确认之后，最后字段结果会是 ZZZ，用户 A 看不到他更新确认的 OOO 结果，用户 A 发生更新遗失问题。

提示 >>> 可想象有两个用户，若 A 用户开启文件之后，后续又允许 B 用户开启文件。一开始 A、B 用户看到的文件都有 ZZZ 文字，A 用户修改 ZZZ 为 OOO 后存储。B 用户修改 ZZZ 为 XXX 后又还原为 ZZZ 并存储，最后文件就为 ZZZ，A 用户的更新遗失。

2．脏读（Dirty Read）

两个交易同时进行，其中一个交易更新数据但未确认，另一个交易就读取数据，就有可能发生脏读问题，也就是读到所谓脏数据（Dirty Data）、不干净、不正确的数据。如图 10.2 所示。

图 10.2　脏读

用户 B 在用户 A 撤销前读取了字段数据为 OOO。如果用户 A 撤销了交易，那用户 B 读取的数据就是不正确的。

> 提示 >>> 可想象有两个用户，若 A 用户开启文件并仍在修改期间，B 用户开启文件所读到的数据，就有可能是不正确的。

3．无法重复的读取（Unrepeatable Read）

某个交易两次读取同一字段的数据并不一致。例如，用户 A 在用户 B 更新前后进行数据的读取，则用户 A 交易会得到不同的结果。如图 10.3 所示，若字段原为 ZZZ。

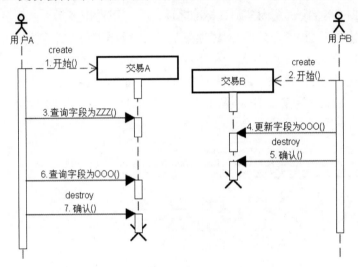

图 10.3　无法重复的读取（Unrepeatable Read）

4．幻读（Phantom Read）

同一交易期间，读取到的数据笔数不一致。例如，用户 A 第一次读取得到 5 笔数据，此时用户 B 新增了一笔数据，导致用户 B 再次读取得到 6 笔数据。

由于各家数据对于交易的支持程度并不相同，实际上该采用与如何进行设定也就有所差异。就 sqlite3 模块的使用来说，Connection 对象的 isolation_level 还可以设定 SQLite 数据库支持的隔离层级 DEFERRED（延迟）、IMMEDIATE（立即）或 EXCLUSIVE（排他）。至于这些隔离层级设定的作用，详细可参考 SQLite 官方的 SQL As Understood By SQLite[1] 文件，以了解各个设定能够预防哪些数据不一致问题。

---

[1] SQL As Understood By SQLite：www.sqlite.org/lang_transaction.html

10.3　数据交换格式

经常地，不同的应用程序之间必须交换数据，因而需要有一种通用，而不用特定应用程序专属的数据交换格式，对于常见的 CSV、JSON、XML，Python 标准链接库内置了处理的模块。

10.3.1　CSV

CSV 的全名为 Comma Separated Values，是一种通用在电子表格、数据库间的数据交换格式，实际上在 RFC4180[①] 试图为其制订标准之前，CSV 已通用多年，由于多年来没有一个完善的标准，使得不同应用程序在处理 CSV 时存在些微的差异性，如分隔符（Delimiter）、引号字符（Quoting Character）、换行字符等的不同。尽管如此，整体来说，CSV 格式仍有足够的通用性，**Python 提供了 csv 模块，可隐藏 CSV 的读写细节，让开发人员轻松处理 CSV 格式**。

举例来说，图 10.4 为某证券交易所 2018 年 8 月 CSV 格式的发行量各项数据（见 MI_5MINS_HIST.csv 文件）。

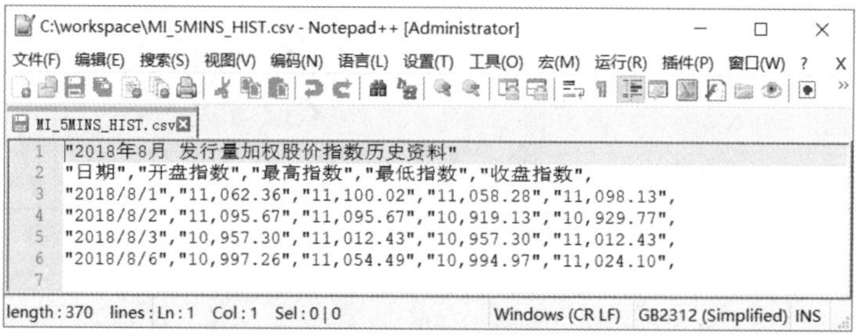

图 10.4　CSV 文件范例

1. 使用 reader()、writer()

这个 CSV 文件的编码是 GB2312，若单纯地使用逗号字符（,）对每一行的字段进行分隔会很麻烦，因为有些字段中也还有逗号，若使用 Python 的 csv 模块，就可以轻松读取。例如：

```
>>> import csv
>>> with open('MI_5MINS_HIST.csv', encoding = 'GB2312') as f:
...     for row in csv.reader(f):
...         print(row)
...
['2018 年 8 月  发行量加权股价指数历史资料']
['日期', '开盘指数', '最高指数', '最低指数', '收盘指数', '']
['2018/8/1', '11,062.36', '11,100.02', '11,058.28', '11,098.13', '']
```

[①] RFC4180：tools.ietf.org/html/rfc4180.html

```
['2018/8/2', '11,095.67', '11,095.67', '10,919.13', '10,929.77', '']
['2018/8/3', '10,957.30', '11,012.43', '10,957.30', '11,012.43', '']
['2018/8/6', '10,997.26', '11,054.49', '10,994.97', '11,024.10', '']
>>>
```

在这里使用的是 csv 的 reader() 来进行 CSV 的读取，reader() 实际上可以接收 iterable 对象，可针对每次迭代返回的每一行（Row）数据进行剖析，由于 open() 返回的文件对象就是 iterable 对象，因此使用 open() 开启文件直接供给 reader() 是常见的方式，reader() 返回的对象也是 iterable，可直接使用 for in 进行迭代。

reader() 默认的 CSV 偏好格式是 excel，csv 目前内置了 unix、excel、excel-tab 三种偏好格式，可通过 csv.list_dialects() 来得知有哪些偏好格式，在使用 reader() 时，可使用 dialect 参数指定偏好格式。

除了指定 dialect 参数外，还有格式参数可以指定，例如，可以使用 delimiter 来指定分隔符，使用 quotechar 指定引号字符。

```
csv.reader(csvfile, delimiter=' ', quotechar='|')
```

可用的格式参数说明可参考 Dialects and Formatting Parameters[1]。

如果想输出 CSV 格式，可将数据源组织为一个 list，其中每个元素就是一列数据，每列数据含有各字段的信息。例如，若想将 CSV 文件（MI_5MINS_HIST.csv）转存为 UTF-8 的话，代码可以如下：

```
>>> with open('MI_5MINS_HIST.csv', encoding = 'GB2312') as rf:
...     with open('10708-UTF8.csv', 'w', encoding = 'UTF-8', newline = '') as wf:
...         rows = csv.reader(rf)
...         csv.writer(wf).writerows(rows)
...
>>>
```

要输出 CSV，可以使用 csv.writer()，实际上它可以接收任何具有 write() 方法的对象，若是使用文件对象，记得 newline 要设为''，因为文件对象默认写出数据时是会换行的。csv.writer() 同样也可以指定 dialect 参数，以及一些格式参数。若想要逐行写出，也可以使用 writerow() 方法。

2．使用 DictReader()、DictWriter()

除了将 CSV 以 list 的方式进行处理外，也可以使用 csv 的 DictReader()、DictWriter() 将 CSV 以 dict 的方式处理。例如：

```
>>> custs = [
...     'first,last',
...     'Justin,Lin',
...     'Monica,Huang',
```

---

[1] Dialects and Formatting Parameters：docs.python.org/3/library/csv.html#csv-fmt-params

```
...        'Irene,Lin'
...    ]
>>> for row in csv.DictReader(custs):
...        print(row)
...
{' last': 'Lin', 'first': 'Justin'}
{' last': 'Huang', 'first': 'Monica'}
{' last': 'Lin', 'first': 'Irene'}
>>>
```

同样地，DictReader() 实际上可以接收 iterable 对象，可针对每次迭代返回的每一行数据进行剖析，默认会从第一行取得字段名称，你也可以使用 fieldnames 自行指定字段名称。例如：

```
>>> custs = [
...        'Justin,Lin',
...        'Monica,Huang',
...        'Irene,Lin'
...    ]
>>> for row in csv.DictReader(custs, fieldnames = ['firstname', 'lastname']):
...        print(row)
...
{'firstname': 'Justin', 'lastname': 'Lin'}
{'firstname': 'Monica', 'lastname': 'Huang'}
{'firstname': 'Irene', 'lastname': 'Lin'}
>>>
```

相对地，如果有一些 dict，想要写出为 CSV，可以使用 DictWriter()，例如：

```
>>> custs = [
...        {'firstname': 'Justin', 'lastname': 'Lin'},
...        {'firstname': 'Monica', 'lastname': 'Huang'},
...        {'firstname': 'Irene', 'lastname': 'Lin'}
...    ]
>>> with open('sample.csv', 'w', newline = '') as f:
...        writer = csv.DictWriter(f, fieldnames = ['firstname', 'lastname'])
...        writer.writeheader()
...        writer.writerows(custs)
...
>>>
```

同样地，若指定文件对象给 DictWriter()，记得必须将 newline 设为 ''，DictWriter 有一个 fieldnames 参数可以指定字段名称，如使用 writeheader()，可以写出字段名称，使用 writerows() 可以将整个序列（每个元素是一个 dict）的内容写出，若开启 sample.csv，会有以下的内容。

```
firstname,lastname
Justin,Lin
Monica,Huang
Irene,Lin
```

接下来的范例是一个综合练习，可指定 CSV 文件，以及想要查询的字段名，将查询结果逐行显示出来。

data_formats index_history.py

```python
from collections import OrderedDict
from typing import List, Dict, Iterator
import csv          ← ❶导入 csv 模块

IndexList = List[OrderedDict]

def csv_to_list(csvfile: str) -> IndexList:
    with open(csvfile, encoding = 'GB2312') as f:
        fieldnames = ['日期', '开盘指数', '最高指数', '最低指数', '收盘指数']
        reader = csv.DictReader(f, fieldnames = fieldnames)
        return list(reader)[2:]     ← ❷不需要字段部分


    ❸每列只包含指定的字段
    ↓
def row_with_fields(row: OrderedDict, fields: List) -> Dict:
    return {field : row[field] for field in fields}


    ❹只收集指定的字段数据
    ↓
def index_with_fields(indexlt: IndexList, fields: List) -> Iterator:
    return (row_with_fields(origin_row, fields) for origin_row in indexlt)

csvfile = input('CSV 文件名称: ')      ← ❺将指定的字段按逗号切割为 list
fields = input('查询字段: ').split(",")
indexlt = csv_to_list(csvfile)
print(indexlt)

for name in fields:      ← ❻显示字段名称
    print(name, end = '\t\t\t')
print()

for row in index_with_fields(indexlt, fields):      ← ❼显示字段内容
    for name in fields:
        print(row[name], end = '\t\t')
    print()
```

程序中首先导入了 csv 模块❶，在 csv_to_list() 中使用 DictReader() 读取 CSV 文件，并且指定了字段名，从图 10.4 中可以看到，即将指定的 CSV 文件前两行是字段名，这些不需要，因此使用 list 的切片操作将之去除❷。

在 row_with_fields() 中，会从指定的列中选取指定的字段❸，在这里 dict 的 for comprehenion

273

操作发挥了作用。在 index_with_fields() 中，收集的数据将只包含指定的字段❹。

当程序启动时，会让用户输入 CSV 文件名与想要显示的字段名，字段名必须使用逗号隔开，为了操作方便，使用 split() 按逗号切成了 list❺。程序中首先显示了字段名❻，然后调用 index_with_fields()，选取指定的字段并显示出来❼。

一个执行的结果如下所示。

```
CSV 文件名称: MI_5MINS_HIST.csv
查询字段: 日期,最高指数,收盘指数
日期                      最高指数                        收盘指数
2018/8/1                11,100.02                     11,098.13
2018/8/2                11,095.67                     10,929.77
2018/8/3                11,012.43                     11,012.43
2018/8/6                11,054.49                     11,024.10
```

10.3.2　JSON

JSON 全名 **JavaScript Object Notation**，为 **JavaScript** 对象字面量（**Object Literal**）的子集，规范于 **ECMA-404**，你也可以在 **Introducing JSON**① 中找到详细的 **JSON** 格式说明，以及各语言中可处理 **JSON** 的链接库。

JSON 一开始是盛行于 JavaScript 生态圈的轻量交换格式，由于易读、易写、易于剖析而且具有阶层性，逐渐成了各应用程序之间常用的交换格式之一。

大致而言，JSON 格式与 JavaScript 字面量（Literal）格式类似。有点巧合的是，Python 的语法可以极为相近地模仿 JavaScript 字面量，举个例子来说，以下是一个 JavaScript 程序代码，使用对象字面量建立了一个对象。

```
var obj = {
    name    : 'Justin',
    age     : 40,
    childs  : [
        {
            name : 'Irene',
            age  : 8
        }
    ]
};
```

在 Python 中可以使用 dict 与 list 等来模仿。

```
>>> obj = {
...     'name' : 'Justin',
...     'age'  : 40,
```

---

① Introducing JSON：www.json.org

```
...       'childs' : [
...            {
...                 'name' : 'Irene',
...                 'age' : 8
...            }
...       ]
... }
>>>
```

这已经很接近 JSON 的对象格式了，还得注意的是**在 JSON 的对象格式之中：**

➢ **名称必须用 " " 双引号包括。**

➢ **值可以是 " " 双引号包括的字符串，或者是数字、true、false、null、JavaScript 数组（相当于 Python 的 list）或子 JSON 格式。**

举例来说，要将刚才的 obj 以 JSON 的对象格式表示，会如下所示。

```
jsonText = '{"name":"Justin","age":40,"childs":[{"name":"Irene","age":8}]}'
```

若特意排版一下，会比较容易观察。

```
jsonText = '''{
    "name"  : "Justin",
    "age"   : 40,
    "childs": [
        {
            "name"  : "hamimi",
            "age"   : 3
        }
    ]
}'''
```

实际上 JSON 不仅只有对象格式，数字、true、false、null、使用 " " 包括的字符串等都是合法的 JSON 格式。

Python 内置了 json 模块，API 的使用上类似 pickle，将 Python 内置类型转为 JSON 格式的过程称为编码（Encoding），而将 JSON 格式转为 Python 内置类型之过程称为解码（Decoding），在编码或解码时，Python 内置类型与 JSON 格式的对应，如表 10.3 所示。

表 10.3 Python 内置类型与 JSON 的对应

Python	JSON
dict	对象
list,tuple	数组
str	字符串
int,float	数字
True	true
False	true
None	null

1. 使用 json.dumps()、json.dump()

如果要将 Python 内置类型编码为 JSON 格式，可以使用 json.dumps()。例如：

```
>>> import json
>>> obj = {
...     'name' : 'Justin',
...     'age'  : 40,
...     'childs' : [ {'name' : 'Irene', 'age' : 8} ]
... }
>>> json.dumps(obj)
'{"name": "Justin", "childs": [{"name": "Irene", "age": 8}], "age": 40}'
>>>
```

json.dumps() 可用的参数很多，这里介绍几个基本常用的。像是 sort_keys 可以指定为 True，这会使得 JSON 格式输出时根据键进行排序。indent 参数可指定数字，这会为 JSON 格式加上指定的空格数量进行缩进，在显示 JSON 格式时会比较易读。

```
>>> print(json.dumps(obj, sort_keys = True, indent = 4))
{
    "age": 40,
    "childs": [
        {
            "age": 8,
            "name": "Irene"
        }
    ],
    "name": "Justin"
}
>>>
```

实际上，就算单纯地调用 json.dumps(obj)，也做了一些简单的易读性处理，也就是逗号、冒号之后都有一个空格，这是因为 seperators 默认是 (', ', ': ')，如果指定为 (',', ':')，就不会有空格了，如果在数据进行网络传输时，若能省掉不必要的空格，就可省去不必要的流量开销。

```
>>> json.dumps(obj)
'{"name": "Justin", "childs": [{"name": "Irene", "age": 8}], "age": 40}'
>>> json.dumps(obj, separators=(',', ':'))
'{"name":"Justin","childs":[{"name":"Irene","age":8}],"age":40}'
>>>
```

默认在将 Python 的 dict 编码为 JSON 对象格式时，dict 的键只能是字符串，若不是字符串，就会引发 ValueError。如果将 skipkeys 指定为 True，那么遇到非字符串的键就会略过。

刚才的示范都是针对 Python 内置类型，如果调用 json.dump() 时指定了非内置类型，默认会引发 TypeError。

```
>>> class Customer:
```

```
...     def __init__(self, name, age):
...         self.name = name
...         self.age = age
...
>>> cust = Customer('Justin', 40)
>>> json.dumps(cust)
...
TypeError: <__main__.Customer object at 0x010B0E50> is not JSON serializable
>>>
```

你可以指定一个转换函数给 default 参数，转换函数必须返回 Python 内置类型，以进行
JSON 编码。例如：

```
>>> class Customer:
...     def __init__(self, name, age):
...         self.name = name
...         self.age = age
...     def json_serializable(self):
...         return {'name' : self.name, 'age' : self.age}
...
>>> json.dumps(cust, default = Customer.json_serializable)
'{"age": 40, "name": "Justin"}'
>>>
```

如果需要将编码后的 JSON 格式写至某个目的地，可以使用 json.dump()，它的第二个参数
接收一个具有 write() 方法的对象，例如一个文件对象。因此，若要将对象编码为 JSON 并写
至文件中，代码可以如下：

```
>>> with open('data.txt', 'w') as f:
...     json.dump(obj, f)
...
>>>
```

2．使用 json.loads()、json.load()

如果要将 JSON 格式解码为内置类型对象，可以使用 json.loads()，例如：

```
>>> jsonText = '{"name":"Justin","age":40,"childs":[{"name":"Irene","age":8}]}'
>>> json.loads(jsonText)
{'age': 40, 'childs': [{'age': 8, 'name': 'Irene'}], 'name': 'Justin'}
>>>
```

如果想将 JSON 格式解码为自定义类型实例，可以在使用 json.loads() 时指定一个函数给
object_hook，这个函数负责将内置类型转换为自定义类型实例。

```
>>> def to_cust(obj):
...     return Customer(obj['name'], obj['age'])
...
>>> cust = json.loads(jsonText, object_hook = to_cust)
```

```
>>> cust.name
'Justin'
>>> cust.age
40
>>>
```

如果想从某个来源加载 JSON 格式进行解码，可以使用 json.load()，它的第一个参数接收一个具有 read() 方法的对象，例如文件对象。因此，若要从文件中读取 JSON 并解码，代码可以如下：

```
>>> with open('test.txt') as f:
...     print(json.load(f))
...
{'name': 'Justin', 'childs': [{'name': 'Irene', 'age': 8}], 'age': 40}
>>>
```

10.3.3 XML

身为开发者，对于 XML 必然不陌生，它可用来表现阶层式的数据，具有威力强大的描述能力，简单的 XML 一目了然。然而它也可以很复杂，如果未曾听过 XML 或者想了解更多有关 XML 的说明，建议参考 XML Tutorial 作为起点。

在处理 XML 时，Python 提供了几个模块，xml.dom 模块是基于 W3C DOM（Document Object Model）规范的实现，最熟悉这套规范的应该是 JavaScript 开发者。DOM 需要将整个 XML 文件读入进行剖析，以便能够对文件的各部分进行访问。

xml.sax 模块是基于 SAX（Simple API for XML）的实现。SAX 并不存在一个标准，Java 对 SAX 的实现被视为一种非正式规范，SAX 不会一次读入整个 XML 文件，是基于事件的 API，一边读取 XML 文件一边进行剖析。开发人员可针对剖析过程感兴趣的各个事件进行处理，因此适用于大型 XML 文件的处理。

然而实际上，**对于常见的 XML 处理，Python 建议使用 xml.etree.ElementTree。相对于 DOM 来说，ElementTree 更为简单而快速，相对于 SAX 来说，也有 iterparse() 可以使用，可以在读取 XML 文件的过程中实时进行处理。**

由于 XML 的处理是一个范围很大的议题，完整描述并不是这一小节的目的，因此接下来将只针对 xml.etree.ElementTree 进行说明。

10

提示 »» xml.etree.cElementTree 模块是用 C 语言实现的模块，接口上与 xml.etree.ElementTree 相同，然而处理速度更快。不过，并非每个平台上的 Python 环境都有 cElementTree，可以使用以下方式尝试使用 cElementTree，若没有，就会使用 ElementTree。

```
try:
    import xml.etree.cElementTree as ET
except ImportError:
    import xml.etree.ElementTree as ET
```

1. 剖析 XML

接下来的 XML 剖析将使用 Python 的 xml.etree.ElementTree 官方文件中简单的 XML 范例 country_data.xml。

```xml
<?xml version="1.0"?>
<data>
    <country name="Liechtenstein">
        <rank>1</rank>
        <year>2008</year>
        <gdppc>141100</gdppc>
        <neighbor name="Austria" direction="E"/>
        <neighbor name="Switzerland" direction="W"/>
    </country>
    <country name="Singapore">
        <rank>4</rank>
        <year>2011</year>
        <gdppc>59900</gdppc>
        <neighbor name="Malaysia" direction="N"/>
    </country>
    <country name="Panama">
        <rank>68</rank>
        <year>2011</year>
        <gdppc>13600</gdppc>
        <neighbor name="Costa Rica" direction="W"/>
        <neighbor name="Colombia" direction="E"/>
    </country>
</data>
```

如果有一个 XML 文件，那么可以使用 xml.etree.ElementTree 的 parse() 来载入，它会返回 ElementTree 实例，代表着整个 XML 树，可以使用 getroot() 来取得根节点。这会返回一个 Element 实例，一个 Element 就代表着 XML 中一个标签元素，它是 iterable，对其进行迭代，可以获取它的子元素。

例如，下面示范了如何获取 XML 中全部的标签名称。

```python
>>> import xml.etree.ElementTree as ET
>>>
>>> def show_tags(elem, ident = '  '):
...     print(ident + elem.tag)
...     for child in elem:
...         show_tags(child, ident + '  ')
...
>>> tree = ET.parse('country_data.xml')
>>> show_tags(tree.getroot())
  data
    country
```

279

```
    rank
    year
    gdppc
    neighbor
    neighbor
  country
    rank
    year
    gdppc
    neighbor
  country
    rank
    year
    gdppc
    neighbor
    neighbor
>>>
```

若想获取标签间包含的文字，可以使用 Element 的 text。若想取得标签上设定的属性，可以使用 Element 的 attrib，这会返回一个 dict，键值分别就是属性名称与值。

注意 >>> 标签间的换行与缩进也会被视为标签文字，例如 country_data.xml 的 \<data\> 标签。若使用其 Element 实例的 text，就会取得换行与缩进字符。

如果有个 XML 字符串，那么可以使用 fromstring() 来剖析 XML 字符串。这会直接返回一个 Element 实例，代表着 XML 字符串的根节点。例如：

```
>>> import xml.etree.ElementTree as ET
>>>
>>> def show_tags(elem, ident = '  '):
...     print(ident + elem.tag)
...     for child in elem:
...         show_tags(child, ident + '  ')
...
>>> xml = '''<?xml version="1.0"?>
... <data>
...     <country name="Liechtenstein">
...         <rank>1</rank>
...         <year>2008</year>
...         <gdppc>141100</gdppc>
...         <neighbor name="Austria" direction="E"/>
...         <neighbor name="Switzerland" direction="W"/>
...     </country>
... </data>'''
>>> root = ET.fromstring(xml)
>>> root
```

```
<Element 'data' at 0x00E2AF30>
>>> root.tag
'data'
>>>
```

除了以迭代的方式来获取各标签的 Element 实例之外，ElementTree 或 Element 还提供了 find()、findall()、iterfind() 等方法，可以指定 XPath 表达式（XPath expressions[①]）来获取想要的标签。例如：

```
>>> tree = ET.parse('country_data.xml')
>>> tree.find('country')
<Element 'country' at 0x00F31420>
>>> tree.findall('country/neighbor')
[<Element 'neighbor' at 0x00F31F90>, <Element 'neighbor' at 0x00F31FC0>, <Element
'neighbor' at 0x00F3E0F0>, <Element 'neighbor' at 0x00F3E1E0>, <Element 'neighbor' at
0x00F3E210>]
>>> tree.iterfind('country/neighbor')
<generator object prepare_child.<locals>.select at 0x00F31360>
>>>
```

可以看到，find() 返回第一个找到的子元素，findall() 会以 list 返回找到的全部子元素，iterfind() 会建立一个生成器，可用来逐步迭代，可支持的 XPath 表达式可参考 XPath support[②]。

如果有一个 Element 想要直接获取 XML 字符串的 bytes 数据，可以使用 tostring()。

```
>>> country = tree.find('country')
>>> ET.tostring(country)
b'<country name="Liechtenstein">\n        <rank>1</rank>\n
<year>2008</year>\n        <gdppc>141100</gdppc>\n    <neighbor direction="E"
name="Austria" />\n        <neighbor direction="W" name="Switzerland" />\n    </country>\n
'
>>>
```

2. 修改 XML

如果想修改 XML 文件的内容，可以使用 Element 的 append() 来附加元素，使用 insert() 来插入元素，使用 remove() 可以移除元素，使用 set() 来设定元素属性等。例如，可以为 country_data.xml 新增一个 `<country name="China"><rank>1</rank></country>`。

```
>>> country = ET.Element('country')
>>> country.set('name', 'China')
>>> rank = ET.Element('rank')
>>> rank.text = '1'
```

---

① XPath expressions：www.w3.org/TR/xpath
② XPath support：docs.python.org/3/library/xml.etree.elementtree.html#elementtree-xpath

```
>>> country.append(rank)
>>> tree.getroot().append(country)
>>> print(ET.tostring(tree.getroot()).decode())
<data>
    <country name="Liechtenstein">
        <rank>1</rank>
        <year>2008</year>
        <gdppc>141100</gdppc>
        <neighbor direction="E" name="Austria" />
        <neighbor direction="W" name="Switzerland" />
    </country>
    <country name="Singapore">
        <rank>4</rank>
        <year>2011</year>
        <gdppc>59900</gdppc>
        <neighbor direction="N" name="Malaysia" />
    </country>
    <country name="Panama">
        <rank>68</rank>
        <year>2011</year>
        <gdppc>13600</gdppc>
        <neighbor direction="W" name="Costa Rica" />
        <neighbor direction="E" name="Colombia" />
    </country>
<country name="China"><rank>1</rank></country></data>
>>> tree.write('sample.xml')
>>>
```

范例中也看到了，如果想将修改后的 ElementTree 写至 XML 文件中，可以使用 write() 方法。

3. 渐进地剖析 XML

如果打算一边读取 XML 一边进行剖析，可以使用 iterparse()，可以针对标签的 start、end、start-ns、end-ns 事件发生时进行相对应的处理，默认 iterparse() 只回报 end 事件。若要指定其他事件回报，可以指定一个 tuple 给 events 参数。

例如，若想将 country_data.xml 的 country 标签中 name 属性取出，置于\<country\>\</country\>之间，代码可以如下：

```
>>> doc = ET.iterparse('country_data.xml', ('start', 'end'))
>>> for event, elem in doc:
...     if event == 'start' and elem.tag == 'country':
...         print('<country>{}'.format(elem.attrib['name']), end = '')
```

```
...        elif event == 'end' and elem.tag == 'country':
...            print('</country>')
...
<country>Liechtenstein</country>
<country>Singapore</country>
<country>Panama</country>
>>>
```

10.4　重点复习

如果要序列化 Python 对象，可以使用内置的 pickle 模块。使用 pickle 进行对象序列化时，会将一个 Python 对象转换为 bytes，在 Python 的术语中，这个过程称为 Pickling；相反的操作则称之为 unpickling，会将 bytes 转换为 Python 对象。

Python 使用 pickling、unpickling 来称呼，是为了避免与 serialization、marshalling 等类似的名词混淆。

在 pickle 模块的使用上，若想将对象转换为 bytes，可以使用 dumps() 函数。若想将一个代表对象的 bytes 转换为对象，可以使用 loads() 函数。

如果无法进行 pickling 或 unpickling，就会引发 PicklingError 或 UnpicklingError（父类皆为 PickleError）。

pickling 时实际采用的模式是 Python 的专属格式，pickle 的保证是能向后兼容未来的新版本。

shelve 对象行为上像是字典的对象，键的部分必须是字符串，值的部分可以是 pickle 模块可处理的 Python 对象。它直接与一个文件关联，因此使用上就像一个简单的数据库接口。

DB-API 2.0 是由 PEP 249 规范。所有的数据库接口都应该符合这个规范，以便编写程序时能有一致的方式，编写出来的程序也便于跨数据库执行。

Python 中内置了 SQLite 数据库，这是一个用 C 语言编写的轻量级数据库。数据库本身的数据可以存储在一个文件中或者是内存中，后者对于数据库应用程序的测试非常方便。

若想使用 SQLite 作为数据库并编写 Python 程序与数据库进行操作，可以使用 sqlite3 模块。这个模块遵循 DB-API 2.0 的规范而实现。可以传给 connect() 一个 ":memory:" 字符串，这样就会在内存中建立一个数据库。

Connection 对象使用了上下文管理器，因此可以搭配 with 语句来使用。在 with 代码块的动作完成之后，会自动 commit() 与 close()，若发生异常，则会自动 rollback()。

Cursor 本身是一个迭代器，每一次迭代会调用 Cursor 的 fetchone() 方法。Cursor 的 execute() 方法本身可以将 SQL 语句参数化，有两种参数化的方式：使用问号（?）或具名占位符。

交易的 4 个基本要求是原子性（Atomicity）、一致性（Consistency）、隔离行为（Isolation

Behavior）与持久性（Durability），按英文字母首字母简称为 ACID。

除了一些会隐含地提交的情况，sqlite3 模块的默认操作并不会自动提交。因此，必须自行调用 Connection 的 commit() 来进行提交，如果交易过程因为发生错误或其他情况，必须撤回交易时，可以调用 Connection 的 rollback() 撤回操作。

不设隔离性，在多个联机访问数据库的情况下，就会引发数据不一致的问题。

CSV 的全名为 Comma Separated Values，是一种通用在电子表格、数据库间的数据交换格式。Python 提供了 csv 模块，可隐藏 CSV 的读写细节，让开发人员轻松处理 CSV 格式。

JSON 的全名为 JavaScript Object Notation，为 JavaScript 对象字面量的子集，规范于 ECMA-404，也可以在 Introducing JSON 中找到详细的 JSON 格式说明，以及各语言中可处理 JSON 的链接库。

在 JSON 的对象格式之中：

➤ 名称必须用 " " 双引号包括。

➤ 值可以是 " " 双引号包括的字符串，或者是数字、true、false、null、JavaScript 数组（相当于 Python 的 list）或子 JSON 格式。

Python 内置了 json 模块，API 的使用上类似 pickle。

对于常见的 XML 处理，Python 建议使用 xml.etree.ElementTree。相对于 DOM 来说，ElementTree 更为简单而快速；相对于 SAX 来说，也有 iterparse() 可以使用，可以在读取 XML 文件的过程中实时进行处理。

10.5 课后练习

1. 请使用 sqlite3 模块，改写 10.1.1 小节的 dvdlib_pickle.py，使之能将 DVD 信息存至数据库。假设 DVD 的名称是不重复的，并且会有以下的执行结果。

```
dvd1 = DVD('Birds', 2018, 8, 'Justin Lin')
dvd1.save()
dvd2 = DVD.load('Birds')
print(dvd2) # 显示 DVD('Birds', 2018, 8, 'Justin Lin')
```

2. 请编写一个 dict_to_xml() 函数，可以从一个简单的 dict 对象建立 XML 字符串，第一个参数可指定根标签。举例来说，若以 dict_to_xml('user', {'age' : 40, 'name' : 'Justin'}) 调用函数，它会返回 '<user><age>40</age><name>Justin</name></user>'。

第 11 章　常用内置模块

学习目标

- ➤ 处理日期与时间
- ➤ 认识日志的使用
- ➤ 运用正则表达式
- ➤ 管理文件与目录
- ➤ URL 处理

11.1　日期与时间

大多数的开发者对于日期与时间通常是漫不经心，使用似是而非的方式处理。因此，在正式认识 Python 提供了哪些时间处理 API 之前，得先来了解一些时间、日期的时空历史等议题。如此才会知道，时间日期确实是一个很复杂的议题，而使用程序来处理时间日期，也不仅仅只是使用 API 的问题。

11.1.1　时间的度量

想度量时间，得先有一个时间基准。大多数人知道格林尼治（Greenwich）时间，那么就先从这个时间基准开始认识。

1．格林尼治标准时间

格林尼治标准时间（Greenwich Mean Time），经常简称 **GMT 时间**。一开始是参考自格林尼治皇家天文台的标准太阳时间，格林尼治标准时间的正午是太阳抵达天空最高点之时，由于后面将述及的一些缘由，**GMT 时间常不严谨（且有争议性）地被当成是 UTC 时间（世界协调时间）**。

GMT 通过观察太阳而得，然而地球公转轨道为椭圆形且速度不一，本身自转亦缓慢减速中，因而会有越来越大的时间误差。现在 GMT 已不作为标准时间使用。

2．世界时

世界时（Universal Time，UT）是借由观测远方星体跨过子午线（Meridian）而得，这会比观察太阳来得准确一些。公元 1935 年，International Astronomical Union 建议使用更精确的 UT 来取代 GMT，在 1972 年导入 UTC 之前，GMT 与 UT 是相同的。

3．国际原子时

虽然观察远方星体会比观察太阳来得精确，不过 UT 基本上仍受地球自转速度影响而会有误差。**1967 年定义的国际原子时（International Atomic Time, TAI），将秒的国际单位（International System of Units, SI）定义为铯（caesium）原子辐射振动 9192631770 周耗费的时间，时间从 UT 的 1958 年开始同步。**

4．世界协调时间

由于基于铯原子振动定义的秒长是固定的，然而地球自转会越来越慢。这会使得实际上 TAI 时间不断超前基于地球自转的 UT 系列时间。为了保持 TAI 与 UT 时间不要差距过大，因而提出了具有折中修正版本的世界协调时间（Coordinated Universal Time）。由于英文（CUT）和法文（TUC）缩写不同，常简称为 UTC。

UTC 经过了几次的时间修正，为了简化日后对时间的修正，**1972 年 UTC 采用了闰秒（leap second）修正**（1 January 1972 00:00:00 UTC 实际上为 1 January 1972 00:00:10 TAI），确保 UTC 与 UT 相差不会超过 0.9 秒。加入闰秒的时间通常会在 6 月底或 12 月底，由巴黎的 International Earth Rotation and Reference Systems Service 负责决定何时加入闰秒。

最近一次的闰秒修正为 2016 年 12 月 31 日，当时 TAI 实际上已超前 UTC 有 37 秒之长。

5．UNIX 时间

UNIX 系统的时间表示法定义为 **UTC 时间 1970 年（UNIX 元年）1 月 1 日 00:00:00 为起点而经过的秒数**，不考虑闰秒修正，用以表达时间轴上某一**瞬间（instant）**。

6．epoch

epoch 某个特定时间的起点，时间轴上某一瞬间。例如 UNIX epoch 选为 UTC 时间 1970 年 1 月 1 日 00:00:00，不少发源于 UNIX 的系统、平台、软件等，也都选择这个时间作为时间表示法的起算点。例如稍后要介绍的 time.time() 返回的数字，也是从 1970 年（UNIX 元年）1 月 1 日 00:00:00 起经过的秒数。

> 提示 >>> 以上是关于时间日期的重要整理，足以了解后续 API 该如何使用。如有时间，应该在网络上针对刚才讲到的主题详细认识时间与日期。

就以上这些说明来说有几个重点。

➢ 就目前来说，即使标注为 GMT（无论是文件说明还是 API 的日期时间字符串描述），实际上讲到时间指的是 UTC 时间。

➢ 秒的单位定义是基于 TAI，也就是铯原子辐射振动次数。

➢ UTC 考虑了地球自转越来越慢而有闰秒修正，确保 UTC 与 UT 相差不会超过 0.9 秒。最近一次的闰秒修正为 2012 年 6 月 30 日，当时 TAI 实际上已超前 UTC 有 35 秒之长。

➢ UNIX 时间是 1970 年 1 月 1 日 00:00:00 为起点而经过的秒数，不考虑闰秒，不少发源于 UNIX 的系统、平台、软件等也都选择这个时间作为时间表示法的起算点。

11.1.2　年历与时区简介

度量时间是一回事，表达日期又是另一回事，前面谈到时间起点，都是使用公历，中文世界又常称为阳历或公历。在谈到公历之前，得稍微往前讲一下其他历法。

1．儒略历

儒略历（Julian Calendar）是现今公历的前身，用来取代罗马历（Roman Calendar），于公元前 46 年被恺撒（Julius Caesar）采纳，公元前 45 年实现，约于公元 4 年至 1582 年之间广为各地采用。**儒略历修正了罗马历隔三年设置一闰年的错误，改采用四年一闰。**

2．格里高利历

格里高利历（Gregorian Calendar）改革了儒略历，由教皇格里高利十三世（Pope Gregory XIII）于 1582 年颁行，**将儒略历 1582 年 10 月 4 日星期四的隔天定为格里高利历 1582 年 10 月 15 日星期五。**

不过各个国家改历的时间并不相同，像英国改历的时间是在 1752 年 9 月初，因此在 UNIX/Linux 中查询 1752 年月历，会发现 9 月平白少了 11 天，如图 11.1 所示。

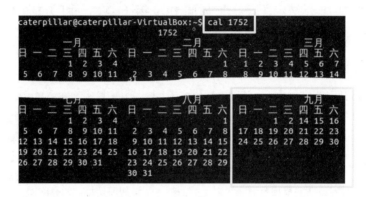

图 11.1　Linux 中查询 1752 年月历

3．ISO 8601 标准

在一些相对来说较新的时间日期 API 应用场合中，你可能会看过 ISO 8601。**严格来说，ISO 8601 并非年历系统，而是时间日期表示方法的标准，用以统一时间日期的数据交换格式，**如 yyyy-mm-ddTHH:MM:SS.SSS、yyyy-dddTHH:MM:SS.SSS、yyyy-Www-dTHH:MM:SS.SSS 之类的标准格式。

ISO 8601 在数据定义上大部分与格里高利历相同，因此，有些处理时间日期数据的程序或 API 为了符合时间日期数据交换格式的标准会采用 ISO8601，不过还是有些轻微差别。如**在 ISO 8601 的定义中，19 世纪是指 1900 至 1999 年（包含该年），而格里高利历的 19 世纪是指 1801 年至 1900 年（包含该年）。**

4．时区

至于时区（Time Zone），也许是各种时间日期的议题中最复杂的。每个地区的标准时间各不相同，因为这牵涉地理、法律、经济、社会甚至政治等问题。

从地理上来说，由于地球是圆的，基本上一边是白天另一边就是夜晚，为了让人们对时间的认知符合作息，所以设置了 **UTC 偏移（Offset）**。大致上来说，经度每 15 度偏移一小时，考虑了 UTC 偏移的时间表示上，通常会在时间的最后标识 Z 符号。

不过有些国家的领土横跨的经度很大，一个国家有多个时间反而造成困扰，因而不采取**每 15 度偏移一小时的做法**。如美国就有 4 个时区，而中国、印度只采用单一时区。

除了时区考虑之外，有些高纬度国家，夏季、冬季日照时间差异很大，为了节省能源会尽量利用夏季日照，因而实施**日光节约时间（Daylight Saving Time）**，也称为**夏季时间（Summer Time）**。基本上就是在实施的第一天，让白天的时间增加一小时，而最后一天结束后再调整一小时回来。

我国台湾地区也曾实施过日光节约时间，后来因为没太大实际作用而取消，现在许多开发者多半不知道日光节约时间，也常因此而踩到误区。举例来说，台湾地区 1975 年 3 月 31 日 23 时 59 分 59 秒的下一秒，是从 1975 年 4 月 1 日 1 时 0 分 0 秒开始。

如果认真面对时间日期处理，认识以上的基本信息是必要的，至少应该知道，一年的秒数绝对不是单纯的 365×24×60×60，更不应该基于这类错误的观念来进行时间与日期运算。

11.1.3　使用 time 模块

如果想获取系统的时间，**Python 的 time 模块提供了一层接口，用来调用各平台上的 C 链接库函数，它提供的相关函数通常与 epoch 有关**。

1．time()、gmtime() 与 localtime()

虽然大多数的平台都采取与 UNIX 时间相同的 epoch，也就是 1970 年 1 月 1 日 00:00:00 为起点，不过，若想确定你的平台上的 epoch，也可以调用 time.gmtime(0)来确认。

```
>>> import time
>>> time.gmtime(0)
time.struct_time(tm_year=1970, tm_mon=1, tm_mday=1, tm_hour=0, tm_min=0, tm_sec=0,
tm_wday=3, tm_yday=1, tm_isdst=0)
>>>
```

gmtime() 返回了 struct_time 实例，这是一个具有 namedtuple 接口的对象，可以使用索引或属性名称来获取对应的年、月、日等数值，采用的是 UTC（虽然 gmtime() 名称上有 gmt 字样），相关索引与属性名称会得到的值如表 11.1 所示。

表 11.1　struct_time 的索引与属性

索　引	属　性	值
0	tm_year	年，例如 2016
1	tm_mon	月，范围 1 到 12
2	tm_mday	日，范围 1 到 31
3	tm_hour	时，范围 0 到 23
4	tm_min	分，范围 0 到 59

索 引	属 性	值
5	tm_sec	秒，范围 0 到 61
6	tm_wday	范围 0 到 6，星期一为 0
7	tm_yday	范围 1 到 366
8	tm_isdst	目前时区是否处于日光节约时间，1 为是，0 为否，-1 为未知

tm_sec 的值为 0 到 61，60 是为了闰秒，61 则是为了一些历史性的因素而存在。time.gmtime(0) 表示从 epoch 起算经过了 0 秒。如果不指定数字，表示取得目前的时间并返回 struct_time 实例，取得目前的时间是指会使用 time.time() 取得从 epoch（使用 UTC）至目前经过的秒数。例如：

```
>>> time.gmtime()
time.struct_time(tm_year=2018, tm_mon=8, tm_mday=8, tm_hour=7, tm_min=41, tm_sec=59,
tm_wday=2, tm_yday=220, tm_isdst=0)
>>> time.gmtime(time.time())
time.struct_time(tm_year=2018, tm_mon=8, tm_mday=8, tm_hour=7, tm_min=42, tm_sec=3,
tm_wday=2, tm_yday=220, tm_isdst=0)
>>> time.time()
1533714130.631367
>>>
```

UTC 是一种绝对时间，与时区无关，也没有日光节约时间的问题，因此 tm_isdst 的值是 0。**time.time() 返回的是浮点数**，实际上取得的秒数精度是不是能到秒以下的单位，要看系统而定。

简单来说，**time** 模块提供的是低阶的机器时间观点，也就是从 **epoch** 起经过的秒数。然而有些辅助函数可以做些简单的转换，以便成为人类可理解的时间概念。除了 gmtime() 可取得 UTC 时间之外，localtime() 则可提供目前所在时区的时间。同样地，localtime() 可指定从 epoch 起经过的秒数，不指定时表示取得目前的系统时间，返回的是 struct_time 实例。

```
>>> time.localtime()
time.struct_time(tm_year=2018, tm_mon=8, tm_mday=8, tm_hour=15, tm_min=43, tm_sec=5,
tm_wday=2, tm_yday=220, tm_isdst=0)
>>> time.gmtime()
time.struct_time(tm_year=2018, tm_mon=8, tm_mday=8, tm_hour=7, tm_min=43, tm_sec=13,
tm_wday=2, tm_yday=220, tm_isdst=0)
>>>
```

看到了吗？我国台湾地区的时区与 UTC 差了 8 小时，该地区已经不实施日光节约时间了，因此 tm_isdst 的值是 0。

2．剖析时间字符串

如果有一个代表时间的字符串，想剖析为 struct_time 实例，可使用 strptime() 函数。例如：

```
>>> time.strptime('2018-05-26', '%Y-%m-%d')
time.struct_time(tm_year=2018, tm_mon=5, tm_mday=26, tm_hour=0, tm_min=0, tm_sec=0,
```

```
tm_wday=5, tm_yday=146, tm_isdst=-1)
>>>
```

strptime() 的第一个参数指定代表时间的字符串，第二个参数为格式设定，可用的格式设定可参考 time.strftime() 的说明[1]。这是一个从字符串剖析而来的时间，未考虑时区信息，因此无法确定是否采取日光节约时间，tm_isdst 的值为-1。

gmtime()、localtime() 与 strptime() 都可以返回 struct_time 实例。相对地，如果有一个 struct_time 对象，想要转换为从 epoch 起经过之秒数，可以使用 mktime()。例如：

```
>>> d = time.strptime('2018-05-26', '%Y-%m-%d')
>>> time.mktime(d)
1527264000.0
>>>
```

3. 时间字符串格式

可以使用 ctime() 取得简单的时间字符串描述，若不指定数字，会使用 time() 取得的值。实际上，ctime(secs) 是 asctime(localtime(secs)) 的封装，asctime() 可指定 struct_time 实例，取得一个简单的时间字符串描述。若不指定 struct_time，则使用 localtime() 返回值。

```
>>> time.ctime()
'Wed Aug  8 15:46:24 2018'
>>> time.asctime()
'Wed Aug  8 15:46:28 2018'
>>>
```

当然，有时会想决定时间的字符串描述格式，这时可以使用 strftime()，它接收一个格式指定与 struct_time 实例。可用的格式设定同样可参考 time.strftime() 的说明，若不指定 struct_time 实例，则使用 localtime() 的值。例如，下面将 "2018-05-26" 转换为 "26-05-2018"。

```
>>> d = time.strptime('2018-05-26', '%Y-%m-%d')
>>> time.strftime('%d-%m-%Y', d)
'26-05-2018'
>>>
```

虽然有些辅助函数，可以做些简单的转换。然而 time 模块提供的终究是低阶的机器时间观点，用来表示人类可理解的时间概念并不方便，也不便于以人类可理解的时间单位来做运算。若想从人类的观点来表示时间，可以进一步使用 datetime 模块。

11.1.4 使用 datetime 模块

人类在时间的表达上有时只需要日期，有时只需要时间，有时会同时表达日期与时间。通常不会特别声明时区，可能只会提及年、月、年月、月日、时分秒等。

---

[1] time.strftime()：docs.python.org/3/library/time.html#time.strftime

1．datetime()、date() 与 time()

对于人类的时间表达，datetime 模块提供了 datetime（包括日期与时间）、date（只有日期）、time（只有时间）等类来定义，以下是几个表示人类时间概念的示范。

```
>>> import datetime
>>> d = datetime.date(1975, 5, 26)
>>> (d.year, d.month, d.day)
(1975, 5, 26)
>>> t = datetime.time(11, 41, 35)
>>> (t.hour, t.minute, t.second, t.microsecond)
(11, 41, 35, 0)
>>> dt = datetime.datetime(1975, 5, 26, 11, 41, 35)
>>> (dt.year, dt.month, dt.day, dt.hour, dt.minute, dt.second)
(1975, 5, 26, 11, 41, 35)
>>>
```

> 提示 ≫ datetime 或 date 中的日期是代表着格里高利历。不过严格来说，是预期的格里高利历（Proleptic Gregorian Calendar），因为它扩充了格里高利历，涵盖了公元 1582 年开始实行格里高利历前的日子。

以上的 **datetime、date、time 默认是没有时区信息的，单纯用来表示一个日期或时间概念**。datetime()、date() 与 time() 会进行基本的范围判断，若设定了不存在的日期，例如 date(2014, 2, 29) 就会抛出 ValueError，因为 2014 年并非闰年，不会有 2 月 29 日。

如果想使用今天的日期时间来建立 datetime 或 date 实例，可以使用 datetime 或 date 的 today()。如果想使用现在的时间来建立 datetime 实例，可以使用 datetime 的 now()。若想使用 UTC 时间来建立 datetime 实例，可以使用 datetime 的 utcnow()。例如：

```
>>> from datetime import datetime, date
>>> datetime.today()
datetime.datetime(2018, 8, 8, 15, 48, 25, 163384)
>>> date.today()
datetime.date(2018, 8, 8)
>>> datetime.now()
datetime.datetime(2018, 8, 8, 15, 48, 49, 360381)
>>> datetime.utcnow()
datetime.datetime(2018, 8, 8, 7, 49, 5, 401237)
>>>
```

就算使用了 datetime 或 date 的 today() 或者是 datetime 的 now()、utcnow()，它们默认都是不带时区信息的。因此严格来说，不能说 datetime.utcnow() 建立的 datetime 实例代表着 UTC 时间。如上例最后的 datetime(2018, 8, 8, 7, 49, 5, 401237)，纯粹就只是代表着 2018 年 8 月 8 日 7 点 49 分 5 秒 401237 微秒这个时间概念罢了。

提示 》》 虽然就 API 本身来说，datetime、date、time 本身不带时区信息，不过若程序运行时不需处理时区
转换问题。通常所在时区就暗示着是 datetime、date、time 的时区，因为人们若不特别提及时区，
其实就是指本地时区居多。

如果有一个 datetime 或 date 实例，你想将它们包含的时间概念转换为 UTC 时间戳（Time
Stamp）。方式是通过 datetime 或 date 实例的 timetuple() 返回 time.struct_time，然后再通过
time.mktime() 将之转为 UTC 时间戳。例如：

```
>>> import time
>>> now = datetime.now()
>>> st = now.timetuple()
>>> time.mktime(st)
1533714646.0
>>>
```

如果有一个时间戳，也可以通过 datetime 或 date 的 fromtimestamp() 来建立 datetime 或 date
实例。例如：

```
>>> now = time.time()
>>> datetime.fromtimestamp(now)
datetime.datetime(2018, 8, 8, 15, 51, 15, 87296)
>>> date.fromtimestamp(now)
datetime.date(2018, 8, 8)
>>>
```

2．时间字符串描述与剖析

datetime、date、time 实例都有一个 isoformat() 方法，可以返回时间字符串描述，采用的
是 ISO 8601 标准。当日期与时间同时表示时，默认会使用 T 来分隔，若有必要，也可以自行
指定。例如：

```
>>> datetime.now().isoformat()
'2018-08-08T15:51:56.051174'
>>> datetime.now().isoformat(' ')
'2018-08-08 15:52:18.113733'
>>>
```

如果想格式化时间字符串，datetime、date 或 date 实例有 strftime() 方法可以使用，使用上
类似 time 模块的 strftime()。若要剖析时间字符串，可以使用 datetime 类的 strptime() 类方法，
使用上就类似 time 模块的 strptime()。只不过 datetime 类的 strptime() 类方法会返回 datetime 实
例。例如：

```
>>> date.today().isoformat()
'2018-08-08'
>>> date.today().strftime('%d-%m-%Y')
'08-08-2018'
>>> datetime.strptime('2018-5-26', '%Y-%m-%d')
```

```
datetime.datetime(2018, 5, 26, 0, 0)
>>>
```

3．日期与时间运算

如果需要进行日期或时间的运算，可以使用 datetime 类的 timedelta 类方法。可以建立的时间单位参数有 days、seconds、microseconds、milliseconds、minutes、hours、weeks，指定数字时可以是整数或浮点数。

例如，若有一个 datetime 实例表示目前的时间，你想知道加上 3 周又 5 天 8 小时 35 分钟后的日期时间是什么，代码可以如下：

```
>>> from datetime import datetime, timedelta
>>> datetime.now() + timedelta(weeks = 3, days = 5, hours = 8, minutes = 35)
datetime.datetime(2018, 9, 4, 0, 29, 19, 584489)
>>>
```

2014 年 2 月 21 日加 9 天会是几月几日呢？2014 年 3 月 2 日？不是哦！

```
>>> date(2014, 2, 21) + timedelta(days = 9)
datetime.date(2014, 3, 1)
>>>
```

实际上是 2014 年 3 月 1 日，使用 timedelta 来进行日期与时间运算会比较可靠的原因在于，它可以处理像闰年之类的问题。

4．考虑时区

对于日期与时间的处理议题上，只要涉及时区，往往就会变得极端复杂，正如 11.1.2 小节说的，这牵涉了地理、法律、经济、社会甚至政治等问题。

datetime 实例本身默认并没有时区信息，此时单纯表示本地时间。然而，它也可以补上时区信息。datetime 类上的 tzinfo 类可以继承以实现时区的相关信息与操作。从 Python 3.2 开始，datetime 类新增了 timezone 类，它是 tzinfo 的子类，用来提供基本的 UTC 偏移时区操作。

举个例子来说，在建立了一个 datetime 实例时，想要明确设定其表示 UTC 时，代码可以如下：

```
>>> from datetime import datetime, timezone
>>> utc = datetime(1975, 5, 26, 3, 20, 50, 0, tzinfo = timezone.utc)
>>> utc
datetime.datetime(1975, 5, 26, 3, 20, 50, tzinfo=datetime.timezone.utc)
>>>
```

现在，可以说上面的 utc 参考的实例代表着 UTC 时间了。如果想将 utc 转换为我国台湾地区的时区，由于该地区的时区基本上就是偏移 8 小时，所以可以转换如下：

```
>>> tz = timezone(offset = timedelta(hours = 8), name = 'Asia/Taipei')
>>> asia_taipei = utc.astimezone(tz)
```

```
>>> asia_taipei
datetime.datetime(1975, 5, 26, 11, 20, 50,
tzinfo=datetime.timezone(datetime.timedelta(0, 28800), 'Asia/Taipei'))
>>>
```

不过，Python 内置的 timezone 只单纯考虑了 UTC 偏移，不考虑日光节约时间等其他因素。**若需要 timezone 以外的其他时区定义，可以额外安装社区贡献的 pytz**[①] **模块**，这可以使用 pip install pytz 来安装。一旦安装了 pytz 模块，就可以轻松地建立一个带有我国台湾地区时区的 datetime 了。

```
>>> import datetime, pytz
>>> datetime.datetime(1975, 5, 26, 3, 20, 50, 0, tzinfo = pytz.timezone('Asia/Taipei'))
datetime.datetime(1975, 5, 26, 3, 20, 50, tzinfo=<DstTzInfo 'Asia/Taipei' LMT+8:06:00 STD>)
>>>
```

pytz 的 timezone 也可以解决棘手的日光节约时间问题。例如在台湾地区的时区，1975 年 4 月 1 日 0 时 30 分 0 秒这个时间，其实是不存在的，因为当时还有实施日光节约时间。你可以使用 timezone 的 normalize() 来修正时间。

```
>>> tz = pytz.timezone('Asia/Taipei')
>>> d = datetime.datetime(1975, 4, 1, 0, 30, 0, 0, tzinfo = tz)
>>> d
datetime.datetime(1975, 4, 1, 0, 30, tzinfo=<DstTzInfo 'Asia/Taipei' LMT+8:06:00 STD>)
>>> tz.normalize(d)
datetime.datetime(1975, 4, 1, 1, 24, tzinfo=<DstTzInfo 'Asia/Taipei' CDT+9:00:00 DST>)
>>>
```

如果在考虑时区之后，想修正日光节约这类的时间问题，谨记，最后要对 datetime 实例使用 normalize() 方法，就算是使用 timedelta 进行时间运算也不例外。例如在台湾地区的时区，1975 年 3 月 31 日 23 时 40 分 0 秒加一个小时的时间会是多少呢？

```
>>> d = datetime.datetime(1975, 3, 31, 23, 40, 0, 0, tzinfo = tz)
>>> d + datetime.timedelta(hours = 1)
datetime.datetime(1975, 4, 1, 0, 40, tzinfo=<DstTzInfo 'Asia/Taipei' LMT+8:06:00 STD>)
>>> tz.normalize(d + datetime.timedelta(hours = 1))
datetime.datetime(1975, 4, 1, 1, 34, tzinfo=<DstTzInfo 'Asia/Taipei' CDT+9:00:00 DST>)
>>>
```

单纯地对 d 加上 datetime.timedelta(hours = 1) 的结果是错的，因为台湾地区的时区没有 1975 年 4 月 1 日 0 时 40 分这个时间。使用了 normalize() 之后，才能得到考虑了日光节约时间的正确时间。

若必须处理时区问题，一个常见的建议是使用 UTC 来进行时间的存储或操作。因为 UTC 是绝对时间，不考虑日光节约时间等问题，在必须使用当地时区的场合时，再使用 datetime 实例的 astimezone() 转换。例如：

---

① pytz：pypi.python.org/pypi/pytz

```
>>> utc_tz = datetime.timezone.utc
>>> utc = datetime.datetime(1975, 3, 31, 14, 59, 59, tzinfo = utc_tz)
>>> utc.astimezone(pytz.timezone('Asia/Taipei'))
datetime.datetime(1975, 3, 31, 22, 59, 59, tzinfo=<DstTzInfo 'Asia/Taipei' CST+8
:00:00 STD>)
>>> utc2 = utc + datetime.timedelta(hours = 2)
>>> utc2.astimezone(pytz.timezone('Asia/Taipei'))
datetime.datetime(1975, 4, 1, 1, 59, 59, tzinfo=<DstTzInfo 'Asia/Taipei' CDT+9:0
0:00 DST>)
>>>
```

可以看到，UTC 时间的 1975 年 3 月 31 日 14 时 59 分 59 秒时，台湾地区时区的时间是 1975 年 3 月 31 日 22 时 59 分 59 秒，对 UTC 时间加两小时后，转为台湾地区时区的时间是 1975 年 4 月 1 日 1 时 59 分 59 秒（而不是 1975 年 4 月 1 日 0 时 59 分 59 秒）。

提示 >>> 如果需要像图 11.1 那样的 UNIX 日历表示，可以使用 calendar 模块[①]。

11.2 日　志

系统中有许多值得记录的信息，例如异常发生之后，有些异常值显示给用户观看后就继续往下执行了。而对于开发人员或系统人员有意义的异常，可以记录下来。那么该记录哪些信息（时间、信息产生处……）？用何种方式记录（文件、数据库、远程主机……）？记录格式（控制台、纯文本、XML……）？这些都是在记录时值得考虑的要素，而这些也不是单纯使用 print() 就能解决的。这时候，可以使用 Python 提供的 logging 模块来进行日志的任务。

11.2.1 Logger 简介

使用日志的起点是 logging.Logger 类。**一般来说，一个模块只需要一个 Logger 实例。因此，虽然可以直接构造 Logger 实例，不过建议通过 logging.getLogging() 来取得 Logger 实例。** 例如：

```
import logging
logger = logging.getLogger(__name__)
```

调用 getLogger() 时可以指定名称，相同名称下取得的 Logger 会是同一个实例，因此，通常会使用 __name__。因为在模块中 __name__ 就是模块名称（若模块在包之中，会包含包名称）。

提示 >>> 如果直接使用 python 执行某个模块，那么 __name__ 的值会是 '__main__'。

---

① calendar 模块：docs.python.org/3/library/calendar.html

实际上，调用 getLogger() 时可以不指定名称，这时会取得根 Logger（root logger），这是什么意思？这是因为 Logger 实例之间有父子关系，可以使用点（.）来做父子阶层关系的区分。**父阶层相同的 Logger，父 Logger 的配置相同。** 若有一个 Logger 名称为 openhome，则名称 openhome.some 与 openhome.other 的 Logger，它们的父 Logger 配置都是 openhome 名称的 Logger 配置。

因此，如果使用了包来管理许多模块，想要包中的模块在进行日志时都使用相同的父配置，可以在包的 __init__.py 文件中编写代码。

```
import logging
logger = logging.getLogger(__name__)
# 其他 logger 组态设定
```

在初次 import 包中某个模块时，会先执行 __init__.py 中的程序，此时 __name__ 会是包名称。例如，若包名称为 openhome，那么 __name__ 就会是 openhome，接着执行被 import 的模块时，例如 some 模块，那么模块中的 __name__ 会是 openhome.some，如此就建立了 Logger 之间的父子关系。

取得 Logger 实例之后，可以使用 log() 方法输出信息，输出信息时可以使用 Level 的静态成员指定信息层级（Level）。例如：

logging_demo basic_logger.py

```
import logging

logger = logging.getLogger(__name__)
logger.log(logging.DEBUG, 'DEBUG 信息')
logger.log(logging.INFO, 'INFO 信息')
logger.log(logging.WARNING, 'WARNING 信息')
logger.log(logging.ERROR, 'ERROR 信息')
logger.log(logging.CRITICAL, 'CRITICAL 信息')
```

执行结果如下：

```
WARNING 信息
ERROR 信息
CRITICAL 信息
```

咦？怎么只看到 logging.WARNING 以下的信息？logging 中的 DEBUG、INFO、WARNING、ERROR、CRITICAL 代表着不同的日志层级。它们的实际的值都是数字，分别为 10、20、30、40、50，还有一个 NOTSET 的值是 0。

在上面的范例中，还未曾对取得的 Logger 实例做任何设定。因此使用根 Logger 的日志层级，默认只有值大于 30 时，WARNING、ERROR、CRITICAL 的信息才会输出。

Logger 实例本身有一个 setLevel() 可以使用。不过要记得，**Logger 有层级关系，每个 Logger 处理完自己的日志动作后，会再委托父 Logger 处理。** 就日志层级这部分来说，若上头的 logger 使用 setLevel() 说定为 logging.INFO，那么调用 logger.log(logging.INFO, 'INFO 信息') 时，虽然可以通过实例本身的日志层级，然而继续委托给父 Logger 处理时，因为父 Logger 配置还是 logging.WARNING，结果信息还是不会被输出。

因此，在不调整父 Logger 配置的情况下，直接设定 Logger 实例，就只能设定为更严格的日志层级，才会有实际的效用。例如：

```
logging_demo basic_logger2.py
import logging

logger = logging.getLogger(__name__)
logger.setLevel(logging.ERROR)

logger.log(logging.DEBUG, 'DEBUG 信息')
logger.log(logging.INFO, 'INFO 信息')
logger.log(logging.WARNING, 'WARNING 信息')
logger.log(logging.ERROR, 'ERROR 信息')
logger.log(logging.CRITICAL, 'CRITICAL 信息')
```

执行结果如下：

```
ERROR 信息
CRITICAL 信息
```

如果想调整根 **Logger** 的配置，可以使用 **logging.basicConfig()**，例如，可以指定 level 参数来调整根 Logger 的日志层级。

```
logging_demo basic_logger3.py
import logging

logging.basicConfig(level = logging.DEBUG)

logger = logging.getLogger(__name__)
logger.log(logging.DEBUG, 'DEBUG 信息')
logger.log(logging.INFO, 'INFO 信息')
logger.log(logging.WARNING, 'WARNING 信息')
logger.log(logging.ERROR, 'ERROR 信息')
logger.log(logging.CRITICAL, 'CRITICAL 信息')
```

执行结果如下：

```
DEBUG:__main__:DEBUG 信息
INFO:__main__:INFO 信息
WARNING:__main__:WARNING 信息
ERROR:__main__:ERROR 信息
CRITICAL:__main__:CRITICAL 信息
```

除了使用 Logger 的 log() 方法指定日志层级之外，还可以使用 debug()、info()、warning()、error()、critical() 等便捷方法。除此之外，对于例外，Logger 实例上提供了 exception() 方法，日志层级使用 ERROR，然而程序代码的语意上比较明确。

11.2.2　使用 Handler、Formatter 与 Filter

根 Logger 的日志信息默认会输出至 sys.stderr，也就是标准错误。如果想修改能输出到文件，可以使用 logging.basicConfig() 指定 filename 参数。例如，logging.basicConfig(filename = 'openhome.log')。如果子 Logger 实例没有设定自己的处理器，那么就会输出到指定的文件。

子 Logger 实例可以通过 addHandler() 新增自己的处理器。举例来说，若想要设定子 Logger 可以输出到文件，代码可以如下：

logging_demo handler_demo.py
```
import logging

logging.basicConfig(filename = 'openhome.log')

logger = logging.getLogger(__name__)
logger.addHandler(logging.FileHandler('errors.log'))

logger.log(logging.ERROR, 'ERROR 信息')
```

在这个范例中，设定了 logging.basicConfig(filename = 'openhome.log')，也在子 Logger 上新增了 FileHandler。谨记在子 Logger 处理完日志信息之后，还会委托给父 Logger，因此若父 Logger 也有设定处理器，也会使用设定的处理器来处理日志信息。结果就是你会看到 openhome.log 与 errors.log 两个文件。

在 logging 之中，提供了 StreamHandler、FileHandler 与 NullHandler，StreamHandler 可以指定输出到指定的串流，如 stderr、stdout。FileHandler 可以指定输出到文件，而 NullHandler 什么都不做，有时在开发链接库时并不是真的想输出日志，就可以使用它。除了这三个基本的处理器之外，更多进阶的处理器可以在 logging.handlers 模块[①] 中找到，如可与远程机器沟通的 SocketHandler 支持 SMTP 的 SMTPHandler 等。

提示 >>> logging.handlers 模块中提供了大量的处理器实例，如果这仍不能满足你，可以继承 logging.Handler 或其他处理器类型来实现，使用方式可参考 logging.handlers 模块中的源代码。

处理器在输出信息时，格式默认是使用指定的信息。若要自定义格式，可以通过 logging.Formatter() 建立 Formatter 实例，再通过处理器的 setFormatter() 设定 Formatter 实例。例如，显示信息时若想连带显示时间、Logger 名称、日志层级，代码可以如下：

logging_demo formatter_demo.py
```
import logging, sys
```

[①] logging.handlers 模块：docs.python.org/3/library/logging.handlers.html

```
formatter = logging.Formatter(
    '%(asctime)s - %(name)s - %(levelname)s - %(message)s')
handler = logging.StreamHandler(sys.stderr)
handler.setFormatter(formatter)

logger = logging.getLogger(__name__)
logger.addHandler(handler)

logger.log(logging.ERROR, '发生了 XD 错误')
```

%(asctime) 使用人类可理解的时间格式来显示日志的时间，%(name) 显示 Logger 名称，%(levelname) 显示日志层级，%(message) 显示指定的日志信息。除了这些格式设定之外，还有其他许多可用的设定，这部分是由 LogRecord 的属性来定义，可直接参考官方在线文件[①]。

上面的范例执行结果如下所示。

```
2018-08-08 16:04:13,092 - __main__ - ERROR - 发生了 XD 错误
```

如果格式指定中出现了%(asctime)，内部会调用 formatTime() 来进行时间的格式化。如果想控制时间的格式，可以在使用 logging.Formatter() 时指定 datefmt 参数，指定的格式会使用 time.strftime() 来进行格式化。

如果不喜欢 % 这个字符，可以在使用 logging.Formatter() 时使用 style 参数指定其他字符。

如果除了使用 DEBUG、INFO、WARNING、ERROR、CRITICAL 等日志层级过滤信息是否输出之外，还想要使用其他条件来过滤哪些信息可以输出，可以定义过滤器。你可以继承 logging.Filter 类并定义 filter(record) 方法，或者是定义一个对象具有 filter(record) 方法，根据传入的 LogRecord 取得日志时的信息，并返回 0 决定不输出信息，返回非 0 值决定不输出信息。

不过，自 Python 3.2 之后，也可以使用函数作为过滤器，Logger 或 Handler 实例都有 addFilter() 方法，可以新增过滤器。以下是一个简单的范例。

```
logging_demo filter_demo.py
import logging, sys

logger = logging.getLogger(__name__)
logger.addFilter(lambda record: 'Orz' in record.msg)

logger.log(logging.ERROR, '发生了 XD 错误')
logger.log(logging.ERROR, '发生了 Orz 错误')
```

在这个范例中，针对某个字眼进行了过滤，只有信息中包含 Orz 才会显示出来。

```
发生了 Orz 错误
```

[①] LogRecord attributes：docs.python.org/3/library/logging.html#logrecord-attributes

有关 LogRecord 上可用的属性，同样可参考官方在线文件。

提示 >>> 设定过滤器时别忘了，子 Logger 实例过滤后的信息，还会再委托父 Logger。因此，若无法通过父 Logger 的过滤，信息仍旧不会显示出来。关于 Logger 进行日志的整个流程，可以参考 Logging Flow[①]。

11.2.3　使用 logging.config

以上都是使用程序编写方式改变 Logger 对象的配置，实际上，可以通过 logging.config 模块使用配置文件来设定 Logger 配置，这很方便。例如程序开发阶段，在配置文件中设定 WARNING 等级的信息就可输出，在程序上线之后，若想关闭不会影响程序运行的警告日志，以减少程序不必要的输出（不必要的日志输出会影响程序运行效率），也只要在配置文件中做一个修改即可。

不过配置文件的设定细节非常多而复杂，为了让你有一个起点，在 Python 的 logging 模块官方文件中有一个范例，是使用设定 Logger 配置的参考范例。当中先举了一个使用程序配置的例子。

```python
import logging

# 建立 logger
logger = logging.getLogger('simple_example')
logger.setLevel(logging.DEBUG)

# 建立控制台处理器并设定日志层级为 DEBUG
ch = logging.StreamHandler()
ch.setLevel(logging.DEBUG)

# 建立 formatter
formatter = logging.Formatter('%(asctime)s - %(name)s - %(levelname)s - %(message)s')

# 将 formatter 设给 ch
ch.setFormatter(formatter)

# 将 ch 加入 logger
logger.addHandler(ch)

# 应用程序的程序代码
logger.debug('debug message')
logger.info('info message')
logger.warn('warn message')
logger.error('error message')
logger.critical('critical message')
```

---

① Logging Flow：docs.python.org/3/howto/logging.html#logging-flow

提示 >>> 范例中的 Logger 的 warn() 方法已经被废弃了，应该使用 warning() 方法取代。

接着，这个程序被简化了，相关配置信息使用了 logging.config.fileConfig() 从配置文件读取，不过那是旧式的方法，配置文件的编写格式是 ini，不方便也不易于阅读，有兴趣可以自行参考。

自 **Python 3.2 开始，建议改用 logging.config.dictConfig()**，可使用一个字典对象来设定配置信息。因此，这边改写官方的例子改用 logging.config.dictConfig()，所以刚才程序配置的内容被改写为以下：

logging_demo config_demo.py
```python
import logconf
import logging.config

logging.config.dictConfig(logconf.LOGGING_CONFIG)

# 建立 logger
logger = logging.getLogger('simple_example')

# 应用程序的程序代码
logger.debug('debug message')
logger.info('info message')
logger.warning('warn message')
logger.error('error message')
logger.critical('critical message')
```

其中 logconfig 模块就是一个编写了配置信息的 logconfig.py 文件。

logging_demo logconf.py
```python
LOGGING_CONFIG = {
    'version' : 1,
    'handlers' : {
        'console': {
            'class': 'logging.StreamHandler',
            'level': 'DEBUG',
            'formatter': 'simpleFormatter'
        }
    },
    'formatters': {
        'simpleFormatter': {
            'format': '%(asctime)s - %(name)s - %(levelname)s - %(message)s'
        }
    },
    'loggers' : {
        'simple_example' : {
            'level' : 'DEBUG',
            'handlers' : ['console']
```

```
        }
    }
}
```

被作为配置文件的 logconf.py 本身就是 Python 源代码，配置设定时使用的是 dict，最重要的是必须有一个 version 键名称，每个处理器、格式器、过滤器或 Logger 实例都要有一个名称，以便设定时参考用。dict 中可使用的键名称可参考 Dictionary Schema Details[①] 的说明。

若不想使用.py 作为配置文件，也可以使用 JSON，例如建立一个 logconf.json 文件。

logging_demo logconf.json

```json
{
    "version" : 1,
    "handlers" : {
        "console": {
            "class": "logging.StreamHandler",
            "level": "DEBUG",
            "formatter": "simpleFormatter"
        }
    },
    "formatters": {
        "simpleFormatter": {
            "format": "%(asctime)s - %(name)s - %(levelname)s - %(message)s"
        }
    },
    "loggers" : {
        "simple_example" : {
            "level" : "DEBUG",
            "handlers" : ["console"]
        }
    }
}
```

要留意的是，JSON 的规范中必须使用双引号来包括键名称。有了这个 JSON 文件，就可以运用 10.3.2 小节介绍的 json.load() 来读取 JSON，并作为 logging.config.dictConfig() 的自变量。

logging_demo config_demo2.py

```python
import logging, json
import logging.config


with open('logconf.json') as config:
    LOGGING_CONFIG = json.load(config)
    logging.config.dictConfig(LOGGING_CONFIG)

# 建立 logger
```

---

① Dictionary Schema Details：docs.python.org/3/library/logging.config.html#dictionary-schema-details

```
logger = logging.getLogger('simple_example')

# 应用程序的程序代码
logger.debug('debug message')
logger.info('info message')
logger.warning('warning message')
logger.error('error message')
logger.critical('critical message')
```

11.3　正则表达式

正则表达式（Regular Expression）最早是由数学家 Stephen Kleene 于 1956 年提出，主要用于字符串格式比对，后来在信息领域广为应用。Python 提供一些支持正则表达式操作的标准 API，以下将从如何定义正则表达式开始介绍。

11.3.1　正则表达式简介

如果有个字符串想根据某个字符或字符串切割，可以使用 str 的 split()方法，它会返回切割后各子字符串组成的 list。例如：

```
>>> 'Justin,Monica,Irene'.split(',')
['Justin', 'Monica', 'Irene']
>>> 'JustinOrzMonicaOrzIrene'.split('Orz')
['Justin', 'Monica', 'Irene']
>>> 'Justin\tMonica\tIrene'.split('\t')
['Justin', 'Monica', 'Irene']
>>>
```

如果切割字符串的依据不仅仅只是某个字符或子字符串，而是任意单一数字呢？例如，想要将 Justin1Monica2Irene 按数字切割呢？这时 str 的 split() 派不上用场，你需要的是正则表达式。在 Python 中，使用 re 模块来支持正则表达式。例如，若想切割字符串，可以使用 re.split() 函数。

```
>>> import re
>>> re.split(r'\d', 'Justin1Monica2Irene')
['Justin', 'Monica', 'Irene']
>>> re.split(r',', 'Justin,Monica,Irene')
['Justin', 'Monica', 'Irene']
>>> re.split(r'Orz', 'JustinOrzMonicaOrzIrene')
['Justin', 'Monica', 'Irene']
>>> re.split(r'\t', 'Justin\tMonica\tIrene')
['Justin', 'Monica', 'Irene']
>>>
```

在这里使用了 re 模块的 split() 函数，第一个参数要以字符串来指定正则表达式，在正则表达式中，\d 表示符合一个数字。

实际上若使用 Python 的字符串表示时，因为 \ 在 Python 字符串中被作为转义（Escape）字符，因此要编写正则表达式时，必须编写为 \\d。这样当然很麻烦，幸而 Python 中可以在字符串前加上 r，表示这是一个原始字符串（Raw String），不要对 \ 做任何转义动作。因此**在编写正则表达式时，建议使用原始字符串。**

Python 中支持大多数标准的正则表达式，想使用 re 模块之前，认识正则表达式是必要的。

正则表达式基本上包括两种字符：**字面量（Literals）与元字符（Metacharacters）。字面量是指按照字面意义比对的字符**，像是刚才在范例中指定的 Orz，指的是三个字面量 O、r、z 的规则；**元字符是不按照字面比对，在不同情境有不同意义的字符。**

例如 ^ 是元字符，正则表达式 ^Orz 是指行首立即出现 Orz 的情况，也就是此时 ^ 表示一行的开头。但正则表达式 [^Orz] 是指不包括 O 或 r 或 z 的比对。也就是在 [ ] 中时，^ 表示非之后几个字符的情况。元字符就像是程序语言中的控制结构之类的语法，**找出并理解元字符想要诠释的概念，对于正则表达式的阅读非常重要。**

1．字符表示

字母和数字在正则表达式中都是按照字面意义比对，有些字符之前加上了 \ 之后会被当作元字符。例如，\t 代表按下 Tab 键的字符。表 11.2 列出正则表达式支持的字符表示。

表 11.2　字符表示

字　符	说　明
字母或数字	比对字母或数字
\\	比对 \ 字符
\num	num 用来指定字符的八进位编码
\xnum	num 用来指定字符的十六进位编码
\uhhhh	十六进位 0xhhhh 字符
\Uhhhhhhhh	十六进位 0xhhhhhhhh 字符
\n	换行（\u000A）
\v	垂直定位（\u000B）
\f	换页（\u000C）
\r	返回（\u000D）
\a	响铃（\u0007）
\b	退格（\u0008）
\t	Tab（\u0009）

元字符在正则表达式中有特殊意义，例如 ! $ ^ * ( ) + = { } [ ] | \ : . ? 等，若要比对这些字符，

则必须加上转义（Escape）符号。例如要比对 !，则必须使用 \!；要比对 $ 字符，则必须使用 \$。
如果不确定哪些标点符号字符要加上转义符号，可以在每个标点符号前加上 \，例如比对逗号也可以写 \,。

如果正则表达式为 XY，那么表示比对"X 之后要跟随着 Y"，如果想表示"X 或 Y"，可以使用 X | Y。如果有多个字符要以"或"的方式表示，例如"X 或 Y 或 Z"，可以使用稍后会介绍的字符类表示为 [XYZ]。

2．字符类

在正则表达式中，多个字符可以归类在一起，成为一个**字符类（Character Class）**，字符类会比对文字中是否有"任一个"字符符合字符类中某个字符。**正则表达式中被放在 [ ] 中的字符就成为一个字符类。**例如，若字符串为 Justin1Monica2Irene3Bush，你想要按 1 或 2 或 3 切割字符串，正则表达式可编写为 [123]。

```
>>> re.split(r'[123]', 'Justin1Monica2Irene3Bush')
['Justin', 'Monica', 'Irene', 'Bush']
>>>
```

正则表达式 123 连续出现字符 1、2、3，然而 [ ] 中的字符是"或"的概念，也就是 [123] 表示"1 或 2 或 3"。**| 在字符类型中只是一个普通字符，不会被当作"或"来表示。**

字符类中可以使用连字符 - 作为字符类元字符，表示一段文字范围，例如要比对文字中是否有 1 到 5 任一数字出现，正则表达式为 [1-5]，要比对文字中是否有 a 到 z 任一字母出现，正则表达式为 [a-z]，要比对文字中是否有 1 到 5、a 到 z、M 到 W 任一字符出现，正则表达式可以写为 [1-5a-zM-W]。**字符类中可以使用 ^ 作为字符类元字符，[^] 则为反字符类（Negated Character Class）**，例如 [^abc] 会比对 a、b、c 以外的字符。表 11.3 为字符类范例列表。

表 11.3　字符类

字　符　类	说　　明
[abc]	a 或 b 或 c 任一字符
[^abc]	a、b、c 以外的任一字符
[a-zA-Z]	a 到 z 或 A 到 Z 任一字符
[a-d[m-p]]	a 到 d 或 m 到 p 任一字符（联集），等于 [a-dm-p]
[a-z&&[def]]	a 到 z 且是 d、e、f 的任一字符（交集），等于 [def]
[a-z&&[^bc]]	a 到 z 且不是 b 或 c 的任一字符（减集），等于 [ad-z]
[a-z&&[^m-p]]	a 到 z 且不是 m 到 p 的任一字符，等于 [a-lq-z]

可以看到，字符类中可以再有字符类，如把正则表达式想成是语言，字符类就像是其中独立的子语言。

有些字符类很常用，例如经常会比对是否为 0 到 9 的数字，可以编写为 [0-9]，或是编写

为 \d。这类字符被称为**字符类缩写**或**预定义字符类**（**Predefined Character Class**），它们不用被包括在 [ ] 之中，表 11.4 列出可用的预定义字符类。

表 11.4 预定义字符类

预定义字符类	说　明
.	任一字符
\d	比对任一数字字符，即 [0-9]
\D	比对任一非数字字符，即 [^0-9]
\s	比对任一空格符，即 [\t\n\x0B\f\r]
\S	比对任一非空格符，即 [^\s]
\w	比对任一 ASCII 字符，即 [a-zA-Z0-9_]
\W	比对任一非 ASCII 字符，即 [^\w]

3．贪婪、逐步量词

如果想用户输入的手机号码格式为 XXXX-XXXXXXX，其中 X 为数字，正则表达式可以使用 \d\d\d\d-\d\d\d\d\d\d\d，不过更简单的写法是 \d{4}-\d{6}。{n} 是**贪婪量词**（**Greedy Quantifier**）表示法的一种，表示前面的项目出现 n 次。表 11.5 列出可用的贪婪量词。

表 11.5 贪婪量词

贪　婪　量　词	说　明
X?	X 项目出现一次或没有
X*	X 项目出现零次或多次
X+	X 项目出现一次或多次
X{n}	X 项目出现 n 次
X{n,}	X 项目至少出现 n 次
X{n,m}	X 项目出现 n 次但不超过 m 次

贪婪量词之所以贪婪，是因为看到贪婪量词时，比对器（Matcher）会把剩余文字整个吃掉，再逐步吐出（Back-off）文字，看看是否符合贪婪量词后的正则表达式。如果吐出部分符合，而吃下部分也符合贪婪量词就比对成功，结果就是**贪婪量词会尽可能地找出长度最长的符合文字**。

例如文字 xfooxxxxxxfoo，若使用正则表达式 .*foo 比对，比对器会先吃掉整个 xfooxxxxxxfoo，再吐出 foo 符合 foo 部分，剩下的 xfooxxxxxx 也符合 .* 部分，所以得到的符合字符串就是整个 xfooxxxxxxfoo。

如果在贪婪量词表示法后加上 ?，将会成为**逐步量词**（**Reluctant Quantifier**），又常称为**懒惰量词**，或**非贪婪**（**Non-greedy**）量词（相对于贪婪量词来说）。比对器看到逐步量词时，会一边吃掉剩余文字，一边看看吃下的文字是否符合正则表达式，结果就是**逐步量词会尽可能地找出长度最短的符合文字。**

例如文字 xfooxxxxxxfoo 若用正则表达式 .*?foo 比对，比对器在吃掉 xfoo 后发现符合 *?foo，接着继续吃掉 xxxxxxfoo 发现符合，所以得到 xfoo 与 xxxxxxfoo 两个符合文字。

可以使用 re 模块的 findall() 来实际看看两个量词的差别。

```
>>> re.findall(r'.*foo', 'xfooxxxxxxfoo')
['xfooxxxxxxfoo']
>>> re.findall(r'.*?foo', 'xfooxxxxxxfoo')
['xfoo', 'xxxxxxfoo']
>>>
```

4. 边界比对

如果有一段文字 Justin dog Monica doggie Irene，你想要直接按其中单词 dog 切出前后两个子字符串，也就是 Justin 与 Monica doggie Irene 两部分，那么结果会让你失望。

```
>>> re.split(r'dog', 'Justin dog Monica doggie Irene')
['Justin ', ' Monica ', 'gie Irene']
>>>
```

在程序中 doggie 因为有 dog 子字符串，也被当作切割的依据，才会有以上的结果。你可以使用 \b 标出单词边界，例如 \bdog\b，这就只会比对出 dog 单词。例如：

```
>>> re.split(r'\bdog\b', 'Justin dog Monica doggie Irene')
['Justin ', ' Monica doggie Irene']
>>>
```

边界比对用来表示文字必须符合指定的边界条件，也就是定位点，因此这类表示式也常称为锚点（Anchor），表 11.6 列出正则表达式中可用的边界比对。

表 11.6　边界比对

边 界 比 对	说　　明
^	一行开头
$	一行结尾
\b	单词边界
\B	非单词边界
\A	输入开头
\G	前一个符合项目结尾
\Z	非最后终端（Final Terminator）的输入结尾
\z	输入结尾

5．分组与参考

可以使用 () 来将正则表达式分组，除了作为子正则表达式之外，还可以搭配量词使用。例如想要验证电子邮件格式，允许的用户名称开头要是大小写英文字符，之后可搭配数字，正则表达式可以写为 ^[a-zA-Z]+\d*，因为@后域名可以有数层，必须是大小写英文字符或数字，正则表达式可以写为 ([a-zA-Z0-9]+\.)+，其中使用 () 群组了正则表达式，之后的 + 表示这个群组的表达式符合一次或多次，最后要是 com 结尾，整个结合起来的正则表达式就是 ^[a-zA-Z]+\d*@([a-zA-Z0-9]+\.)+com。

若有字符串符合了被分组的正则表达式，字符串会被捕捉（Capture），以便在稍后**回头参考（Back Reference）**。在这之前，必须知道分组计数，如果有一个正则表达式 ((A)(B(C)))，其中有 4 个分组，这是遇到的左括号来计数，所以 4 个分组分别是：

（1）((A)(B(C)))

（2）(A)

（3）(B(C))

（4）(C)

分组回头参考时，是在\后加上分组计数，表示参考第几个分组的比对结果。 例如，\d\d 要求比对两个数字，(\d\d)\1 表示要输入 4 个数字，输入的前两个数字与后两个数字必须相同。例如输入 1212 会符合，12 因为符合 (\d\d) 而被捕捉至分组 1，\1 要求接下来输入也要是分组 1 的内容，也就是 12；若输入 1234 则不符合，因为 12 虽然符合 (\d\d) 而被捕捉，然而 \1 要求接下来的输入也要是 12，然而接下来的数字是 34，所以不符合。

再来看一个实用的例子，[" '] [^" '] * [" '] 比对单引号或双引号中 0 或多个字符，但没有比对两个都要是单引号或双引号，([" ']) [^" '] * \ 1 则比对出前后引号必须一致。

6．扩充标记

正则表达式中的 (?...) 代表扩充标记（Extension Notation），括号中首个字符必须是?，而这之后的字符（也就是...的部分）进一步决定了正则表达式的组成意义。

举例来说，刚才讲过可以使用 () 分组，Python 预设会对 () 分组计数。如果不需要分组计数，只是想使用 () 来定义某个子规则，**可以使用 (?:...) 来表示不捕捉分组**。例如，若只是想比对邮件地址格式，不打算捕捉分组，可以使用^[a-zA-Z]+\d*@(?:[a-zA-Z0-9]+\.)+com。

在正则表达式复杂之时，善用 (?:...) 可避免不必要的捕捉分组，对于性能也会有很大的改进。

有时要捕捉的分组数量众多时，以号码来区别分组也不方便，这时**可以使用 (?P<name>...)来为分组命名**，在同一个正则表达式中使用 (?P=name) 引用分组。例如先前讲到的 (\d\d)\1 是使用号码引用分组，若想以名称引用分组，也可以使用 (?P<tens>\d\d)(?P=tens)。当分组众多时，适时为分组命名，就不用为了分组计数而烦恼了。

如果想让比对出的对象之后必须跟随或没有跟随特定文字，可以使用 (?=...) 或 (?!...)。

例如，分别比对出来的名称最后必须有或没有 Lin。

```
>>> re.findall(r'\w+ (?=Lin)', 'Justin Lin, Monica Huang, Irene Lin')
['Justin ', 'Irene ']
>>> re.findall(r'\w+ (?!Lin)', 'Justin Lin, Monica Huang, Irene Lin')
['Monica ']
>>>
```

相对地，**如果想让比对出的对象前面必须有或没有特定文字，可以使用 (?<=...) 或 (?<!...)。**例如，分别比对出来的文字前必须有或没有 data。

```
>>> re.findall(r'(?<=data)-\w+', 'data-h1,cust-address,data-pre')
['-h1', '-pre']
>>> re.findall(r'(?<!data)-\w+', 'data-h1,cust-address,data-pre')
['-address']
>>>
```

(?(id/name)yes-pattern|no-pattern) 可以根据先前是否有符合的分组动态地组成整个正则表达式。例如，若原先有一个程序范例，只有在邮件地址被 <> 包括或者完全没被 <> 包括的情况下，才会显示 True。

```
import re

def validate(email):
    mailre = r'\w+@\w+(?:\.\w+)+'
    regex = f'<{mailre}>' if email[0] == '<' else f'^{mailre}$'
    return re.findall(regex, email) != []

print(validate('<user@host.com>'))  # 显示 True
print(validate('user@host.com'))    # 显示 True
print(validate('<user@host.com'))   # 显示 False
print(validate('user@host.com>'))   # 显示 False
```

这使用了程序流程来动态组成最后的正则表达式，若 (?(id/name)yes-pattern|no-pattern) 的话，可以改写成下面的范例。

```
import re

def validate(email):
    regex = r'^(?P<arrow><)?(\w+@\w+(?:\.\w+)+)(?(arrow)>|$)'
    return re.findall(regex, email) != []

print(validate('<user@host.com>'))  # 显示 True
print(validate('user@host.com'))    # 显示 True
print(validate('<user@host.com'))   # 显示 False
print(validate('user@host.com>'))   # 显示 False
```

(?(arrow)>|$) 表示，如果有文字符合了命名为 arrow 的分组，那么会使用 > 来组成正则表达式，否则就使用 $ 来组成正则表达式。就上例来说，如果有文字符合了命名为 arrow 的分组，

310

正则表达式等同于 ^(?P<arrow><)?(\w+@\w+(?:\.\w+)+)>，否则正则表达式等同于 ^(?P<arrow><)?(\w+@\w+(?:\.\w+)+)$。

至于使用 if…else 算法流程来组成正则表达式好，还是使用(?(id/name)yes-pattern|no-pattern)好，这取决于你对正则表达式的熟悉度、程序代码编写上的方便性、可读性等考虑。

就上面举的范例来说，由于 Python 3.6 支持 f-strings，因而运用程序流程来动态组成正则表达式方便许多，程序代码可读性上也还不错；你可以想想看，若不支持 f-strings，会是如何运用程序流程来动态组成正则表达式的呢？或许就会觉得 (?(id/name)yes-pattern|no-pattern) 比较方便。

提示 >>> 想要得到有关正则表达式更完整的说明，除了可以参考 re 模块的文件说明，也可以参考 Regular Expression HOWTO[①]。

11.3.2　Pattern 与 Match 对象

在程序中使用正则表达式，必须先针对正则表达式作剖析、验证等动作，确定正则表达式语法无误，才能对字符串进行比对，如果不是频繁性地使用正则表达式，可以直接使用 re 模块的 split()、findall()、search()、sub()、match() 等函数。

1．建立 Pattern 对象

不过，**剖析、验证正则表达式往往是最耗时间的阶段，在频繁使用某正则表达式的场合，若可以将剖析、验证过后的正则表达式重复使用，对效率将会有所帮助。**

re.compile() 可以建立正则表达式对象，在剖析、验证过正则表达式无误后返回的正则表达式对象可以重复使用。例如：

```
regex = re.compile(r'.*foo')
```

re.compile() 函数可以指定 flags 参数，进一步设定正则表达式对象的行为，例如想不分大小写比对 dog 文字，代码可以如下：

```
regex = re.compile(r'dog', re.IGNORECASE)
```

可使用的 flags 参数可以参考 re 模块的文件说明；也可以在正则表达式中使用**嵌入旗标表示法（Embedded Flag Expression）**。例如，re.IGNORECASE 等效地嵌入旗标表示法为 (?i)，以下片段效果等同上例。

```
regex= re.compile('(?i)dog')
```

嵌入旗标表示法可使用的字符有 a、i、L、m、s、u、x，各自对应着 re.compile() 函数的 flags 参数的作用。

[①] Regular Expression HOWTO：docs.python.org/3/howto/regex.html

在取得正则表达式对象后，可以使用 split() 方法将指定字符串按正则表达式切割，效果等同于使用 re.split() 函数；findall() 方法找出符合的全部子字符串，效果等同于使用 re.findall() 函数。

```
>>> dog = re.compile('(?i)dog')
>>> dog.split('The Dog is mine and that dog is yours')
['The ', ' is mine and that ', ' is yours']
>>> dog.findall('The Dog is mine and that dog is yours')
['Dog', 'dog']
>>>
```

2. 使用 Match 对象

如果想取得符合时更进一步的信息，可以使用 finditer() 方法，它会返回一个 iterable 对象，每一次迭代都会得到一个 Match 对象。可以使用它的 group() 来取得符合整个正则表达式的子字符串，使用 start() 取得子字符串的起始索引，使用 end() 取得结尾索引。例如：

```
>>> dog = re.compile('(?i)dog')
>>> for m in dog.finditer('The Dog is mine and that dog is yours'):
...     print(m.group(), 'between', m.start(), 'and', m.end())
...
Dog between 4 and 7
dog between 25 and 28
>>>
```

search() 方法与 match() 方法必须小心区分。search() 会在整个字符串中找寻第一个符合的子字符串；而 match() 只会在字符串开头看看接下来的字符串是否符合，search() 方法与 match() 若有符合，都会返回 Match 对象，否则返回 None。

```
>>> dog.search('The Dog is mine and that dog is yours')
<_sre.SRE_Match object; span=(4, 7), match='Dog'>
>>> dog.match('The Dog is mine and that dog is yours')
>>> dog.match('Dog is mine and that dog is yours')
<_sre.SRE_Match object; span=(0, 3), match='Dog'>
>>>
```

3. 分组处理

如果正则表达式中设定了分组，findall() 方法会以列表返回各个分组。例如刚才说明过的，(\d\d)\1 表示要输入 4 个数字，输入的前两个数字与后两个数字必须相同。

```
>>> twins = re.compile(r'(\d\d)\1')
>>> twins.findall('123412123454539999928202')
['12', '45', '99']
>>>
```

能符合的数字只有 1212、4545、9999，因为分组设定是 (\d\d) 两个数字，而 findall() 以列表返回各个分组，因此结果是 12、45、99。如果想要取得 1212、4545、9999 这样的结果，要使用 finditer() 方法，通过迭代 Match 并调用 group() 来取得符合整个正则表达式的子字符串。例如：

```
>>> for m in twins.finditer('12341212345453999928202'):
...     print(m.group())
...
1212
4545
9999
>>>
```

先前讲到，(["']) [^"']*\1 可比对出前后引号必须一致的状况，若想找出单引号或双引号中的文字，如下使用 findall() 是行不通的。

```
>>> regex = re.compile(r'''(["'])[^"']*\1''')
>>> regex.findall(r'''your right brain has nothing 'left' and your left has nothing "right"''')
["'", '"']
>>>
```

因为 findall() 以列表返回各个分组，而分组设定为 (["'])，符合的是单引号或双引号，所以列表中才会只看到 '与"。如果要找出单引号或双引号中的文字，代码必须如下：

```
>>> import re
>>> regex = re.compile(r'''(["'])[^"']*\1''')
>>> for m in regex.finditer(r'''your right brain has nothing 'left' and your left has nothing "right"'''):
...     print(m.group())
...
'left'
"right"
>>>
```

如果设定了分组，search() 或 match() 在搜索到文字时，也可以使用 group() 指定数字，表示要取得哪个分组，或者是使用 groups() 返回一个 tuple，包含符合的分组。例如：

```
>>> m = regex.search(r"your right brain has nothing 'left'")
>>> m.group(1)
"'"
>>> m.group(2)
'left'
>>> m.groups()
("'", 'left')
>>> m.group(0)
"'left'"
>>>
```

group(0) 实际上等于调用 group() 不指定数字，表示整个符合正则表达式的字符串。如果使用了(?P<name>...) 为分组命名，在调用 group() 方法时，也可以指定分组名称。例如：

```
>>> twins = re.compile(r'(?P<tens>\d\d)(?P=tens)')
>>> m = twins.search('1234121234545453999928202')
>>> m.group('tens')
'12'
>>>
```

4．字符串取代

如果要取代符合的子字符串，可以使用正则表达式对象的 sub()方法。例如，将所有单引号都换成双引号。

```
>>> regex = re.compile(r"'")
>>> regex.sub('"', "your right brain has nothing 'left' and your left brain has nothing 'right'")
'your right brain has nothing "left" and your left brain has nothing "right"'
>>>
```

如果正则表达式中有分组设定，在使用 sub() 时，可以使用 \num 来捕捉被分组匹配的文字，num 表示第几个分组。例如，以下示范如何将用户邮件地址从 .com 取代为 .cc。

```
>>> regex = re.compile(r'(^[a-zA-Z]+\d*)@([a-z]+?.)com')
>>> regex.findall('caterpillar@openhome.com')
[('caterpillar', 'openhome.')]
>>> regex.sub(r'\1@\2cc', 'caterpillar@openhome.com')
'caterpillar@openhome.cc'
>>>
```

整个正则表达式匹配了 caterpillar@openhome.com，第一个分组捕捉到 caterpillar，第二个分组捕捉到 openhome.，\1 与 \2 就会分别代表这两部分。

如果使用了 (?P<name>...) 为分组命名，在调用 sub() 方法时，必须使用 \g<name> 来参考。例如：

```
>>> regex = re.compile(r'(?P<user>^[a-zA-Z]+\d*)@(?P<preCom>[a-z]+?.)com')
>>> regex.findall('caterpillar@openhome.com')
[('caterpillar', 'openhome.')]
>>> regex.sub(r'\g<user>@\g<preCom>cc', 'caterpillar@openhome.com')
'caterpillar@openhome.cc'
>>>
```

下面这个范例可以输入正则表达式与想比对的字符串，执行结果将显示比对到的结果。

regex regex.py
```
import re, sre_constants

def whereis(regex: str, text: str):
```

```
try:
    pattern = re.compile(regex)
except sre_constants.error as err:
    print('正则表达式有误')
    print(err.msg)
else:
    for m in pattern.finditer(text):
        print('从索引 {} 开始到索引 {} 之间找到符合文字 {}'
                    .format(m.start(), m.end(), m.group()))

regex = input('输入正则表达式: ')
text = input('输入要比对的文字: ')
whereis(regex, text)
```

一个执行结果如下：

```
输入正则表达式: .*?foo
输入要比对的文字: xfooxxxxxxfoo
从索引 0 开始到索引 4 之间找到符合文字 xfoo
从索引 4 开始到索引 13 之间找到符合文字 xxxxxxfoo
```

11.4　文件与目录

在应用程序或系统管理的日常任务中列出文件或目录进行路径的切换、搜索文件或遍历目录等是经常性的需求。在 Python 的标准链接库中，对这类基本需求提供了内置的解决方案。

11.4.1　使用 os 模块

在第 8 章介绍文件的读取、写入、修改时，曾经看过 os 模块。除了针对文件内容进行访问的相关 API 外，一些与操作系统操作相关的任务，该模块也提供了一些 API 可以使用，当然也包括文件与目录管理的相关操作。

1．取得目录信息

在指定文件或目录时，若不使用绝对路径，指定的文件或目录就会是相对于工作目录，通常这会是程序执行时的路径。若想知道目前工作目录，或者切换工作目录，可以使用 os.getcwd() 或 os.chdir()。

```
C:\Users\Justin>python
Python 3.7.0 (v3.7.0:1bf9cc5093, Jun 27 2018, 04:06:47) [MSC v.1914 32 bit (Intel)] on win32
Type "help", "copyright", "credits" or "license" for more information.
>>> import os
>>> os.getcwd()
```

```
'C:\\Users\\Justin'
>>> os.chdir(r'c:\workspace')
>>> os.getcwd()
'c:\\workspace'
>>>
```

如果想得知指定的目录下有哪些文件或目录可以使用 os.listdir()，这会使用 list 返回文件与目录列表。如果想以惰性的方式处理，可以使用 os.scandir()，这会返回 iterable 的 os.DirEntry 实例，该实例具有 is_dir()、is_file() 等方法可以使用。例如：

```
>>> os.listdir(r'c:\workspace')
['ducktyping.js', 'helloworld.js', 'logging_demo']
>>> for entry in os.scandir(r'c:\workspace'):
...     if entry.is_file():
...         print('File:', entry.name)
...     elif entry.is_dir():
...         print('Dir:[', entry.name, ']')
...
File: ducktyping.js
File: helloworld.js
Dir:[logging_demo]
>>>
```

2. 遍历目录

如果指定的目录下还有子目录，想要更深入地遍历，虽然可以使用 os.scandir()，在迭代每个 os.DirEntry 实例时，使用 is_dir() 来看看是否为目录，若是，就递归进行下一层目录的遍历。例如：

files_dirs list_all.py
```
from typing import Callable
import os

def list_all(dir: str, action: Callable[..., None]):
    action(dir)
    for entry in os.scandir(dir):
        fullpath = f'{dir}\\{entry.name}'
        if entry.is_dir():
            list_all(fullpath, action)
        elif entry.is_file():
            print(fullpath)

list_all(r'c:\workspace', print)
```

不过，针对此需求，Python 直接提供了 os.walk() 可以使用。os.walk() 会返回一个生成器，如迭代这个生成器，每次都会取得一个 tuple，先来看看 tuple 里有什么。

```
>>> for t in os.walk(r'c:\workspace'):
```

```
...        print(t)
...
('c:\\workspace', ['logging_demo'], ['ducktyping.js', 'helloworld.js'])
('c:\\workspace\\logging_demo', ['.idea', '__pycache__'], ['basic_logger.py',
'basic_logger2.py', 'basic_logger3.py', 'config_demo.py', 'config_demo2.py',
'filter_demo.py', 'formatter_demo.py', 'handler_demo.py', 'logconf.json', 'logconf.py'])
...
```

每一次迭代的 tuple 里有三个元素 (dirpath, dirnames, filenames)。dirpath 是字符串，代表着目前遍历到哪一层目录；dirnames 是 list，代表着当前目录下有哪些子目录；第三个元素也是 list，代表着当前目录下有哪些文件。

os.walk() 会自行遍历子目录，因此，若想列出指定目录下包含子目录的全部文件与目录列表，最简单的情况下，可以如下编写。

files_dirs list_all2.py

```python
from typing import Callable
import os

def list_all(dir: str, action: Callable[..., None]):
    for dirpath, dirnames, filenames in os.walk(dir):
        action(dirpath)
        for filename in filenames:
            action(f'{dirpath}\\{filename}')

list_all(r'c:\workspace', print)
```

一个执行的结果如下：

```
c:\workspace
c:\workspace\ducktyping.js
c:\workspace\helloworld.js
c:\workspace\logging_demo
c:\workspace\logging_demo\basic_logger.py
c:\workspace\logging_demo\basic_logger2.py
...
c:\workspace\logging_demo\.idea
c:\workspace\logging_demo\.idea\.name
...
c:\workspace\logging_demo\__pycache__
c:\workspace\logging_demo\__pycache__\logconf.cpython-35.pyc
```

3. 建立、修改、移除目录

如果想要建立目录，可以使用 os.mkdir()；如果想要对目录进行更名，可以使用 os.rename()，这个函数也可以用来对文件进行更名；如果想要移除目录，可以使用 os.rmdir()；如果要移除文件，必须使用 os.remove()。

```
>>> os.listdir()
['ducktyping.js', 'files_dirs', 'helloworld.js', 'logging_demo']
>>> os.mkdir('test')
>>> os.listdir()
['ducktyping.js', 'files_dirs', 'helloworld.js', 'logging_demo', 'test'
]
>>> os.rename('test', 'demo')
>>> os.listdir()
['demo', 'ducktyping.js', 'files_dirs', 'helloworld.js', 'logging_demo'
]
>>> os.remove('demo')
Traceback (most recent call last):
  File "<stdin>", line 1, in <module>
PermissionError: [WinError 5] 访问被拒。: 'demo'
>>> os.rmdir('demo')
>>> os.listdir()
['ducktyping.js', 'files_dirs', 'helloworld.js', 'logging_demo']
>>> os.remove('ducktyping.js')
>>> os.listdir()
['files_dirs', 'helloworld.js', 'logging_demo']
>>>
```

这里只是关于 os 模块中文件与目录的简介，实际上还有其他函数可以使用。如果是在 UNIX 系统上，os 模块也还有 chown() 之类 UNIX 文件系统相关的函数或参数可以指定，详情可参阅 Files and Directories[①] 的说明。

11.4.2　使用 os.path 模块

在刚才的范例中，我们自行使用 f'{dir}\\{entry.name}'与 f'{dirpath}\\{filename}' 来建立路径信息。这样的方式其实容易出错，而且会造成应用程序与操作系统的相依性（以这里来说，就是写死了路径分隔为使用 '\\'）。

如果是关于路径的操作，像路径的组合、相对路径转为绝对路径、取得文件所在的目录路径等，或者是路径对应的文件目录或目录信息。Python 提供了 os.path 模块来解决相关的需求。

1. 路径计算

先从刚才提到的 f'{dir}\\{entry.name}'与 f'{dirpath}\\{filename}' 问题开始。对于这样的需求，其实可以使用 os.path.join() 函数来解决。例如，list_all.py 可以改写为如下：

files_dirs list_all3.py

```
from typing import Callable
import os, os.path
```

---

① Files and Directories：docs.python.org/3/library/os.html#files-and-directories

```
def list_all(dir: str, action: Callable[..., None]):
    action(dir)
    for entry in os.scandir(dir):
        fullpath = os.path.join(dir, entry.name)
        if entry.is_dir():
            list_all(fullpath, action)
        elif entry.is_file():
            print(fullpath)

list_all(r'c:\workspace', print)
```

os.path.join() 函数会根据应用程序执行在哪个系统上，自动判断要使用\或/来作为路径分隔。同样的道理，刚才的 list_all2.py 中，在 import os.path 之后，f'{dirpath}\\{filename}'也可以改为 os.path.join(dirpath, filename)。

如果有一个相对路径，想要知道它的绝对路径，可以使用 os.path.abspath()。如果有一个文件路径，只想要取得目录部分的路径，可以使用 os.path.dirname()。如果有一个路径想要去除掉父路径，可以使用 os.path.basename()。

```
>>> import os.path
>>> os.path.abspath('helloworld.js')
'C:\\workspace\\helloworld.js'
>>> os.path.dirname(r'c:\workspace\helloworld.js')
'c:\\workspace'
>>> os.path.basename(r'c:\workspace\helloworld.js')
'helloworld.js'
>>>
```

如果路径有冗余的信息，例如，A//B、A/B/、A/./B 与 A/foo/../B 等，可以使用 os.path.normpath() 方法将其常态化（Normalize）而成为 A/B。例如：

```
>>> os.path.normpath(r'c:\workspace\.\helloworld.js')
'c:\\workspace\\helloworld.js'
>>> os.path.normpath(r'c:\workspace\..\helloworld.js')
'c:\\helloworld.js'
>>> os.path.normpath(r'c:\workspace\.\.\helloworld.js')
'c:\\workspace\\helloworld.js'
>>>
```

如果想要计算某个路径相对于目前工作路径下的相对关系，可以使用 os.path.relpath()。如果有指定第二个参数，就是计算某个路径相对于第二个参数的路径关系。例如：

```
>>> os.getcwd()
'C:\\workspace'
>>> os.path.relpath(r'c:\Program Files')
'..\\Program Files'
>>> os.path.relpath(r'c:\Program Files', r'c:\workspace\logging_demo')
```

```
'..\\..\\Program Files'
>>>
```

提示 >>> os.relpath() 不要跟 os.realpath() 搞错了，后者是在 UNIX 环境下用来取得 Symbol link 的实际路径。

2. 路径判定

路径只是一个位置的表示，实际上路径指向的位置不一定实际存在资源，你可以使用 os.path.exists() 来判定路径指向的位置是否真实存在资源。

```
>>> os.path.exists(r'c:\workspace\xyz.js')
False
>>> os.path.exists(r'c:\workspace\helloworld.js')
True
>>> os.path.isfile(r'c:\workspace\helloworld.js')
True
>>> os.path.isdir(r'c:\workspace\helloworld.js')
False
>>> os.path.isabs(r'c:\workspace\helloworld.js')
True
>>>
```

可以看到，除了测试资源是否存在，也可以使用 os.path.isfile()、os.path.isdir() 来测试路径指向的资源是否为文件或目录；os.path.isabs() 则用来测试路径是否为绝对路径。

3. 路径信息

如果想取得路径指向资源的建立时间、最后访问时间、修改时间，可以分别使用 os.path 的 getctime()、getatime()、getmtime()。返回的数字是自 epoch 起经过的秒数，可搭配 11.1 节介绍的时间日期 API，转换为人类的可读形式。例如，简单转换为 UTC 时间。

```
>>> t = os.path.getatime(r'c:\workspace\demo.py')
>>> t
1533822211.4724498
>>> import time
>>> time.asctime(time.gmtime(t))
'Thu Aug  9 13:43:31 2018'
>>> os.path.getsize(r'c:\workspace\demo.py')
322
>>>
```

在上面也看到 os.path.getsize() 的使用，这会返回路径指向资源的大小，单位是字节。

提示 >>> 若需要进行文件或目录的复制，可以使用 shutil 模块。它提供了 copyfile()、copy()、copy2()、copytree()、rmtree() 等高级操作。若需要面向对象风格的文件系统路径操作，可以考虑 Python 3.4 之后新增的 pathlib 模块。

11.4.3　使用 glob 模块

如果想在工作目录下搜索文件，例如想搜索.py 文件，可以使用 glob 模块。例如：

```
>>> import glob
>>> glob.glob('*.py')
['basic_logger.py', 'basic_logger2.py', 'basic_logger3.py', 'config_demo.py',
'config_demo2.py', 'filter_demo.py', 'formatter_demo.py', 'handler_demo.py',
'logconf.py']
>>>
```

glob 是一个很简单的模块，支持简易的 **Glob** 模式比对语法，它比正则表达式简单，常用于目录与文件名的比对。glob() 函数可使用的符号说明如表 11.7 所示。

表 11.7　glob()可使用的符号

符　　号	说　　明
*	比对全部的东西
?	比对任一字符
[seq]	比对 seq 中任一字符
[!seq]	比对 seq 以外的任一字符

glob() 有一个 recursive 参数，如果设定为 True，** 模式可用来比对任意文件，以及 0 或多个目录或子目录。也就是说，可以有跨目录且递归地搜索子目录的效果。例如，工作目录下有 files_dirs 与 logging_demo 两个目录，其中各有一些 .py 文件，使用 **/*.py 模式可以同时搜索出来。

```
>>> glob.glob('**/*.py', recursive = True)
['files_dirs\\list_all.py', 'files_dirs\\list_all2.py', 'files_dirs\\list_all3.py',
'logging_demo\\basic_logger.py', 'logging_demo\\basic_logger2.py',
'logging_demo\\basic_logger3.py', 'logging_demo\\config_demo.py',
'logging_demo\\config_demo2.py', 'logging_demo\\filter_demo.py',
'logging_demo\\formatter_demo.py', 'logging_demo\\handler_demo.py',
'logging_demo\\logconf.py']
>>>
```

以下是几个 glob() 可使用的比对范例。

➢ *.py 比对.py 结尾的字符串。
➢ **/*test.py 跨目录比对 test.py 结尾的路径，在 glob() 的 recursive 设定为 True 下，bookmark_test.py、command_test.py 都符合。
➢ ??? 符合三个字符，例如 123、abc 会符合。
➢ a?*.py 比对 a 之后至少一个字符，并以 .py 结尾的字符串。
➢ *[0-9]* 比对的字符串中要有一个数字。

glob() 会以 list 返回符合的路径，iglob() 的功能与 glob() 相同，不过返回迭代器。以下制作一个范例，可指定 glob() 可接收的模式来搜索指定路径下符合的文件。

files_dirs glob_search.py

```
import sys, os, glob

try:
    path = sys.argv[1]
    pattern = sys.argv[2]
except IndexError:
    print('请指定搜索路径与 glob 模式')
    print('例如: python glob_search.py c:\workspace **/*.py')
else:
    os.chdir(path)
    for p in glob.iglob(pattern, recursive = True):
        print(p)
```

一个执行结果如下：

```
C:\workspace\files_dirs>python glob_search.py c:\workspace **\*.pyc
logging_demo\__pycache__\logconf.cpython-37.pyc
```

11.5　URL 处理

Python 经常被用来编写 Web 爬虫（Scraper），复杂的 Web 爬虫程序通常会使用专门的链接库来处理。然而，对于一些简单的 HTML 页面信息选取，只需要一点点的 URL 及 HTTP 概念，结合目前所学，就可以使用 urllib 来轻松完成任务。

11.5.1　浅谈 URL 与 HTTP

虽然对于一些简单的场合，在不认识 URL 与 HTTP 细节的情况下也可以使用 urllib 完成任务。然而知道这些细节，可以让你完成更多的操作。因此，这里先针对后续讨论 urllib 时提供一些够用的基础。

1. URL 规范

Web 应用程序的文件、文档等资源是放在 Web 网站上，而 Web 网站栖身于广大网络之中。就必须要有一个方式，告诉浏览器到哪里取得文件、文档等资源，通常会听到有人这样说："要指定 URL"。

URL 中的 U，早期代表 Universal（通用），标准化之后代表 Uniform（统一），因此目前 URL 全名为 Uniform Resource Locator。正如名称指出，URL 主要目的是以文字方式说明网络上的资源如何取得。就早期的 RFC1738 规范来看，URL 的主要语法格式为：

```
<scheme>:<scheme-specific-part>
```

协议（scheme）指定了以何种方式取得资源，一些协议名称的例子有：

➤ ftp（文件传输协议，File Transfer Protocol）

➤ http（超文本传输协议，Hypertext Transfer Protocol）

➤ mailto（电子邮件）

➤ file（特定主机文件名）

提示 >>> urllib 实际上也能处理 FTP 等协议，然而作为一个入门介绍，后续会将焦点放在 HTTP。

协议之后跟随冒号，协议特定部分（scheme-specific-part）的格式按协议而定，通常会是：

```
//<使用者>:<密码>@<主机>:<端口号>/<路径>
```

举例来说，如图 11.2 所示，若主机名为 openhome.cc，要以 HTTP 协议取得 Gossip 文件夹中的 index.html 文件，端口号为 8080，必须使用以下的 URL。

```
http://openhome.cc:8080/Gossip/index.html
```

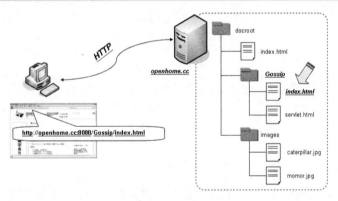

图 11.2　以 URL 指定资源位置等信息

提示 >>> 出于一些历史性的原因，URL 后来成为 URI 规范的子集，有兴趣可以在网上搜索 Uniform Resource Identifier[①] 条目；为了符合 urllib 名称，下面仍旧使用 URL 名称来进行说明。

目前来说，请求 Web 应用程序主要是通过 HTTP 通信协议，通信协议基本上是计算机间对谈沟通的方式。例如客户端要跟服务器要求联机，假设就是跟服务器说声 CONNECT，服务器响应 PASSWORD 表示要求密码，客户端进一步跟服务器说声 PASSWORD 1234，表示这是所需的密码，诸如此类，如图 11.3 所示。

———————————

① ibm.com/developerworks/cn/xml/standards/x-urispec.html

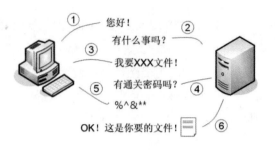

图 11.3　通信协议是计算机间沟通的一种方式

浏览器跟 Web 网站间使用的沟通方式基本上是 HTTP。HTTP 定义了 GET、POST、PUT、DELETE、HEAD、OPTIONS、TRACE 等请求方式。就使用 urllib 来说，最常运用 GET 与 POST，下面就针对 GET 与 POST 来进行说明。

2．GET 请求

顾名思义，GET 请求就是向 Web 网站取得指定的资源。在发出 GET 请求时，必须一并告诉 Web 网站请求资源的 URL，以及一些标头（Header）信息，例如一个 GET 请求的发送范例如图 11.4 所示。

图 11.4　GET 请求范例

在图 11.4 中，请求标头提供了 Web 网站一些浏览器相关的信息，Web 网站可以使用这些信息来进行响应处理。例如，Web 网站可以从 User-Agent 中得知使用者的浏览器种类与版本，从 Accept-Language 了解浏览器接受哪些语系的内容响应等。

请求参数通常是使用者发送给 Web 网站的信息，Web 网站有了这些信息，可以进一步针对使用者请求进行正确的响应。请求参数是路径之后跟随一个问号（?），然后是请求参数名称与请求参数值，中间以等号（=）表示成对关系。若有多个请求参数，则以 & 字符连接。使用 GET 的方式发送请求，浏览器的地址栏上也会出现请求参数信息，如图 11.5 所示。

图 11.5　GET 请求参数会出现在地址栏

GET 请求可以发送的请求参数长度有限，这依浏览器而有所不同。Web 网站也会设定长度上的限制，对于太大量的数据并不适合用 GET 方法来进行请求，Web 应用程序可以改为接受

POST 请求。

3．POST 请求

对于大量或复杂的信息发送（例如文件上传），通常会采用 POST 来进行发送，一个 POST 发送的范例如图 11.6 所示。

图 11.6　POST 请求范例

POST 将请求参数移至最后的信息本体（Message Body）之中，由于信息本体的内容长度不受限制，大量数据的发送会使用 POST 方法，而由于请求参数移至信息本体，地址栏中也就不会出现请求参数。对于一些较敏感的信息，如密码，即使长度不长，通常也会改用 POST 的方式发送，以避免因为出现在地址栏中而泄露。

> **注意 》》》**　虽然在 POST 请求时，请求参数不会出现在地址栏中。然而在非加密联机的情况下，若请求被第三方选取了，请求参数仍然是一目了然。

HTTP 请求参数必须使用请求参数名称与请求参数值，中间以等号（=）表示成对关系。现在问题来了，如果请求参数值本身包括等号（=）怎么办？又或许想发送的请求参数值是 https://openhome.cc 这个值呢？假设是 GET 请求，直接这样发送是不行的。

```
GET /Gossip/download?url=https://openhome.cc HTTP/1.1
```

4．保留字符

在 URL 规范定义了保留字符（Reserved Character），像是:、/、?、&、=、@、% 等字符，在 URL 中都有其作用。如果要在请求参数上表达 URL 中的保留字符，必须在 % 字符之后以十六进位数值表示方式来表示该字符的 8 个位数值。

例如，:字符真正存储时的 8 个位为 00111010，用十六进位数值来表示则为 3A，所以必须使用 %3A 来表示:。/ 字符存储时的 8 个位为 00101111，用十六进位表示则为 2F，所以必须使用 %2F 来表示/字符。所以如果想发送的请求参数值是 https://openhome.cc，必须使用以下格式：

```
GET /Gossip/download?url=https%3A%2F%2Fopenhome.cc HTTP/1.1
```

这是 URL 规范中的**百分比编码**（**Percent-Encoding**），也就是俗称的 **URL 编码**。

5．汉字字符

URL 编码针对的是字符 UTF-8 编码的八位数值。在非 ASCII 字符方面，例如中文，3.1.2 小节曾经讲过，在 UTF-8 的编码下，中文多半会使用三个字节来表示。例如，"林"这个字在 UTF-8 编码下的三个字节对应至十六进位数值表示就是 E6、9E、97，在 URL 编码中，请求参数中要包括"林"这个汉字，表示方式就是 %E6%9E%97。例如：

```
https://openhome.cc/addBookmar.do?lastName=%E6%9E%97
```

有些初学者会直接打开浏览器输入图 11.7 的内容，然后告诉我："URL 也可以直接打中文啊！"

🔒 安全 | https://openhome.cc/register?lastName=林

图 11.7　浏览器地址栏真的可以输入中文

不过你可以将地址栏复制、粘贴到纯文本文件中，就会看到 URL 编码的结果。这是因为现在的浏览器很聪明，会自动将 URL 编码并显示为中文。

> **提示 ≫**　想知道更多 HTTP 的细节，可以进一步参考《重新认识 HTTP 请求方法①》。

11.5.2　使用 urllib.request

urllib 实际上是一个包，有 request、parse、error 等模块。最常使用的是 request 模块，提供了处理 URL 的相关函数与类。初学的起点往往是 urlopen() 函数，最简单的调用方式就是只指定 URL，如下载笔者的主页 HTML。

```
>>> from urllib.request import urlopen
>>> with urlopen('https://openhome.cc') as resp:
...     print(resp.geturl())
...     print(resp.info())
...     print(resp.getcode())
...     print(resp.read())
...
https://openhome.cc
Date: Sat, 11 Aug 2018 03:09:56 GMT
Server: Apache
Upgrade: h2,h2c
Connection: Upgrade, close
Last-Modified: Tue, 01 May 2018 00:34:53 GMT
Accept-Ranges: bytes
Content-Length: 2274
Vary: Accept-Encoding,User-Agent
```

---

① 重新认识 HTTP 请求方法：openhome.cc/Gossip/Programmer/HttpMethod.html

```
Content-Type: text/html

200
b'<!DOCTYPE html>\n<html lang="zh-tw">\n  <head>\n    <meta content="text/html;
charset=utf-8" http-equiv="content-type">\n    <meta name="viewport"
content="width=device-width, initial-scale=1.0">\n    <meta name="description"
content="If you can\'t explain it simply, you don\'t understand it well enough.">\n
...</body>\n</html>\n'
>>>
```

urlopen() 返回的对象使用了 7.2.3 小节讲过的上下文管理器，可以搭配 with 来使用，这个对象上一定会有一个 geturl() 可取得指定的 URL。info() 方法可取得响应标头信息，getcode() 取得 HTTP 状态代码，200 代表请求成功。

对于 HTTP 请求，urlopen() 返回的对象是 http.client.HTTPResponse 实例的微幅修改版本。除了增加上述的三个方法之外，还会有一个 msg 属性，代表 HTTP 状态代码的信息短语。就 200 状态代码来说，通过 msg 属性通常就会取得 OK 的信息。

若 URL 开启成功，可以通过 urlopen() 返回对象的 read() 方法，读取指定的 URL 对应的资源。就上例来说，是一个 HTML 文件，然而资源不一定是 HTML 文件，也有可能是一幅图片。因此 read() 方法返回的是 bytes 对象，而不是 str 对象。这也就是上例显示 read() 读取内容，会是 b 开头的 b'...' 的原因。

若 URL 对应的资源是一个 HTML 文件，在 read() 取得 bytes 对象之后，可以使用 decode() 指定该 HTML 的编码得到 str 对象。例如，若要下载并正确显示笔者网站上的中文页面，代码可以如下：

```
>>> with urlopen('https://openhome.cc/Gossip') as resp:
...     html = resp.read().decode('UTF-8')
...     print(html)
...
<!DOCTYPE html>
<html lang="zh-tw">
  <head>
    <meta http-equiv="content-type" content="text/html; charset=utf-8">
    <meta name="viewport" content="width=device-width, initial-scale=1.0">
    <meta name="description" content="我是一只弱小的毛毛虫，想象有天可以成为强壮的挖土机,
拥有挖掘梦想的神奇手套! ">
    <meta property="og:locale" content="zh_TW">
    <meta property="og:title" content="良葛格学习笔记">
    ...
>>>
```

使用 urllib 下载 HTML 网页，通常是为了要选取、整理 HTML 里的特定信息。若想要选取的对象是简单的片段，可以使用正则表达式。下面是一个示范，可以从我网站上的中文 HTML 页面中选取出 <img> 标签的 src 属性，进一步下载页面中链接的图片。

```
urllib_abc download_imgs.py
from typing import Iterator
from urllib.request import urlopen
import re

def save(content: bytes, filename: str):
    with open(filename, 'wb') as dest:
        dest.write(content)

def download(urls: Iterator[str]):
    for url in urls:
        with urlopen(url) as resp:
            content = resp.read()
            filename = url.split('/')[-1]
            save(content, filename)

def download_imgs_from(url: str):
    with urlopen('https://openhome.cc/Gossip') as resp:
        html = resp.read().decode('UTF-8')
        srcs = re.findall(r'(?s)<img.+?src="(.+?)".*?>', html)
        download(f'{url}/{src}' for src in srcs)

download_imgs_from('https://openhome.cc/Gossip')
```

这个范例基本上使用了 8.1 节介绍的 open() 函数来存储文件，这一节介绍的 urlopen() 来开启 URL，以及 11.3 节讲到的正则表达式。由于 HTML 标签可能会被 HTML 编辑器基于排版等原因换行，在正则表达式中，(?s) 嵌入式旗标表示法，指定了正则表达式中的 "." 必须符合所有字符，这包括了空格、换行等字符。

提示 >>> 虽然这边可以使用正则表达式来找出 src 属性。不过对于具有上下文结构的 HTML 来说，使用 Beautiful Soup 可以更轻松地完成任务。如有兴趣，可以参考附录 C 提供的 Beautiful Soup 简介。

11.5.3　使用 urllib.parse

如果请求时需要附上请求参数，可以附在指定的 URL 之后，例如：

```
source = xw
weather_type = forecast_24h
province = 四川
city = 成都
params = f'source={source}&weather_type={weather_type}&province={province}&city={city}'
url = f'https://wis.qq.com/weather/common?{params}'

with urlopen(url) as resp:
    print(resp.read().decode('UTF-8'))
```

自行以字符串组合方式来建立请求参数，不仅麻烦而且容易出错。这时可以试着使用
urllib.parse 中的 urlencode() 函数，协议完成请求参数。

```
from urllib.parse import urlencode

params = urlencode({'source':'xw','weather_type':'forecast_24h','province':'四川',
'city':'成都'})
url = f'https://wis.qq.com/weather/common?{params}'
with urlopen(url) as resp:
    print(resp.read().decode('UTF-8'))
```

在上面的范例中，params 的值会是 'source=xw&weather_type=forecast_24h&province=四川
&city=成都'。如果请求参数中含有保留字符或者是汉字字符，urlencode()函数也会自动进行
URL 编码。例如：

```
>>> from urllib.parse import urlencode
>>> urlencode({'source':'xw','weather_type':'forecast_24h','province':'四川', 'city':
'成都'})
'https://wis.qq.com/weather/common?source=xw&weather_type=forecast_24h&province=
%E5%9B%9B%E5%B7%9D&city=%E6%88%90%E9%83%BD'
>>>
```

下面这个范例可以在腾讯的 API 中搜索 24 小时天气，搜索结果会使用 JSON 格式返回。
因而可以使用 10.3.2 小节中谈到的 json.loads() 剖析为 Python 的 dict 对象，接着将 JSON 中每
小时天气的 volumeInfo 数据显示出来。

urllib_abc search_weather.py

```
import json
from urllib.request import urlopen
from urllib.parse import urlencode


def printVolumeInfo(weather: dict):
for weather in enumerate(weather['data']['forecast_24h'].items()):
        print(weather)
params = urlencode({'source': 'xw', 'weather_type': 'forecast_24h', 'province':
'四川', 'city': '成都'})
url = f'https://wis.qq.com/weather/common?{params}'
with urlopen(url) as resp:
    printVolumeInfo(json.loads(resp.read().decode('UTF-8')))
```

如果有一个 URL，想要分别剖析出其中的协议、主机、端口号等信息，可以使用 urllib.parse
中的 urlparse()函数。

```
>>> from urllib.parse import urlparse
>>> result = urlparse(' https://wis.qq.com/weather/common?source=xw&weather_type=
forecast_24h&province=四川&city=成都')
>>> result
```

```
ParseResult(scheme='', netloc='', path=' https://wis.qq.com/weather/common', params='',
query='source=xw&weather_type=forecast_24h&province=四川&city=成都', fragment='')
>>> result.scheme
''
>>> result.query
'source=xw&weather_type=forecast_24h&province=四川&city=成都'
>>>
```

回顾一下 11.5.2 小节中选取图片的范例，当时为了获得图片的完整 URL，自行使用 f-strings 来组成字符串。这种方式其实容易出错，特别是遇到相对路径处理时，若能使用 urllib.parse 中的 urljoin()函数会方便许多。

```
>>> from urllib.parse import urljoin
>>> urljoin('https://openhome.cc/Gossip/', 'images/catrpillar.jpg')
'https://openhome.cc/Gossip/images/catrpillar.jpg'
>>> urljoin('https://openhome.cc/Gossip/', './images/catrpillar.jpg')
'https://openhome.cc/Gossip/images/catrpillar.jpg'
>>> urljoin('https://openhome.cc/Gossip/', '../images/logo.jpg')
'https://openhome.cc/images/logo.jpg'
>>>
```

11.5.4　使用 Request

对于 HTTP 请求，urlopen() 默认会使用 GET，urlopen()可以指定 data 参数。HTTP 是唯一会用到这个参数的协议，data 接受 bytes、文件对象以及 iterable。因此对于请求参数来说，若要指定给 data，在使用 urlencode() 函数做 URL 编码之后，还要使用 encode('UTF-8') 将其转为 bytes，才能指定给 data。

如果调用 urlopen() 时指定了 data，默认会使用 POST 请求，而 Content-Type 请求标头会设定为 application/x-www-form-urlencoded。这符合基于请求参数（窗口）的 Web 应用程序页面需求。然而有时候需要对请求做更多的控制，这时可以使用 urllib.request.Request 对象。

举个例子来说，若想使用 Python 访问豆瓣网站，下面的程序范例会遭到拒绝，因而出现 HTTP Error 418 的错误。

```
from urllib.request import urlopen

with urlopen('https://www.douban.com/') as resp:
    print(resp.read().decode('UTF-8'))
```

这是因为豆瓣网站基本上是提供给浏览器使用，会检查 User-Agent 请求标头来简单地判断是否为浏览器。而 urllib 默认使用 Python-urllib/3.x，因而遭到拒绝。

在建立 Request 时，可以指定 url、data、method 或者是 headers。例如，下面的范例就可以取得搜索的结果。

urllib_abc search_douban.py

```
from urllib.request import urlopen, Request

headers = {
    'User-Agent': 'Mozilla/5.0 (Windows NT 10.0; Win64; x64) AppleWebKit/537.36
(KHTML, like Gecko) Chrome/68.0.3440.106 Safari/537.36'
}
request = Request('https://www.douban.com/', headers=headers)

with urlopen(request) as resp:
    print(resp.read().decode('UTF-8'))
```

提示 ▶▶ urllib 模块文件中使用的 Mozilla/5.0 (X11; U; Linux i686) Gecko/20071127 Firefox/2.0.0.11，是老旧的 Firefox 使用的 User-Agent 标头，返回的搜索结果页面比较简单。若指定较新版本浏览器的 User-Agent 标头，例如 Chrome 68 的 Mozilla/5.0 (Windows NT 10.0; Win64; x64) AppleWebKit/537.36 (KHTML, like Gecko) Chrome/68.0.3440.106 Safari/537.36，会有不同的搜索结果（页面中会有更多的 JavaScript）。

　　urllib 包的 request 模块中还有更多可控制请求的选项，如 Cookie、代理设定等。然而，这需要对 HTTP 等 Web 相关知识有更多认识，如有兴趣，可以进一步查看 urllib 模块的文件说明，HOWTO Fetch Internet Resources Using The urllib Package[①] 也是一个不错的开始。

11.6 重点复习

　　GMT 时间常不严谨（且有争议性）地被当成是 UTC 时间。现在 GMT 已不作为标准时间使用。在 1972 年导入 UTC 之前，GMT 与 UT 是相同的。1967 年定义国际原子时，将秒的国际单位定义为铯原子辐射振动 9192631770 周耗费的时间，时间从 UT 的 1958 年开始同步。

　　由于基于铯原子振动定义的秒长是固定的，然而地球自转会越来越慢，这会使得实际上 TAI 时间会不断超前基于地球自转的 UT 系列时间。为了保持 TAI 与 UT 时间不要差距过大，因而提出了具有折中修正版本的世界协调时间，常简称为 UTC。UTC 经过了几次的时间修正，为了简化日后对时间的修正，1972 年 UTC 采用了闰秒修正。

　　UNIX 系统的时间表示法定义为 UTC 时间 1970 年（UNIX 元年）1 月 1 日 00:00:00 为起点而经过的秒数，不考虑闰秒修正，用以表达时间轴上某一瞬间。

　　Epoch 为某个特定时代的开始、时间轴上某一瞬间。

　　为了让人们对时间的认知符合作息，因而设置了 UTC 偏移，大致上来说，经度每 15 度是偏移一小时。不过有些国家的领土横跨的经度很大，一个国家有多个时间反而造成困扰，因而

---

① HOWTO Fetch Internet Resources Using The urllib Package：docs.python.org/3/howto/urllib2.html#urllib-howto

不采取每 15 度偏移一小时的做法，像美国就有 4 个时区，而中国、印度只采用单一时区。

有些高纬度国家，夏季、冬季日照时间差异很大，为了节省能源会尽量利用夏季日照，因而实施日光节约时间，也称为夏季时间。

如果想获取系统的时间，Python 的 time 模块提供了一层接口，用来调用各平台上的 C 链接库函数，它提供的相关函数通常与 epoch 有关。

UTC 是一种绝对时间，与时区无关，也没有日光节约时间的问题。

time 模块提供的是低阶的机器时间观点，也就是从 epoch 起经过的秒数。然而有些辅助函数可以做些简单的转换，以便成为人类可理解的时间概念。

人类对时间概念的表达大多是笼统、片段的信息。datetime、date、time 默认是没有时区信息的，单纯用来表示一个日期或时间概念。

datetime 实例本身默认并没有时区信息，此时单纯表示本地时间，然而，它也可以补上时区信息。datetime 类上的 tzinfo 类可用于继承以实现时区的相关信息与操作。从 Python 3.2 开始，datetime 类新增了 timezone 类，它是 tzinfo 的子类，用来提供基本的 UTC 偏移时区操作。

若需要 timezone 以外的其他时区定义，可以额外安装社区贡献的 pytz 模块。

若必须处理时区问题，一个常见的建议是，使用 UTC 来进行时间的存储或操作。因为 UTC 是绝对时间，不考虑日光节约时间等问题，在必须使用当地时区的场合时，再使用 datetime 实例的 astimezone() 做转换。

一般来说，一个模块只需要一个 Logger 实例，因此，虽然可以直接构造 Logger 实例，不过建议通过 logging.getLogging() 来取得 Logger 实例。调用 getLogger() 时，可以指定名称，相同名称下取得的 Logger 会是同一个实例。

父层级相同的 Logger，父 Logger 的配置相同。Logger 有层级关系，每个 Logger 处理完自己的日志动作后，会再委托父 Logger 处理。如果想要调整根 Logger 的配置，可以使用 logging.basicConfig()。

自 Python 3.2 开始，建议改用 logging.config.dictConfig()，可使用一个字典对象来设定配置信息。

在编写正则表达式时，建议使用原始字符串。找出并理解元字符想要诠释的概念，对于正则表达式的阅读非常重要。

剖析、验证正则表达式往往是最耗时间的阶段。在频繁使用某正则表达式的场合，若可以将剖析、验证过的正则表达式重复使用，对效率将会有所帮助。

glob 是一个很简单的模块，支持简易的 Glob 模式比对语法，它比正则表达式简单，常用于目录与文件名的比对。

对于一些简单的 HTML 页面信息选取，只需要一点点的 URL 及 HTTP 概念就可以使用 urllib 来轻松完成任务。

11.7　课后练习

1. 编写程序，可如下显示本月日历，使用 Python 内置的 calendar 模块可以很简单地完成此功能。不过请试着在不使用 calendar 模块的情况下完成。

2. 如果有一个 HTML 文件，其中有许多 img 标签，而每个 img 标签都被 a 标签给包裹住。例如：

```
<a href="images/EssentialJavaScript-1-1.png" target="_blank"><img src="images/
EssentialJavaScript-1-1.png" alt="测试 node 指令" style="max-width:100%;"></a>
```

请编写程序读取指定的 HTML 文件名，将包裹 img 标签的 a 标签去除之后回存到原文件，也就是执行程序过后，文件中如上的 HTML 要变为：

```
<img src="images/EssentialJavaScript-1-1.png" alt="测试 node 指令" style="max-width:100%;">
```

第 12 章　除错、测试与性能

学习目标

➢ 使用 pdb 模块除错

➢ 对程序进行单元测试

➢ 使用 timeit 评测程序片段

➢ 使用 cProfile（profile）查看评测数据

12.1 除　　错

在开发程序的过程中，难免因为程序编写错误而产生不正确的结果，甚至使得程序无法执行，这时必须找出错误并加以修正。**在检测错误时，有一个顺手的工具可以加速错误的查出，其中 Debugger 是最常使用也是最基本的工具之一。**

12.1.1　认识 Debugger

Debugger 的使用一般来说并不困难，理由很简单，除错本身就不容易，若还学习一个不容易使用的 Debugger，岂不是更增加了除错的难度！一般来说，Debugger 的使用上也大同小异。为了有一个开始，我们先从第 2 章讲到的 PyCharm 中内置的 Debugger 来进行介绍，并使用第 4 章使用过的 filter_demo2.py 作为 Debugger 的运行对象。

1. 断点

想要在 PyCharm 中启用 Debugger，可以在指定的 filter_demo2.py 文件（也就是你想除错的源代码文件）上右击执行 Debug ' filter_demo2.py'，这会开启 Debugger 的关联视图窗口，不过就只是单纯地执行完程序，什么事也没发生，如图 12.1 所示。

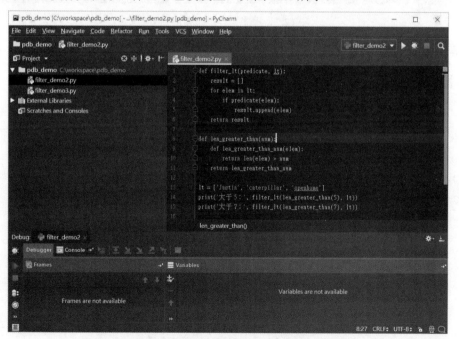

图 12.1　PyCharm 的 Debugger 检查

在 PyCharm 中启用 Debugger，程序会执行直到遇到断点（Break Point）。因此，若要程序执行到感兴趣的地方时停下，可以使用鼠标左键在程序编辑器最左边单击以设置断点，再次于源代码上右击执行 Debug 命令时，就会停在指定的断点，如图 12.2 所示。

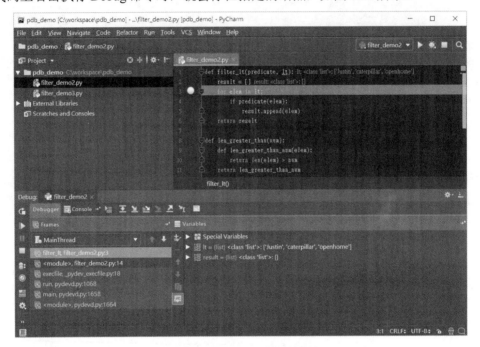

图 12.2　程序执行至指定的断点

如果设置多个断点，单击 Debug 窗格左方的 ▶ 按钮，程序会执行直到遇到下一个断点。

2. 检查变量

你可以在 Debug 的窗格中看到许多的信息，包括目前执行的行数、模块名称、变量检查等，这就是**使用 Debugger 的好处，可以随时查看相关信息，你不必（也不建议）在程序代码中使用 print() 来做相关变量的查看。**

如果对某个变量特别感兴趣，如图 12.3 所示，可以单击 Variables 窗格下的 按钮新增该变量，方便随时检查。

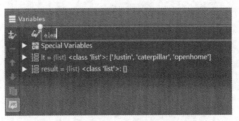

图 12.3　设定想随时检查的变量

3．逐步执行

如果程序已经停在某个断点，想要执行下一行程序，可以使用 Debugger 的单步执行相关功能，不同的 Debugger 会提供不同的单步执行功能，不过基本上都会有 Step Over、Step Into、Step Out。就 Python 而言，可直接使用 Debug 窗格上的 ▇▇▇▇▇ 工具栏。鼠标移至按钮上，就会出现 Step Over、Step Into、Step Out 字样，指出该按钮的作用。

Step Over 就是执行程序代码的下一步。若下一步是函数调用，会执行完该函数至返回。若只想看看函数执行结果或返回值是否正确，就会使用 **Step Over**。

如果发现函数执行结果并不正确，可以使用 **Step Into**。顾名思义，若下一步是函数调用，就会进入函数逐步执行，以便查看函数中的演算与每一步执行结果。

如果目前正在某函数之中，接下来不想逐步检查函数中剩余的程序代码，可以执行 **Step Out**，这会完成目前函数未执行完的部分，并返回上一层调用函数的位置。

不同的 Debugger 会基于以上介绍的功能做延伸。例如，PyCharm 还提供 Step Into My Code、Run to Cursor 等。稍加摸索一下，应该就可以理解其用处。

12.1.2 使用 pdb 模块

编写 **Python** 程序时，如果手边没有集成开发环境，只能在文本模式下执行程序进行调试，那么可以使用 **Python** 内置的 **pdb** 模块。

1. Debugger 指令

你可以直接使用 python -m pdb，指定想要调试的 .py 文件。例如，执行 python -m pdb filter_demo2.py，这会进入调试互动环境，首先输入 l（list）显示出程序代码。

```
C:\workspace\pdb_demo>python -m pdb filter_demo2.py
> c:\workspace\pdb_demo\filter_demo2.py(1)<module>()
-> def filter_lt(predicate, lt):
(Pdb) l
  1  -> def filter_lt(predicate, lt):
  2         result = []
  3         for elem in lt:
  4             if predicate(elem):
  5                 result.append(elem)
  6         return result
  7
  8     def len_greater_than(num):
  9         def len_greater_than_num(elem):
 10             return len(elem) > num
 11         return len_greater_than_num
(Pdb)
```

（Pdb）是指令提示行，如果想设置断点，可以使用 b（break）指定断点所在的行数。例如设定第 3 行为断点，可以输入 b 3，然后执行 c（continue），就会执行程序直到遇上断点。

```
(Pdb) b 3
Breakpoint 1 at c:\workspace\pdb_demo\filter_demo2.py:3
(Pdb) c
> c:\workspace\pdb_demo\filter_demo2.py(3)filter_lt()
-> for elem in lt:
(Pdb)
```

被设定的断点会有一个编号，如上面可以看到 Breakpoint 1，表示这是第一个被设定的断点。此时若想查看变量，可以使用 p（print）加上变量名称；若想执行 Step Over，可以输入 n（next）；若想执行 Step Into，可以输入 s（step）；若想 Step Out，可以输入 r（return）。例如：

```
(Pdb) n
> c:\workspace\pdb_demo\filter_demo2.py(4)filter_lt()
-> if predicate(elem):
(Pdb) p elem
'Justin'
(Pdb) s
--Call--
> c:\workspace\pdb_demo\filter_demo2.py(9)len_greater_than_num()
-> def len_greater_than_num(elem):
(Pdb) n
> c:\workspace\pdb_demo\filter_demo2.py(10)len_greater_than_num()
-> return len(elem) > num
(Pdb) p len(elem)
6
(Pdb) r
--Return--
> c:\workspace\pdb_demo\filter_demo2.py(10)len_greater_than_num()->True
-> return len(elem) > num
(Pdb) n
> c:\workspace\pdb_demo\filter_demo2.py(5)filter_lt()
-> result.append(elem)
(Pdb)
```

执行 l 时可以看到断点与目前执行的位置，执行 l 时可以指定数字，表示从第几行开始显示源代码。例如：

```
(Pdb) l 1
  1    def filter_lt(predicate, lt):
  2        result = []
  3 B      for elem in lt:
  4            if predicate(elem):
  5 ->             result.append(elem)
  6        return result
  7
```

12

```
8     def len_greater_than(num):
9         def len_greater_than_num(elem):
10            return len(elem) > num
11        return len_greater_than_num
(Pdb)
```

若要查看断点可以输入 b，使用 cl（clear）指定断点号码，可以清除断点。

```
(Pdb) b
Num Type         Disp Enb   Where
1   breakpoint   keep yes   at c:\workspace\pdb_demo\filter_demo2.py:3
(Pdb) cl 1
Deleted breakpoint 1 at c:\workspace\pdb_demo\filter_demo2.py:3
(Pdb) b
(Pdb)
```

l默认只显示 11 行，可以指定要显示从哪一行至哪一行。使用 unt（until）并指定行数，可以直接执行程序至指定的行数（如果中间没有遇上断点）。例如：

```
(Pdb) l 12, 15
12
13        lt = ['Justin', 'caterpillar', 'openhome']
14        print('大于 5: ', filter_lt(len_greater_than(5), lt))
15        print('大于 7: ', filter_lt(len_greater_than(7), lt))
(Pdb) unt 14
> c:\workspace\pdb_demo\filter_demo2.py(14)<module>()
-> print('大于 5: ', filter_lt(len_greater_than(5), lt))
(Pdb) n
大于 5: ['Justin', 'caterpillar', 'openhome']
> c:\workspace\pdb_demo\filter_demo2.py(15)<module>()
-> print('大于 7: ', filter_lt(len_greater_than(7), lt))
(Pdb)
```

若想重新运行程序，可以使用 restart；若想离开 pdb，可以执行 q（quit）。

2. pdb.run()

如果想要单点针对某个函数进行调试，可以使用 pdb.run() 函数，通常可以在 REPL 中进行这类动作。例如，若只想针对 filter_demo2.py 中的 filter_lt() 进行调试，代码可以如下：

```
>>> import filter_demo2
大于 5: ['Justin', 'caterpillar', 'openhome']
大于 7: ['caterpillar', 'openhome']
>>> import pdb
>>> pdb.run('filter_demo2.filter_lt(lambda n: n < 3, [3, 1, 2, 6, 7, 4, 5])')
> <string>(1)<module>()
(Pdb) s
--Call--
> c:\workspace\pdb_demo\filter_demo2.py(1)filter_lt()
-> def filter_lt(predicate, lt):
```

```
(Pdb) p lt
[3, 1, 2, 6, 7, 4, 5]
(Pdb) n
> c:\workspace\pdb_demo\filter_demo2.py(2)filter_lt()
-> result = []
(Pdb) n
> c:\workspace\pdb_demo\filter_demo2.py(3)filter_lt()
-> for elem in lt:
(Pdb) n
> c:\workspace\pdb_demo\filter_demo2.py(4)filter_lt()
-> if predicate(elem):
(Pdb) p elem
3
(Pdb) c
>>>
```

执行 pdb.run() 时可以指定想要执行的程序代码，这会进入 (Pdb) 指令提示中，可以执行的指令有 p、n、s、c 等。指定的程序代码执行完后，会离开 (Pdb) 指令提示。

3．pdb.set_trace()

你也可以将 pdb.set_trace() 直接编写在你的源代码中，当程序执行到 pdb.set_trace() 时，就会进入 (Pdb) 指令提示，这时可以执行 Debugger 指令。直接在源代码中执行 pdb.set_trace() 的好处是，若程序因为异常而无法继续下去，可以再使用 pdb.pm() 回到异常发生时的上一步，以便进行相关变量的检查。

例如，若有一个 filter_demo3.py 如下：

pdb_demo filter_demo3.py

```python
import pdb
pdb.set_trace()

def filter_lt(predicate, lt):
    result = []
    for elem in lt:
        if predicate(elem):
            result.append(elem)
    return result

def len_greater_than(num):
    def len_greater_than_num(elem):
        return len(elem) > num
    return len_greater_than_num

lt = ['Justin', 'caterpillar', 'openhome', 24]
print('大于 5: ', filter_lt(len_greater_than(5), lt))
print('大于 7: ', filter_lt(len_greater_than(7), lt))
```

在这里故意在 lt 中设定了一个数字，因此，执行时一定会发生 TypeError，因为数字无法使用 len() 取得长度。假设我们并不知道这样的问题，想要使用 pdb.set_trace() 来调试。

```
>>> import filter_demo3
> c:\workspace\pdb_demo\filter_demo3.py(4)<module>()
-> def filter_lt(predicate, lt):
(Pdb) c
Traceback (most recent call last):
  File "<stdin>", line 1, in <module>
  File "C:\workspace\pdb_demo\filter_demo3.py", line 4, in <module>
    def filter_lt(predicate, lt):
  File "C:\workspace\pdb_demo\filter_demo3.py", line 7, in filter_lt
    if predicate(elem):
  File "C:\workspace\pdb_demo\filter_demo3.py", line 13, in len_greater_than_num
    return len(elem) > num
TypeError: object of type 'int' has no len()
>>> pdb.pm()
> c:\workspace\pdb_demo\filter_demo3.py(13)len_greater_than_num()
-> return len(elem) > num
(Pdb) p elem
24
(Pdb) p num
5
(Pdb) p len(elem)
*** TypeError: object of type 'int' has no len()
(Pdb)
```

可以看到，当程序因为异常而中断后，执行 pdb.pm() 就会来到 return len(elem) > num，最后执行 p len(elem) 时就发现问题所在了。

以上介绍的是 pdb 模块的基本使用方式，实际上 pdb 模块还有更多进阶用法。除了只能在文本模式下不能使用鼠标操作之外，实际功能完全不输集成开发工具中的 Debugger。若有需要，可以再深入看看官方文件对于 pdb 模块的说明[①]。

12.2 测　　试

对于身为动态类型语言（Dynamically-typing Language）的 Python 来说，由于变量本身不指定类型，若有类型上的错误，基本上是在执行时期运行至该段代码时才会产生错误信息；虽然 Python 3.5 加入了类型提示，减轻了类型检查的负担，然而类型检查能力尚不及静态类型（Statically-typing Language）语言的编译程序，若干类型检查的职责仍必须由开发人员来承担。

[①] pdb 模块：docs.python.org/3/library/pdb.html

另外，程序中的错误也不只有类型错误，也可能有功能不符或逻辑等方面的错误。想要确认程序功能符合预期、确保程序质量，或者最基本的确认类型操作上的正确性，最好的方式之一就是编写良好的测试程序。

在 Python 的世界中，当然不乏编写测试的相关工具，例如：

- ➢ assert 语句是在程序中插入断言（Assertion）时很方便的一个方式。
- ➢ doctest 模块可以在程序代码中寻找类似 Python 互动环境的文字片段，执行并验证程序是否符合预期。
- ➢ unittest 模块有时称为 PyUnit，是 JUnit[①] 的 Python 实现。
- ➢ 第三方测试工具（如 nose、pytest 等）。

12.2.1 使用 assert 断言

要在程序中插入断言，可以使用 assert，其语法如下：

```
assert_stmt ::=  "assert" expression ["," expression]
```

使用 assert expression 相当于以下的程序片段。

```
if __debug__:
    if not expression: raise AssertionError
```

如果有两个 expression，例如 assert expression1、expression2，相当于以下的程序片段。

```
if __debug__:
    if not expression1: raise AssertionError(expression2)
```

也就是说，第二个 expression 的结果会被当作 AssertionError 的异常信息。**__debug__ 是一个内置变量，一般情况下是 True；如果执行时需要优化（在执行时加上 -O 自变量），则会是 False**。例如，以下是互动环境中的一些例子。

```
C:\workspace>python
Python 3.7.0 (v3.7.0:1bf9cc5093, Jun 27 2018, 04:06:47) [MSC v.1914 32 bit (Intel)]
on win32
Type "help", "copyright", "credits" or "license" for more information.
>>> assert 1 == 1
>>> assert 1 != 1
Traceback (most recent call last):
  File "<stdin>", line 1, in <module>
AssertionError
>>> __debug__
True
>>> exit()
C:\workspace>python -O
```

---

① JUnit：junit.org

```
Python 3.7.0 (v3.7.0:1bf9cc5093, Jun 27 2018, 04:06:47) [MSC v.1914 32 bit (Intel)]
on win32
Type "help", "copyright", "credits" or "license" for more information.
>>> assert 1 != 1
>>> __debug__
False
>>>
```

那么何时该使用断言呢？一般而言有几个建议。

➤ 前置条件断言客户端调用函数前，已经准备好某些条件。

➤ 后置条件验证客户端调用函数后，具有函数承诺的结果。

➤ 类不变量（Class Invariant）验证对象某个时间点下的状态。

➤ 内部不变量（Internal Invariant）使用断言取代批注。

➤ 流程不变量（Control-flow Invariant）断言程序流程中绝不会执行到的程序代码部分。

可以使用前置条件断言的一个例子，若发现有类似以下的程序片段：

```
def __set_refresh_Interval(interval: int):
    if interval > 0 and interval <= 1000 / MAX_REFRESH_RATE:
        raise ValueError('Illegal interval: ' + interval)
...
```

之后是函数的程序流程。

程序中的 if 检查进行了防御式程序设计（Defensive Programming），检查了用户指定的参数值是否在后续执行时允许的范围之内，这可用 assert 来取代。

```
def __set_refresh_Interval(interval: int):
    (assert interval > 0 and interval <= 1000 / MAX_REFRESH_RATE,
            'Illegal interval: ' + interval)
    ...
```

之后是函数的程序流程。

提示 >>> 防御式程序设计有些不好的名声，不过并不是做了防御式程序设计就不好，可以参考《避免隐藏错误的防御性设计[①]》。

一个内部不变量的例子如下：

```
if balance >= 10000:
    ...
elif 10000 > balance >= 100 and notVip:
    ...
else: # balance 一定是少于 100 的情况
    ...
```

---

① 《避免隐藏错误的防御性设计》：openhome.cc/Gossip/Programmer/DefensiveProgramming.html

如果在 else 的 balance 不是少于 100 的情况下抛出 AssertError，以实现速错（Fail Fast）概念，而不是只使用批注来提醒开发者，可以改为如下：

```
if balance >= 10000:
    ...
elif 10000 > balance >= 100 and notVip:
    ...
else:
    assert balance < 100, balance
    ...
```

程序代码中有些一定不会执行到的流程代码段，可以使用断言来确保这些代码段被执行时抛出异常。例如：

```
if suit == Suit.club:
    ...
elif suit == Suit.diamond:
    ...
elif suit == Suit.heart:
    ...
elif suit == Suit.spade:
    ...
else:  # 不会被执行到
    pass
```

如果 suit 只能被设定为列举的 Suit.club、Suit.diamond、Suit.heart、Suit.spade 之一。因此 else 应该不能被执行到，若 else 执行到时想要抛出异常，也可以使用 assert。例如：

```
if suit == Suit.club:
    ...
elif suit == Suit.diamond:
    ...
elif suit == Suit.heart:
    ...
elif suit == Suit.spade:
    ...
else:
    assert False, suit
```

12.2.2　编写 doctest

Python 提供了 **doctest** 模块，它一方面是测试程序代码，一方面也是用来确认 **DocStrings** 的内容没有过期。**doctest** 使用交互式的范例来执行验证，开发人员只要为包编写 **REPL** 形式的文件就可以了。

举例来说，可以在 util.py 定义 sorted() 函数，并编写以下的 DocStrings。

doctest_demo util.py

```
from typing import List, Callable, Any
import functools

Comparator = Callable[[Any, Any], int]

def ascending(a: Any, b: Any): return a - b
def descending(a: Any, b: Any): return -ascending(a, b)

def __select(xs: List, compare: Comparator) -> List:
    selected = functools.reduce(
        lambda slt, elem: elem if compare(elem, slt) < 0 else slt, xs)
    remain = [elem for elem in xs if elem != selected]
    return (xs if not remain
                else [elem for elem in xs if elem == selected]
                    + __select(remain, compare))

def sorted(xs: List, compare = ascending) -> List:
    '''
    sorted(xs) -> new sorted list from xs' item in ascending order.
    sorted(xs, func) -> new sorted list. func should return a negative integer,
                        zero, or a positive integer as the first argument is
                        less than, equal to, or greater than the second.

    >>> sorted([2, 1, 3, 6, 5])        ←──────    ❶DocStrings 中有 REPL 形式的执行范例
    [1, 2, 3, 5, 6]
    >>> sorted([2, 1, 3, 6, 5], ascending)
    [1, 2, 3, 5, 6]
    >>> sorted([2, 1, 3, 6, 5], descending)
    [6, 5, 3, 2, 1]
    >>> sorted([2, 1, 3, 6, 5], lambda a, b: a - b)
    [1, 2, 3, 5, 6]
    >>> sorted([2, 1, 3, 6, 5], lambda a, b: b - a)
    [6, 5, 3, 2, 1]
    '''

    return [] if not xs else __select(xs, compare)

if __name__ == '__main__':        ←──────    ❷直接执行.py 时条件表达式才会成立
    import doctest
    doctest.testmod()
```

若直接执行 util.py，在范例中__name__变量会被设定为__main__字符串❷。因此，这种模式经常用于为模块编写一个简单的自我测试，当直接执行某个 .py 文件时，if 条件才会成立，测试的程序代码才会执行。而 import 该模块时，因为__name__是模块名称，所以就不会在 import 时执行测试的程序代码。

在 DocStrings 中编写了 REPL 形式的执行范例❶。直接使用 python util.py 执行时，就会进行测试，若加上 –v 会显示细节，例如：

```
C:\workspace\doctest_demo>python util.py -v
Trying:
    sorted([2, 1, 3, 6, 5])
Expecting:
    [1, 2, 3, 5, 6]
ok
Trying:
    sorted([2, 1, 3, 6, 5], ascending)
Expecting:
    [1, 2, 3, 5, 6]
ok
Trying:
    sorted([2, 1, 3, 6, 5], descending)
Expecting:
    [6, 5, 3, 2, 1]
ok
Trying:
    sorted([2, 1, 3, 6, 5], lambda a, b: a - b)
Expecting:
    [1, 2, 3, 5, 6]
ok
Trying:
    sorted([2, 1, 3, 6, 5], lambda a, b: b - a)
Expecting:
    [6, 5, 3, 2, 1]
ok
4 items had no tests:
    __main__
    __main__.__select
    __main__.ascending
    __main__.descending
1 items passed all tests:
   5 tests in __main__.sorted
5 tests in 5 items.
5 passed and 0 failed.
Test passed.
```

想将 REPL 形式的测试范例独立地编写在另一个文本文件中。例如，编写在一个 util_doctest.txt 文件中。

doctest_demo util_doctest.txt
```
The ''util'' module
======================
```

```
Using ''sorted''
------------------

>>> from util import *
>>> sorted([2, 1, 3, 6, 5])
[1, 2, 3, 5, 6]
>>> sorted([2, 1, 3, 6, 5], ascending)
[1, 2, 3, 5, 6]
>>> sorted([2, 1, 3, 6, 5], descending)
[6, 5, 3, 2, 1]
>>> sorted([2, 1, 3, 6, 5], lambda a, b: a - b)
[1, 2, 3, 5, 6]
>>> sorted([2, 1, 3, 6, 5], lambda a, b: b - a)
[6, 5, 3, 2, 1]
```

想以程序代码方式来读取 util_doctest.txt，可以编写：

doctest_demo util2.py

```
if __name__ == '__main__':
    import doctest
    doctest.testfile("util_doctest.txt")
```

或者也可以直接执行 doctest 模块来加载测试用的文本文件以执行测试，例如：

```
C:\workspace\doctest_demo>python -m doctest -v util_doctest.txt
Trying:
    from util import *
Expecting nothing
ok
Trying:
    sorted([2, 1, 3, 6, 5])
Expecting:
    [1, 2, 3, 5, 6]
Ok
...
```

12.2.3 使用 unittest 单元测试

unittest 模块有时也称为 **PyUnit**，是 **JUnit** 的 **Python** 语言实现。**JUnit** 是一个由 Java 实现的单元测试（**Unit Test**）框架，单元测试指的是测试一个工作单元的行为。

举例来说，对于建筑桥墩而言，一个螺丝钉、一根钢筋、一条钢索甚至一千克的水泥等，都可以是一个工作单元。验证这些工作单元的行为或功能（硬度、张力等）是否符合预期，才可确保最后桥墩没有安全隐患。

测试一个单元，基本上要与其他的单元独立，否则会在同时测试两个单元的正确性，或是两个单元之间的合作行为。就软件测试而言，单元测试通常指的是测试某个函数（或方法）。你给予该函数某些输入，预期该函数会产生某种输出，例如返回预期的值、生成预期的文件、

347

新增预期的数据等。

Python 的 unittest 模块主要包括 4 个部分。

➢ 测试用例（Test Case）：测试的最小单元。

➢ 测试设备（Test Fixture）：执行一个或多个测试前必要的预备资源，以及相关的清除资源操作。

➢ 测试套件（Test Suite）：一组测试用例、测试套件或者是两者的组合。

➢ 测试执行器（Test Runner）：负责执行测试并提供测试结果的组件。

1．测试案例

对于测试用例的编写，unittest 模块提供了一个基类 TestCase，可以继承它来建立新的测试用例。例如，可为 calc 模块中的 plus()、minus() 函数编写测试用例。

unittest_demo calc_test.py

```python
import unittest
import calc

class CalcTestCase(unittest.TestCase):
    def setUp(self):
        self.args = (3, 2)

    def tearDown(self):
        self.args = None

    def test_plus(self):
        expected = 5;
        result = calc.plus(*self.args);
        self.assertEqual(expected, result);

    def test_minus(self):
        expected = 1;
        result = calc.minus(*self.args);
        self.assertEqual(expected, result)

if __name__ == '__main__':
    unittest.main()          ◀——— ❶执行测试
```

每个单元测试必须定义在一个以 test 名称为开头的方法中，使用 python 执行此 .py 文件时，会自动找出以 test 开头的方法并执行。被测试的 calc 模块中只有两个简单的函数定义。

unittest_demo calc.py

```python
def plus(a, b):
    return a + b

def minus(a, b):
    return a - b
```

由于 calc_test.py 中编写了 unittest.main()❶，若想执行单元测试，可以使用 python 直接执行 calc_test.py，执行结果如下所示。

```
C:\workspace\unittest_demo>python calc_test.py
..
----------------------------------------------------------------------
Ran 2 tests in 0.000s

OK
```

unittest.main() 可以指定 verbosity 参数为 2，显示更详细的测试结果信息，另一个执行测试的方式是使用 unittest 模块并指定要测试的模块。例如 python -m unittest calc_test。

```
C:\workspace\unittest_demo>python -m unittest calc_test
..
----------------------------------------------------------------------
Ran 2 tests in 0.000s

OK
```

2．测试设备

如果定义了 setUp() 方法，那么执行每个 test 开头的方法前，都会调用一次 setUp()。如果定义了 tearDown()方法，那么执行每个 test 开头的方法后，都会调用一次 tearDown()。因此，可以使用 setUp()、tearDown() 来分别定义每次单元测试前后的资源建立与销毁。

3．测试包

根据测试的需求不同，你可能会想要将不同的测试组合在一起。例如，CalcTestCase 中可能有数个 test_xxx 方法，而你只想将 test_plus 与 test_minus 组装为一个测试套件，若使用程序代码编写可以如下：

```
suite = unittest.TestSuite()
suite.addTest(CalcTestCase('test_plus'))
suite.addTest(CalcTestCase('test_minus'))
```

或者是使用一个 list 来定义要组装的 test_xxx 方法列表。

```
tests = ['test_plus', 'test_minus']
suite = unittest.TestSuite(map(CalcTestCase, tests))
```

如果想自动加载某个 TestCase 子类中所有 test_xxx 方法，程序编写代码可以如下：

```
suite = unittest.TestLoader().loadTestsFromTestCase(CalcTestCase)
```

你可以任意组合测试，例如，将某个测试套件与某个 TestCase 中的 test_xxx 方法组合为另一个测试套件。

```
suite2 = unittest.TestSuite()
suite2.addTest(suite)
```

```
suite2.addTest(OtherTestCase('test_orz'))
```

也可以将许多测试套件再全部组合为另一个测试套件。例如，若模块中定义了 TheTestSuite() 函数，可返回测试套件，这就可以使用以下的方式进行组合。

```
suite1 = module1.TheTestSuite()
suite2 = module2.TheTestSuite()
alltests = unittest.TestSuite([suite1, suite2])
```

4．测试执行器

若想使用编写程序代码的方式，除了先前看过的 unittest.main() 函数之外，也可以在程序代码中直接使用 TextTestRunner，例如：

```
suite = (unittest.TestLoader().loadTestsFromTestCase(CalcTestCase))
unittest.TextTestRunner(verbosity=2).run(suite)
```

如果不想通过程序代码定义，也可以在命令行中使用 unittest 模块来运行模块、类或个别的测试方法。

```
python -m unittest test_module1 test_module2
python -m unittest test_module.TestClass
python -m unittest test_module.TestClass.test_method
```

想得知 unittest 模块所有可用的自变量，可以使用以下命令。

```
python -m unittest -h
```

12.3 性　　能

性能评测（Profile）虽然是一个很大的议题，然而，想要知道程序的性能，必须要有适当的工具。这是本节要讲的内容，看看 Python 内置模块中有哪些可用来评测性能。

12.3.1 timeit 模块

timeit 用来测量一个小程序片段的运行时间。在正式介绍 timeit 之前来看一个情境，你会怎么编写程序以便"显示"以下执行结果呢？

```
0,1,2,3,4,5,6,7,8,9,10,11,12,13,14,15,16,17,18,19,20,21,22,23,24,25,26,27,28,29,30,
31,32,33,34,35,36,37,38,39,40,41,42,43,44,45,46,47,48,49,50,51,52,53,54,55,56,57,
58,59,60,61,62,63,64,65,66,67,68,69,70,71,72,73,74,75,76,77,78,79,80,81,82,83,84,
85,86,87,88,89,90,91,92,93,94,95,96,97,98,99
```

以下的程序片段因为使用了 + 来连接字符串，在建立 all 时会比较缓慢吗？

```
strs = [str(num) for num in range(0, 99)]
all = ''
```

```
for s in strs:
    all = all + s + ','
all = all + '99'
print(all)
```

也许你也听过这样一种说法，对 list 使用 join() 会比较快。

```
strs = [str(num) for num in range(0, 100)]
all = ','.join(strs)
print(all)
```

那么 all 的建立到底是使用+时比较快，还是使用 join() 比较快呢？别再猜测了，直接试着使用 timeit 来评测看看：

```
>>> prog1 = '''
... all = ''
... for s in strs:
...     all = all + s + ','
... all = all + '99'
... '''
>>> prog2 = '''
... all = ','.join(strs)
... '''
>>> import timeit
>>> timeit.timeit(prog1, 'strs = [str(n) for n in range(99)]')
25.573636465720142
>>> timeit.timeit(prog2, 'strs = [str(n) for n in range(100)]')
1.4678500405096884
>>>
```

timeit()的第一个参数接收一个用字符串表示的程序片段,第二个参数是准备测试用的材料,也是用字符串表示的程序片段。timeit()在材料准备好之后，就会运行第一个参数指定的程序片段并测量时间，单位是秒，就结果来看，好像是 join()胜出。

不过，以下却是相反的结果。

```
>>> timeit.timeit(prog1, 'strs = (str(n) for n in range(99))')
0.09589868111083888
>>> timeit.timeit(prog2, 'strs = (str(n) for n in range(99))')
0.37749170789907265
>>>
```

差别在哪儿呢？在准备 strs 时，两个都将 [ ] 改成 () 了。如果将 strs 的建立也考虑进去，那么结果就又不同了。

```
>>> prop1 = '''
... all = ''
... for s in [str(num) for num in range(0, 99)]:
...     all = all + s + ','
... all = all + '99'
```

```
... '''
>>> prop2 = '''
... all = ','.join([str(num) for num in range(0, 100)])
... '''
>>> import timeit
>>> timeit.timeit(prop1)
59.40711690576034
>>>
>>> timeit.timeit(prop2)
35.0965718301322
>>>
```

这里的重点在于，如果你考虑的是一个程序片段，那么就不只是考虑+比较快还是 join() 比较快的问题。**性能是整体程序结合之后的执行考虑，并不是单一元素快慢的问题，也不是凭空猜测，而是要有实际的评测作为依据。**

timeit 默认是执行程序片段 1000000 次，然后取平均时间，执行次数可通过 number 参数控制，以下是几个直接通过 API 运行的范例。

```
>>> timeit.timeit('strs=[str(n) for n in range(99)]', number = 10000)
0.33211180431703724
>>> timeit.timeit('strs=(str(n) for n in range(99))', number = 10000)
0.0088004424069367.81
>>> timeit.timeit('",".join([str(n) for n in range(99)])', number = 10000)
0.4142130435150193
>>> timeit.timeit('",".join((str(n) for n in range(99)))', number = 10000)
0.38637546380869026
>>> timeit.timeit('",".join(map(str, range(100)))', number = 10000)
0.28319832117244914
>>>
```

也可以通过命令行的指令来执行评测。

```
C:\workspace>python -m timeit "','.join(str(n) for n in range(100))"
10000 loops, best of 3: 39 usec per loop
```

下面是一个更实际的评测案例，针对 selectionSort()、insertionSort() 与 bubbleSort() 三个函数进行评测。程序中使用 timeit.Timer()，针对个别的程序片段分别建立了 Timer 实例，然后再使用 Timer 的 timeit() 指定评测次数，最后取平均值。

profile_demo sorting_prof.py
```
import timeit
repeats = 10000
for f in ('selectionSort', 'insertionSort', 'bubbleSort'):
    t = timeit.Timer('{0}([10, 9, 1, 2, 5, 3, 8, 7])'.format(f),
        'from sorting import selectionSort, insertionSort, bubbleSort')
    sec = t.timeit(repeats) / repeats
    print('{f}\t{sec:.6f} sec'.format(**locals()))
```

以下是一个执行的范例。

```
selectionSort 0.000033 sec
insertionSort 0.000024 sec
bubbleSort    0.000084 sec
```

12.3.2　使用 cProfile（profile）

cProfile 用来收集程序执行时的一些时间数据，提供各种统计数据，对大多数的用户来说是不错的工具。这是用 C 语言编写的扩充模块，在评测时有较低的额外成本，不过并不是所有系统上都提供该模块。profile 接口上仿造了 cProfile，是用纯 Python 来实现的模块，因此有较高的互操作性。

以下是使用 cProfile 的程序范例。

profile_demo sorting_cprof.py
```python
import cProfile
import sorting
import random

l = list(range(500))
random.shuffle(l)
cProfile.run('sorting.selectionSort(l)')
```

以下是一个执行后的统计信息。

```
        251503 function calls (251004 primitive calls) in 0.104 seconds

   Ordered by: standard name

   ncalls  tottime  percall  cumtime  percall filename:lineno(function)
        1    0.000    0.000    0.104    0.104 <string>:1(<module>)
   124750    0.039    0.000    0.056    0.000 sorting.py:11(<lambda>)
      500    0.012    0.000    0.012    0.000 sorting.py:12(<listcomp>)
      499    0.007    0.000    0.007    0.000 sorting.py:14(<listcomp>)
   124750    0.017    0.000    0.017    0.000 sorting.py:3(ascending)
        1    0.000    0.000    0.104    0.104 sorting.py:6(selectionSort)
    500/1    0.003    0.000    0.104    0.104 sorting.py:9(__select)
      500    0.025    0.000    0.081    0.000 {built-in method _functools.reduce}
        1    0.000    0.000    0.104    0.104 {built-in method builtins.exec}
        1    0.000    0.000    0.000    0.000 {method 'disable' of
                                              '_lsprof.Profiler' objects}
```

当中有许多字段需要解释一下。

➢ ncalls：number of calls 的缩写，也就是对特定函数的调用次数。

➢ tottime：total time 的缩写，花费在函数上的运行时间（不包括子函数调用的时间）。

➢ percall：tottime 除以 ncalls 的结果。

> ➤ cumtime：cumulative time 的缩写，花费在函数与所有子函数的时间（从调用至离开）。
> ➤ percall：cumtime 除以 ncalls 的结果。
> ➤ filename:lineno(function)：提供程序代码执行时的位置信息。

除了直接查看 cProfile 的结果之外，**可以使用 pstats 对 cProfile 的结果进行各种运算与排序**。这需要先将 cProfile 收集的结果存储为一个文件，然后使用 pstats 加载文件。例如，以下的范例分别针对 name、cumtime 与 tottime 进行排序并显示结果。

profile_demo sorting_cprof.py

```python
import cProfile, pstats, random, sorting

l = list(range(500))
random.shuffle(l)
cProfile.run('sorting.selectionSort(l)', 'select_stats')

p = pstats.Stats('select_stats')
p.strip_dirs().sort_stats('name').print_stats()
p.sort_stats('cumulative').print_stats(10)
p.sort_stats('time').print_stats(10)
```

12.4 重点复习

在检测错误的时候，有一个顺手的工具可以加速错误的查出，其中 Debugger 是最常使用也是最基本的工具之一。

使用 Debugger 的好处是可以随时查看相关信息，不必（也不建议）在程序代码中使用 print() 来做相关变量的查看。

Step Over 就是执行程序代码的下一步。如果下一步是一个函数，会执行完该函数至返回。若只是想查看函数的执行结果或返回值是否正确，就会使用 Step Over。

如果发现函数执行结果并不正确，可以使用 Step Into。顾名思义，若下一步是一个函数调用，就会进入函数逐步执行，以便查看函数中的演算与每一步执行结果。

如果目前正在某个函数之中，接下来不想逐步检查函数中剩余的程序代码，可以执行 Step Out。这会完成目前函数未执行完的部分，并返回上一层调用函数的位置。

编写 Python 程序时，如果正好没有集成开发环境，只能在文本模式下执行程序进行调试，那么可以使用 Python 内置的 pdb 模块。

Python 中由于变量没有定义类型，如果有类型上的操作错误，基本上是在执行时期运行至该段程序代码时才会产生错误信息，不像静态类型语言有编译程序，在程序运行之前就会检查类型的正确性，因此检查出类型不正确的任务必须由开发人员来承担，而减轻这个负担的最好方式之一就是编写良好的测试程序。

要在程序中插入断言，可以使用 assert。

__debug__是一个内置变量，一般情况下是 True；如果执行时需要优化（在执行时加上-O自变量），则会是 False。

一般而言，assert 的使用有几个建议。

➢ 前置条件断言客户端调用函数前，已经准备好某些条件。
➢ 后置条件验证客户端调用函数后，具有函数承诺的结果。
➢ 类不变量验证对象某个时间点下的状态。
➢ 内部不变量使用断言取代批注。
➢ 流程不变量断言程序流程中绝不会执行到的程序代码部分。

Python 提供了 doctest 模块，它一方面是测试程序代码，一方面也是用来确认 DocStrings 的内容没有过期。doctest 使用交互式的范例来执行验证，开发者只要为包编写 REPL 形式的文件就可以了。

unittest 模块有时也称为 PyUnit，是 JUnit 的 Python 语言实现。JUnit 是一个 Java 实现的单元测试框架，单元测试指的是测试一个工作单元的行为。

测试一个单元，基本上要与其他的单元独立，否则会是在同时测试两个单元的正确性，或是两个单元之间的合作行为。就软件测试而言，单元测试通常指的是测试某个函数（或方法）。

timeit 用来测量一个小程序片段的运行时间。

性能是整体程序结合之后的执行考虑，并不是单一元素快慢的问题，也不是凭空猜测，而是要有实际的评测作为依据。

cProfile 用来收集程序执行时的一些时间数据，提供各种统计数据，对大多数的用户来说是不错的工具。这是用 C 编写的扩充模块，在评测时有较低的额外成本。不过并不是所有系统上都有提供，profile 接口上仿造了 cProfile，是用纯 Python 来实现的模块，因此有较高的互操作性。

可以使用 pstats 对 cProfile 的结果进行各种运算与排序。

12.5 课后练习

1．在本书所附范例的 samples/CH12/unittest_demo 中，有一个 dvdlib1.py，你有办法使用 unittest 为它编写测试吗？

2．在本书所附范例的 samples/CH12/unittest_demo 中，有一个 dvdlib2.py，你有办法使用 unittest 为它编写测试吗？跟 dvdlib1.py 相比，哪个比较容易进行测试？有办法将 dvdlib1.py 重构（Refactor），让它变得容易进行测试吗？

第 13 章　并发、并行与异步

学习目标

- ➤ 认识并发、并行与异步
- ➤ 使用 threading 模块
- ➤ 使用 multiprocessing 模块
- ➤ 使用 concurrent.futures 模块
- ➤ 运用 async、await 与 asyncio

13.1　并　发

到目前为止介绍过的各种范例都是单线程程序，也就是执行 .py 从开始至结束只有一个流程。有时候设计程序时，需要针对不同需求，切分出不同的部分或单元，并分别设计不同流程来解决，而且多个流程可以并发（Concurrency）处理。也就是从用户的观点来看，会是同时"执行"各个流程，然而实际上，是同时"管理"多个流程。

13.1.1　线程简介

进行并发程序设计的方式之一是通过线程，在 Python 中也提供线程的解决方案，在这之前先来看一个没有线程的例子。

如果要设计一个龟兔赛跑游戏，赛程长度为 10 步，每经过一秒，乌龟会前进一步，兔子可能前进两步或睡觉，那该怎么设计呢？如果用前面学过的单线程程序，可能会如下设计。

threading_demo tortoise_hare_race.py
```python
import random

flags = [True, False]
total_step = 10
tortoise_step = 0
hare_step = 0

print('龟兔赛跑开始...')
while tortoise_step < total_step and hare_step < total_step:
    tortoise_step += 1          ←  ❶乌龟走一步
    print('乌龟跑了 {}  步...'.format(tortoise_step))
    sleeping = flags[int(random.random() * 10) % 2]
    if sleeping:
        print('兔子睡着了 zzzz')    ❷随机睡觉
    else:
        hare_step += 2          ←  ❸兔子走两步
        print('兔子跑了 {}  步...'.format(hare_step))
```

目前程序只有一个流程，就是从.py 开始至结束的流程。tortoise_step 递增 1 表示乌龟走一步❶，兔子则可能随机睡觉❷，如果不是睡觉就将 hare_step 递增 2，表示兔子走两步❸，只要乌龟或兔子其中一个走完 10 步就离开循环，表示比赛结束。

由于程序只有一个流程，所以只能将乌龟与兔子的行为混杂在这个流程中编写，而且为什么每次都先递增乌龟步数再递增兔子步数呢？这样对兔子很不公平啊!如果可以编写程序同时启动两个流程，一个是乌龟流程，一个是兔子流程，程序逻辑会比较清楚。

357

在 **Python** 中，如果想运用线程在主流程以外独立运行流程，可以使用 **threading** 模块。例如，可以在两个独立的函数中分别设计乌龟与兔子的流程。

```
threading_demo tortoise_hare_race2.py
import random, threading

def tortoise(total_step: int):          ←──❶乌龟的流程
    step = 0
    while step < total_step:
        step += 1
        print('乌龟跑了 {} 步...'.format(step))

def hare(total_step: int):          ←──❷兔子的流程
    step = 0
    flags = [True, False]
    while step < total_step:
        sleeping = flags[int(random.random() * 10) % 2]
        if sleeping:
            print('兔子睡着了 zzzz')
        else:
            step += 2
            print('兔子跑了 {}  步...'.format(step))

t = threading.Thread(target = tortoise, args = (10,))      ←──❸建立 Thread 实例
h = threading.Thread(target = hare, args = (10,))

t.start()      ←──❹启动 Thread
h.start()
```

在 tortoise 函数中，乌龟只要专心负责每秒走一步就可以了，不会混杂兔子的流程❶。同样地，在 hare 函数中，兔子只要专心负责每秒睡觉或走两步就可以了，不会混杂乌龟的流程❷。

当执行这个 .py 时，使用 threading.Thread 将 target 参数指定给 tortoise❸。这表示稍后执行 Thread 实例的 start() 方法时❹，就会调用 tortoise() 函数。args 参数表示指定给函数的自变量，使用的是 tuple，因为 tortoise() 只有一个自变量，所以必须使用 (10,) 来表示这是单元素的 tuple。使用 threading.Thread 指定执行 hare() 函数时也是类似的做法。

当 **Thread** 实例的 **start()**方法执行时，指定的函数就会独立地运行各自流程。而且"像是同时执行"，因此执行时的结果会如下：

```
乌龟跑了 1 步...
乌龟跑了 2 步...
兔子跑了 2 步...
乌龟跑了 3 步...
兔子跑了 4 步...
乌龟跑了 4 步...
兔子跑了 6 步...
```

```
乌龟跑了 5 步...
兔子睡着了 zzzz
乌龟跑了 6 步...
兔子睡着了 zzzz
乌龟跑了 7 步...
兔子睡着了 zzzz
乌龟跑了 8 步...
兔子跑了 8 步...
乌龟跑了 9 步...
兔子睡着了 zzzz
乌龟跑了 10 步...
兔子睡着了 zzzz
兔子睡着了 zzzz
兔子跑了 10 步...
```

　　如果真的必要，可以继承 threading.Thread，在 __init__() 中调用 super().__init__()，并在类中定义 run() 方法来实现线程功能。但不建议这样做，因为这会让你的流程与 threading.Thread 产生相依性。下面这个示范与前面范例的功能相同，不过是继承 threading.Thread 的操作。

threading_demo tortoise_hare_race3.py

```python
import random, threading

class Tortoise(threading.Thread):
    def __init__(self, total_step: int) -> None:
        super().__init__()
        self.total_step = total_step

    def run(self):
        step = 0
        while step < self.total_step:
            step += 1
            print('乌龟跑了 {} 步...'.format(step))

class Hare(threading.Thread):
    def __init__(self, total_step: int) -> None:
        super().__init__()
        self.total_step = total_step

    def run(self):
        step = 0
        flags = [True, False]
        while step < self.total_step:
            sleeping = flags[int(random.random() * 10) % 2]
            if sleeping:
                print('兔子睡着了 zzzz')
            else:
                step += 2
```

```
                    print('兔子跑了 {}   步...'.format(step))

Tortoise(10).start()
Hare(10).start()
```

13.1.2　线程的启动至停止

使用线程进行并发程序设计时，看着像是同时执行多个流程，实际上是否真的"同时"，要看处理器的数量及使用的项目而定。

若只有一个处理器，在特定时间点上，处理器只允许执行一个线程。若使用的是 **CPython**，就算有多个处理器，每个启动的 **CPython 解释器**同时间也只允许执行一个线程。在这两类情况下，只不过线程的切换速度快到人类感觉上像是同时处理罢了。

提示 ≫　CPython 解释器在实现线程时使用了 GIL（Global Interpreter Lock），用以控制同一时间，只能有一个原生线程执行 Python 位码。GIL 并非 Python 规范中的特性，只是 CPython 的实现方式，详细情况可参考 Grok the GIL[①]。

1．阻断

所谓"有时候"，通常是指当前线程需要等待某个阻断作业完成时，例如等待输入输出，解释器会试着执行另一个线程。因此**线程适用的场合之一就是输入输出密集的场合，因为与其等待某个阻断作业完成，不如趁着等待的时间来进行其他线程。**

例如，下面这个程序可以指定网址下载网页，是不使用线程的版本。

threading_demo download.py
```python
from urllib.request import urlopen

def download(url: str, file: str):
    with urlopen(url) as u, open(file, 'wb') as f:
        f.write(u.read())

urls = [
    'https://openhome.cc/Gossip/Encoding/',
    'https://openhome.cc/Gossip/Scala/',
    'https://openhome.cc/Gossip/JavaScript/',
    'https://openhome.cc/Gossip/Python/'
]

filenames = [
    'Encoding.html',
```

---

① Grok the GIL：opensource.com/article/17/4/grok-gil

```
        'Scala.html',
        'JavaScript.html',
        'Python.html'
]

for url, filename in zip(urls, filenames):
    download(url, filename)
```

　　这个程序在每一次 for 循环时，会进行开启网络连接、进行 HTTP 请求，然后再进行文件写入等。在等待网络连接、请求 HTTP 协议时很耗时，也就是进入阻断作业的时间较长，第一个网页下载完后，再下载第二个网页，接着才是第三个、第四个。可以先执行上面的程序，看看你的计算机在网络环境中会耗时多久。

　　如果可以第一个网页在等待网络连接、请求 HTTP 协议时，就进行第二个、第三个、第四个网页的下载，那效率会改进很多。例如：

threading_demo download2.py

```
import threading
from urllib.request import urlopen

def download(url: str, file: str):
    with urlopen(url) as u, open(file, 'wb') as f:
        f.write(u.read())

urls = [
    'https://openhome.cc/Gossip/Encoding/',
    'https://openhome.cc/Gossip/Scala/',
    'https://openhome.cc/Gossip/JavaScript/',
    'https://openhome.cc/Gossip/Python/'
]

filenames = [
    'Encoding.html',
    'Scala.html',
    'JavaScript.html',
    'Python.html'
]

for url, filename in zip(urls, filenames):
    t = threading.Thread(target = download, args = (url, filename))
    t.start()
```

　　这次的范例在 for 循环时会建立新的 Thread 并启动，以进行网页下载。可以执行看看与上一个范例的差别有多少，这个范例花费的时间明显会少很多。

　　对于计算密集的任务，使用线程不见得会提高处理效率，反而容易因为解释器必须切换线程而耗费不必要的成本，使得效率变差。

2．Daemon 线程

如果主线程中启动了额外线程，默认会等待被启动的所有线程都执行完才中止程序。如果一个 Thread 建立时，指定了 daemon 参数为 True。在所有的非 Daemon 线程都结束时，程序就会直接终止，不会等待 Daemon 线程执行结束。如果你需要在背景执行一些常驻任务，就可以指定 daemon 参数为 True。

3．插入线程

如果 A 线程正在运行，流程中允许 B 线程加入，等到 B 线程执行完毕后再继续 A 线程流程，则可以使用 join() 方法完成这个需求。这就好比你手上有份工作正在进行，老板安插另一份工作要求先做好，然后你再进行原本正进行的工作。

当线程使用 join() 加入另一线程时，另一线程会等待被加入的线程工作完毕，然后再继续它的动作。join() 的意思表示将线程加入成为另一线程的流程。

threading_demo join_demo.py

```python
import threading

def demo():
    print('Thread B 开始...')
    for i in range(5):
        print('Thread B 执行...')
    print('Thread B 将结束...')

print('Main thread 开始...')
tb = threading.Thread(target = demo)
tb.start()
tb.join(); # Thread B 加入 Main thread 流程

print('Main thread 将结束...')
```

程序启动后主线程就开始，在主线程中新建 tb，并在启动 tb 后，将其加入（join()）主线程流程中。所以 tb 会先执行完毕，主线程才会再继续原本的流程，执行结果如下：

```
Main thread 开始...
Thread B 开始...
Thread B 执行...
Thread B 执行...
Thread B 执行...
Thread B 执行...
Thread B 执行...
Thread B 将结束...
Main thread 将结束...
```

如果程序中 tb 没有使用 join() 将其加入主线程流程，最后一行显示"Main thread 将结束..."

的语句会先执行完毕。

有时候加入的线程可能处理太久，你不想无止境地等待这个线程工作完毕，可以在 join() 时指定时间。例如 join(10)，表示加入成为流程的线程最多可处理 10 秒，数字可以是浮点数。如果加入的线程在约定的时间内还没执行完毕就不理它了，目前线程可继续执行原本工作流程。

4. 停止线程

如果要停止线程，必须自行操作，让线程执行完应有的流程。 例如，有个线程会在循环中进行某个动作，那么停止线程的方式就是让它有机会离开循环：

threading_demo stop_demo.py

```python
import threading, time

class Some:
    def __init__(self):
        self.is_continue = True

    def terminate(self):
        self.is_continue = False

    def run(self):
        while self.is_continue:
            print('running...running')
        print('bye...bye...')

s = Some()
t = threading.Thread(target = s.run)
t.start()
time.sleep(2)  # 主线程停 2 秒
s.terminate()  # 停止线程
```

在这个程序片段中，若线程执行了 run() 方法，就会进入 while 循环。想要停止线程，就是调用 Some 的 terminate()，这会将 is_continue 设为 False。在执行完此次 while 循环，下次 while 条件测试为 False 时就会离开循环，执行完 run() 方法，线程也就结束了。

因此，不仅是停止线程必须自行根据条件操作，线程的暂停、重启，也必须视需求操作。

13.1.3 竞速、锁定、死结

如果线程之间不需要共享数据，或者共享的数据是不可变动（Immutable）的类型，事情会单纯一些。然而，线程之间需要共享一些可变动状态数据是很常见的情况，这时就必须注意是否会发生竞速、锁定、死结等问题。

13

1．竞速

若线程之间需要共享的是可变动状态的数据，就有可能发生竞速状况（**Race Condition**）。
例如，若有一个程序范例如下：

threading_demo race_demo.py

```python
from typing import Dict
import threading

def setTo1(data: Dict[str, int]):
    while True:
        data['Justin'] = 1
        if data['Justin'] != 1:
            raise ValueError(f'setTo1 数据不一致: {data}')

def setTo2(data: Dict[str, int]):
    while True:
        data['Justin'] = 2
        if data['Justin'] != 2:
            raise ValueError(f'setTo2 数据不一致: {data}')

data: Dict[str, int] = {}

t1 = threading.Thread(target = setTo1, args = (data, ))
t2 = threading.Thread(target = setTo2, args = (data, ))

t1.start()
t2.start()
```

在这个范例中，t1 与 t2 线程分别执行了 setTo1() 与 setTo2() 函数。两个函数会对同一个 dict
对象进行设定，一个将 Justin 的对应值设为 1，另一个将 Justin 对应值设为 2。执行时你会发
现，if 检查的部分是可能成立的，因而会抛出异常。抛出的异常可能是 setTo1() 函数，也可能
是 setTo2() 函数，引发异常的时间不一定，纯粹看运气。

问题的根源在于，线程之间会进行切换，切换的时间点无法预测。如果 t1 在 setTo1() 函
数中 data['Justin'] = 1 执行完之后，解释器切换至 t2，这时正好执行了 setTo2() 函数的 data['Justin']
= 2，切换再度发生而执行 t1，setTo1() 的下一句 data['Justin'] != 1 的判断成立，因而引发异常。

2．锁定

若要避免竞速的情况发生，可以对数据被变更与取用时的关键程序代码进行锁定，例如：

threading_demo lock_demo.py

```python
from typing import Dict
from threading import Thread, Lock

def setTo1(data: Dict[str, int], lock: Lock):
```

```
        while True:
            lock.acquire()
            try:
                data['Justin'] = 1
                if data['Justin'] != 1:
                    raise ValueError(f'setTo1 数据不一致: {data}')
            finally:
                lock.release()

def setTo2(data: Dict[str, int], lock: Lock):
    while True:
        lock.acquire()
        try:
            data['Justin'] = 2
            if data['Justin'] != 2:
                raise ValueError(f'setTo2 数据不一致: {data}')
        finally:
            lock.release()


lock = Lock()
data: Dict[str, int] = {}

t1 = Thread(target = setTo1, args = (data, lock))
t2 = Thread(target = setTo2, args = (data, lock))

t1.start()
t2.start()
```

threading.Lock 实例只会有两种状态，锁定与未锁定。在非锁定状态下，可以使用 acquire() 方法使之进入锁定状态，此时若再度调用 acquire() 方法，就会被阻断，直到其他地方调用了 release() 使得 Lock 对象成为未锁定状态。如果 Lock 对象不是在锁定状态，调用 release() 会引发 RuntimeError。

因此对于上面的范例来说，若 t1 执行了 setTo1() 函数的 lock.acquire()，之后线程切换至 t2。执行至 setTo2() 函数的 lock.acquire() 时，由于 lock 处于锁定状态，所以 t2 被阻断。只有在线程切换回 t1 并执行完 lock.release()，使 lock 成为未锁定状态，t2 才有机会执行 lock.acquire() 取得锁定以及之后的程序代码。

反过来说，只有在线程切换回 t2 并执行完 lock.release()，使 lock 成为未锁定状态，t1 才有机会执行 lock.acquire() 取得锁定以及之后的程序代码。因此，无论是哪个线程，都能确保 lock 在锁定状态期间，执行完关键程序代码的区域而不会发生竞速状况。

实际上，threading.Lock 实现了 7.2.3 小节讲到的上下文管理器协议（Context Management Protocol），可以搭配 with 来简化 acquire() 与 release() 的调用。因此，上面的范例也可以改为如下：

```
threading_demo lock_demo2.py
from typing import Dict
from threading import Thread, Lock

def setTo1(data: Dict[str, int], lock: Lock):
    while True:
        with lock:
            data['Justin'] = 1
            if data['Justin'] != 1:
                raise ValueError(f'setTo1 数据不一致: {data}')

def setTo2(data: Dict[str, int], lock: Lock):
    while True:
        with lock:
            data['Justin'] = 2
            if data['Justin'] != 2:
                raise ValueError(f'setTo2 数据不一致: {data}')

lock = Lock()
data: Dict[str, int] = {}

t1 = Thread(target = setTo1, args = (data, lock))
t2 = Thread(target = setTo2, args = (data, lock))

t1.start()
t2.start()
```

3. 死结

不过，由于线程无法取得锁定时会造成阻断，不正确地使用 **Lock** 有可能造成性能低落，另一问题则是死结（**Dead Lock**）。例如有些资源在多线程下彼此交叉取用，就有可能造成死结。下面是一个简单的例子。

```
threading_demo deadlock_demo.py
import threading

class Resource:
    def __init__(self, name: str, resource: int) -> None:
        self.name = name
        self.resource = resource
        self.lock = threading.Lock()

    def action(self) -> int:
        with self.lock:
            self.resource += 1
            return self.resource
```

```
        def cooperate(self, other_res: 'Resource'):
            with self.lock:
                other_res.action()
                print(f'{self.name} 整合 {other_res.name} 的资源')

def cooperate(r1: Resource, r2: Resource):
    for i in range(10):
        r1.cooperate(r2)

res1 = Resource('resource 1', 10)
res2 = Resource('resource 2', 20)

t1 = threading.Thread(target = cooperate, args = (res1, res2))
t2 = threading.Thread(target = cooperate, args = (res2, res1))

t1.start()
t2.start()
```

上面这个程序会不会发生死结也是概率问题。你可以尝试执行看看，有时程序可顺利执行完成，有时程序会整个停顿。

会发生死结的原因在于，t1 在调用 a.cooperate(b) 时，res1 中的 lock 就是锁定状态。若此时 t2 正好也调用 a.cooperate(b) 时，会将 res2 中的 lock 就是锁定状态，凑巧 t1 现在打算运用传入的 res2 调用 action()，结果试图调用 res2 的 lock 之 acquire() 时被阻断，而接下来 t2 打算运用传入的 res1 调用 action()，结果试图调用 res1 的 lock 之 acquire() 时被阻断，两个线程都被阻断了。

要更简单地解释这个范例为何有时会死结，就是偶尔会发生两个线程都处于"你不解除你手上资源的锁定，我就不放开我手上资源的锁定"的状态。

13.1.4 等待与通知

除了基本的 threading.Lock 之外，threading 模块中还提供了其他锁定机制。例如，threading.RLock 实现了可重入锁（Reentrant Lock），同一线程可以重复调用同一个 threading.RLock 实例的 acquire() 而不被阻断。不过要注意的是，release() 时也要有对应于 acquire() 的次数，才能完全解除锁定。threading.RLock 也实现了上下文管理器协议，可搭配 with 来使用。

1．Condition

另一个经常使用的锁定机制是 threading.Condition。正如其名称提示的，某个线程在通过 acquire() 取得锁定之后，若需要在特定条件符合之前等待，可以调用 wait() 方法，这会释放锁定。若其他线程的运行促成特定条件成立，可以调用同一个 threading.Condition 实例的 notify()，通知等待条件的一个线程可取得锁定（也许有其他线程也正在等待），若等待线程取得锁定，就会从上次调用 wait() 方法处继续执行。

notify() 通知等待条件的一个线程，无法预期是哪一个线程会被通知。如果等待线程有多个，还可以调用 notify_all()，这会通知全部等待线程争取锁定。

wait() 可以使用浮点数指定逾时，单位是秒。若等待超过指定的时间，就会自动尝试取得锁定并继续执行。notify() 可以指定通知的线程数量，目前的操作是指定多少就通知多少个线程（如果线程数量足够）。不过文件上载明，依赖在特定数量上并不安全，未来的操作可能会视情况通知至少指定数量以上的线程。

wait()、notify() 或 notify_all() 应用的常见范例之一，就是生产者（Producer）与消费者（Consumer）。生产者会将生产的产品交给店员（Clerk），而消费者从店员处取走产品消费，但店员一次只能存储固定数量产品。若生产者生产速度较快，店员可存储产品的量已满，店员会叫生产者等一下（Wait），如果有空位放产品了再通知（Notify）生产者继续生产；如果消费者速度较快，将店中产品消费完毕，店员会告诉消费者等一下（Wait），如果店中有产品了再通知（Notify）消费者前来消费。

下面举一个最简单的范例，假设生产者每次生产一个整数产品交给店员，而消费者从店员处买走整数产品。

threading_demo condition_demo.py

```python
import threading

class Clerk:
    def __init__(self):
        self.product = -1        ← ❶只持有一个产品，-1 表示没有产品
        self.cond = threading.Condition()  ← ❷建立 Condition 实例来控制等待与通知

    def purchase(self, product: int):
        with self.cond:
            while self.product != -1:    ← ❸看看店员有没有空间接收产品，没有就稍候
                self.cond.wait()
            self.product = product
            self.cond.notify()    ← ❹通知等待线程

    def sellout(self) -> int:
        with self.cond:
            while self.product == -1:    ← ❺看看目前店员有没有货，没有就稍候
                self.cond.wait()
            p = self.product
            self.product = -1
            self.cond.notify()    ← ❻通知等待线程
            return p
```

13

```
def producer(clerk: Clerk):          ←───❼生产整数产品给店员
    for product in range(10):
        clerk.purchase(product)
        print('店员进货 ({})'.format(product))


def consumer(clerk: Clerk):          ←───❽从店员处买走整数产品
    for product in range(10):
        print('店员卖出 ({})'.format(clerk.sellout()))

clerk = Clerk();
threading.Thread(target = producer, args = (clerk, )).start()
threading.Thread(target = consumer, args = (clerk, )).start()
```

Clerk 只能持有一个整数，-1 表示目前没有产品❶，Clerk 中建立了 Condition 实例来控制等待与通知❷。

假设现在 producer() 中调用了 purchase()，此时不会进入 while 循环本体而等待，所以设定 Clerk 的 product 被设为指定的整数。由于此时没有线程等待，所以调用 notify() 没有作用❹。假设 producer() 中再次调用 purchase()，此时 Clerk 的 product 不为-1，表示店员无法收货了，于是进入 while 循环，执行了 wait()❸，于是执行 producer() 的线程释放锁定进入等待。

假设 consumer() 中调用了 sellout()，由于 Clerk 的 product 不为-1，所以不会进入 while 循环本体。于是 Clerk 准备交货，并将 product 设为-1，表示货品被取走，接着调用 notify() 通知等待线程❻，最后将 p 返回，如果 Consumer 又调用了 sellout()。此时 product 为-1，表示没有产品了，于是进入 while 循环本体，执行 wait() 后进入等待❺。若此时执行 producer() 的线程取得锁定，于是从 purchase() 中 wait() 处继续执行。

producer() 函数使用 for 循环产生整数❼，clerk 代表店员，可通过 purchase() 方法将生产的整数设定给店员；consumer() 函数也使用 for 循环来消费整数❽，可通过 clerk 的 sellout() 方法从店员身上取走整数。

生产者会生产 10 个整数，而消费者会消耗 10 个整数，虽然生产与消费的速度不一，由于店员处只能放置一个整数，所以只能每生产一个才消耗一个。

```
店员进货 (0)
店员卖出 (0)
店员进货 (1)
店员卖出 (1)
店员进货 (2)
店员卖出 (2)
店员进货 (3)
店员卖出 (3)
店员进货 (4)
店员卖出 (4)
店员进货 (5)
```

13

369

```
店员卖出 (5)
店员进货 (6)
店员卖出 (6)
店员进货 (7)
店员卖出 (7)
店员进货 (8)
店员卖出 (8)
店员进货 (9)
店员卖出 (9)
```

实际上，如果需要这种一进一出在线程之间交换数据的方式，Python 标准链接库中提供了 queue.Queue，在建立实例时可指定容量，这是一个先进后出的数据结构，操作了必要的锁定机制，可以使用 put() 将数据置入，使用 get() 取得数据。因此，上面的范例也可以改写为以下程序而执行结果不变。

threading_demo queue_demo.py

```python
from queue import Queue
import threading

def producer(clerk: Queue):
    for product in range(10):
        clerk.put(product)
        print(f'店员进货 ({product})')

def consumer(clerk: Queue):
    for product in range(10):
        print(f'店员卖出 ({clerk.get()})')


clerk: Queue = Queue(1);
threading.Thread(target = producer, args = (clerk, )).start()
threading.Thread(target = consumer, args = (clerk, )).start()
```

标准链接库中除了 threading 的 Lock、RLock、Condition 之外，还有 Semaphore 与 Barrier。

2．Semaphore 与 Barrier

Semaphore 这个单词的意思是"信号"，建立 Semaphore 可指定计数器初始值，每调用一次 acquire()，计数器值递减 1，在计数器为 0 时若调用了 acquire()，线程就会被阻断。每调用一次 release()，计数器值递增 1，如果 release() 前计数器为 0，而且有线程正在等待，在 release() 并递增计数器之后，会通知等待线程。

Barrier 这个单词的意思是"栅栏"。顾名思义，可以设定一个栅栏并指定数量。如果有线程先来到这个栅栏，它必须等待其他线程也来到这个栅栏，直到指定的线程数量达到，全部线程才能继续往下执行。

threading 的文件中有一个简单易懂的程序片段，如果希望执行服务器端线程与客户端线程都必须准备就绪才能继续往下执行，编程代码可以如下：

```
b = Barrier(2, timeout=5)

def server():
    start_server()
    b.wait()
    while True:
        connection = accept_connection()
        process_server_connection(connection)

def client():
    b.wait()
    while True:
        connection = make_connection()
        process_client_connection(connection)
```

13.2 并　　行

如果是计算密集式任务，在处理器中频繁地切换线程不一定会增加效率。若使用 CPython，由于每个启动的 CPython 解释器同时间只允许执行一个线程，针对计算密集式的运算，效率反而有可能低落。**若能在一个新进程（Process）启动解释器执行任务，在今日处理器普遍都具备多核心的情况下，任务有机会分配到各核心中并行（Parallel）运行，就有可能取得更好的效率。**

13.2.1　使用 subprocess 模块

subprocess 模块可以在执行 **Python** 程序的过程中产生新的子进程。举例来说，若想在执行 Python 程序的过程中调用 Windows 文本模式下的 echo 指令取得 %date%、%time% 之类的环境变量，编程代码可以如下：

```
>>> import subprocess
>>> subprocess.run('echo %date%', shell = True)
2018/08/23 周四
CompletedProcess(args='echo %date%', returncode=0)
>>> subprocess.run(['echo', '%time%'], shell = True)
10:28:30.03
CompletedProcess(args=['echo', '%time%'], returncode=0)
>>>
```

1．subprocess.run()

从 Python 3.5 开始，建议使用 run() 函数来调用子进程，由于打算调用文本模式下的指令，shell 参数必须设为 True。run() 的第一个自变量可以接受字符串，或者是一个 list，list 中的元素是指令以及相关自变量。

> **注意 >>>** 在 Python 3.5 之前，subprocess 模块有些旧式的 API，如 call()、check_all()、check_output()等，Python 3.5 的 run() 取代了这些 API。如果想知道这些 API 分别要如何使用 run()来取代，可以参考 Replacing Older Functions with the Subprocess Module[①]。

subprocess.run() 执行之后会返回 CompletedProcess 实例，而不是你看到的"2018/08/23 周四"或"10:28:30.03"显示结果。这只是 echo %date%或 echo %time% 的结果，直接送到了目前的 REPL 的标准输出。

若想取得标准输出的执行结果，可以指定 run() 的 stdout 参数为 subprocess.PIPE。这会将指令的执行结果转接至 Python 程序内部，稍后就可以通过 CompletedProcess 实例的 stdout 来进行读取，例如：

```
>>> p = subprocess.run(['echo', '%time%'], shell = True, stdout = subprocess.PIPE)
>>> p.stdout
b'10:29:29.20\r\n'
>>>
```

如果子进程必须接收标准输入，例如有一个简单的 hi.py 如下：

subprocess_demo hi.py
```
name = input('your name?')
print('Hello, ' + name)
```

那么在执行 run() 时可以指定 input 参数，作为子进程的标准输入值。例如：

```
>>> p = subprocess.run(['python', 'hi.py'], input = b'Justin\n', stdout = subprocess.PIPE)
>>> p.stdout
b'your name?Hello, Justin\r\n'
>>>
```

2. subprocess.Popen()

subprocess.run()的底层是通过 subprocess.Popen()实现出来的，Popen()有着数量庞大的参数，然而，可以掌握更多子进程的细节。

举例来说，刚才的范例执行结果也可以使用如下程序来达成。

```
>>> data = b'Justin\n'
>>> p = subprocess.Popen(['python', 'hi.py'], stdin = subprocess.PIPE, stdout =
subprocess.PIPE)
>>> result = p.communicate(input=data)
>>> result
(b'your name?Hello, Justin\r\n', None)
>>> result[0]
b'your name?Hello, Justin\r\n'
>>>
```

---

① Replacing Older Functions with the subprocess Module：docs.python.org/3/library/subprocess.html#replacing-older-functions-with-the-subprocess-module

　　Popen() 返回一个 Popen 实例，可以通过它的 communicate() 指定 input，以提供输入给子进程，communicate() 返回一个 tuple，分别是标准输出与标准错误的结果，因为这边没有指定标准错误，因此 tuple 的第二个元素是 None。

　　实际上，run() 的底层也只是直接将 input 参数的值传给 Popen 对象的 communicate() 方法，而通过 subprocess.run() 执行程序时会等待子进程完成，就是因为调用了 communicate() 方法，communicate() 方法完成才会返回 CompletedProcess 实例。

　　也就是说，通过 subprocess.Popen() 执行程序，会立即返回 Popen 实例。若真的想等待子进程结束，除了调用 communicate() 方法之外，还可以调用 Popen 实例的 wait()方法。

　　不过，通过 subprocess.Popen() 执行程序会立即返回 Popen 实例，不会等待子进程结束，这就给了我们一个通过子进程进行并行处理的机会。举个例子来说，若有一些 data1.txt、data2.txt、data3.txt 等文件，当中有许多字符，你必须进行一些处理。

subprocess_demo one_process.py
```python
import sys

def foo(filename: str) -> int:
    with open(filename) as f:
        text = f.read()

    ct = 0
    for ch in text:
        n = ord(ch.upper()) + 1
        if n == 67:
            ct += 1
    return ct

count = 0
for filename in sys.argv[1:]:
    count += foo(filename)

print(count)
```

　　这个范例的 data1.txt、data2.txt、data3.txt 等文件中实际上是随机产生的一堆字符，每个将近 10MB 容量。foo()函数的处理也只是一个示范，无趣地做些转大写、相加、判断、计数的工作（实际的任务可能是解压缩、正则表达式比对这类的工作），重点在于这个程序是顺序的。若指定的文件极多时，处理起来会很没有效率，在多核心的环境中，也没有善用多核心的优势。

　　我们可以编写以下的程序，使用多个子进程来完成相同的工作。

subprocess_demo multi_process.py
```python
import sys, subprocess

ps = [
```

```
subprocess.Popen(
    ['python', 'one_process.py', filename],
    stdout=subprocess.PIPE
) for filename in sys.argv[1:]
]

count = 0
for p in ps:
    count += int(p.stdout.read())

print(count)
```

这个程序直接利用了刚才的 one_process.py。然而，每次启用一个子进程时，只指定一个.txt 文件给 one_process.py，而每个子进程各自独立运行完成的结果通过 Popen 实例的 stdout 来读取（记得要调用其 read()，这跟 CompletedProcess 实例的方式不同），转为整数后进行相加，这就是我们要的结果，效率上会好得多。

提示 >>> 不要太执着地想分清楚并发与并行。虽然 CPython 的 GIL 特性令线程与进程在用于并发与并行上有较明显的分界。然而就算法本身来说，并发、并行在定义上是重叠的。有些算法在归类上可以是并发也可以是并行，某些线程链接库的实现也有机会将任务分配至处理器的多个核心。

13.2.2 使用 multiprocessing 模块

如果想要以子进程来执行函数，使用类似 **threading** 模块的 **API** 接口，那么可以使用 **multiprocessing** 模块。举个例子来说，先前的 one_process.py 可以改写如下：

multiprocessing_demo multi_process.py
```
import sys
from multiprocessing import Queue, Process

def foo(filename: str, queue: Queue):
    with open(filename) as f:
        text = f.read()

    ct = 0
    for ch in text:
        n = ord(ch.upper()) + 1
        if n == 67:
            ct += 1
    queue.put(ct)         ◀━━━ ❶将结果置入 Queue

if __name__ == '__main__':    ◀━━━ ❷必要的模块名称测试
    queue: Queue = Queue()       ◀━━━ ❸存储与取得结果用的 Queue
    ps = [Process(target = foo, args = (filename, queue)) ◀━━━ ❹建立 Process 对象
```

```
                    for filename in sys.argv[1:]]
        for p in ps:
            p.start()        ←――❺启动 Process
        for p in ps:
            p.join()         ←――❻等待全部 Process 完成

        count = 0
        while not queue.empty():    ←――❼从 Queue 中取得全部结果
            count += queue.get()
        print(count)
```

首先必须注意的是，为了在子进程执行时让 python 解释器安全地导入 main 模块，if __name__ == '__main__' 的测试是必要的❷。如果没有这行，将会引发 RuntimeError。

为了能在进程之间进行数据的交换，这里使用了 multiprocessing.Queue❸。在建立 Process 实例时❹，API 与 threading.Thread 是类似的。在指定 target 为 foo 的同时，args 的指定也包含了 Queue，在 foo()函数中，执行的结果通过 Queue 的 put()方法置入❶。

如要启动 Process，可以调用它的 start()方法❺，因为对这个范例来说，必须取得全部进程执行的结果。所以必须等待全部进程完成，这时可以使用 join()方法❻，这会让流程停下，等待进程完成再继续下一步，如果不需要等待全部进程完成，例如，各进程完成的结果直接存在各自的文件中，那么就不用使用 join()。

当全部进程都完成之后，取得 Queue 中全部的结果，可以使用 empty() 测试 Queue 是否为空，使用 get() 取得 Queue 中的元素。

> **注意 »»** 使用 multiprocessing 模块时，除了 if __name__ == '__main__' 的测试是必要的外，还有其他必须遵守的规范，详情可参考 Programming guidelines[①]。

在使用 **multiprocessing** 模块时，建议最好的方式是不要共享状态，实现真正的并行处理（特别是在计算密集式的任务），以获取更好的效率。然而有时进程之间难免需要进行沟通，**multiprocessing.Queue** 是线程与进程安全的，使用了必要的锁定机制，这表示它可以自行进行锁定。这可以通过 multiprocessing 模块的 Lock、RLock、Semaphore 等来达成。

若有一个程序范例如下：

`multiprocessing_demo no_lock.py`
```python
from multiprocessing import Process

def f(i: int):
    print('hello world', i)
    print('hello world', i + 1)
```

[①] Programming guidelines：docs.python.org/3/library/multiprocessing.html#multiprocessing-programming

```
if __name__ == '__main__':
    for num in range(100):
        Process(target=f, args=(num, )).start()
```

如果想要的是标准输出每次都连续输出 i 与 i+1，这个范例不一定能达到目的，也许会有如下输出。

```
...
hello world 22
hello world 23
hello world 78
hello world 63
hello world 64
...
```

显然地，78 之前或之后并没有连续的数字，这是因为各进程竞争标准输出的关系，若想在执行时锁定某个程序片段，编程代码可以如下：

multiprocessing_demo lock_demo.py
```
import multiprocessing
from multiprocessing.synchronize import Lock


def f(lock: Lock, i: int):
    lock.acquire()
    try:
        print('hello world', i)
        print('hello world', i + 1)
    finally:
        lock.release()


if __name__ == '__main__':
    lock: Lock = multiprocessing.Lock()

    for num in range(100):
        multiprocessing.Process(target=f, args=(lock, num)).start()
```

可以看到使用方式与 threading.Lock 是类似的；在类型标注方面必须注意到 multiprocessing.Lock() 实际是一个工厂方法，它返回的实际上是 multiprocessing.synchronize.Lock 的实例。

multiprocessing.Lock 也实现了上下文管理器协议，因此也可以搭配 with 来使用。

multiprocessing_demo lock_demo2.py
```
import multiprocessing
from multiprocessing.synchronize import Lock

def f(lock: Lock, i: int):
    with lock:
        print('hello world', i)
```

```
        print('hello world', i + 1)


if __name__ == '__main__':
    lock: Lock = multiprocessing.Lock()

    for num in range(100):
        multiprocessing.Process(target=f, args=(lock, num)).start()
```

    multiprocessing 模块也提供了一些不同于 threading 模块的 API，例如 Pool，这可以建立一个工作者池（Worker Pool）。使用 Pool 实例可以派送任务并取得 multiprocessing.pool.AsyncResult 实例，在任务完成后取得结果，已经完成任务的进程会回到工作者池中，以便接收下一个任务。重复使用进程有助于善用资源，以便有机会取得更好的效率。

    例如，先前的 multi_process.py 可以改为以下不使用 multiprocessing.Queue 的版本。

multiprocessing_demo multi_process2.py

```
import sys, multiprocessing

def foo(filename: str) -> int:
    with open(filename) as f:
        text = f.read()

    ct = 0
    for ch in text:
        n = ord(ch.upper()) + 1
        if n == 67:
            ct += 1
    return ct

if __name__ == '__main__':
    filenames = sys.argv[1:]
    with multiprocessing.Pool(2) as pool:        ←── ❶建立有两个工作者的 Pool 实例
        results = [pool.apply_async(foo, (filename,))   ←── ❷派送任务
                      for filename in filenames]
        count = sum(result.get() for result in results)
        print(count)
                         ↑
                     ❸取得结果
```

    在这里故意只建立了有两个工作者 Pool 实例❶，如果指定的文件超过两个，工作者任务完成后，就会自行取得下个任务。要派送任务可以使用 Pool 的 apply_async()❷，就如方法名称提示的，这会是一个异步的方法，执行后会立即返回一个 multiprocessing.pool.AsyncResult 实例，通过 get() 方法可以取得结果❸。如果任务尚未完成，get() 会阻断等待任务完成。就这个范例来说，这就是我们需要的。

13.3　异　步

使用先前讨论过的线程或进程相关模块，可以掌握许多细节，然而在编写程序上不需要考虑这些细节时，可以使用 Python 3.2 新增的 concurrent.futures 模块，它提供了线程或进程高阶封装，也便于实现异步（Asynchronous）的任务。

从 Python 3.5 之后，提供了 async、await 等语法，以及 asyncio 模块的支持。如果异步任务涉及大量的输入输出，可以善用这些特性，来获得更好的执行效率。

13.3.1　使用 concurrent.futures 模块

无论是线程的建立还是进程的建立，都与系统资源有关，如何建立、是否重用、何时销毁、何时排定任务，这些都是复杂的议题。在 13.2.2 小节最后谈到，multiprocessing.Pool 可达到重用进程的功能，而在 Python 3.2 之后内置了 concurrent.futures 模块，当中提供了 ThreadPoolExecutor 与 ProcessPoolExecutor 等高阶 API，分别为线程与进程提供了工作者池的服务。

1．ThreadPoolExecutor

对于输入输出密集式的任务，可以使用 ThreadPoolExecutor，例如 13.1.2 小节曾经使用线程来进行多个网页下载的任务，当时必须自行建立、启动线程。每个达成任务的线程实际上会直接被丢弃。在网页数量很多时，频繁建立线程可能造成资源上的负担。

试着使用 ThreadPoolExecutor 改写范例可以获得重用线程的功能，并且无须涉入重用线程的细节。

concurrent_demo download.py

```
from concurrent.futures import ThreadPoolExecutor
from urllib.request import urlopen

def download(url: str, file: str):
    with urlopen(url) as u, open(file, 'wb') as f:
        f.write(u.read())

urls = [
    'https://openhome.cc/Gossip/Encoding/',
    'https://openhome.cc/Gossip/Scala/',
    'https://openhome.cc/Gossip/JavaScript/',
    'https://openhome.cc/Gossip/Python/'
]
```

```
filenames = [
    'Encoding.html',
    'Scala.html',
    'JavaScript.html',
    'Python.html'
]

with ThreadPoolExecutor(max_workers=4) as executor:
    for url, filename in zip(urls, filenames):
        executor.submit(download, url, filename)
```

在上面的范例中，ThreadPoolExecutor 建立时，以 max_workers 指定了最多可以有 4 个线程。每个线程完成任务后，会回到池中等待指派任务，ThreadPoolExecutor 不使用时，可以使用 shutdown() 方法将之关闭。ThreadPoolExecutor 也实现了上下文管理器协议，可以搭配 with 来进行资源的关闭。

2．ProcessPoolExecutor

对于计算密集式的任务，可以使用 ProcessPoolExecutor。例如，下面是纯粹计算费式数列的范例。

concurrent_demo fib.py
```
import time

def fib(n: int) -> int:
    if n < 2:
        return 1
    return fib(n - 1) + fib(n - 2)

begin = time.time()
fibs = [fib(n) for n in range(3, 35)]
print(time.time() - begin)
print(fibs)
```

在笔者的计算机上约要 7 秒多才能完成计算。

```
7.044851541519165
[3, 5, 8, 13, 21, 34, 55, 89, 144, 233, 377, 610, 987, 1597, 2584, 4181, 6765,
10946, 17711, 28657, 46368, 75025, 121393, 196418, 317811, 514229, 832040, 1346269,
2178309, 3524578, 5702887, 9227465]
```

这是一个计算密集式任务，每个费式数的计算彼此间也无须沟通，笔者的计算机处理器具备多核心，试着来使用 ProcessPoolExecutor 看看效率如何。

concurrent_demo fib2.py
```
from concurrent.futures import ProcessPoolExecutor
import time
```

13

379

```
def fib(n: int) -> int:
    if n < 2:
        return 1
    return fib(n - 1) + fib(n - 2)

if __name__ =='__main__':
    with ProcessPoolExecutor() as executor:
        begin = time.time()
        futures = [executor.submit(fib, n) for n in range(3, 35)]
        fibs = [future.result() for future in futures]
        print(time.time() - begin)
        print(fibs)
```

ProcessPoolExecutor 与 ThreadPoolExecutor 拥有相同的接口，若没有指定 max_workers，会默认为处理器（核心）数量；在这里要知道的是，调用 submit() 方法并不会阻断，在返回 Future 实例后，会接着进行下一个流程。Future 实例拥有 result() 方法可以取得结果，如果任务尚未完成，result() 会阻断直到任务完成。

这个范例就是我们需要的。在笔者的计算机上，这个范例约 4 秒多就能完成计算。

```
4.539260149002075
[3, 5, 8, 13, 21, 34, 55, 89, 144, 233, 377, 610, 987, 1597, 2584, 4181, 6765, 10946,
17711, 28657, 46368, 75025, 121393, 196418, 317811, 514229, 832040, 1346269, 2178309,
3524578, 5702887, 9227465]
```

就这个范例来说，主要是将 n 转换为第 n 个费式数，也就是进行映射（map）任务。这类任务可以使用 map() 方法来简化程序的编写。

concurrent_demo fib3.py

```
from concurrent.futures import ProcessPoolExecutor
import time

def fib(n: int) -> int:
    if n < 2:
        return 1
    return fib(n - 1) + fib(n - 2)

if __name__ =='__main__':
    with ProcessPoolExecutor() as executor:
        begin = time.time()
        fibs = [n for n in executor.map(fib, range(3, 35))]
        print(time.time() - begin)
        print(fibs)
```

ProcessPoolExecutor 与 ThreadPoolExecutor 的 map() 方法的第一个参数接收转换函数，第二个参数接收可迭代对象。每个元素是指定给转换函数的自变量，map() 方法会自动完成任务的指派，取得任务执行结果。

13

380

13.3.2 Future 与异步

无论是使用线程还是使用进程，在启动或者交付任务之后，并不会阻断当时的程序流程。若任务是一个独立流程，例如 13.1.2 小节下载网页范例中的 download() 函数，在读取网页并存盘之后就直接结束任务，那也没什么大问题。然而，若读取网页之后，需要的不是存盘，而希望可以是任何自定义的操作呢？

读取网页是一个独立于主流程的任务，读取完成是一个事件，有事件发生时必须执行某个自定义操作。像这类**独立于程序主流程的任务、事件生成及处理事件的方式称为异步**。

使用线程或进程时，若想实现异步概念，方式之一是采用注册回调函数，以刚才讲到的读取网页为例，可以如下实现。

```
concurrent_demo async_callback.py
from typing import Callable
from concurrent.futures import ThreadPoolExecutor
from urllib.request import urlopen


Consume = Callable[[bytes], None]


def load_url(url: str, consume: Consume):
    with urlopen(url) as u:
        consume(u.read())


def save(filename: str) -> Consume:
    def _save(content):
        with open(filename, 'wb') as f:
            f.write(content)
    return _save


with ThreadPoolExecutor() as executor:
    url = 'https://openhome.cc/Gossip/Python/'
    loaded_callback = save('Python.html')
    executor.submit(load_url, url, loaded_callback)
```

在这个范例中，load_url()的 consume 接受函数，在读取 URL 完成后会调用该函数。然而 load_url()只能注册一个函数，若要能注册多个函数，必须多点设计。

先前讲过，executor 的 submit() 执行过后会返回 Future 实例。它拥有 add_done_callback() 方法，可以注册多个函数。当交付的任务完成时，就会执行被注册的函数。例如上例可修改如下：

```
concurrent_demo async_callback2.py
from typing import Callable
from concurrent.futures import ThreadPoolExecutor, Future
from urllib.request import urlopen

Consume = Callable[[Future], None]
```

```
def load_url(url: str) -> bytes:
    with urlopen(url) as u:
        return u.read()

def save(filename: str) -> Consume:
    def _save(future):
        with open(filename, 'wb') as f:
            f.write(future.result())
    return _save

with ThreadPoolExecutor() as executor:
    url = 'https://openhome.cc/Gossip/Python/'
    future = executor.submit(load_url, url)
    future.add_done_callback(save('Python.html'))
```

这里要留意的是，Future 的 add_done_callback() 接收的函数，在 Future 任务完成时，Future 实例会作为第一个自变量传入。若要取得执行结果，必须使用 result()方法。

除了 add_done_callback()、result()方法之外，Future 本身也定义了 cancel() 可以取消任务。在测试事件上，则有 cancelled()、running()、done()方法，可以用于自定义事件处理。例如，可以在下载的同时实现简单的进度列。

```
...
with ThreadPoolExecutor() as executor:
    url = 'https://openhome.cc/Gossip/Python/'
    future = executor.submit(load_url, url)
    future.add_done_callback(save('Python.html'))
    while True:
        if future.running():
            print('.', end='')
            time.sleep(0.0001)
        else:
            break
```

13.3.3　略谈 yield from 与异步

虽然可以使用 Future 的 add_done_callback() 方法注册任务完成时的处理方式。然而若注册的回调函数执行完时，后续的处理方式还是异步，例如异步下载网页之后，也以异步方式将结果存入文件，这时该怎么做？基本的解法是，后续的处理也返回 Future，并在该 Future 上注册回调。

```
from concurrent.futures import ThreadPoolExecutor, Future
import time
import random
```

```
def asyncFoo(n: float) -> Future:
    def process(n):
        time.sleep(n)
        return n * random.random()

    with ThreadPoolExecutor(max_workers=1) as executor:
        return executor.submit(process, n)

def asyncFoo2(future: Future):
    asyncFoo(future.result()).add_done_callback(printResult)

def printResult(future: Future):
    print(future.result())

asyncFoo(1).add_done_callback(asyncFoo2)
```

在上例中，time.sleep(n) 模拟的是耗时的输入输出操作，然而这种写法非常复杂。若后续处理为数个异步函数，整个流程会马上陷入难以理解的状态。

对于这类情况，在 Python 3.3 时新增了 yield from 语法。Python 3.4 的 asyncio 与某些第三方程序库，曾基于这个语法提出了解决方案。虽然 Python 3.5 后建议不要使用 yield from，然而，稍微认识一下 yield from，对于 Python 3.5 之后建议使用的 async、await，会更容易掌握其使用情境。

1．yield from 与生成器

在 4.2.6 小节时曾经讲过，yield 可用来建立生成器。在 Python 中，也有许多函数的执行结果是返回生成器，善加利用，可以增进程序的执行效率。不过，如果打算建立一个生成器函数，数据源是直接从另一个生成器取得，那会怎么样呢？举例来说，range() 函数就是返回生成器，而你打算建立一个 np_range() 函数，可以产生指定数字的正负范围，但不包含 0。

```
from typing import Iterator

def np_range(n: int) -> Iterator[int]:
    for i in range(0 - n, 0):
        yield i

    for i in range(1, n + 1):
        yield i
# 显示[-5, -4, -3, -2, -1, 1, 2, 3, 4, 5]
print(list(np_range(5)))
```

因为 np_range() 必须是一个生成器，结果就是得逐一从来源生成器取得数据，再将之 yield。像是这里重复使用了 for in 来迭代。Python 3.3 新增了 yield from 语法，上面的程序片段可以直接改写为以下操作。

```
from typing import Iterator

def np_range(n: int) -> Iterator[int]:
    yield from range(0 - n, 0)
    yield from range(1, n + 1)
# 显示[-5, -4, -3, -2, -1, 1, 2, 3, 4, 5]
print(list(np_range(5)))
```

当需要直接从某个生成器取得数据，以便建立另一个生成器时，yield from 可以作为直接衔接的语法。

2．yield from 与 Future

调用一个内含 yield 的函数，实际上并不会马上执行函数，而是返回一个生成器。可以通过 next() 函数、生成器本身的 send() 方法等在函数调用者流程与函数内部流程之间沟通。4.2.6 小节就有一个范例利用这种机制，在只有一个主线程的情况下，模拟出生产者、消费者的互动，而 13.1.4 小节则是利用多线程来完成相同任务。

这就有一个有趣的思考点，若利用 yield 生成器，可否实现异步呢？刚才范例的 asyncFoo() 函数返回 Future，如果在某个函数调用它，并在前方加上 yield 会如何？

```
def asyncTasks() -> Generator[Future, float, None]:
    r1 = yield asyncFoo(1)
    print(r1)
```

若调用 asyncTasks() 会返回生成器，假设被 g 参考，那么 next(g) 才会开始执行 asyncTasks() 中定义的流程，这时 yield 出一个 Future。如果使用其 result() 方法获得结果，并用来调用 g 的 send() 方法：

```
g = asyncTasks()
future = next(g)
g.send(future.result())
```

那么流程会回到 asyncTasks() 中，而 r1 会是 Future 的结果，如果 r1 用来调用另一个异步函数呢？

```
def asyncTasks() -> Generator[Future, float, None]:
    r1 = yield asyncFoo(1)
    r2 = yield asyncFoo(r1)
    print(r2)
```

这个函数若想要执行到 print(r2)，就得重复刚才的 g.send(future.result()) 两次。以此类推，如果有多个异步函数，显然就需要多个循环。

```
Task = Callable[[], Generator]

def doAsync(task: Task):
    g = task()
```

```
        future = next(g)
        while True:
            try:
                future = g.send(future.result())
                g.send(future.result())
            except StopIteration:
                break
```

有了这个 doAsync() 函数，若有多个异步函数，就可以如下编写程序。

```
def asyncTasks() -> Generator[Future, float, None]:
    r1 = yield asyncFoo(1)
    r2 = yield asyncFoo(r1)
    r3 = yield asyncFoo(r2)
    print(r3)


doAsync(asyncTasks)
```

此时程序执行虽然是异步，然而编写风格上却像是顺序，阅读理解上也容易多了。现在问题来了，若有人想调用 asyncTasks() 呢？甚至是在流程上组合多个这类函数呢？这时就可以使用 yield from 了。

```
def asyncTasks() -> Generator[Future, float, None]:
    yield from asyncTasks()
    yield from asyncTasks()
```

为了便于观察程序代码，以下列出完整的范例。

concurrent_demo yield_from_demo.py

```
from typing import Callable, Generator
from concurrent.futures import ThreadPoolExecutor, Future
import time
import random


Task = Callable[[], Generator]

def doAsync(task: Task):
    g = task()
    future = next(g)
    while True:
        try:
            future = g.send(future.result())
            g.send(future.result())
        except StopIteration:
            break

def asyncFoo(n: float) -> Future:
    def process(n):
```

13

```
        time.sleep(n)
        return n * random.random()

    with ThreadPoolExecutor(max_workers=4) as executor:
        return executor.submit(process, n)

def asyncTasks() -> Generator[Future, float, None]:
    r1 = yield asyncFoo(1)
    r2 = yield asyncFoo(r1)
    r3 = yield asyncFoo(r2)
    print(r3)

doAsync(asyncTasks)

def asyncMoreTasks() -> Generator[Future, float, None]:
    yield from asyncTasks()
    yield from asyncTasks()

doAsync(asyncMoreTasks)
```

从 Python 3.5 开始，yield from 已经不建议使用了，因为有了语义更明确的 await 的支持。至于异步函数的定义也简单多了，可以使用 async 来定义。而 doAsync() 这类的角色则由 asyncio 模块来提供相关的功能。

13.3.4　async、asyncio 与并发

有一个观念必须先澄清，**并非一定要多线程或多进程才能实现并发**，如 3.1 节一开始就讲到，并发是想针对不同需求切分出不同的部分或单元，并分别设计不同流程来解决。多个流程从用户的观点来看，就像是同时执行各个流程，然而实际上是同时"管理"多个流程。

多线程或多进程只是实现并发时比较容易，只要执行环境支持，在单一进程、单个线程中也有可能实现并发。例如，若进行输入输出的函数在遇到阻断操作时会让出（Yield）流程控制权给调用函数者，那调用函数的一方就可以继续下一个并发任务的启动。

让出流程控制权给调用函数者让人联想到 13.3.3 小节讲到的基础概念，不过要进一步将那些概念实现到可支持并发还要有许多的功夫。若使用的是 Python 3.5，可以通过 async 关键字与 asyncio 模块来达到目的。

在定义函数时，如果加上了 async 关键字，调用该函数并不会马上执行函数流程，而是返回一个 coroutine 对象。它在接口上有着类似生成器的 send()、throw() 等方法（不过没有实现__next__()方法），想要函数中定义的流程，可以通过 **asyncio.run()** 函数。例如：

```
>>> import asyncio
>>>
>>> async def hello_world():
```

```
...      print("Hello World!")
...
>>> asyncio.run(hello_world())
Hello World!
>>>
```

另一个方式是通过 **asyncio.get_event_loop()** 建立事件循环代表对象，然后通过它的 **run_until_complete()** 等方法来执行。例如：

```
import asyncio

async def hello_world():
    print("Hello World!")

loop = asyncio.get_event_loop()
loop.run_until_complete(hello_world())
```

顾名思义，**run_until_complete()** 方法就是执行任务直到完成，才会继续下一行程序代码。

提示 >>> asyncio.get_event_loop() 无法在 REPL 环境中调用。

会交付给事件循环的 coroutine 中不会只有一个任务，可以通过 **asyncio.ensure_future()** 函数或者是事件循环对象的 create_task() 方法从 coroutine 中创建 **Task** 对象，它实现了 Future 的概念（Task 为 asyncio.Future 的子类）。

可以将代表多个任务的多个 Task 实例收集起来，通过 **asyncio.wait()** 函数组合出一个新的 coroutine 对象，再指定给事件循环对象的 run_until_complete() 方法。事件循环会自动协调多个任务的流程，在阻断发生时转执行另一个流程。流程转换的速度极快，看起来就像是同时执行多个任务。

例如，可以将 13.1.2 小节使用多线程下载页面的范例改为使用 asyncio 实现并发。

async_io download.py
```
from urllib.request import urlopen
import asyncio

async def download(url: str, file: str):
    with urlopen(url) as u, open(file, 'wb') as f:
        f.write(u.read())

urls = [
    'http://openhome.cc/Gossip/Encoding/',
    'http://openhome.cc/Gossip/Scala/',
    'http://openhome.cc/Gossip/JavaScript/',
    'http://openhome.cc/Gossip/Python/'
]

filenames = [
```

```
        'Encoding.html',
        'Scala.html',
        'JavaScript.html',
        'Python.html'
]

loop = asyncio.get_event_loop()
tasks = [loop.create_task(download(url, filename))
        for url, filename in zip(urls, filenames)]
loop.run_until_complete(asyncio.wait(tasks))
```

也可以通过 asyncio.gather() 函数直接收集多个 coroutine 返回新的 coroutine，例如上例最后粗体字部分可以改为：

```
loop = asyncio.get_event_loop()
coroutines = [download(url, filename)
              for url, filename in zip(urls, filenames)]
loop.run_until_complete(asyncio.gather(*coroutines))
```

由于只有一个线程，少了线程在处理器中切换的负担，在输入输出高度密集的需求时，有可能比运用多线程更有效率。

13.3.5 async、await 与异步

就语义上讲，**async 用来标注函数执行时是异步**，也就是函数中定义了独立于程序主流程的**任务**，因而也可以用来实现并发。当然，后续若要在任务完成时做进一步的处理也是可行的。

在 13.3.3 小节中略讲过 yield from，知道如何达成执行是异步，然而程序代码编写风格上却像是顺序，**从 Python 3.5 开始，yield from 已经不建议使用了**，因为有了语义更明确的 **await**。例如 13.3.3 小节的 yield_from_demo.py，若改用 async、await 以及 asyncio 来实现，编程代码如下：

```
async_io await_demo.py
import asyncio
import time
import random


async def asyncFoo(n: float):
    time.sleep(n)
    return n * random.random()


async def asyncTasks():
    r1 = await asyncFoo(1)
    r2 = await asyncFoo(r1)
    r3 = await asyncFoo(r2)
    print(r3)


async def asyncMoreTasks():
```

```
    await asyncTasks()
    await asyncTasks()

loop = asyncio.get_event_loop()
loop.run_until_complete(asyncFoo(1))
loop.run_until_complete(asyncTasks())
loop.run_until_complete(asyncMoreTasks())
```

被 async 标示的函数执行时会是异步。就语义上，若想等待 async 函数执行完后再执行后续的流程，可以使用 await。async 函数的任务完成后若有返回值，会成为 await 的返回值。

提示 ❯❯ 可以 await 的对象，可以是 coroutine，或者是实现了 __await__() 方法的对象，这些对象称为 awaitable[①]。

例如，下面例子中的 load_url() 是一个 async 函数，在取得网页的 bytes 之后会成为 await 的返回值，之后指定给 content。

async_io download2.py

```
from urllib.request import urlopen
import asyncio

async def load_url(url: str) -> bytes:
    with urlopen(url) as u:
        return u.read()

async def save(filename: str, content: bytes):
    with open(filename, 'wb') as f:
        f.write(content)

async def download(url: str, filename: str):
    content = await load_url(url)
    await save(filename, content)

urls = [
    'http://openhome.cc/Gossip/Encoding/',
    'http://openhome.cc/Gossip/Scala/',
    'http://openhome.cc/Gossip/JavaScript/',
    'http://openhome.cc/Gossip/Python/'
]

filenames = [
    'Encoding.html',
    'Scala.html',
    'JavaScript.html',
    'Python.html'
```

---

① awaitable：docs.python.org/3/glossary.html#term-awaitable

```
    ]

loop = asyncio.get_event_loop()
tasks = [loop.create_task(download(url, filename))
          for url, filename in zip(urls, filenames)]
loop.run_until_complete(asyncio.wait(tasks))
```

13.3.6　异步生成器与 async for

随着逐渐熟悉 async、await 与 asyncio 模块，或许你会开始试着将一些同步函数改为异步。例如，原本有下面这两个函数。

```
from typing import List, Iterator
from urllib.request import urlopen

def fetch(urls: List[str]) -> Iterator[bytes]:
    for url in urls:
        with urlopen(url) as u:
            yield u.read()

def sizeof(urls: List[str]) -> List[int]:
    return [len(content) for content in fetch(urls)]
```

fetch() 函数会返回生成器，迭代生成器时会以阻断方式读取 URL 后返回 bytes。在某些环境中，你希望迭代生成器时是非阻断的方式，就结论而言，想达到这个目的，可以自行如下操作。

```
from typing import List, AsyncIterator
from urllib.request import urlopen

async def fetch(urls: List[str]) -> AsyncIterator[bytes]:
    url = iter(urls)
    class Iter:
        def __aiter__(self):
            return self

        async def __anext__(self):
            try:
                with urlopen(next(url)) as u:
                    return u.read()
            except StopIteration:
                raise StopAsyncIteration

    return Iter()
```

实际上 __next__() 不能被标注为 async，因此上例使用了 __anext__()，对应的 __iter__() 也改使用 __aiter__()。现在 fetch() 是异步了，sizeof() 若也要能使用 fetch()，必须做出对应的修改。

```
async def sizeof(urls: List[str]) -> List[int]:
    g = await fetch(urls)
    sizes = []
    while True:
        try:
            content = await g.__anext__()
            sizes.append(len(content))
        except StopAsyncIteration:
            break

    return sizes
```

无论如何，操作上非常不直观，如果环境是 Python 3.6 以上，那么如下操作就好了。

async_io page_sizes.py

```
from typing import List, AsyncIterator
from urllib.request import urlopen
import asyncio

async def fetch(urls: List[str]) -> AsyncIterator[bytes]:
    for url in urls:
        with urlopen(url) as u:
            yield u.read()

async def sizeof(urls: List[str]) -> List[int]:
    return [len(content) async for content in fetch(urls)]

urls = [
    'http://openhome.cc/Gossip/Encoding/',
    'http://openhome.cc/Gossip/Scala/',
    'http://openhome.cc/Gossip/JavaScript/',
    'http://openhome.cc/Gossip/Python/'
]

loop = asyncio.get_event_loop()
sizes = loop.run_until_complete(sizeof(urls))
print(sizes)
```

如果函数包含了 yield，调用后会返回生成器。如果该函数又标注了 async，它返回的不是 coroutine，而是**异步生成器（Async Generator）**，它使用了**__aiter__()**方法。这个方法返回的对象实现了 async 标注的**__anext__()**方法。该对象称为**异步迭代器（Asynchronous Iterator）**，以搭配 async for 来进行异步迭代。

提示 >>> 若要更精确定义内含 yield 的 async 函数，可以使用 typing 模块的 AsyncGenerator[YieldType, SendType] 标注。

简单来说，先前没有使用 async for 的程序片段，实际上示范了异步生成器与异步迭代器

13

的操作等原理，相比之下，使用 async for 的版本编写上直观许多，基本上就是在函数上标注 async，并在 for 之前加上了 async。

13.3.7　上下文管理器与 async with

在 7.2.3 小节曾经讲过上下文管理器与 with 的关系，若你发现某个资源在获取、关闭时必须耗费相当长时间，为该资源使用的上下文管理器可能会希望以异步执行__enter__()、__exit__()方法。若是如此，可以使用 async 的 **__aenter__()**、**__aexit()__()**方法。例如：

```python
async_io async_ctx_manager.py
from types import TracebackType
from typing import Optional, Type, AsyncContextManager
import asyncio
import time

class Resource:
    def __init__(self, name: str) -> None:
        self.name = name
        time.sleep(5)
        print('resource prepared')

    def action(self):
        print(f'use {self.name} resource ...')

    def close(self):
        time.sleep(5)
        print('resource closed')

def resource(name: str) -> AsyncContextManager[Resource]:
    class AsyncCtxManager:
        async def __aenter__(self) -> Resource:
            self.resource = Resource(name)
            return self.resource

        async def __aexit__(self, exc_type: Optional[Type[BaseException]],
                    exc_value: Optional[BaseException],
                    traceback: Optional[TracebackType]) -> Optional[bool]:
            self.resource.close()
            return False

    return AsyncCtxManager()

async def task():
    async with resource('foo') as res:
        res.action()
```

```
loop = asyncio.get_event_loop()
loop.run_until_complete(task())
```

在这个范例中，resource() 函数用来获取使用了__aenter__()、__aexit()__()的对象。通过这两个方法建立与关闭资源时都是异步的。这样的对象可以搭配 async with 语法来使用，不用自行调用__aenter__()、__aexit()__()。

在 7.2.3 小节也讲过，可以使用 contextlib 模块的 @contextmanager 来实现上下文管理器，让资源的设定与清除更为直观。对于异步上下文管理器，在 Python 3.7 之后可以使用 **@asynccontextmanager**，例如上例可以改写如下：

async_io async_ctx_manager2.py
```
from typing import AsyncIterator
from contextlib import asynccontextmanager
import asyncio
import time


class Resource:
    def __init__(self, name: str) -> None:
        self.name = name
        time.sleep(5)
        print('resource prepared')

    def action(self):
        print(f'use {self.name} resource ...')

    def close(self):
        time.sleep(5)
        print('resource closed')


@asynccontextmanager
async def resource(name: str) -> AsyncIterator[Resource]:
    try:
        res = Resource(name)
        yield res
    finally:
        res.close()


async def task():
    async with resource('foo') as res:
        res.action()


loop = asyncio.get_event_loop()
loop.run_until_complete(task())
```

要留意的是，能被 @asynccontextmanager 标注的函数执行后必须返回异步生成器。因此

13

393

resource() 被加上了 async，而返回值的类型提示改成了 AsyncIterator。

异步是一个很大的议题，这一节讲解的内容可以作为适当的起点。更多 Python 在异步上的解决方案介绍，可以参考 Asynchronous I/O、event loop、coroutines and tasks[①]的说明。

13.4　重 点 复 习

在 Python 中，如果想在主流程以外独立设计流程，可以使用 threading 模块。当 Thread 实例的 start() 方法执行时，指定的函数就会像是独立地运行各自流程。

可以继承 threading.Thread，在__init__() 中调用 super().__init__()，并在类中定义 run()方法来实现线程功能。不过不建议这样做，因为这会使得流程与 threading.Thread 产生相依性。

若使用 CPython，python 解释器同时间只允许执行一个线程，因此并不是真正的同时处理，只不过切换速度快到人类感觉上像是同时处理罢了。

线程适用的场合为输入输出密集场合，因为与其等待某个阻断作业完成，不如趁着等待的时间来进行其他线程。

对于计算密集的任务，使用线程不见得会提高处理效率，反而可能因为解释器必须切换线程而耗费不必要的成本，使得效率变差。

如果要停止线程，必须自行操作，让线程跑完应有的流程。不仅是停止线程必须自行根据条件操作，线程的暂停、重启也必须视需求操作。

要是线程之间需要共享的是可变动状态的数据，就会有可能发生竞速状况。若要避免这类情况的发生，就必须对资源被变更与取用时的关键程序代码进行锁定。不过，由于线程无法取得锁定时会造成阻断，不正确地使用 Lock 有可能造成性能低落，另一问题则是死结。

threading.Condition 正如其名称提示的，某个线程在通过 acquire() 取得锁定之后，若需要在特定条件符合之前等待，可以调用 wait() 方法，这会释放锁定。若其他线程的运作促成特定条件成立，可以调用同一 threading.Condition 实例的 notify()，通知等待条件的一个线程可取得锁定（也许有其他线程也正在等待）。若等待线程取得锁定，就会从上次调用 wait() 方法处继续执行。

针对计算密集式的运算，若能在一个新的进程并行运行，在今日计算机普遍都有多个核心的情况下，就有机会跑得更快一些。

subprocess 模块可以在执行 Python 程序的过程中产生新的子进程。

如果想要以子进程来执行函数，使用类似 threading 模块的 API 接口，那么可以使用 multiprocessing 模块。

13

---

① Asynchronous I/O、event loop、coroutines and tasks：docs.python.org/3/library/asyncio.html

为了在子进程执行时让 python 解释器安全地导入 main 模块，if __name__ == '__main__' 的测试是必要的。如果没有这行，将会引发 RuntimeError。

在使用 multiprocessing 模块时，建议最好的方式是不要共享状态。然而有时进程之间难免需要进行沟通。这时可以使用 multiprocessing.Queue，它是线程与进程安全的，使用了必要的锁定机制。

multiprocessing 模块也提供了一些不同于 threading 模块的 API，例如 Pool，这可以建立一个工作者池，利用 Pool 实例可以派送任务并取得 multiprocessing.pool.AsyncResult 实例，在任务完成后取得结果。

在 Python 3.2 之后内置了 concurrent.futures 模块，当中提供了 ThreadPoolExecutor 与 ProcessPoolExecutor 等高阶 API，分别为线程与进程提供了工作者池的服务。

独立于程序主流程的任务、事件生成及处理事件的方式称为异步。

async 用来标注函数执行时是异步，也就是函数中定义了独立于程序主流程的任务；从 Python 3.5 开始，yield from 已经不建议使用了，因为有了语义更明确的 await。就语义上讲，若想等待 async 函数执行完后再执行后续的流程，可以使用 await，async 函数的任务完成后若有返回值，会成为 await 的返回值。

13.5 课后练习

如果有一个线程池可以分配线程来执行指定的函数，执行完后该线程必须能重复使用，该线程类如何设计呢？

第 14 章　进阶主题

学习目标

- ➤ 运用描述器
- ➤ 使用装饰器
- ➤ 定义 meta 类
- ➤ 使用相对导入
- ➤ 泛型进阶

14.1 属 性 控 制

在第 5 章曾经讲过 @property 的使用，也讨论过属性命名空间。实际上，在通过实例访问属性时还有许多细节，可以决定对象该如何做出反应。

14.1.1 描述器

一个对象可以被称为描述器（Descriptor），它必须拥有__get__()方法，以及选择性的__set__()、__delete__()方法。这三个方法的具体形式如下：

```
def __get__(self, instance: Any, owner: Type) -> Any
def __set__(self, instance: Any, value: Any) -> None
def __delete__(self, instance: Any) -> None
```

在 Python 中，所谓描述器，是用来描述属性的取得、设定、删除该如何处理的对象。当描述器实际成为某个类的属性成员时，对于类属性或者其实例属性的取得、设定或删除，将会交由描述器来决定如何处理（除了那些内置属性，如__class__等属性）。例如：

attributes descriptor.py

```python
from typing import Any, Type

class Descriptor:
    def __get__(self, instance: Any, owner: Type):
        print(self, instance, owner, end = '\n\n')

    def __set__(self, instance: Any, value: Any):
        print(self, instance, value, end = '\n\n')

    def __delete__(self, instance: Any):
        print(self, instance, end = '\n\n')

class Some:
    x = Descriptor()

s = Some()
s.x
s.x = 10
del s.x

Some.x
```

范例中 Descriptor 类使用了__get__()、__set__()与__delete__()三个方法，符合描述器的协

议。当 Descriptor 被指定给 Some 类的 x 属性时，对于 Some 实例 s 的属性取值、赋值或删除，分别相当于进行了以下的动作。

```
Some.__dict__['x'].__get__(s, Some)
Some.__dict__['x'].__set__(s, 10)
Some.__dict__['x'].__delete__(s)
```

而对于 Some.x 这个取值动作，则相当于：

```
Some.__dict__['x'].__get__(None, Some)
```

因此，上面这个范例的执行结果会是：

```
<__main__.Descriptor object at 0x01CC5A90> <__main__.Some object at 0x01D6C2F0>
<class '__main__.Some'>

<__main__.Descriptor object at 0x01CC5A90> <__main__.Some object at 0x01D6C2F0> 10

<__main__.Descriptor object at 0x01CC5A90> <__main__.Some object at 0x01D6C2F0>

<__main__.Descriptor object at 0x01CC5A90> None <class '__main__.Some'>
```

在 5.2.3 小节中讲属性命名空间时曾说明过__dict__的作用，稍后也会看到__getattr__()的作用。如结合描述器一并整理，当试图取得某个属性时，完整的搜寻顺序应该是：

（1）在产生实例的类__dict__中寻找是否有相符的属性名称。如果找到且是一个描述器实例（也就是具有__get__()方法），同时具有__set__() 或__delete__()方法，若为取值，则返回__get__()方法的值。若为设值，则调用__set__()（没有这个方法，则抛出 AttributeError）。若为删除属性，则调用__delete__()（没有这个方法，则抛出 AttributeError）；如果描述器仅具有__get__()方法，则先进行第（2）步。

（2）在实例的__dict__中寻找是否有相符的属性名称。

（3）在产生实例的类__dict__中寻找是否有相符的属性名称。如果不是描述器，则直接返回属性值。如果是一个描述器（此时一定是仅具有__get__()方法），则返回__get__()的值。

（4）如果实例有定义__getattr__()，则看__getattr__()如何处理。若没有定义__getattr__()，则抛出 AttributeError。

以上的流程可以做一个简单的验证。

```
>>> class Desc:
...     def __get__(self, instance, owner):
...         print('instance', instance, 'owner', owner)
...     def __set__(self, instance, value):
...         print('instance', instance, 'value', value)
...
>>> class X:
...     x = Desc()
...
```

```
>>> x = X()
>>> x.x
instance <__main__.X object at 0x016BB350> owner <class '__main__.X'>
>>> x.x = 10
instance <__main__.X object at 0x016BB350> value 10
>>> x.__dict__['x'] = 10
>>> x.x
instance <__main__.X object at 0x016BB350> owner <class '__main__.X'>
>>> x.__dict__['x']
10
>>> del x.x
Traceback (most recent call last):
  File "<stdin>", line 1, in <module>
AttributeError: __delete__
>>>
```

上面的示范中，只要是通过 X 实例直接访问 x 属性，都会由描述器来处理，为了绕过描述器，故意使用了 x.__dict__['x'] = 10 设值。然而，x.x 时还是被描述器处理了，之后的 x.__dict__['x'] 证明，x 实例中确实是有个属性被设定为 10 了。

描述器的最基本协议是具备__get__()方法，若还具有__set__()或__delete__()方法或两者兼具，可进一步称为数据描述器（Data Descriptor）。上面描述的就是数据描述器的行为。

相对地，仅有__get__()方法的描述器可进一步称为非数据描述器（Non-data Descriptor）。对于非数据描述器，若实例上有对应的属性，描述器就不会有动作。例如：

```
>>> class Desc:
...     def __get__(self, instance, owner):
...         print('instance', instance, 'owner', owner)
...
>>> class X:
...     x = Desc()
...
>>> x = X()
>>> x.x
instance <__main__.X object at 0x01E01FD0> owner <class '__main__.X'>
>>> x.x = 10
>>> x.x
10
>>> del x.x
>>> x.x
instance <__main__.X object at 0x01E01FD0> owner <class '__main__.X'>
>>>
```

在上面的示范中，一旦 X 的实例被指定了 x 属性值，就看不到描述器的动作了。简单来说，**数据描述器可以拦截对实例的属性取得、设定与删除行为；非数据描述器是用来拦截通过实例取得类属性时的行为。**

回顾 5.2.4 小节的内容，实际上，@property 是用来将对实例的属性访问转为调用@property 标注的函数。可想而知，这是一种数据描述器的行为，我们可以自行模仿类似的功能，例如：

```python
attributes prop_demo.py
from typing import Any, Callable, Type

Getter = Callable[[Any], Any]
Setter = Callable[[Any, Any], None]
Deleter = Callable[[Any], None]

class PropDescriptor:
    def __init__(self,
                 getter: Getter, setter: Setter, deleter: Deleter) -> None:
        self.getter = getter
        self.setter = setter
        self.deleter = deleter

    def __get__(self, instance: Any, owner: Type) -> Any:
        return self.getter(instance)

    def __set__(self, instance: Any, value: Any):
        self.setter(instance, value)

    def __delete__(self, instance: Any):
        self.deleter(instance)

def prop(getter: Getter, setter: Setter, deleter: Deleter) -> PropDescriptor:
    return PropDescriptor(getter, setter, deleter)      ←── ❶返回描述器

class Ball:
    def __init__(self, radius: float) -> None:
        if radius <= 0:
            raise ValueError('必须是正数')
        self.__radius = radius

    def get_radius(self) -> float:
        return self.__radius

    def set_radius(self, radius: float):
        self.__radius = radius

    def del_radius(self):
        del self.__radius

    radius = prop(get_radius, set_radius, del_radius)    ←── ❷传入取值、设值等方法

ball = Ball(10)
print(ball.radius)  # 显示 10
```

```
ball.radius = 5
print(ball.radius) # 显示 5
```

这个范例的重点在于，你将 get_radius、set_radius、del_radius 传入 prop()❷，它会返回一个描述器❶。这个描述器被指定为 Ball 类的 radius，因此，对于实例的 radius 属性访问，都会通过描述器处理，也就是调用导入的 get_radius、set_radius 或 del_radius 方法来处理。

14.1.2 定义__slots__

若想控制可以指定给对象的属性名称，可以在定义类时指定**__slots__**，这个属性要是字符串列表，列出可指定给对象的属性名称。例如，若想限制 Some 的实例只能有 a、b 两个属性，编程代码可以如下：

```
>>> class Some:
...     __slots__ = ['a', 'b']
...
>>> Some.__dict__.keys()
['a', '__module__', 'b', '__slots__', '__doc__']
>>> s = Some()
>>> s.a
Traceback (most recent call last):
  File "<stdin>", line 1, in <module>
AttributeError: a
>>> s.a = 10
>>> s.a
10
>>> s.b = 20
>>> s.b
20
>>> s.c = 30
Traceback (most recent call last):
  File "<stdin>", line 1, in <module>
AttributeError: 'Some' object has no attribute 'c'
>>>
```

如上所示，虽然在__slots__中列出的属性就存在于类的__dict__中，但在指定属性给实例之前，不能直接访问该属性，而且只有__slots__中列出的属性才可以被指定给实例。

如果类定义时指定了__slots__，那么从类构造出来的实例就不会具有__dict__属性。例如：

```
>>> s = Some()
>>> s.__dict__
Traceback (most recent call last):
  File "<stdin>", line 1, in <module>
AttributeError: 'Some' object has no attribute '__dict__'
>>>
```

实际上，可以在__slots__中包括"__dict__"名称，让实例拥有__dict__属性。这样一来，若指定的属性名称不在__slots__的列表中，就会被放到自行指定的__dict__列表中。此时若要列出实例的全部属性，也就要同时包括__dict__与__slots__中列出的属性。例如：

```
>>> class Some:
...     __slots__ = ['a', 'b', '__dict__']
...
>>> s = Some()
>>> s.__dict__
{}
>>> s.a = 10
>>> s.b = 20
>>> s.c = 30
>>> s.__dict__
{'c': 30}
>>> for attr in list(s.__dict__) + s.__slots__:
...     print(attr, getattr(s, attr))
...
c 30
a 10
b 20
__dict__ {'c': 30}
>>>
```

实际上，Python会将__slots__中的属性定义为描述器。而描述器会具有__get__()方法，以及选择性的__set__()、__delete__()方法，可以如下操作。

```
>>> class Some:
...     __slots__ = ['a', 'b']
...
>>> Some.__dict__.keys()
['a', '__module__', 'b', '__slots__', '__doc__']
>>> s = Some()
>>> Some.__dict__['a'].__set__(s, 10)
>>> Some.__dict__['a'].__get__(s, Some)
10
>>>
```

所以，__slots__属性最好被作为类属性来使用，尤其是在有继承关系的场合中，父类中定义的__slots__仅可以通过父类来取得，而子类的__slots__则仅可以通过子类来取得。

在寻找实例上可设定的属性时，基本上会对照父类与子类中的__slots__列表。然而，由于仅有定义__slots__的类，其实例才不会有__dict__属性，因此若父类中没有定义__slots__，子类即使定义了__slots__，以子类构造出来的实例仍然会具有__dict__属性。

```
>>> class P:
...     pass
```

```
...
>>> class C(P):
...     __slots__ = ['c']
...
>>> o = C()
>>> o.a = 10
>>> o.b = 10
>>> o.c = 10
>>> o.__dict__
{'a': 10, 'b': 10}
>>>
```

反之亦然，如果父类定义了__slots__，而子类没有定义自己的__slots__，子类构造出来的实例也会有__dict__属性。例如：

```
>>> class P:
...     __slots__ = ['c']
...
>>> class C(P):
...     pass
...
>>> o = C()
>>> o.a = 10
>>> o.b = 10
>>> o.c = 10
>>> o.__dict__
{'a': 10, 'b': 10}
>>>
```

__slots__ 中的属性是由描述器来操作，对于一些属性很少的对象来说，使用__slots__有可能增加一些性能。因为__dict__是字典对象，如果对象建立后仅设定很少的属性，对于空间是种浪费。若使用__slots__的 list 进行属性的访问，可能对性能有些帮助。

14.1.3 __getattribute__()、__getattr__()、__setattr__()、__delattr__()

对象本身可以定义__getattribute__()、__getattr__()、__setattr__()、__delattr__()等方法，以决定访问属性的行为。这些方法的签名如下：

```
def __getattribute__(self, name)
def __getattr__(self, name)
def __setattr__(self, name, value)
def __delattr__(self, name)
```

__getattribute__()最容易解释，一旦定义这个方法，任何属性的寻找都会被拦截，即使是那些__xxx__的内置属性名称。

__getattr__()的作用是作为寻找属性的最后一个机会。如果同时定义__getattribute__()、__getattr__()，在寻找属性时的顺序是：

（1）如果有定义__getattribute__()，则返回__getattribute__()的值。

（2）在产生实例的类__dict__中寻找是否有相符的属性名称。如果找到且实际是一个数据描述器，返回__get__()方法的值；如果是一个非数据描述器，则进行第（3）步。

（3）在实例的__dict__中寻找是否有相符的属性名称，如果有，则返回值。

（4）在产生实例的类__dict__中寻找是否有相符的属性名称。如果不是描述器，则直接返回属性值。如果是一个描述器（此时一定是仅具有__get__()方法），则返回__get__()的值。

（5）如果实例有定义__getattr__()，则看__getattr__()如何处理；若没有定义__getattr__()，则丢出 AttributeError。

简单来说，**取得属性顺序的记忆原则是：实例的__getattribute__()、数据描述器的__get__()、实例的__dict__、非数据描述器的__get__()、实例的__getattr__()。**

__setattr__()的作用在于拦截所有对实例的属性设定。如果对实例有设定属性的动作，则设定的顺序如下：

（1）如果有定义__setattr__()，则调用；如果没有，则进行下一步。

（2）在产生实例的类上看看__dict__是否有相符合的属性名称。如果找到且实际是一个数据描述器，则调用描述器的__set__()方法（如果没有__set__()方法，则丢出 AttributeError）；如果不是，则进行下一步。

（3）在实例的__dict__上设定属性与值。

简单来说，**设定属性顺序记忆的原则是：实例的__setattr__()、数据描述器的__set__()、实例的__dict__。**

__delattr__()的作用，在于拦截所有对实例的属性设定。如果对实例有删除属性的动作，则删除的顺序如下：

（1）如果有定义__delattr__()，则调用；如果没有，则进行下一步。

（2）在产生实例的类上查看__dict__是否有相符合的属性名称。如果找到且实际是一个数据描述器，则调用描述器的__delete__()方法（如果没有__delete__()方法，则丢出 AttributeError）；如果不是数据描述器，则进行下一步。

（3）在实例的__dict__上看看有无相符合的属性名称，如果有，则删除；如果没有，则丢出 AttributeError。

简单来说，**删除属性顺序记忆的原则是：实例的__delattr__()、数据描述器的__delete__()、实例的__dict__。**

14.2 装 饰 器

到目前为止，你看过不少的标注，像是 @property、@staticmethod、@classmethod、@total_ordering 等，在既有程序代码的适当位置施加标注，就能改变程序代码的行为。这类的标注实际上被称为装饰器（Decorator），这一节就来说明一下如何自定义装饰器。

14.2.1 函数装饰器

简单的装饰器可以使用函数，可接受函数且返回函数。 这里以实际的例子来说明，假设你设计了一个点餐程序，目前主餐有炸鸡，价格为 49 元。

```
def friedchicken():
    return 49.0

print(friedchicken())  # 49.0
```

之后在程序中其他几个地方都调用了 friedchicken()函数，若现在打算增加附餐，以便客户点主餐的同时可以搭配附餐，问题在于程序代码该怎么做？修改 friedchicken()函数？另外增加一个 friedchickenside1()函数？也许你的主餐不只有炸鸡，还有汉堡、意大利面等各式主餐呢！无论是修改各个主餐的相关函数，或者新增各种 xxxxside1()函数，显然都很麻烦而没有弹性。

别忘了，Python 中函数是一级值，一个函数可以接受函数并返回函数，因此，你可以这样编写：

```
from typing import Callable

PriceFunc = Callable[..., float]

def sidedish1(meal: PriceFunc) -> PriceFunc:
    return lambda: meal() + 30

def friedchicken():
    return 49.0

friedchicken = sidedish1(friedchicken)
print(friedchicken())        # 显示 79.0
```

sidedish1()接受函数对象，其中使用 lambda 建立一个函数对象，该函数对象执行传入的函数取得主餐价格。再加上附餐价格，sidedish1()返回此函数对象给 friedchicken 参考，所以之后执行的 friedchicken()就会是主餐加附餐的价格。

这仅仅只是传递函数的一个应用。重点在于，在 Python 中还可以使用以下的语法。

decorators burgers.py

```
from typing import Callable

PriceFunc = Callable[..., float]

def sidedish1(meal: PriceFunc) -> PriceFunc:
    return lambda: meal() + 30

@sidedish1
def friedchicken():
```

```
        return 49.0

print(friedchicken())      # 显示 79.0
```

@之后可以接上函数，对于下面的程序代码，若 decorator 是一个函数：

```
@decorator
def func():
    pass
```

执行时结果相当于：

```
func = decorator(func)
```

因此刚才的范例使用 @sidedish1 这样的标注方式，让 @sidedish1 就是对 friedchicken() 函数加以装饰一样，在不改变 friedchicken() 的行为下，增加了附餐的行为。这类的函数被称为装饰器，若必要，也可以进一步堆栈装饰器。

decorators burgers2.py
```
from typing import Callable

PriceFunc = Callable[..., float]

def sidedish1(meal: PriceFunc) -> PriceFunc:
    return lambda: meal() + 30

def sidedish2(meal: PriceFunc) -> PriceFunc:
    return lambda: meal() + 40

@sidedish1
@sidedish2
def friedchicken():
    return 49.0

print(friedchicken())      # 显示 119.0
```

最后执行时的函数顺序就是从堆栈底层开始往上层调用，因此就像是以下的结果。

```
def sidedish1(meal: PriceFunc) -> PriceFunc:
    return lambda: meal() + 30

def sidedish2(meal: PriceFunc) -> PriceFunc:
    return lambda: meal() + 40

def friedchicken():
    return 49.0

friedchicken = sidedish1(sidedish2(friedchicken))

print(friedchicken())
```

实际上，**@** 之后可以是返回函数的表达式。因此，若装饰器语法需要带有参数，用来作为装饰器的函数，必须先以指定的参数执行一次，返回一个函数对象再来装饰指定的函数。例如以下这个带参数的装饰器。

```
@deco('param')
def func():
    pass
```

实际上执行时，相当于：

```
func = deco('param')(func)
```

因此，若要让点餐程序更有弹性一些，可以这样设计。

decorators burgers3.py
```
from typing import Callable

PriceFunc = Callable[..., float]
SideDishDecorator = Callable[[PriceFunc], PriceFunc]

def sidedish(number: int) -> SideDishDecorator:
    return {
        1 : lambda meal: (lambda: meal() + 30),
        2 : lambda meal: (lambda: meal() + 40),
        3 : lambda meal: (lambda: meal() + 50),
        4 : lambda meal: (lambda: meal() + 60)
    }.get(number, lambda meal: (lambda: meal()))

@sidedish(2)
@sidedish(3)
def friedchicken():
    return 49.0

print(friedchicken()) # 显示 139.0
```

以上是使用 lambda 建立函数，设定为 dict 的值，指定的号码会被当成键来取得对应要返回的函数。若不易理解，以下这个是较清楚的版本。

```
def sidedish(number: int) -> SideDishDecorator:
    def dish1(meal: PriceFunc) -> PriceFunc:
        return lambda: meal() + 30

    def dish2(meal: PriceFunc) -> PriceFunc:
        return lambda: meal() + 40

    def dish3(meal: PriceFunc) -> PriceFunc:
        return lambda: meal() + 50

    def dish4(meal: PriceFunc) -> PriceFunc:
```

```
        return lambda: meal() + 60

    def nodish(meal: PriceFunc) -> PriceFunc:
        return lambda: meal()

    return {
        1 : dish1,
        2 : dish2,
        3 : dish3,
        4 : dish4
    }.get(number, nodish)

@sidedish(2)
@sidedish(3)
def friedchicken():
    return 49.0

print(friedchicken())
```

暂且先回头看看刚才的 burgers.py，如果将经过装饰的 friedchicken() 函数本身 print() 出来，会显示什么呢？

```
@sidedish1
def friedchicken():
    return 49.0

#  <function sidedish1.<locals>.<lambda> at 0x00764BB8>
print(friedchicken)
```

明明就是 friedchicken，显示出来却说它是 sidedish1 中的 lambda 函数。这是因为返回的函数并不是原本的函数，就目前这个范例来说，虽然不会是什么问题。然而，若某个模块中的函数被装饰的过程是私有操作，通过查看函数的信息就有可能因暴露相关的使用细节而被误导。

简单来说，若希望被装饰的函数仍然可以假装就是原本的函数，必须修改返回函数的名称等相关信息（如记录在 __module__、__name__、__doc__ 等的信息）。想要达到此目的的快捷方式之一，就是通过 **functools.wraps** 来装饰要返回的函数。例如：

decorators burgers4.py

```
from typing import Callable
from functools import wraps

PriceFunc = Callable[..., float]

def sidedish1(meal: PriceFunc) -> PriceFunc:
    @wraps(meal)
    def wrapper():
```

```
        return meal() + 30
    return wrapper

@sidedish1
def friedchicken():
    return 49.0

# 显示 79.0
print(friedchicken())
```

 # 显示 \<function friedchicken at 0x00EB4BB8\>
```
print(friedchicken)
```

functools.wraps 会以指定的函数的信息对被装饰的函数进行修改。因此，这个范例最后看到的函数名称就会是 friedchicken 的字样。

14.2.2 类装饰器

刚才看到，简单的装饰器可以是一个函数。既然如此，这个函数可以接受类吗？可以的，如果编写的程序代码如下：

```
def decorator(cls):
    pass

@decorator
class Some:
    pass
```

程序代码执行的效果相当于：

```
def decorator(cls):
    pass

class Some:
    pass

Some = decorator(Some)
```

若函数接受类并返回类时，就可设计为类装饰器，以用来标注类。例如，若先前的 friedchicken() 函数，因为设计上的考虑，打算定义为 FriedChicken，若想要对 FriedChicken 类作装饰，使其加上附餐功能，则可以设计一个如下函数。

decorators burgers5.py
```
from typing import Type
from functools import wraps

def sidedish1(cls: Type) -> Type:        ←── ❶接受类
```

```
    wrapped_content = cls.content
    wrapped_price = cls.price

    @wraps(wrapped_content)
    def content(self):
        return wrapped_content(self) + ' | 可乐 | 薯条'

    @wraps(wrapped_price)
    def price(self):
        return wrapped_price(self) + 30.0

    cls.content = content
    cls.price = price

    return cls        ◀── ❷返回类

@sidedish1        ◀── ❸类装饰器
class FriedChicken:
    def content(self):
        return "不黑心炸鸡"

    def price(self):
        return 49.0

friedchicken = FriedChicken()
print(friedchicken.content())     # 不黑心炸鸡 | 可乐 | 薯条
print(friedchicken.price())       # 79.0
```

　　这个范例中的 sidedish1()函数接受类❶，在函数内部修改了类的 content()与 price()方法，最后原类被返回❷。如果使用 @sidedish1 装饰 FriedChicken 类❸，在构造类实例之后，通过实例调用 content()与 price()方法，都会先调用原类定义的方法，然后加上额外的信息。

14.2.3　方法装饰器

　　既然可以对函数或类进行装饰，对类上定义的方法进行装饰自然也是可行的。若是实例方法，返回的函数的第一个参数是用来接受类的实例。

　　例如，若要以函数来实现方法装饰器，一个简单的例子如下：

```
from functools import wraps
from typing import Callable

Mth = Callable[['Some', int, int], int]

def log(mth: Mth) -> Mth:
    @wraps(mth)
    def wrapper(self, a: int, b: int) -> int:
```

```
        print(self, a, b)
        return mth(self, a, b)

    return wrapper

class Some:
    @log
    def doIt(self, a, b):
        return a + b

s = Some()
print(s.doIt(1, 2))
```

粗体字的部分其实相当于在类中定义了：

```
doIt = log(doIt)
```

wrapper 的第一个 self 参数在上例中不可以省略，因为要用来接受实例。可以将上例设计得更通用一些，让 @log 装饰的对象不限于可接受两个自变量的方法。例如：

decorators method_demo.py

```
from functools import wraps
from typing import Callable

def log(mth: Callable) -> Callable:
    @wraps(mth)
    def wrapper(self, *arg, **kwargs):
        print(self, arg, kwargs)
        return mth(self, *arg, **kwargs)

    return wrapper

class Some:
    @log
    def doIt(self, a, b):
        return a + b

s = Some()
print(s.doIt(1, 2))
```

14.2.4　使用类实现装饰器

到目前为止，都是使用函数来实现装饰器。好处在于操作上比较简单，然而，在需求变复杂的情况下，如需要特定协议来辅助相关操作或信息的取得时，就需要使用类来实现。

1. 结合__call__()

若对象定义有__call__()方法，可以执行如下：

```
>>> class Some:
...     def __call__(self, *args):
...         for arg in args:
...             print(arg, end=' ')
...         print()
...
>>> s = Some()
>>> s(1)
1
>>> s(1, 2)
1 2
>>> s(1, 2, 3)
1 2 3
>>>
```

简单来说，如果对象具有__call__()方法，就可以使用圆括号 () 来导入自变量，此时会调用对象的__call__()方法。就如上面的例子所示范的，而函数对象就是具备__call__()方法的实际例子。

因此，若想使用类来定义函数装饰器，简单的做法为：

```
class decorator:
    def __init__(self, func):
        self.func = func

    def __call__(self, *args):
        result = self.func(*args)
        # 对 result 作装饰（返回）


@decorator
def some(arg):
    pass


some(1)
```

执行以上的程序片段，其实相当于：

```
some = decorator(some)
some(1)    # 调用 some.__call__(1)
```

也就是上例中在构造 decorator 实例时指定了 some，而后 decorator 实例成了 some 参考的对象。之后对 some 实例的调用都会转换为对__call__()方法的调用。

不过，若最后 some 参考的实例想伪装为被装饰前的函数，必须额外下点功夫。例如：

```
from functools import wraps

class CallableWrapper:
    def __init__(self, func):
```

```
        self.func = func

    def __call__(self, *args):
        result = self.func(*args)
        # 对 result 作装饰 (返回)

def decorator(func):
    callable_wrapper = CallableWrapper(func)

    @wraps(func)
    def wrapper(arg):
        return callable_wrapper(arg)

    return wrapper

@decorator
def some(arg):
    pass

some(1)
```

wraps 会使用 func 的信息修改返回的 wrapper 函数，而最后调用 some(1) 等同于调用 wrapper(1)，结果就是 callable_wrapper(1)。最后调用了 callable_wrapper.__call__(1)。

例如，可以将 burgers5.py 改写如下：

decorators burgers6.py

```
from typing import Callable
from functools import wraps

PriceFunc = Callable[..., float]

class Sidedish1:
    def __init__(self, func: PriceFunc) -> None:
        self.func = func

    def __call__(self):
        return self.func() + 30

def sidedish1(meal: PriceFunc) -> PriceFunc:
    sidedish1 = Sidedish1(meal)

    @wraps(meal)
    def wrapper():
        return sidedish1()

    return wrapper
```

14

```
@sidedish1
def friedchicken():
    return 49.0

print(friedchicken())      # 79.0
```

2. 结合 __get__()

在方法标注上，如果想实现出 @staticmethod 与 @classmethod 的功能。可以搭配描述器来实现。例如下面这个范例，实现出 @staticmth 来模仿 @staticmethod 的功能。

decorators staticmth_demo.py
```
from typing import Any, Type, Callable

class staticmth:        # 定义一个描述器
    def __init__(self, mth: Callable) -> None:
        self.mth = mth

    def __get__(self, instance: Any, owner: Type) -> Callable:
        return self.mth

class Some:
    @staticmth           # 相当于 doIt = staticmth(doIt)
    def doIt(a, b):
        print(a, b)

Some.doIt(1, 2) # 相当于 Some.__dict__['doIt'].__get__(None, Some)(1, 2)

s = Some()
# 以下相当于 Some.__dict__['doIt'].__get__(s, Some)(1)
# 所以以下会有错 TypeError: doIt() missing 1 required positional argument ..
s.doIt(1)
```

staticmth 类的 __get__()仅返回原本 Some.doIt 参考的函数对象，而不会作为实例绑定方法。因此就算是通过实例调用了被@staticmth 装饰的方法，方法的第一个参数也不会被绑定为实例。

如果要实现出 @classmth 来模拟 @classmethod 的功能，则编辑代码可以如下：

decorators classmth_demo.py
```
from typing import Any, Type, Callable
from functools import wraps

class classmth:
    def __init__(self, mth: Callable) -> None:
        self.mth = mth

    def __get__(self, instance: Any, owner: Type) -> Callable:
        @wraps(self.mth)
```

```
        def wrapper(*arg, **kwargs):
            return self.mth(owner, *arg, **kwargs)

        return wrapper

class Other:
    @classmth      # 相当于 doIt = classmth(doIt)
    def doIt(cls, a, b):
        print(cls, a, b)

Other.doIt(1, 2)  # 相当于 Other.__dict__['doIt'].__get__(None, Other)(1, 2)

o = Other()
o.doIt(1, 2)         # 相当于 Other.__dict__['doIt'].__get__(o, Other)(1, 2)
```

由于描述器协议中，__get__() 的第三个参数总是接受类实例，因而可以用指定给原类中的方法作为第一个参数，借以实现出 @classmethod 的功能。

14.3 Meta 类

在 6.1.4 小节中曾经讲过如何定义抽象类，当时在定义类时还指定了 metaclass 为 abc 模块的 ABCMeta 类。你可以自行定义 meta 类，这可以用来决定类本身的建立、初始以及其实例的建立与初始。这一节将来看看它是怎么办到的。

14.3.1 认识 type 类

在 Python 中，可以使用类来定义对象的蓝图。每个对象实例本身都有一个 __class__ 属性，参考至实例构造时使用的类。而类本身也有一个 __class__ 属性，那么它会参考至什么？

```
>>> class Some:
...     pass
...
>>> s = Some()
>>> s.__class__
<class '__main__.Some'>
>>> Some.__class__
<class 'type'>
>>>
```

可以看到，**类的 __class__ 参考至 type 类，每个类也是一个对象，是 type 类的实例。**

在先前谈类装饰器时，曾经看过类上可以定义 __call__() 方法。当一个对象本身直接使用圆括号 () 来调用时，就会调用 __call__() 方法。既然类是一个对象，构造对象实例时是在类名称之后接上圆括号，那么试着在类上调用 __call__() 会如何呢？

```
>>> class Some:
...     def __init__(self):
...         print('__init__')
...
>>> Some()
__init__
<__main__.Some object at 0x01D0BF10>
>>> Some.__call__()
__init__
<__main__.Some object at 0x01D16350>
>>>
```

通过 Some.__call__()竟然调用了 Some 定义的__init__()！这其实是 type 类定义的行为，每个类是 type 类的实例。如果这样想，就完全符合__call__()方法的行为了。

既然每个类都是 type 类的实例，那么有没有办法编写程序代码直接使用 type 类来构造出类呢？可以！首先必须知道的是，使用 type 类构造类时必须指定三个自变量，分别是类名称（string）、类的父类（tuple）与类的属性（dict）。

使用 type 类建立的实例拥有__call__()方法，假设 type 建立的实例为 Some，如果以 Some(10)调用，等同于调用 Some.__call__(10)，而这会调用 Some 的__init__()方法（如果有定义__new__()方法，会在__init__()前调用）。

事实上，如果如下定义类：

```
class Some:
    s = 10
    def __init__(self, arg):
        self.arg = arg

    def doSome(self):
        self.arg += 1
```

Python 会在剖析完类之后建立 s 名称参考至 10，建立__init__与 doSome 名称分别参考至各自定义的函数，然后调用 type() 来建立 type 类的实例并指定给 Some 名称，也就是类似于：

```
Some = type('Some', (object,), {'__init__' : __init__, 'doSome' : doSome})
```

在 Python 中，**对象是类的实例，而类是 type 的实例**。如果有方法能介入 type 建立实例与初始化的过程，就会有方法改变类的行为，这就是 **meta 类的基本概念**。

注意 >>> 这与装饰器的概念不同。要对类使用装饰器时，类本身已经产生，也就是已经产生了 type 实例，然后才去装饰类的行为；meta 类是直接介入 type 构造与初始化类的过程，时机点并不相同。

14.3.2 指定 metaclass

type 本身既然是一个类，那么可以继承它吗？可以，而且 type 类的子类一样可以指定类名称（string）、类的父类（tuple）与类的属性（dict）三个自变量，例如：

```
metaclass_demo type_demo.py
from typing import Any, Tuple, Dict, Type, Callable

Bases = Tuple[Type]
Attrs = Dict[str, Callable]

class SomeMeta(type):  # 继承 type 类
    def __new__(mcls, clsname: str, bases: Bases, attrs: Attrs) -> Any:
        cls = super(mcls, mcls).__new__(
            mcls, clsname, bases, attrs)
        print('SomeMeta __new__', mcls, clsname, bases, attrs)
        return cls

    def __init__(self, clsname: str, bases: Bases, attrs: Attrs) -> None:
        super(type(self), self).__init__(clsname, bases, attrs)
        print('SomeMeta __init__', self, clsname, bases, attrs)

Some = SomeMeta('Some', (object,), {'doSome' : (lambda self, x: print(x))})

s = Some()
s.doSome(10)
```

在上面的例子中，继承 type 建立了 SomeMeta，并定义了__new__()与__init__()方法，__new__()方法返回的实例才是 Some 最后会参考的类。接着__init__()进行该类的初始化，执行的结果会是：

```
SomeMeta __new__ <class '__main__.SomeMeta'> Some (<class 'object'>,) {'doSome':
<function <lambda> at 0x00AB3D20>}
SomeMeta __init__ <class '__main__.Some'> Some (<class 'object'>,) {'doSome':
<function <lambda> at 0x00AB3D20>}
10
```

在上例中，直接使用 SomeMeta 来构造类实例。实际上，可以在使用 class 定义类时，指定 metaclass 为 SomeMeta。

```
>>> class Other(metaclass = type_demo.SomeMeta):
...     def doOther(self, x):
...         print(x)
...
SomeMeta __new__ <class 'type_demo.SomeMeta'> Other () {'__module__': '__main__',
'__qualname__': 'Other', 'doOther': <function Other.doOther at 0x02CD5420>}
SomeMeta __init__ <class '__main__.Other'> Other () {'__module__': '__main__',
'__qualname__': 'Other', 'doOther': <function Other.doOther at 0x02CD5420>}
>>> other = Other()
>>> other.doOther(10)
10
>>>
```

14

417

一个继承了 **type** 的类可以作为 **meta** 类。metaclass 是一个协议，若指定了 metaclass 的类，Python 在剖析完类定义后，会使用指定的 metaclass 来进行类的构造与初始化，其作用就像先前的范例。

如果使用 class 定义类时继承某个父类，也想要指定 metaclass，编程代码可以如下：

```
class Other(Parent, metaclass = OtherMeta):
    pass
```

由于 type 本身也是一个类，使用类建立对象时：

```
x = X(arg)
```

实际上相当于：

```
x = X.__call__(arg)
```

__call__()方法默认会调用 X 的__new__()与__init__()方法。若想改变一个类建立实例与初始化的流程，则可以在定义 meta 类时定义__call__()方法。

metaclass_demo call_demo.py

```
class SomeMeta(type):
    def __call__(cls, *args, **kwargs):
        print('call __new__')
        instance = cls.__new__(cls, *args, **kwargs)
        print('call __init__')
        cls.__init__(instance, *args, **kwargs)
        return instance

class Some(metaclass = SomeMeta):
    def __new__(cls):
        print('Some __new__')
        return object.__new__(cls)

    def __init__(self):
        print('Some __init__')

s = Some()
```

借由观察这个范例的执行结果，有助于了解一个类被调用、建立实例与初始化的过程。

```
call __new__
Some __new__
call __init__
Some __init__
```

基本上，**meta** 类就是 **type** 的子类，借由 metaclass = MetaClass 的协议，可在类定义剖析完后绕送至指定的 meta 类。可以定义 meta 类的__new__()方法决定类如何建立，定义 meta 类的__init__()方法则可以决定类如何初始化。而定义 meta 类的__call__()方法决定若使用类来构造对象时，该如何进行对象的建立与初始化。

一个有趣的事实是，metaclass 并不仅仅可指定类。因为 Python 会调用指定对象的 __call__()
方法，并导入对象本身、类名称、父类信息与特性。因此，一个函数在调用时，也可以通过函
数对象的 __call__() 方法。

```
>>> def foo(arg):
...     print(arg)
...
>>> foo(10)
10
>>> foo.__call__(10)
10
>>>
```

知道了这点之后，故意对 metaclass 指定函数基本上是可以执行的。

metaclass_demo call_demo2.py
```
def metafunc(clsname, bases, attrs):
    print(clsname, bases, attrs)
    return type(clsname, bases, attrs)


class Some(metaclass = metafunc):
    def doSome(self):
        print('XD')
```

在上例中，函数的返回值将作为类，metafunc 的作用相当于 meta 类的 __new__() 与 __init__()。
以此为出发点，就执行上而言，metaclass 可以指定的对象可以是类、函数或任何对象，只要
它具有 __call__() 方法。

不过，既然命名为 metaclass，就表示它应该被指定为类，而不是函数。上面的范例虽然
可以执行，然而使用 mypy 检查时，会发生 Invalid metaclass 的错误。

14.3.3 __abstractmethods__

在 6.1.4 小节时讲过抽象方法的定义，现在应该已经很清楚了。abc 模块的 ABCMeta 类就
是刚才讲过的 meta 类。而@abstractmethod 就是 14.2 节讲过的装饰器。既然如此，这里不妨来
自行实现出类似的功能。

在了解如何实现之前，必须先知道**可以定义类的__abstractmethods__，指明某些特性是
抽象方法**。例如：

```
>>> class AbstractX:
...     def doSome(self):
...         pass
...     def doOther(self):
...         pass
...
>>> AbstractX.__abstractmethods__ = frozenset({'doSome', 'doOther'})
```

```
>>> x = AbstractX()
Traceback (most recent call last):
  File "<stdin>", line 1, in <module>
TypeError: Can't instantiate abstract class AbstractX with abstract methods doOther,
doSome
>>>
```

　　在类建立之后可指定__abstractmethods__属性，__abstractmethods__接受集合对象。集合对象中的字符串表明哪些方法是抽象方法，如果一个类的__abstractmethods__集合对象不为空，那它就是一个抽象类，不可以直接实例化。

　　子类不会看到父类的__abstractmethods__。例如：

```
>>> class ConcreteX(AbstractX):
...     pass
...
>>> x = ConcreteX()
>>> ConcreteX.__abstractmethods__
Traceback (most recent call last):
  File "<stdin>", line 1, in <module>
AttributeError: __abstractmethods__
>>>
```

　　子类若没有实现父类所有抽象方法，但也想要定义抽象方法，必须定义自己的__abstractmethods__。

　　了解这些之后，就可以尝试模仿 ABCMeta 及 abstractmethod()函数。

metaclass_demo myabc.py

```python
from typing import Any, Tuple, Dict, Type, Callable

Bases = Tuple[Type]
Attrs = Dict[str, Callable]

def abstract(func):
    func.__isabstract__ = True # 标注这个函数是一个抽象方法
    return func

def absmths(cls, mths):
    cls.__abstractmethods__ = frozenset(mths)

class Abstract(type):
    def __new__(mcls, clsname: str, bases: Bases, attrs: Attrs) -> Any:
        cls = super(mcls, mcls).__new__(mcls, clsname, bases, attrs)

        # 类中定义的抽象方法
        abstracts = {name for name, value in attrs.items()
                     if getattr(value, "__isabstract__", False)}
```

```
    # 从父类中继承下来的抽象方法
    for parent in bases:
        for name in getattr(parent, "__abstractmethods__", set()):
            value = getattr(cls, name, None)
            if getattr(value, "__isabstract__", False):
                abstracts.add(name)

    # 指定给 __abstractmethods__
    absmths(cls, abstracts)

    return cls

class AbstractX(metaclass=Abstract):
    @abstract
    def doSome(self):
        pass

# TypeError: Can't instantiate abstract class AbstractX with abstract methods doSome
x = AbstractX()
```

在这个范例中，被自定义的 @abstract 标注的方法都会被设定__isabstract__属性。而在 Abstract 的 __new__() 中，会将具有__isabstract__属性的方法收集起来，并指定给类的 __abstractmethods__。

因此，当定义类时，metaclass 指定了 Abstract，而且使用 @abstract 标注了抽象方法，Abstract 就不能直接用来构造实例了，子类也必须重新定义抽象方法才能用来构造实例。

14.4 相对导入

在这一路学习 Python 的过程中，或许你建立了许多的模块，也许也开始应用包来管理这些模块了。在 2.2 节中讨论过的模块与包管理应该足以应付绝大多数的需求。

不过，也许你写的模块越来越多了，模块中可能会导入同一包中的其他模块，而包中也开始会有子包了。你也许早就发现，单纯使用 2.2 节中讨论过的模块与包管理虽然可以应付需求，但是却显得麻烦。不但要小心模块名称必须避开标准链接库中的模块名称，若要导入其他包中的模块，还总是需要输入很长的导入程序代码。

实际上，到目前为止使用的导入方式都是**绝对导入（Abstract Import）**，也就是完整指定包与模块的完整名称。Python 实际上还支持**相对导入（Relative Import）**。举个例子来说，如果有一个包结构如下：

```
pkg1/
    __init__.py
    abc.py
    mno.py
```

```
xyz.py
```

如果想在 xyz.py 中导入 abc 模块，在 xyz.py 中不能写 import abc，在 Python 3 中这会是绝对导入，也就是实际上会导入的是标准链接库的 abc 模块，而不是 pkg1 中的 abc 模块。

如果想在 xyz.py 中导入 mno 模块，在 xyz.py 中不能写 import mno，这会引发 ImportError，指出没有 mno 这个模块。如果要使用绝对导入，必须编写 import pkg1.mno；若要使用相对导入，则可以编写 from.import mno。

> **注意 »»** 在 Python 2.7 中，还是可以 import mno，若是在包中，这会导入同一包中的指定模块，这称为隐式相对导入（Implicit Relative Import）。在 Python 3 中已经不能这样做了，若要导入同一包中的模块，必须使用 from.import mno，这称为显式相对导入（Explicit Relative Import）。Python 3 移除了隐式相对导入的理由很容易理解 毕竟 Python 的哲学是"Explicit is better than implicit"。

如果想使用的是 mno 模块中的 foo() 函数，使用相对导入还可以编写 from .mno import foo 这样的方式。这样一来，就可以直接使用 foo() 来调用了。

相对导入的使用还可以让包下的模块在使用时更为方便。例如，在某个程序中，若只是 import pkg1，只会执行 __init__.py 的内容，没办法直接使用 pkg1.abc 模块或其他模块。若想要使用 pkg1.abc 模块，必须再进行一次 import pkg1.abc 才可以。如果想要在 import pkg1 时，就能直接使用 pkg1.abc 模块或包中其他模块，可以在 pkg1 的 __init__.py 中编写：

```
from . import abc
from . import mno
from . import xyz
```

这样一来，只要 import pkg1，就可以直接通过 pkg1.abc、pkg2.mno、pkg1.xyz 来使用模块了。同样的手法也可以应用在包中还有子包的情况。例如，若有一个包与模块结构如下：

```
pkg1/
    __init__.py
    abc.py
    mno.py
    xyz.py
    sub_pkg/
        __init__.py
            foo.py
            orz.py
```

如果想要 import pkg1 之后，可以直接使用 pkg1.abc、pkg2.mno、pkg1.xyz 模块，而且还能直接使用 pkg1.sub_pkg.foo、pkg1.sub_pkg.orz 模块。那么在 pkg1 的 __init__.py 中，可以编写代码如下：

```
from . import abc
from . import mno
from . import xyz
from . import sub_pkg
```

而在 pkg1.sub_pkg 的 __init__.py 中，可以编写代码如下：

```
from . import foo
from . import orz
```

有一点小小的麻烦是，相对导入只能用在包中。如果试图使用 python 解释器执行的某个模块中含有相对导入，会引发 SystemError。例如，若 xyz.py 中编写了：

```
from . import mno


def do_demo():
    mno.demo()


if __name__ == '__main__':
    do_demo()
```

直接使用 python xyz.py 执行时，将会有以下的错误。

```
raceback (most recent call last):
  File "xyz.py", line 1, in <module>
    from . import mno
SystemError: Parent module '' not loaded, cannot perform relative import
```

14.5　泛型进阶

本书从 4.3 节讲过类型提示之后，在后续范例中都适当地加上了类型提示。力求在可读性、类型检查之间取得平衡。如果你曾认真面对过类型正确性的问题，应该已经体会到善用类型提示与 mypy 之类的工具所带来的好处。

实际上，Python 的类型提示已经非常接近静态类型语言可做到的约束，像是 6.4 节中曾经简介过基本的泛型语法。或许你已经早就在使用，也开始遇到泛型上的一些问题需要克服。而这一节就是为了这类的需求而准备的。

14.5.1　类型边界

在使用 TypeVar 定义泛型的占位类型时，可以指定 bound 来定义类型的边界。例如：

```
from typing import TypeVar, Generic


class Animal:
    pass


class Human(Animal):
    pass
```

```
class Toy:
    pass

T = TypeVar('T', bound=Animal)

class Duck(Generic[T]):
    pass

ad = Duck[Animal]()
hd = Duck[Human]()

# error: Value of type variable "T" of "Duck" cannot be "Toy"
td = Duck[Toy]()
```

在上例中，使用 bound 限制指定 T 实际类型时（默认是不限定），必须是 Animal 的子类，你可以使用 Animal 与 Human 来指定 T 实际类型。但不可以使用 Toy，因为 Toy 不是 Animal 的子类。

应用的场合可以像是你打算设计一个 orderable_min() 函数，只有使用了 Orderable 协议的对象，才可以调用该函数。

generics bound_demo.py

```
from typing import TypeVar
from abc import ABCMeta, abstractmethod

class Orderable(metaclass=ABCMeta):
    @abstractmethod
    def __lt__(self, other):
        pass

OT = TypeVar('OT', bound=Orderable)

class Ball(Orderable):
    def __init__(self, radius: int) -> None:
        self.radius = radius

    def __lt__(self, other):
        return self.radius < other.radius

def orderable_min(x: OT, y: OT) -> OT:
    return x if x < y else y

ball = orderable_min(Ball(1), Ball(2))
print(ball.radius)
```

在这个例子中，orderable_min() 函数可以导入 Ball 实例，因为 Ball 继承自 Orderable，其他没有继承 Orderable 的对象，使用 mypy 进行类型检查时，将会出现错误。

提示 >>> 根据 PEP484 中 Type variables with an upper bound 的规范，orderable_min(1, 2) 应该也是可以的。不过 mypy 类型检查时会发生错误信息，有份 PEP 544 草案提出了可针对协议的类型提示，未来 typing 中或许会有一个 Protocol，用来实现更有弹性的协议约束。实际上，Python 3.7 的 typing.py 源代码中确实有一个内部的_Protocol 用来实现 Iterable 等协议类型。

14.5.2　协变性

在能够定义泛型之后，就有可能接触到协变性（Covariance）的问题，例如你定义了以下类。

```
from typing import TypeVar, Generic, Optional

T = TypeVar('T')

class Node(Generic[T]):
    def __init__(self, value: T, next: Optional['Node[T]']) -> None:
        self.value = value
        self.next = next
```

如果有一个 Fruit 类继承体系如下：

```
class Fruit:
    pass

class Apple(Fruit):
    def __str__(self):
        return 'Apple'

class Banana(Fruit):
    def __str__(self):
        return 'Banana'
```

如果有以下程序片段，使用 mypy 检查类型时会发生错误。

```
apple = Node(Apple(), None)

# error: Incompatible types in assignment
# (expression has type "Node[Apple]", variable has type "Node[Fruit]")
fruit: Node[Fruit] = apple
```

在这个片段中，apple 实际上参考了 Node[Apple] 实例，而 fruit 类型声明为 Node[Fruit]，那么 Node[Apple] 是一种 Node[Fruit] 吗？显然地，从 mypy 的类型检查错误信息看来并不是！

如果 B 是 A 的子类，而 Node[B]可被视为一种 Node[A]，则称 Node 具有协变性或有弹性的（Flexible）。

Python 使用 TypeVar 建立的占位类型默认为不可变的（Nonvariant）。然而，可借由 covariant 为 True 来支持协变性。

例如，将刚才的 T = TypeVar('T') 改为 T = TypeVar('T', **covariant=True**)，mypy 检查时就

不会出现错误信息。

下面是一个实际应用的例子。

generics covariance_demo.py

```python
from typing import TypeVar, Generic, Optional

T = TypeVar('T', covariant=True)

class Node(Generic[T]):
    def __init__(self, value: T, next: Optional['Node[T]']) -> None:
        self.value = value
        self.next = next

class Fruit:
    pass

class Apple(Fruit):
    def __str__(self):
        return 'Apple'

class Banana(Fruit):
    def __str__(self):
        return 'Banana'

def show(node: Node[Fruit]):
    n: Optional[Node[Fruit]] = node
    while n:
        print(n.value)
        n = n.next

apple1 = Node(Apple(), None)
apple2 = Node(Apple(), apple1)
apple3 = Node(Apple(), apple2)

banana1 = Node(Banana(), None)
banana2 = Node(Banana(), banana1)
banana3 = Node(Banana(), banana2)

show(apple3)
show(banana3)
```

show() 函数目的是显示所有的水果节点。如果参数 node 声明为 Node[Fruit] 类型，为了可接收 Node[Apple]、Node[Banana] 实例，T 必须是 TypeVar('T', covariant=True) 以支持协变性，否则 mypy 检查时会出现错误。

在支持协变性的情况下，若使用工具在静态时期检查类型正确性时，要留意下面的问题。

```
fruit: Node[Fruit] = apple1
obj: object = fruit.value

# error: Incompatible types in assignment
# (expression has type "Fruit", variable has type "Apple")
apple: Apple = fruit.value
```

以上程序片段通过 fruit，静态时期只会知道 value 参考的对象类型是继承 Fruit。因此，指定给 Apple 类型的 apple 就静态时期而言，被 mypy 视为错误，类似的问题也会发生在像是 List 的情况下。

```
lt: List[Fruit] = [Apple(), Apple()]

# error: Incompatible types in assignment
# (expression has type "Fruit", variable has type "Apple")
apple: Apple = lt[0]
```

14.5.3　逆变性

继续 14.5.2 小节的内容，**如果 B 是 A 的子类，并且 Node[A]被视为一种 Node[B]，则称 Node 具有逆变性（Contravariance）**。也就是说，如果以下代码段进行类型检查时没有发生错误，则 Node 具有逆变性。

```
fruit = Node(Fruit(), None)
node: Node[Banana] = fruit # 若类型检查通过，表示支持逆变性
```

先前讲过，**Python 使用 TypeVar 建立的占位类型默认为不可变。然而，可借由 contravariant 为 True 来支持逆变性**。T = TypeVar('T', contravariant=True) 时，表示 T 也可以是实际类型的父类型。如上例第二行，T 的实际类型为 Banana，除此之外，也可以是父类型 Fruit。

支持逆变性看似奇怪，可以从实际范例来了解。假设你想设计一个篮子，可以指定篮中放置的物品，放置的物品会是同一种类（例如都是一种 Fruit），并有一个 dropinto() 方法可以将篮中物品导入列表中。

```
class Basket(Generic[T]):
    def __init__(self, things: List[T]) -> None:
        self.things = things

    def dropinto(self, lt: List[T]):
        while len(self.things):
            lt.append(self.things.pop())
```

因此，若是装 Apple 的篮子，那么 dropinto()方法的 lt 会是 List[Apple]，因而可以导入 List[Apple]；若是装 Banana 的篮子，那么 dropinto()方法的 lt 会是 List[Banana]，可以导入 List[Banana]；若有一个需求，希望使用 List[Fruit] 来收集篮子全部的水果，然后按重量排序呢？

```
apples = Basket([Apple(25, 150), Apple(20, 100)])
```

```
bananas = Basket([Banana(15, 250), Banana(30, 500)])

fruits: List[Fruit] = []
apples.dropinto(fruits)
bananas.dropinto(fruits)

fruits.sort(key=lambda fruit: fruit.weight)
for fruit in fruits:
    print(fruit)
```

这时 apples 的 dropinto() 势必要认为 List[Apple] 是一种 List[Fruit]，apples 的 dropinto() 势必要认为 List[Banana] 是一种 List[Fruit]，不过，typing 的 List[T] 并不支持逆变性，因此下面的范例自定义了 Lt 来达到这个需求。

generics contravariance_demo.py

```
from typing import TypeVar, Generic, List, Callable, Any

T = TypeVar('T', contravariant=True)

class Fruit:
    def __init__(self, weight: int, price: int) -> None:
        self.weight = weight
        self.price = price

    def __str__(self):
        return f'({self.weight}, {self.price})'

class Apple(Fruit):
    def __init__(self, weight: int, price: int) -> None:
        super().__init__(weight, price)

    def __str__(self):
        return 'Apple' + super().__str__()

class Banana(Fruit):
    def __init__(self, weight: int, price: int) -> None:
        super().__init__(weight, price)

    def __str__(self):
        return 'Banana' + super().__str__()

class Lt(Generic[T]):
    def __init__(self):
        self.lt = []

    def append(self, elem: T):
        self.lt.append(elem)
```

```
        def sort(self, key: Callable[[T], Any]):
            self.lt.sort(key=key)

        def foreach(self, consume: Callable[[T], None]):
            for elem in self.lt:
                consume(elem)


class Basket(Generic[T]):
    def __init__(self, things: List[T]) -> None:
        self.things = things

    def dropinto(self, lt: Lt[T]):
        while len(self.things):
            lt.append(self.things.pop())

apples = Basket([Apple(25, 150), Apple(20, 100)])
bananas = Basket([Banana(15, 250), Banana(30, 500)])

fruits = Lt[Fruit]()
apples.dropinto(fruits)
bananas.dropinto(fruits)

fruits.sort(key=lambda fruit: fruit.weight)
fruits.foreach(print)
```

使用泛型若开始考虑到协变性、逆变性，确实是会增加不少复杂度。在静态类型语言中，这类复杂度有时难以避免，然而对身为动态类型语言的 Python 而言，泛型是一种选项。要考虑的是，如何在类型约束、可读性与复杂度之间取得平衡。

如果你重视到这个平衡，应该表示至少看完了本书，或者在 Python 的使用上也有一定的程度了。基于篇幅限制，Python 中还有许多有趣的主题并不在本书的涵盖之中。然而，如有机会，去寻找自己感兴趣的主题并加以探索吧！

14.6　重　点　复　习

一个对象可以被称为描述器，它必须拥有__get__()方法，以及选择性的__set__()、__delete__()方法。

数据描述器可以拦截对实例的属性取得、设定与删除行为，而非数据描述器是用来拦截通过实例取得类别属性时的行为。

若想控制可以指定给对象的属性名称，可以在定义类时指定__slots__。这个属性要是一个字符串列表，列出可指定给对象的属性名称。__slots__属性最好被作为类属性来使用。

一旦定义__getattribute__()方法，任何属性的寻找都会被拦截，即使是那些__xxx__的内置属性名称。__getattr__()的作用是作为寻找属性的最后一个机会。

取得属性顺序记忆的原则为：实例的__getattribute__()、数据描述器的__get__()、实例的__dict__、非数据描述器的__get__()、实例的__getattr__()。

设定属性顺序记忆的原则是：实例的__setattr__()、数据描述器的__set__()、实例的__dict__。

__delattr__()的作用在于拦截所有对实例的属性设定。删除属性顺序记忆的原则是：实例的__delattr__()、数据描述器的__delete__()、实例的__dict__。

简单的装饰器可以使用函数，可接受函数且返回函数。如果装饰器语法需要带有参数，用来作为装饰器的函数必须先以指定的参数执行一次，返回一个函数对象再来装饰指定的函数。

除了对函数进行装饰之外，也可以对类作装饰，也就是所谓类装饰器。

除了使用函数来定义装饰器之外，也可以使用类来定义装饰器。

除了直接对函数或类进行装饰之外，也可以通过在类中定义的方法进行装饰。可以选择使用函数或者类来实现。重点在于，方法的第一个参数总是类的实例本身。

类的__class__参考至 type 类，每个类也是一个对象，是 type 类的实例。对象是类的实例，而类是 type 的实例。如果有方法能介入 type 建立实例与初始化的过程，就会有办法改变类的行为，这就是 meta 类的基本概念。

meta 类就是 type 的子类，借由 metaclass = MetaClass 的协议，可在类定义剖析完后绕送至指定的 meta 类。可以定义 meta 类的__new__()方法，决定类如何建立；定义 meta 类的__init__()方法，则可以决定类如何初始。而定义 meta 类的__call__()方法，决定若使用类来构造对象时，该如何进行对象的建立与初始化。

metaclass 可以指定的对象可以是类、函数或任何的对象，只要它具有__call__()方法。

如果模块与包管理日趋复杂，善用相对导入可以在管理上更为方便。

Python 的类型提示，在泛型方面，支持类型边界、协变性与逆变性。

14.7 课后练习

在 6.2.2 小节曾经看过 functools.total_ordering 的使用，请操作一个 total_ordering()函数作为装饰器，实现出 functools.total_ordering 的功能。